KB199349

찰스 다윈의 비글호 항해기

찰스 다윈 지음 | 장순근 옮김

축약본

리잼

축약자의 머리말

모든 생물에게는 생명이 있고, 생명이 없는 무생물과는 달리 환경에 가장 잘 적응하는 종이 살아남아 발전한다. 그 현상이 우리가 잘 알고 있는 찰스 다윈이 주장한 진화 현상의 요체이다. 인류 역사상 가장 위대한 박물학자인 그는 만 23세도 되지 않은 젊은 나이에 영국 해군 전함 비글호를 타고 만 5년 가까이 세계를 일주하면서 각종 생물들과 화석들을 관찰·기록·채집했다. 그때의 기록이 '비글호 항해기*(The Voyage of the Beagle)*'로 인류사상 가장 위대한 과학 여행기 가운데 하나이다.

도서출판 리잼이 2014년 발간한 『비글호 항해기』는 900쪽이 넘었다. 본문은 변함 없지만 주석과 그림이 많아지면서 쪽수도 크게 늘어났다.

그러나 그 책이 너무 두꺼워 독자들의 손이 선뜻 가지 않는다는 뜻있는 분의 의견이 있었다. 나아가 그분은 최근 고속정보통신기술이 발달하면서 청소년들이 컴퓨터를 좋아하고, 상당 시간 게임에 접속해 있다는 게 과연 그들의 인생에 도움이 될지 의문을 표했다. 그분의 의견대로 젊은 시절 호연지기浩然之氣를 가지고 찰스 다윈처럼 세계를 돌아보며 대자연을 탐험하고 배우는 게 그들의 인생에 훨씬 도움이 되리라 확신했다.

그러므로 다윈의 원전을 줄이기로 마음 먹었다. 반복되거나 덜 중요한 부분과 풍경을 설명하는 구절을 주로 생략했다. 그러나 단위는 원전대로 했다. 다윈의 뜻이 정확하게 전달되고 원전의 감흥을 느낄 수 있으리라 믿었기 때문이다. 예컨대 '마일mile'에는 '영국 마일'과 '해리海里'와 '지리 마일'이 있고 '리그league'도 나라에 따라 다르다. 다만 다윈이 쓴 화씨 온도(℉)는 섭씨 온도(℃)로 바꾸었다.

다윈이 글을 워낙 잘 써서 어느 정도 줄이고 생략해도 원전의 가치와 감격은 조금도 떨어지지 않는다고 확신한다. 나아가 다윈의 원전을 최대로 살려 그가 축약한 것처럼 축약했다. 잘못 손대면 부정확해지고 혼란스러워질 뿐이기 때문이다. 다만 아는 것이 없는 사람이 큰 잘못을 저지르지 않았기를 바랄 뿐이다.

축약본을 제안한 뜻있는 분과 적지 않은 양의 출판을 결정한 도서출판 리잼의 안성호 대표에게 깊은 감사를 표한다.

2021년 여름
노량진 절고개에서
장순근

인류사상 가장 위대한 과학여행

진화론을 발표한 영국 박물학자 찰스 다윈은 1809년 2월 12일, 2남 4녀 가운데 다섯째 아이이자 둘째 아들로 태어났다. 할아버지와 아버지가 의사였고, 어머니는 지금도 유명한 영국 도자기 웨지우드 회사를 창립한 조시아 웨지우드의 딸이었다. 다윈은 어려서 공부를 잘하지 못했으나 총명했고, 자연을 좋아했고, 신기한 것을 모아 훗날 박물학자로 성공할 조짐이 보였다. 어렸을 때 어머니가 돌아가셨고, 아버지가 재혼하지 않아 다윈은 누나들 손에서 컸다.

그는 아버지의 뜻을 따라 1825년 10월, 에든버러 대학교 의

찰스 다윈

엠마 다윈(부인)

엘리자베스 다윈

헨리에타·윌리엄 다윈

❀ 찰스 다윈 부부와 아이들.

과대학에 입학했다. 그러나 당시 마취법이 발달하지 않아 환자를 묶어놓고 수술하면서, 환자가 괴로워하는 것을 참지 못하고 수술실에서 두 번씩이나 뛰쳐나왔다. 그래도 그는 책을 많이 읽었고, 자연을 좋아하는 태도는 변하지 않았다.

1827년 4월, 에든버러 대학교를 그만 둔 그는 아버지의 뜻을 따라 목사가 되려고 1828년 초, 캠브리지 대학교에 들어갔다. 자연에 대한 호기심이 줄지 않았던 그는 당시 일생 존경한 존 스티븐스 헨슬로 생물학교수를 만나 강의를 듣고 그와 친해지면서 학문에 대한 열정을 배웠다. 1831년 1월, 다윈은 졸업시험을 잘 쳤지만 학교를 늦게 들어오면서 두 학기를 더 다녀야 했다. 그는 헨슬로 교수의 조언을 따라 세지위크 교수의 지질학 강의를 듣고 3월 3주 동안 그와 함께 북부 웨일스 지방의 지질을 조사하게 되었다. 그때 지질조사 방법과 지질도를 그리고, 지질 표본을 감정하고, 지층을 해석하는 기본 방법을 배웠다.

그가 지질 조사를 마치고 집에 오자 헨슬로 교수의 편지가 그를 기다렸다. 편지는 해군 전함 비글호가 2차 항해를 준비하며 로버트 피츠로이 함장이 박물학자를 찾는다는 내용이었다. 당시

조지 다윈

프란시스 다윈

레오나드 다윈

호러스 다윈

영국은 나폴레옹을 제압하고 세계로 뻗어가기 시작했을 때였다. 당연히 외국에 나간 국민을 보호하고 원료를 안정적으로 구해야 했다. 나아가 마젤란 해협을 비롯한 낯선 곳과 먼 곳의 자료가 필요했다. 이를 위해 비글호는 1826년~1830년까지 마젤란 해협을 포함하여 남아메리카를 1차로 조사했다. 당시 프링글 스토크스 함장이 1828년 8월 마젤란 해협에서 우울증으로 자살하면서 피츠로이가 함장 대리로 조사를 끝냈다.

다윈은 배를 타고 싶었으나 집안에서 반대가 심했다. 그는 낙심한 채 외삼촌 죠시아 웨지우드 2세에게 배 이야기를 했다. 그 말을 들은 외삼촌은 다윈의 아버지를 설득하는 편지를 썼고, 다윈의 아버지는 뜻을 바꾸어 다윈에게 항해를 허락했다.

한편 피츠로이 함장의 집안에는 왕의 피가 흘렀고 피츠로이는 해군학교에서 '만점 생도'라는 말을 들을 정도로 공부를 잘했다. 그러나 장관을 한 삼촌이 자살했고, 함장이라는 직책이 아주 외로운 직책이라 피츠로이 함장은 자신과 이야기를 할 만한 사람을 찾고 있었다. 자신이 맡은 일에 남다른 열정을 가진 그는 다윈을 태우기로 결정했다.

똑똑하고 특이한 로버트 피츠로이 함장.

그러나 다윈은 배의 정식 박물학자는 아니었다. 그러므로 그는 적지 않은 비용을 내고 배를 탔다. 당시 관례대로 하면 외과의사가 박물학자였다. 그러나 그 박물학자가 브라질에서 배에서 내렸고, 후임이 오지 않아 다윈이 박물학자 구실을 하게 되었다.

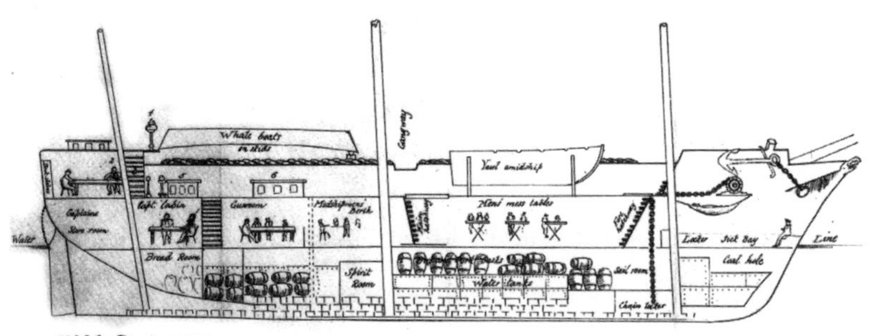

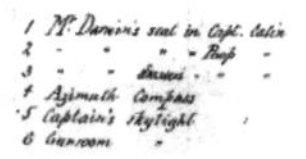

❀ **비글호 측면도** 비글호는 원래 돛대가 2개였으나 피츠로이 함장이 1개를 더 세웠다. 다윈은 함장실에서 1번 자리에 앉았다.

다윈은 1831년 말에 출항해 1836년 10월 초에 귀국했다. 처음에는 2년을 예상했다. 또 세계를 반드시 일주하지 않을지도 모른다는 생각이었지만 실제로는 거의 만 5년의 항해가 되었다. 비글호는 남아메리카 동해안을 몇 번이나 오르내렸고, 마젤란 해협과 티에라델푸에고 섬과 비글 해협과 포클랜드 군도를 두 번이나 찾아갔다. 남아메리카 서해안을 조사했고, 갈라파고스 제도-타히티-뉴질랜드-오스트레일리아를 거쳐 인도양 킬링 군도를 방문하게 되었다. 인도양 모리셔스 섬과 남아프리카를 경유해서 대서양의 섬들을 찾아갔다. 함장이 남아메리카를 오래 조사하면서 다윈은 몇 차례 내륙을 탐험했고, 파타고니아와 포클랜드 군도와 안데스 산맥과 칠레 서해안까지 탐험할 수 있었다. 또 칠레 발디비아에서 큰 지진을 경험했고, 갈라파고스 제도를 탐험했다. 그러면서 그는 침식과 퇴적-융기와 침강-고생물의 멸종 같은 지질학의 기본 지식을 몸으로 배웠다.

다윈은 항해 기간 내내 땅과 호수, 늪, 바다에서 동식물을 관찰했고 화석을 모았다. 또 필요하면 땅을 팠고 하늘을 쳐다보았고 공기를 느꼈다. 항해하는 내내 일기를 썼고 크고 작은 일을 비망록에 일일이 기록해 방대한 기록으로 남겼다. 실제 발견되지 않은 뉴질랜드와 오스트레일리아에서 쓴 비망록을 빼더라도, 다윈의 비망록이 열여덟 권이나 되었다. 한편 그는 엄청난 숫자의 동식물과 화석, 지질학의 표본들을 영국으로 보냈고, 영국에서는 전문가들이 분석하고 연구했다.

물론 항해가 언제나 즐겁고 좋은 것은 아니었다. 배를 처음 타면서 배에서 내릴 때까지 다윈은 배멀미로 고생했다. 함장과 크게 싸운 적도 있었다. 폭풍에 뒤집힐 정도로 배가 기울어진 적도 있었고, 칠레에서는 아파서 한 달 이상 자리에 누워있기도 했다.

다윈의 업적

다윈은 파타고니아에서 몇 단이나 되는 해안 단구를 보고 넓은 해저가 평탄하게 오르내릴 수 있다는 것을 확신했다. 그는 안데스 산맥 4,000m 높이에서 조개껍데기 화석과 규화목을 발견했다. 또 굴러가면서 덜그럭거리는 자갈소리를 들으면서 저렇게 침식되면 폭 380km에 길이 1,800km와 두께 15m를 만든 파타고니아 표면을 덮은 방대한 양의 자갈도 바위가 부스러져 만들어질 수 있다고 믿었다. 물론 그동안 많은 고생물도 나타났다가 멸종했을 것이라는 상상도 했다.

다윈은 지각변동을 확인하고 산호초가 생기는 과정을 해석했다. 그는 깨끗하고 따뜻한 바다에 사는 산호들이 섬이 가라앉으면 살려는 본능에 따라 위로 올라간다고 추론했다. 섬이 가라앉는 동안 산호초에 둘러 싸인 섬이 어느 정도는 남아있겠지만(보초), 아주 오랜 시간이 지나면 섬은 완전히 가라앉고 산호초만 둥글게 남게 된다고 생각했다(환초). 반면 섬이 솟아오르는 경우, 산호는 본능에 따라 아래로 내려간다(거초). 산호초를 보기 전에 머릿속에서 형성 과정을 설명한 다윈은 자신의 설명을 타히티섬과 인도양 킬링 군도에서 확인했다. 이 설명이 이 책

다윈이 결혼한 다음 정착한 다윈의 서재. 잘 보존되어 누구나 볼 수 있다.

20장의 핵심이다. 다윈의 주장을 흔히 '가라앉는 섬' 이론이라고 한다.

그러나 수십 년 후 이른바 '가라앉은 섬' 주장이 나왔다. 눈처럼 가라앉는 해양 생물의 유해가 해저에 있는 산에 쌓여서 높아지면 산호초의 기초가 된다는 주장이다. 두 주장은 팽팽히 맞섰으나 미 해군이 1950년, 핵실험을 하려고 태평양 산호초를 굴착하면서 다윈의 설명이 옳다는 것이 증명되었다.

다윈은 남아메리카에서 발견한 화석을 보고 동물들이 북아메리카 대륙으로 올라가거나 남아메리카 대륙으로 내려온 단서를 찾았다. 이 현상을 '미대륙간대이동'이라고 한다.

다윈은 갈라파고스 제도에서 신기한 현상을 많이 보았다. 그렇게 멀지도 않은 섬에서 그 섬마다 특이한 동식물이 있고, 상당수의 생물은 그 제도에만 있는 토종이었다. 코끼리거북이 그렇고, 바다 도마뱀과 육상도마뱀과 핀치새가 그러했고, 국화과 큰 나무들도 마찬가지였다. 그러나 그때는 그런 현상이 무엇을 의미하는지 확신하지 못해 다윈은 열심히 채집하고 기록만 했다.

다윈은 배에서 내린 뒤 가장 먼저 갈라파고스 제도에서 관찰하고 채집한 자료들을 해석하기 시작했다. 자신이 갈라파고스 제도에서 들은 바도 있었고, 핀치새의 부리가 조금씩 다르다는 말도 조류학자한테서 들었기 때문이다. 호기심이 강한 다윈이니 그런 말을 놓치지 않았을 것이다. 드디어 1837년 여름, 생물들이 생겨날 수 있다고 생각했다. 다윈은 몇 년 뒤 상당한 양의 원고를 준비했지만 여러 이유로 발표를 미루었다. 그러다가 1858년, 말레이반도에서 동물을 연구하던 알프레드 러셀 월러스

(1823~1913)의 편지를 받고 그와 함께 논문을 발표했다. 이어서 1859년, 자신의 생각을 『종의 기원』으로 발간했고, 그 내용은 '진화론'으로 알려졌다.

생물이 스스로 바뀔 수 있다는 현상은 바로 생명체에만 있는 독특하고 특이한 현상이었다. 생명체란 잘 알다시피 생명을 유지하고 후손을 만들었다. 그러면서 환경에 따라 달라졌다. 생명체가 아닌 물체에서는 그런 현상이 있을 수 없었다. 다윈은 그 현상을 발견했고 설명했다.

❁ 깊은 생각에 잠긴 노년의 찰스 다윈.

진화론이 발표되자 교회가 반발했다. 그러나 1860년 6월, 성공회 윌버포스 주교가 학회에서 톡톡하게 창피를 당한 후, 교회의 반발이 미미해졌다. 생명체만의 고유한 능력이자 특성은 학자들과 일반인들의 지지를 받았고 널리 알려지기 시작했다. 다윈의 업적은 한 마디로 성경과 교회의 속박에서 시민들을 풀어주었다. 예컨대, 옛날에는 아담이 자고 있을 때, 갈비뼈를 뽑아 이브를 만들었다는 구약성경 때문에 의사가 사람의 갈비뼈가 24개라는 말을 공공연히 하지 못했다. 또 사람이 죽은 이유를 알려고 부검을 하려면 교회의 허락을 받아야 했다. 그러나 진화론이 인정되면서 부담 없이 사실을 사실대로 말할 수 있게 되었고, 필요한 일을 할 수 있게 되었다.

이제는

진화 현상은 환경에 가장 잘 적응해 살아가는 생물종이 살아남아서 발전한다는 '최적자 생존最適者生存'으로 요약된다. 이제는 상당수의 사람은 진화론을 받아들인다. 진화 현상은 생명이 있는 생물에만 있는 자연 현상의 일부일 뿐이며, 종교의 믿음과는 완전히 다르다. 그러므로 종교의 믿음이나 가르침으로 진화라는 자연 현상을 이해할 수 없다. 종교의 믿음과 자연 현상의 해석을 혼동하면 안 된다. 종교와 과학은 목적이 다르고 재료와 해결하는 과정이 다르고 마음가짐이 다르다.

생물의 진화 현상에 관한 다윈의 공적은 잘 알다시피 단순히 생물학에 이르지 않고, 우리의 생각까지 바꾸었다는 점이다. 인간과 생물은 스스로 발전할 능력이 있다는 생각은 그런 생각을 하지 못했던 때에 비하면 엄청난 변화이다. 우리가 매사를 열심히 하여야 할 과학적인 당위성이 생긴다. 나아가 다른 사람들을 이해할 수 있게 되었다.

1953년, 핵염기가 이중나선二重螺旋으로 감겨있다는 것이 발견된 이래 진화 연구는 완전히 새로운 국면을 맞이했다. 그러므로 러시아 태생에 미국의 유전진화학자 테오도시우스 도브잔스키(1900~1975) 교수는 "생물학에서 진화 없이 이해할 수 있는 것은 하나도 없다" 라고 말했을 정도였다. 실제로 현대생물학은 '진화생물학'이라고 불러야 할 정도로, 생물의 진화 현상을 빼어놓고는 의미가 없다. 나아가 20세기 최고의 조류학자이자 생물학자인 에른스트 마이르(1904~2005) 교수도 진화의 진실을 인정하고 다윈을 지지했다.

생물은 살아남으려는 본능으로 환경에 적응해 스스로 변하고 발달한다. 세포와 유전자 급에서도 진화 현상이 확인된다. 그러므로 분자생물학자들은 유전자에서 진화하는 과정을 연구한다. 나아가 유전자에 충격을 주어 새로운 유전자를 가진 개체를 만든다. 이제는 그 단계를 넘어 인간이 유전자를 편집해서 개체의 건강과 일생에 영향을 끼치고 개체 자체를 개선하기에 이르렀다. 앞으로는 유전자를 바탕으로 한 진화 연구는 전문가도 예상하기 쉽지 않을 정도로 발달할 것이다.

차례

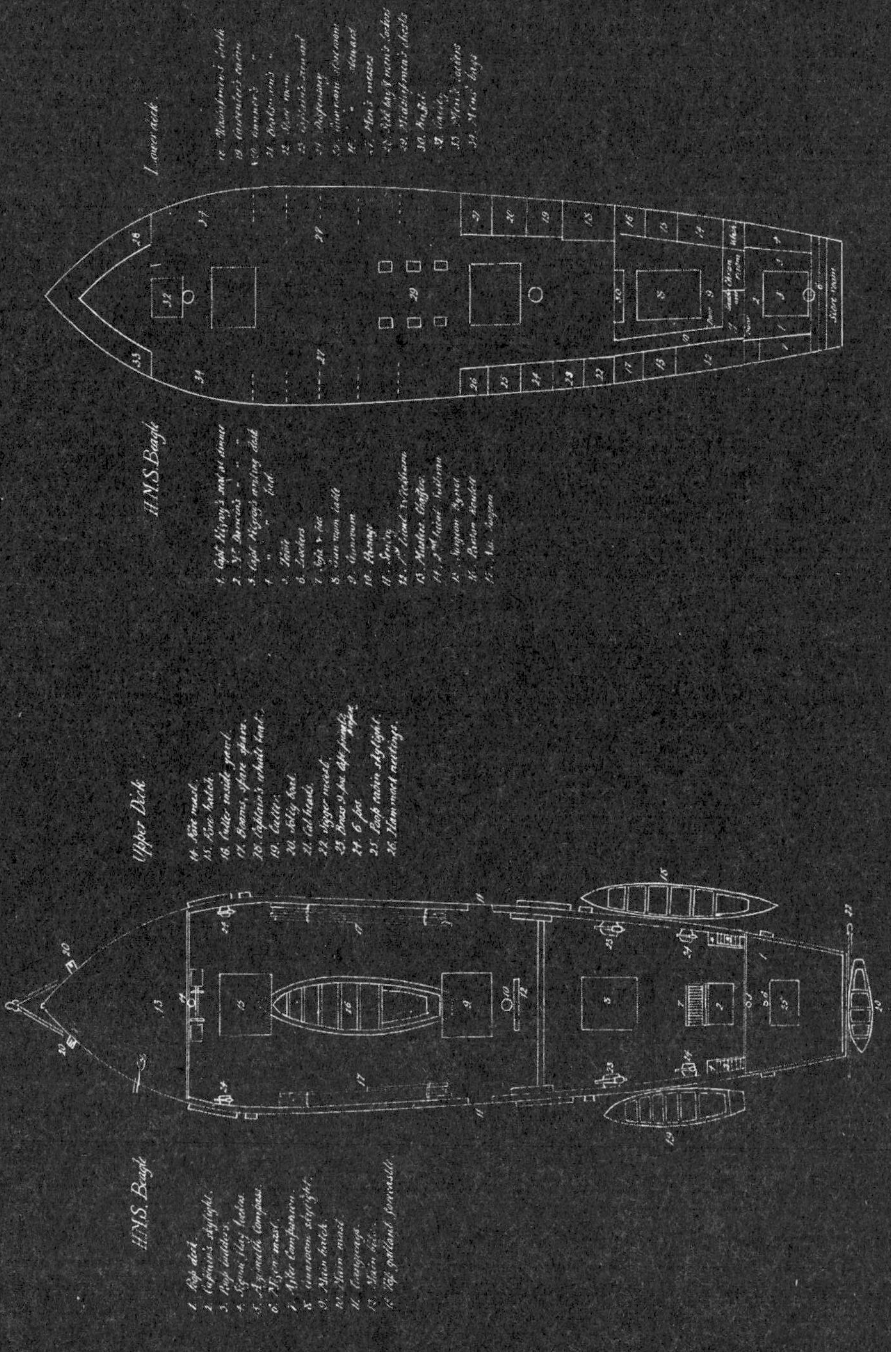

상세하게 그린 비글호의 상부 갑판과 하부 갑판.

다윈의 머리말

내가 이 항해기 초판의 머리말과 『비글호 항해 보고서』 동물학 편에서, 피츠로이 함장이 자신이 생활할 장소를 내어주면서까지 과학을 연구하는 사람을 태우고 싶다는 뜻을 표했고, 내가 내 뜻으로 지원했고, 그 지원이 수로학자 보포트 함장의 친절로 해군 대신의 재가를 받았다는 것을 말했다. 우리가 찾아갔던 여러 지역의 박물학을 연구하게 된 기회가 모두 피츠로이 함장의 덕분으로, 내가 이 자리를 빌려 그에 대한 고마움을 다시 한번 더 표한다. 덧붙이면 우리가 함께 있었던 5년 동안 나는 그에게 아주 따뜻한 정을 느꼈으며 끊임없는 도움을 받았다. 내가 비글호의 피츠로이 함장과 모든 사관이* 긴 항해 동안에 나에게 베풀어준 한결같은 친절을 언제나 대단히 고맙게 생각할 것이다.

이 책에서는 보통 독자들이 흥미를 가지리라 믿는, 우리가 찾아갔던 곳의 박물학과 지질 관찰 사실들을 일기 형식으로 이야기 하고 있다. 이 판에서는 어떤 부분을 축약하고 고쳤으며, 여러 사람이 많이 읽도록 어떤 부분에는 약간을 추가했다. 그러

* 이 자리를 빌려, 내가 발파라이소에서 아팠을 때, 비글호의 군의관인 바이노 씨가 베풀어주었던 친절에 깊이 감사한다.

나 박물학자들이 상세한 것을 알려면, 탐험에서 얻은 과학에 관한 결과를 다룬, 더 큰 책을 찾아보아야 한다는 것을 알고 있으리라고 믿는다. 『비글호 항해 보고서』 동물학 편에는 다음과 같은 내용이 포함된다. 곧 오언 교수가 쓴 화석포유동물, 워터하우스 씨가 쓴 살아있는 포유동물, 굴드 씨가 쓴 조류, J. 제닌스 목사가 쓴 어류, 벨 씨가 쓴 파충류에 관한 내용이다. 내가 각 종을 기재한 부분의 끝에 습성과 분포 범위를 추가했다. 이 보고서들이 바로 위에서 이야기한 저명한 학자들의 높은 학구 능력과 사심 없는 열의의 덕분으로, 재무성 최고위원회가 관대하지 않았더라면 착수되지 않았을 것이다. 재무장관의 주장에 따라 인쇄비의 일부로 1,000파운드를 받았다.

나는 『산호초의 구조와 분포』, 『비글호 항해 동안에 찾아간 화산섬들』, 『남아메리카 지질』에 관한 별도의 책들을 발간했다. 지질학회지 6권에는 표력과 남아메리카 화산 현상에 관한 내 논문이 실려 있다. 워터하우스 씨, 워커 씨, 뉴만 씨, 화이트 씨가 항해에서 채집된 곤충들에 관한 훌륭한 논문들을 썼으며, 많은 다른 사람들도 그 뒤를 따르리라 믿는다. 아메리카 남부지방에서 채집한 식물들을 J. 후커 박사가 남반구의 식물에 관한 좋은 논문 속에서 발표할 것이다. 그가 갈라파고스 제도의 식물들을 『린네 학회지』에서 발간하는 별도의 책으로 발표할 것이다. 목사인 헨슬로 교수가 킬링 군도에서 내가 채집한 식물들의 목록을 발표했으며, J. M. 버클리 목사가 은화식물들을 기재했다.

내가 이 항해기와 다른 책들을 쓰면서, 위에서 이름을 말하지 않은 여러 박물학자한테 신세를 진 것을 대단히 고맙게 생각한다. 그리고 나의 특별한 고마움을 목사인 헨슬로 교수님께 드려야 하는 바, 그분은 내가 캠브리지 대학교 학부학생이었을 때 박물학에 관한 흥미를 일깨워주셨고-내가 없을 때는 내가 집으로 보낸 표본들을 책임지셨고, 편지를 통해 나를 가르치셨고-내가 돌아오자 가장 가까운 친구라야 해줄 수 있는 모든 도움을 내게 주셨기 때문이다.

켄트 주 브롬리 다운에서

1845년 6월

제1장 케이프 데 베르데 제도의 산 자고 섬

포르토 프라이아-리베이라 그란데-바람에 날린 적충류가 섞인 먼지-군소와 문어의 행동-화산 분출로 만들어지지 않은 세인트 폴 암초-기묘한 껍데기-곤충이 섬에 처음 서식해-페르난도 노론하-바이아-번쩍이는 바위-가시복의 행동-바닷물에 떠서 사는 사상녹조류와 적충류-바다의 색깔이 변하는 원인들

1831년 12월 27일, 전함 비글호가 데본항을 출발했다. 피츠로이 함장이 지휘하는 이번 항해의 목적은 킹 함장이 1826년~1830년까지 조사한 파타고니아와 티에라델푸에고 섬을 조사하고, 칠레와 페루의 해안과 태평양에 있는 몇 개의 섬을 탐사하고, 세계 곳곳의 경도를 측정하는 것이다. 1월 6일, 비글호는 테네리페 섬에 도착했다. 그러나 섬에서는 콜레라의 전염을 우려하여

☸ 테네리페 섬의 산타크루스 포구. 멀리 높은 화산 봉우리들이 보인다.

우리의 상륙을 불허했다.

1832년 1월 16일, 우리는 케이프 데 베르데 제도에서 가장 큰 섬인 생자고의 포르토 프라이아에 닻을 내렸다. 바다에서 바라본 프라이아 부근의 경치는 황량했다. 책상같이 반듯한 땅이 계단처럼 잇달아 솟아 있으며, 꼭대기가 잘린 것 같은 원추형 산들이 여기저기 흩어져 있었다. 비는 거의 오지 않으나, 연중 아주 짧은 기간에 퍼붓듯이 왔다. 그러면 이내 틈이라는 틈에서 푸른 풀이 빠짐없이 돋아났다. 가장 흔한 새는 물총새로, 아주까리 나뭇가지 위에 얌전히 앉아 있다가 메뚜기나 도마뱀을 발견하면 쏜살같이 공격했다. 색깔이 예쁘지만 유럽에 있는 물총새만큼 예쁘지는 않았다.

☸ 영국에 콜레라가 생겼다는 소문으로 다윈 일행이 상륙하지 못한 산타크루스 섬.

어느 날, 사관 두 사람과 말을 타고 포르토 프라이아에서 동쪽으로 몇 마일 떨어진 리베이라 그란데 마을로 갔다. 세인트 마틴 골짜기에 도착할 때까지 예의 그 칙칙한 갈색 풍경이 펼쳐졌으나, 이곳부터는 작은 시냇물이 대단히 훌륭한 녹지를 만들어 놓았다.

한 시간쯤 걸려 우리는 리베이라 그란데에 도착했다. 포구가 메워지기 전, 이 작은 마을은 섬에서 가장 중요한 곳이었다. 침울한 분위기를 자아내면서도 그림과 같이 아름다운 풍경이었다. 오래된 교회 건물들이 모여 있는 곳에는 섬의 총독들과 장군들이 묻혀 있었다. 묘비 몇 개의 연대는 16세기까지 올라갔다.* 그 후미진 곳에서 유럽을 생각나게 하는 것은 문장의 장식들뿐이었다.

한 번은 섬 한가운데 있는 산토도밍고 마을로 말을 타고 갔다. 우리가 지나쳐간 그리 넓지 않은 평지에는 몇 그루의 작은 아카시아나무가 있었다. 쉼 없이 부는 무역풍으로 나무 꼭대기가 묘하게 휘어져 있었다. 이 자연 풍향계는 틀림없이 무역풍의 방향을 가리키고 있었다. 황막한 땅을 멍하게 가다가 그만 길을 잃고 푸엔테스에 이르렀다.

푸엔테스 가까운 곳에서 50~60 마리나 되는 큰 기니 닭 떼를 보았다. 경계심이 대단해서 우리는 가까이 갈 수 없었다. 우리가 가면 곧 날아올랐다.

산토도밍고 마을의 모습은 섬의 우울한 풍경과는 완전히 달랐다. 그곳은 높고 험한 계단 모양 용암 벽으로 둘러싸인 골짜기

* 케이프 데 베르데 제도는 1449년에 발견되었다. 거기에는 1571년에 세운 주교의 묘비가 있었으며, 단검을 쥔 1497년 손 등도 있었다.

바닥에 자리 잡고 있었다. 마침 잔칫날이어서 마을은 사람들로 꽉 차 있었다. 돌아오는 길에 잘 차려입은 흑인 여자들을 따라가게 되었다. 우리가 다가가자, 그 여자들은 갑자기 돌아서서 길바닥에 숄을 깔고는 손바닥으로 자신들의 다리를 두드리며 큰소리로 명랑하게 노래를 부르기 시작했다. 동전 몇 닢을 던져주자, 그 여자들은 크게 웃으면서 그것들을 주웠다.

어느 날 아침은 이상하게 시야가 유난히 맑았다. 영국의 경험으로 보아 공기가 습기를 흠뻑 머금은 것이라 판단했다. 그러나 사실은 정반대였다. 습도계의 기온과 이슬점의 차이가 16.5℃나 되었다.

대기는 대체로 약간 부옜다. 이는 아주 고운 먼지 때문인데, 이 먼지 때문에 기상 관측 장비가 조금 고장 난 것이 나중에 밝혀졌다. 포르토 프라이아에 정박하기 전날 아침, 돛대 끝에 달린 풍향계의 천에서 걸러져 모인 갈색의 고운 먼지를 한 주머니 모았다. 라이엘 씨는 나에게 먼지 네 주머니를 보내주었는데, 이 섬에서 북쪽으로 수백 마일 떨어진 배에서 모은 것이었다. 에렌베르크 교수는 이 먼지가 이산화규소 껍데기를 가진 적충류와 식물의 규산질 조직이라는 것을 알아냈다.[*1)] 그는 내가 보낸 먼지 다섯 주머니에서 최소 67종의 생물을 확인했다. 먼지가 떨어질 때 부는 풍향과 대기 중으로 먼지구름을 높게 불어 올리는 하르마탄 달에만[2)] 먼지가 떨어지는 것으로 보아, 먼지는 모두 아프

* 이 훌륭한 박물학자가 내가 채집한 표본을 조사했다. 이 자리를 빌려 깊은 고마움을 표한다. 나는 이 먼지에 관한 내용을 충분히 정리해 지질학회로 보냈다(1845년 6월).

리카에서 온다. 그러나 이상하게도 아프리카에만 있는 적충류를 많이 알고 있는 에렌베르크 교수는 내가 보낸 먼지에서 아프리카 적충류를 한 종도 발견하지 못했다. 대신, 그 속에서 지금까지 남아메리카에만 있는 것으로 알려진 적충류 두 종을 발견했다. 배가 아프리카 해안에서 수백-1천 마일 이상 떨어져 있을 때도 먼지가 떨어졌다.

이 섬의 자연 현상 가운데 가장 흥미로운 것은 섬의 지질이다. 포구에 들어서면 완전히 수평인 하얀 지층이 수면 위 약 45피트 높이에서 해안 절벽을 따라 몇 마일에 걸쳐 뻗어 있다. 하얀 지층은 조개껍데기가 수없이 박힌 석회질 물질로 되어 있다. 조개의 대부분은 인근 해안에서 산다. 하얀 지층은 오래된 화산암 위에 얹혀 있고, 그 위에 현무암이 덮여 있다. 현무암이 흘러내려 바다 밑바닥에 있던 흰색 조개껍데기 층을 덮은 게 틀림없다. 내가 알기로는 역사 시대 이후로 생자고 섬 어디에도 화산이 폭발한 흔적은 없다. 그래도 해안에서는 용암이 흘러간 흔적을 볼 수 있다.

이곳에서 해양동물 몇 종의 행동을 관찰했다. 대단히 많은 바다 민달팽이의 길이는 약 5인치이고 자주색 줄이 있는 더러운 누런색이다. 양쪽에는 발이라고도 볼 수 있는 넓은 막이 있다. 이 민달팽이는 펄이 있는 얕은 물 속 돌멩이 사이에서 자라는 연한 해초를 먹고 산다. 이 바다 민달팽이를 집적거리면, 대단히 고운 적자색 액체를 뿜어내 약 1피트의 둘레를 물들인다.

문어들은 썰물 때 생겨나는 웅덩이에 흔하지만 생각처럼 쉽게 잡히지 않는다. 돌에 들어붙으면 웬만큼 힘을 쓰지 않고는 잡아뗄 수가 없다. 때로는 웅덩이 한쪽에서 다른 쪽으로 쏜살같이 헤엄치며 진한 밤색 먹물을 내뿜는다.

내가 자신들을 보고 있다는 것을 잘 아는 문어는 얼마 동안 꼼짝하지 않고 있다가, 이윽고 생쥐를 쫓아가는 고양이처럼 살금살금 앞으로 나아갔다. 때로는 몸 색깔을 바꿨다. 그렇게 해서 깊은 곳에 이르자 숨을 구멍을 찾아 들어간 뒤, 그 구멍을 가리기 위해 먹물을 잇달아 뿜어댔다. 문어는 머리를 잘 주체하지 못해, 땅 위에 올려놓으면 쉽게 기어가지를 못한다. 선실에 갖다 놓은 문어 한 마리가 어두울 때 약한 형광을 내었다.

세인트 폴의 암초_ 2월 16일 아침, 대서양을 내려오면서 북위 0도 58분, 서경 29도 15분에 있는 세인트 폴 섬 근처를 지나갔다. 남아메리카 해안에서 540마일, 페르난두 노로냐 섬에서 350마일 떨어진 이 섬에서 가장 높은 곳이 겨우 해발 50피트이며, 섬 둘레는 3/4마일이 채 안 된다. 이 작은 섬이 대양의 한가운데 불쑥 솟아 있다.

세인트 폴의 암초는 멀리에서 볼 때는 찬란히 빛나는 흰색이다. 이는 수많은 바닷새의 배설물과 바위 겉에 단단하게 눌러붙은 진주빛의 단단하고 미끈거리는 물질 때문이다. 이 물질을 확대경으로 보면, 수많은 겹의 얇은 층으로 되어 있고 전체 두께는 0.1인치 정도이다. 동물성 물질이 많이 포함된 것으로 봐서, 확실히 새의 배설물이 빗물이나 바닷물과 뒤섞여 생긴 것으로 보인다. 조개껍데기 모래가 모이는 어센션 섬의 일부 해안에서는 드나드는 바닷물 때문에 이 껍데기가 바위 위에 쌓이는데, 축축한 벽에서 가끔 볼 수 있는, 하등식물(마르찬티애 지의류)을 닮았다. 잎의 표면에서는 아름다운 광택이 나고, 햇빛에 많이 노출된 부분은 새까맣다. 이 껍데기를 몇몇 지질학자에게 보여줬는데, 그들 모두가 그것이 화산이나 화성암에서 만들어진 것으로 생각했다!

❋ 어센션 섬의 조석이 드나드는 해안에서 채집된 하등식물을 닮은 껍데기. 바위 표면에 눌러 붙어있으며 석회질염과 동물성 물질로 되어있다.

세인트 폴의 암초에서 사는 새는 부비와 노디 두 종뿐이다. 부비는 가마우지, 노디는 제비갈매기의 일종이다. 찾아오는 사람이 없어, 지질 조사용 망치로 얼마든지 잡을 수 있었다. 부비는 맨 바위에 알을 낳지만, 노디는 해초로 아주 엉성한 둥지를 만든다. 많은 둥지 옆에는 작은 날치가 한 마리씩 있다. 우리가 어미 새를 집적거리자 바위틈에 사는 큼직한 바위게가 물고기를 재빨리 훔쳐 갔다. 이곳에 상륙한 몇 안 되는 사람 가운데 한 사람인 W. 사이먼스 경은 이 게가 둥지에서 새끼 새를 끄집어내어 먹는 것을 보았다고 나에게 얘기했다. 이 섬에는 풀 한 포기, 이끼 하나 자라지 않는다. 그런데도 몇 종의 곤충과 거미가 있다. 태평양에 산호초가 생기면 곧 야자나무 같은 멋있는 열대식물이 자라고, 다음에 새가 오고, 마지막으로 사람이 오는 것이 흔한 이야기다. 그러나 그러한 속설은 대양에 새로 생긴 땅에는 깃털과 먼지를 먹고 사는 곤충과 기생곤충과 거미가 먼저 온다는 나의 관찰에 따르면 사실이 아니다.

2월 20일, 페르난두 노로냐_ 이 섬의 가장 뚜렷한 특징은 높이 약 1천 피트의 원추형 언덕의 윗부분 경사가 대단히 급하고 한쪽이 아래쪽보다 불쑥 앞으로 튀어나와 있다는 점이다. 암석은 포놀라이트이며[3] 불규칙한 기둥 꼴 암괴로 나누어져 있다. 누구라도 이 암괴를 보는 순간, 반쯤 굳은 상태에서 솟아올라 왔다고 믿을 것이다. 반 액체 상태의 바위가 약한 지층 사이를 뚫고 들어와 만들어졌다는 것을 세인트 헬레나 섬에서 확인했다. 약한 지층이 이 거대한 오벨리스크의 거푸집이 되었다.

2월 29일, 브라질의 바이아 또는 산 살바도르_ 날짜가 즐겁게 지나갔다. 우아한 풀들, 신기한 기생식물들, 아름다운 꽃들, 반짝거리는 초록색 잎, 그러나 무엇보다도 풍성하게 우거진 숲 전체가 감탄을 연발케 한다. 소리와 정적이 뒤섞여 숲의 그늘진

산 살바도르, 바이아의 만을 내려다보는 건물들이 웅장하다.

부분을 파고든다. 곤충 소리가 하도 요란해서 해안에서 수백 야드 떨어져 정박한 배에서도 들릴 정도였다. 몇 시간을 헤맨 뒤에 상륙했던 장소로 발길을 돌렸다. 그러나 도착하기 전에 열대 지방의 폭우에 붙잡혔다. 나무 아래로 피했다. 숲이 워낙 울창해서 보통 영국의 비라면 능히 막을 수 있었을 텐데, 폭우는 불과 몇 분 만에 작은 실개천을 만들었다.

적어도 2,000마일이나 되는 브라질 해안 전체와 내륙 상당 부분에 걸쳐 화강암이 나타난다. 지질학자 대부분은 화강암이 압력과 열을 받아 결정된 물질로 생각한다. 화강암은 신기한 생각을 많이 하게 한다. 이 화강암이 아주 깊은 대양의 밑바닥 아래에서 생겼는가? 과거에 그곳을 덮었던 지층들이 없어졌는가? 무한에 가까운 긴 시간 동안 작용한 어떤 힘이 수만 제곱리그나 되는 넓은 지역에 걸쳐 화강암을 노출시킬 수 있다는 것을 믿을 수 있는가?[4)]

하루는 바닷가 웅덩이에 갇힌 채 헤엄치고 있던 가시복의 행동을 흥미롭게 지켜보았다. 껍질에 가시가 돋은 이 물고기는 몸을 공처럼 둥글게 부풀리는 능력으로 유명하다. 녀석은 공기를 들이마셔 몸속으로 밀어 넣은 다음, 근육을 수축시켜 공기가 나오는 것을 막는데, 이는 밖에서도 보인다. 그러나 입을 벌린 채 움직이지 않고 있는 동안 물이 벌어진 입속으로 조용히 흘러 들어간다. 배 쪽의 껍질이 등 쪽의 껍질보다 많이 늘어져 있어, 등을 아래로 해서도 뜬다. 가시복은 뒤집은 자세로 똑바로 나아갈 수 있으며 어느 방향으로든지 돌 수도 있다. 돌 때는 등지느러미만 움직이고 꼬리는 늘어뜨린 채 쓰지 않는다.

가시복은 불룩한 자세로 얼마 정도 누운 후, 상당한 세기의 물과 공기를 입과 아가미로 내뱉는다. 이 물고기에는 몇 가지 방어 수단이 있다. 따끔하게 물 수도 있고, 어느 정도의 거리까지는 물을 뿜을 수 있으며, 턱을 움직여 이상한 소리를 낼 수도 있다. 몸을 부풀리면 몸을 덮은 가시가 빳빳해진다. 그러나 가장 신기한 것은 몸에 손을 대면 배의 껍질에서 대단히 아름다운 새빨간 실 같은 물질이 나온다는 사실이다. 이 물질이 상아와 종이를 물들여 지금까지도 새빨갛다. 포레스의 앨런 박사는 상어의 위장 속에서 살아 있는 가시복을 자주 보았고, 가시복이 상어의 위벽뿐 아니라 옆구리를 뚫고 나와 그 때문에 상어가 죽은 것을 몇 번이나 보았다고 했다.

3월 18일_ 우리는 바이아를 떠났다. 며칠 후 바다가 적갈색으로 보여 호기심이 생겼다. 배율이 작은 망원경으로 살펴보니, 수면 전체가 끝이 뾰족하게 잘린 건초 같은 것들로 뒤덮인 듯 보였다. 20~60개 정도가 모인, 작은 실린더 모양의 사상녹조류였다. 버클리 씨는 그것이 홍해紅海에서 발견되는 것과 같은 종이라고 알려주었다. 홍해라는 이름도 거기에서 유래했다. 그들의 숫자는 어마어마했다. 배가 그 띠를 몇 개나 지나갔다. 띠 하나는 폭이 약 10야드, 길이는 적어도 2.5마일은 되었다. 쿡 함장은 그의 세 번째 항해에서 선원들이 그것을 바다톱밥이라고 불렀다고 적었다.

인도양의 킬링 환초 근처에서 수 제곱인치의 작은 사상녹조류 덩어리를 많이 보았는데, 녹조류는 맨눈에는 거의 보이지 않을 정도로 아주 얇고 긴 실린더 모양의 실 같았다. 양쪽 끝이 가는 원추형의 꽤 큰 물체들과 섞여 있었다. 이것 중 두 개를 붙여 그림을 그렸다. 실린더 모양의 끝부분은 알갱이 모양의 물질로 되어 있고, 가장 두꺼운 가운데 부분에는 초록색 방 같은 게 보인다. 몇 개의 표본에서는 갈색 알갱이처럼 생긴, 작지만 둥근 덩어리들이 표본을 채우고 있다. 나는 그들이 만들어지는 신기한 광경을 보았다. 이 물체들이 그림처럼 원추형을 맞대고 붙으면 그 끝에 방이 생겼다.

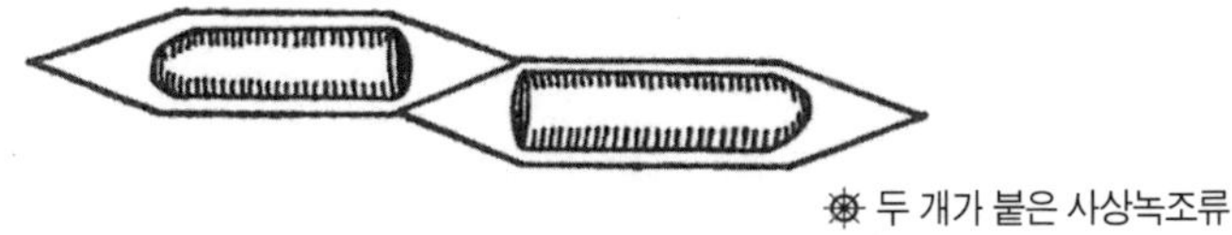

❋ 두 개가 붙은 사상녹조류

생물과 관련해서 바다의 색깔이 변한 몇 가지 경우를 덧붙이겠다. 콘셉시온에서 북쪽으로 10마일쯤 떨어진 칠레 해안에 있었을 때였다. 비글호는 장마로 불어난 강물처럼 진흙 색깔을 띤 거대한 띠를 지나갔다. 발파라이소 남쪽 1도, 육지에서 50마일 떨어진 곳에서도 마찬가지였다. 이때는 띠의 폭이 더 넓었다. 유리그릇에 담아 자세히 봤더니, 연한 붉은빛을 띠고 있었다. 현미경으로 보니, 달걀 모양의 작은 동물들이 빠르게 움직였으며 터지기도 했다. 몇 번은 몸이 터지기 전에 잠시 회전했다. 물방울에 담긴 것들은 약 2분 후에 죽었다. 섬모를 떨며 좁고 뾰족한쪽을 앞으로 해서 움직였는데, 보통은 빠르게 출발했다. 그 숫자는 무한했는데, 내가 작게 나눌 수 있었던 가장 작은 크기의 물방울에도 그 수가 대단히 많았기 때문이다. 어느 날, 우리는 또 한 번 그렇게 변색된 두 개의 띠를 지나갔다.

티에라델푸에고 섬에서 멀지 않은 곳에서는 큰 새우를 닮은 갑각류 때문에 밝은 빨간색으로 바뀐 좁다란 바닷물 띠를 보았다. 물개를 잡는 사람들은 그것을 고래밥이라고 불렀다. 고래가 그것을 먹는지는 알 수 없으나 제비갈매기와 가마우지, 해안 곳곳에 있는 수많은 바다표범은 이 헤엄치는 게를 주로 먹는 것이 확실했다.[5] 선원들은 바다 색깔이 변하는 것을 언제나 물고기의 알 탓으로 돌린다. 그러나 나는 단 한 번 그런 경우를 보았을 뿐이다.

위의 이야기에는 두 가지 특이한 내용이 있다. 첫째, 변두리가 뚜렷한 띠를 만드는 여러 개체가 어떻게 모이는가? 새우를 닮은 게의 경우는 그들이 마치 대열을 갖춘 군인처럼 동시에 움직였다. 그러나 이런 움직임은 사상녹조류처럼 자유롭게 움직이는 것들에게서는 일어날 수 없다. 둘째, 띠의 길이와 폭은 어떻게 결정되는가? 그것들의 겉모양이 소용돌이치는 곳에 모인, 거품이 길게 풀리는 격류에서 볼 수 있는 모양을 닮아 기류나 해류의 효과로 돌리지 않을 수 없다. 그러나 고백하건대, 무수한 수의 작은 동물과 적충류가 한 곳에서 생긴다는 것을 상상하기란 대단히 힘들다. 배아의 부모들이 바람과 물결로 온 바다에 퍼지기 때문이라고 아무리 가정을 한다 해도, 나는 그들이 선 모양으로 길게 모이는 것을 이해할 수 없었다.[6]

축약자 주석

1) 19세기 생물학자들이 현미경으로 보아야 할 작은 생물을 적충류라는 이름으로 분류했다. 에렌베르크 교수가 감정한 다윈의 적충류가 실제는 물에서 사는 작은 식물인 규조라는 의견이 있다.
2) 하르마탄(Harmattan)은 11월 말부터 3월 중순에 서아프리카에서 부는 건조하고 먼지가 많은 북동무역풍을 말한다. 사하라사막에서 기니 만까지 부는 이 바람에 사하라사막의 먼지와 미세한 모래가 섞인다. 하르마탄이 부는 때는 건조하고 기온은 밤낮의 차이가 커서 겨울과는 다르다. 예컨대 9℃까지 떨어지는 기온은 오후에는 30℃까지 올라가는 수가 있으며 습도는 5%가 되지 않을 정도이다.
3) 포놀라이트(Phonolite)는 알칼리성이나 중성의 아주 드문 화산암의 하나로, 두드리면 종소리 같은 땅땅땅 소리가 나는 것이 특징이다. 광물의 입자는 눈에 보이지 않을 정도로 아주 작은 경우가 많다. 그러나 크고 작은 입자가 섞이는 수도 있다.
4) 화강암은 지하에서 고압과 고온에 바위들과 퇴적물이 녹은 마그마가 부근의 바위를 뚫고 들어가서 천천히 식은 심성암(深成岩)이다. 화강암이 지면에 노출되었다는 것은 그 바위에 뚫린 바위가 침식되었기 때문이다. 영어권에서는 1리그(league)가 4.8km이며 스페인어권에서는 4.23km이다.
5) 큰 새우를 닮은 헤엄치는 게는 난바다 곤쟁이(크릴)로 알려진 동물플랑크톤이다. 전 세계 대양에 있으며 남빙양에서는 수염고래와 다른 많은 동물의 먹이가 된다. 한편, 상당히 크고 빨간 색깔에 넓적한 헤엄치는 게도 있다.
6) 바다 색깔이 변하는 현상을 보통 적조(赤潮)라고 한다. 편모충류와 남조류와 규조류와 적색세균과 야광충 같은 아주 작은 생물들이 번성해서 생긴다. 다윈이 목격한 적조는 자연 현상이지만, 요사이는 바닷물이 더러워져 생기기도 한다.

제2장 리오 데 자네이로

리오 데 자네이로-케이프 프리오 북쪽까지 갔다 와-거대한 증발작용-노예 제도-보토포고 만-땅에서 사는 와충류-코르코바도 산 위의 구름-심한 비-우는 개구리-인광을 내는 곤충들-방아벌레의 튀어 오르는 힘-파란 아지랑이-나비가 내는 소리-곤충-개미-거미를 죽이는 말벌-기생거미-에페이라 거미의 술책-모여서 사는 거미-거미줄을 대칭이 되지 않게 치는 거미

1832년 4월 4일부터 7월 5일까지[1]_ 리오 데 자네이로에 도착해 며칠이 지났을 즈음 한 영국인을 알게 되었다. 그는 수도에서 100마일 정도 떨어진, 케이프 프리오 북쪽에 있는 자신의 땅으로 가려고 했다. 고맙게도 그는 나에게 그곳에 함께 가자고 했다.

❀ 사람들이 분주하게 움직이는 리오 데 자네이로. 짐을 이고 가는 사람들은 흑인 노예들이다.

4월 8일_ 일행이 일곱 사람이 되었다. 날씨가 굉장히 뜨거웠다. 프라이아 그란데 뒤쪽 언덕을 지나갈 때는 경치가 굉장했다. 정오쯤 평지에 있는 작은 마을 이타카이아에 도착했다. 달이 일찍 떠서 우리는 라고아 마리카 호수에 있는 잠 잘 곳으로 떠나기로 했다. 경사가 급하고 불모인 거대한 화강암 언덕 아래를 지나갔다. 이곳은 주인한테서 도망친 흑인 노예들이 농사를 지으며 살던 곳으로, 오랫동안 소문이 자자했다. 그 언덕 아래를 지나 몇 시간 더 말을 타고 갔다. 마지막 몇 마일은 길이 매우 험했다.

4월 9일_ 우리는 해가 뜨기 전에 누추한 숙소를 떠났다. 물고기를 잡아먹는 해오라기나 황새 같은 아름다운 새들과 즙이 풍부하고 더없이 멋진 식물들 덕분에 지루함을 잊을 수 있었다. 해가 뜨면서 날씨가 무척 무더워졌다. 하얀 모래가 반사하는 빛과 열기가 대단했다. 우리는 만데티바에서 저녁을 먹었다. 그늘에서도 온도계는 28.7℃를 가리켰다. 깜뽀스 노보스에서는 꽤 여러 가지를 먹었다. 저녁 식사로 쌀밥에 닭고기와 비스킷과 포도주와 독한 술이 나왔고 밤에 커피가 나왔으며 아침에는 생선과 커피가 나왔다. 이 모두와 말에게 먹이를 잘 먹이고도 한 사람당 2쉴링 6펜스였다.[2] 그래도 일행 가운데 한 사람이, 벤다의 주인에게 잃어버린 말채찍을 묻자, 주인이 "아마도 개들이 먹어 버렸을 겁니다" 라고 퉁명스레 대답했다.

만데티바를 떠나 우리는 호수들이 복잡하게 흩어진 지역을 지나갔다. 민물조개가 있는 호수도 있었고 짠물조개가 있는 호수도 있었다. 엄청난 숫자의 연상라조개를 발견했는데, 주민들의 이야기로는 바닷물이 호수로 1년에 한 번 이상 들어가서 물이 상당히 짜다고 했다.

해안을 떠나서 다시 숲속으로 들어갔다. 유럽 나무에 비해 이곳의 나무들은 키가 대단히 크고 몸통이 하얘서 금방 눈에 띄었다. 기생식물들은 웅장하고 화려한 풍경 속에서도 가장 신비로운 존재로 언제나 나를 놀라게 했다. 어느 목초지에는 높이가 거의 12피트는 됨직한 거대한 원추형의 개미집들이 많았다. 말을 타고 길을 나선 지 10시간 만에 엥겐호도에 도착했다. 날이 어두워졌다. 여행하는 내내 말이 견딜 수 있는 엄청난 노동량에도 버티는 걸 보며 감탄을 금치 못했다. 가끔 흡혈박쥐가 말의 양 어깨뼈 사이에 솟아난 부분을 물어 큰 문제가 되었다. 출혈이 문제가 아니라 안장에 눌리며 생기는 염증이 문제였다.

4월 13일_ 우리는 사흘 뒤 소세고에 도착했다. 이곳은 일행 중 한 사람의 친척 농장이 있는 곳이다. 이곳의 집은 창고 같았으나 그곳의 기후에는 아주 알맞았다. 거실에는 금박을 한 의자들과 소파들이 하얗게 회칠한 벽이나 이엉을 엮은 지붕, 유리가 없는 창문과 묘한 대조를 이루었다. 나지막한 언덕 위에 세워진 이 건물들은 사방이 짙은 초록색의 울창한 숲으로 둘러싸여 경작지를 내려다보았다. 이 지역의 주요한 생산물은 커피이다. 커피나무 한 그루에서는 매년 평균 2파운드의 커피가 난다. 어떤 나무에서는 8파운드까지도 난다. 만디오카, 곧 카사바도 많이 재배된다. 이 식물은 버릴 게 없다. 잎과 줄기는 말이 먹고 뿌리는 갈아서 펄프를 만드는데, 그 펄프를 눌러서 말린 다음 구우면 브라질 사람들의 주식인 파린하가 된다. 잘 알려진 사실이지만,

영양분이 아주 많은 이 식물의 즙이 매우 유독하다는 사실은 신기하다. 몇 년 전 이 농장에서 암소 한 마리가 그 즙을 마시고 죽었다.[3] 먹을거리는 풍성해서 어느 날 저녁에는 음식을 모자라지 않게 준비했다고 하더니, 정말 놀랍게도 구운 칠면조 한 마리와 돼지 한 마리가 통째로 나왔다. 낯선 사람이 나타나면 커다란 종을 치거나 작은 대포를 쏘기도 한다. 하루는 해가 뜨기 한 시간 전쯤, 새벽 풍경이 자아내는 엄숙한 고요함에 이끌려 산책에 나섰다. 그 고요함은 흑인들이 소리 높여 부르는 아침 찬송가 소리로 깨어졌다. 이런 농장에서는 노예들은 행복하고 만족한 삶을 산다.

19세기 초 브라질에서는 노예가 수시로 주인에게 얻어맞고 고통을 당했다.

❁ 성당으로 가는 브라질의 농장주 일행.

4월 14일_ 소세고를 떠나 마카 강변에 있는 영지로 말을 타고 갔다. 둘째 날은 길이 없어져, 칼로 덩굴식물들을 쳐내면서 앞으로 나아가야 했다.

이곳에 머물면서 나는 노예국가에서나 일어날 수 있는 잔인한 일을 하나 목격했다. 소송이 일어나, 주인이 부인과 아이들을 가장인 남자 노예에서 떼어내 리오에서 각각 경매하려고 했다. 하지만 그 일은 알 수 없는 이유와 돈 문제로 중지되었다. 그 어떤 잔인한 이야기보다 내가 충격을 받은 일화 하나를 말하겠다. 아주 어리석은 흑인과 함께 페리를 타고 강을 건너고 있었다. 내가 그에게 내 말을 이해시키려고 큰 소리로 말하면서 손짓을 하다가 그만 내 손이 그의 얼굴을 스쳤다. 추측하건대, 그는 내가 화가 나서 자기를 때린다고 생각한 것 같았다. 순간 그는 놀란 표정을 지으면서 눈을 반쯤 감고 두 손을 내려뜨렸다. 자신의 얼굴을 때리려고 하는 주먹을 막는 것조차 무서워했던, 그 힘센 남자를 보는 순간, 내가 느꼈던 놀라움과 혐오감과 수치스러움을 나는 결코 잊을 수 없다. 그 남자는 가장 가련한 동물보다도 더 못한 노예가 되도록 길들여졌던 것이다.[4)]

4월 18일_ 돌아올 때, 소세고에서 이틀을 보내며 곤충을 채집했다. 나무들 대부분이 키는 컸지만 둘레는 겨우 3~4피트였다. 물론 그보다 훨씬 큰 나무들도 몇 그루 있었다. 이곳에는 그 계통에서 가장 멋있는 양배추야자나무도 있었다. 땅에 있는 양치식물과 미모사의 잎들이 아주 아름다웠다. 무성한 미모사 속을 걸으면 민감한 잎들이 늘어지면서 자국이 길게 만들어졌다. 이런 훌륭한 경치에서 멋있는 물체 하나하나를 칭찬하기는 쉽다. 그러나 마음을 채우고 높여주는 신비와 경이로움과 애착심 같은 더 높은 차원의 감정을 적절히 표현하기란 불가능하다.

4월 19일_ 소세고를 떠나 처음 이틀은 왔던 길을 따라갔다. 바다에서 그렇게 멀지는 않아도, 태양이 뜨겁게 내리쬐는 모래밭을 지나가기란 매우 힘들었다. 그때 나는 말이 발걸음을 떼어놓을 때마다 고운 모래에서 부드러운 소리가 난다는 것을 알았다. 사흘째 되는 날에는 다른 길로 들어 작은 마을을 지나갔다. 이 길은 브라질의 주요한 도로 가운데 하나이다. 거리가 모두 부정확하고, 이정표가 있어야 할 자리에는 종종 사람이 죽었음을 표시하는 십자가가 있었다. 우리는 23일 저녁 리오에 왔다.[5)]

그 후 리오에 있는 동안은 보토포고 만의 작은 오두막에 머물렀다. 여기처럼 근사한 나라에 몇 주일을 머무는 것보다 더 신나는 일이 있을까? 생물로 넘쳐나는 풍요로운 곳에는 관심을 끄는 것이 너무나 많아 걸어 다닐 수가 없을 지경이었다.

나는 거의 무척추 동물만 관찰했다. 마른 땅에 살고 있는 와충류渦蟲類가 유난히 흥미를 끌었다. 이들은 많은 종이 짠물과 민물에서 산다. 하지만 내가 관심을 가졌던 종은 건조한 곳을 좋아해, 먹이로 보이는 썩은 통나무 아래에서 살았다. 그들은 보통 작은 괄태충을 닮았으나, 그보다는 훨씬 가늘고, 몇 종은 몸에 아름다운 줄들이 세로로 있었다. 몸 가운데와 가까운 아래, 즉 기는 쪽에 두 개의 작은 구멍이 뚫려 있었다. 이중 앞쪽 구멍으로는 깔때기 모양의 입이 드나들었다. 소금물이나 다른 이유로 몸의 다른 부분이 완전히 죽어도 그 부분만은 한 동안 살아 있었다.

나는 남반구에서 최소 12종의 와충류를 발견했다. 반 디멘스 랜드에서[6] 잡은 몇 마리는 썩은 나무를 먹여가며 거의 두 달 동안 살렸다. 이들 중 한 마리를 가로로 갈라놓으니, 2주일 만에 완전한 두 마리가 되었다. 한번은 다른 하나에는 구멍이 없고, 한쪽에 구멍 두 개가 있도록 갈라놓은 적이 있었다. 갈라놓은 지 25일이 지나자 구멍 두 개를 가진 쪽은 완전해져 다른 완전한 것과 구별되지 않았다. 구멍 없는 쪽은 크기가 아주 커지고, 몸 뒤쪽 끝으로 조직이 이상 발달하더니, 그 속에 컵 모양의 불완전한 주둥이가 생겨났다. 그러나 몸 아래쪽 표면에는 주둥이에 해당하는 구멍이 아직 없었다. 적도 가까이 오면서 날이 뜨거워져 죽지만 않았더라면, 마지막 단계에서는 구조가 완전하게 되었을 것이라고 확신한다.

이 와충류를 처음 발견한 곳은 사냥하던 숲 속이었다. 그 사냥이란 개들이 발견한 동물을 끈질기게 숨어 기다리다가 동물이 나타나면 쏘는 것이었다. 이웃 농부의 아들과 함께 갔는데 그는 야성이 넘치는 브라질 젊은이의 대표쯤 되어 보였다. 낡고 다 찢어진 셔츠와 바지를 입었고, 머리에 아무것도 쓰지 않았으며, 구식 총과 긴 칼을 가지고 있었다. 나와 함께 간 사람은 그 전날 커다란 수염원숭이 두 마리를 잡았다. 하지만 이것들의 꼬리는 하도 잘 감겨, 죽은 다음에도 나무에 매달려 있었다. 한 마리가 나뭇가지에 꽉 매달려 있어 나무를 잘라야만 했다. 원숭이 말고도 갖가지 작은 초록앵무새와 큰 부리새 몇 마리를 잡았다.

보토포고 만 부근의 경치가 아름답다는 것은 워낙 유명해서

⎈ 보토포고 만에서는 코르코바도 산이 보인다.

모르는 사람이 없다. 내가 묵었던 집은 유명한 코르코바도 산 가까이 있었다. 경사가 심한 원추형 산들은, 훔볼트가 편마-화강암이라고 했던 지층들의 특징을 보여주는 것이 틀림없었다. 무성한 숲 가운데 우뚝 솟아오른 이 거대하고 둥근 바위보다 더 놀라운 광경은 다시없을 것이다.

바다 쪽에서 밀려온 구름이 코르코바도 꼭대기 바로 아래에서 구름 띠를 만드는 광경을 자주 지켜보곤 했다. 바람이 산꼭대기 위에서 계속 불어도 구름은 산꼭대기에 고정된 것처럼 보이는 경우가 있다. 이 구름은 위쪽으로 소용돌이치다가 산꼭대기를 빠르게 지나갔다. 그러나 구름이 커지거나 작아지지 않았다. 태양이 지고, 부드러운 남풍이 바위산의 남쪽 벽에 부딪치면서 상층의 찬 공기와 합쳐져 수증기가 응결되었다. 그러나 가벼운 구름 덩어리가 산마루를 지나 북쪽 경사면의 따뜻한 공기의 영향권에 들어와서는 이내 다시 흩어졌다.

겨울이 시작되는 5월과 6월의 기후는 아주 상쾌했다. 가끔 비가 심하게 왔지만, 건조한 남풍이 불어 산책하기에 좋았다. 어느 날 아침, 6시간에 걸쳐 비가 1.6인치나 내렸다. 뜨거운 낮이 지나간 다음, 정원에 조용히 앉아 저녁이 서서히 밤으로 옮아가는 것을 보는 게 아주 상쾌했다. 이런 곳의 대자연은 유럽의 대자연보다 더 요란하다. 청개구리속의 작은 개구리는 수면 위 1인치 높이의 풀잎에 앉아 아주 듣기 좋은 소리로 울었다. 청개구리속은 발가락 끝에 작은 빨판이 있어 수직 유리를 기어오른다.

이때쯤이면 또 반딧불이가 나무 울타리 사이로 이리저리 날아다니는 것이 보인다. 어두운 밤에는 그 불이 약 200보 거리 밖에서도 보인다. 내가 여기에서 채집한 모든 반딧불이는 개똥벌레과에 속하며 대부분이 동양개똥벌레이다. 이 곤충을 자극하면 더욱 밝은 빛을 낸다는 사실을 알았다. 반짝거리지 않을 때는 배의 둥근 환들이 희미해졌다. 빛은 두 개의 환에서 한꺼번에 반짝거렸지만, 처음에는 앞쪽에 있는 환만 알아볼 수 있을 따름이었다. 빛을 내는 물질은 액체인데, 대단히 진득거린다. 바늘로 벌레를 자극하면 언제나 밝아졌다. 어떤 때는 벌레가 죽은 후에도 거의 24시간 동안 환에서 빛이 나왔다. 그러므로 이 곤충은 단시간 불을 감추거나 끄는 힘만 있는 것으로 보이며, 그 밖의 경우 빛을 내는 것은 곤충의 힘과는 관계가 없어 보인다. 한번은 진흙 자갈길에서 발견한 유충 몇 마리를 어느 정도 살렸다. 빨판인 꼬리는 부착기구인 동시에 타액이나 그와 비슷한 액체의 저장소로 쓰인다. 그 유충들에게 날고기를 되풀이해서 먹이면서 꾸준히 지켜보았다. 가끔 유충의 꼬리 끝 부분이 주둥이 쪽으로 가서, 액체 한 방울을 고기 위에 떨어뜨린 다음 고기를 먹기 시작했다.

우리가 바이아에 있을 때, 방아벌레는 빛을 내는 가장 흔한 곤충이었다. 하루는 이 방아벌레를 뒤집어 놓자 튀어 오르려고 힘을 썼다. 머리와 가슴은 뒤로 젖히고 가슴의 가시를 솟아나게 하며, 가시집의 끝에 몸을 의지했다. 뒤로 계속 젖히자 가시는 근육의 힘으로 용수철처럼 휘어졌다. 그러면 방아벌레의 몸이 머리끝과 날개 껍데기 사이에 걸쳐졌다. 그때 갑자기 힘을 빼면 머리와 가슴이 위로 뜨고, 그 결과 날개 껍데기 바닥이 땅바닥을 치면서 방아벌레는 1~2인치를 튀어 올랐다. 가슴의 나온 부분과 가시집은 몸이 튀어 오르는 동안 몸 전체의 균형을 잡아줬다. 갑자기 튀어 오르는 것은 어떤 기계적 수단의 도움 없이 단순한 근육 수축만으로는 되지 않는다.

어느 날인가는 식물원으로 갔다. 장뇌와 후추와 계피와 정향은 잎의 향기가 대단했다. 빵나무와 자카나무와 망고나무는 서로 화려한 잎을 자랑하여 우열을 가리기 힘들었다. 이곳 기후에서 두 나무가 언제나 푸른 잎을 만드는 것은 영국에서 월계수와 호랑가시나무가 연두색 낙엽을 만드는 것과 같다. 열대 지방에서 집들이 항상 아름다운 숲으로 둘러싸여 있는 것은 그 나무들의 대부분이 사람에게 가장 쓸모 있기 때문이다.

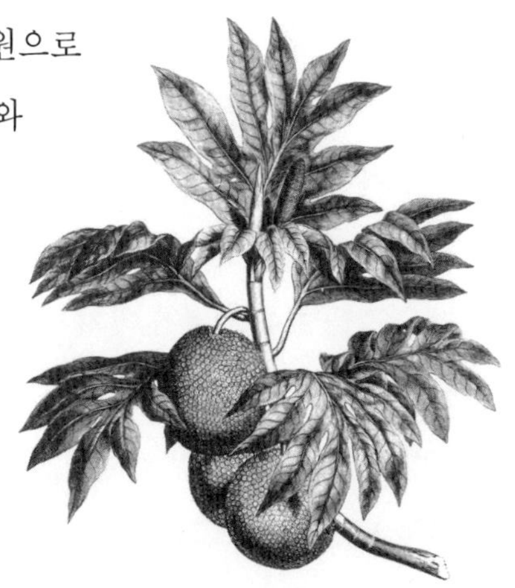

❁ 열매를 먹을 수 있어 원주민과 개척자들의 식품이 된 빵나무.

하루는 '얇은 수증기가 공기의 투명도를 변화시키지 않으면서도 그 색깔을 조화시키고 그 효과를 부드럽게 한다'는 훔볼트의 말을 떠올리게 할 만한 일이 생겼다. 온대지방에서는 결코 본 적이 없었던 현상이었다. 대기가 더없이 맑아, 반 마일이나 3/4 마일 정도의 가까운 거리에서는 시계가 완벽했다. 그러나 더 멀어지면, 모든 색깔이 뒤섞여 기막히게 아름다운 안개를 만들어냈다. 그것은 약간 푸른색이 뒤섞인, 연한 녹색을 띤 회색빛이었다. 그런 효과가 뚜렷한 아침과 정오 무렵 사이의 대기 조건에서 건조해진 것을 빼고는 변한 것이 거의 없었다. 그동안 이슬점과 기온의 차이가 4.2℃에서 9.4℃로 커졌다.

길을 따라 숲 속으로 들어가 500~600피트 되는 곳에 이르자, 리오의 어디를 보아도 볼 수 있는, 흔하지만 아름다운 풍광이 펼쳐졌다. 이 높이에서 보는 경치는 눈이 부실 정도로 아름다웠다. 그 형태와 색조의 장려함이 고국에서 보았던 모든 경치를 능가해 그 감정을 표현할 말을 찾지 못할 정도였다. 나는 이런 산책에서 빈손으로 돌아온 적이 없다. 그날은 히메노팔루스라는 신기한 버섯 한 덩어리를 발견했다. 가을에 역한 냄새를 풍기는 영국 버섯 팔루스를 모르는 사람은 별로 없다. 그러나 그 냄새가 벌레들에게는 향기롭다는 것을 곤충학자들은 알고 있었다. 그와 마찬가지로 거저리과 곤충 한 마리가 그 냄새에 이끌려 내가 들고 있던 버섯 위에 내려앉았다. 이 현상을 통해 멀리 떨어진 두 지역에서 종은 달라도 같은 과에 속하는 식물과 곤충 사이에는 같은 관계가 성립한다는 사실을 알 수 있었다.

브라질에 머물면서 곤충을 많이 채집했다. 크고 아름다운 색깔의 나비목은 다른 어떤 동물보다도 그들이 사는 지역의 특징을 뚜렷하게 보여준다. 내가 굳이 나비 얘기를 하는 것은 얼핏 생각하기에 이곳의 숲이 울창해서 나비가 많을 것 같지만, 온대지방보다 그 숫자가 훨씬 적기 때문이다. 파필리오 페로니아 나비는 보통 오렌지나무 숲에 많이 나타난다. 높이 나는 나비지만 나무줄기 위에도 자주 내려앉는다. 이 나비는 내가 본 것들 중에 달아날 때 다리를 쓰는 유일한 나비이다. 더욱 기묘한 사실은 이

나비가 소리를 내는 능력이 있다는 점이다.* 암수로 보이는 두 마리가 몇 번이나 불규칙하게 날아다녔다. 그때 나는 분명 톱니바퀴가 스프링을 지나갈 때 내는 소리와 비슷한 째깍하는 소리를 들었다. 그 소리는 짧은 간격을 두고 계속되었다. 약 20야드 거리에서도 구별할 수 있었다. 이 관찰은 틀림없다.

갑충류의 전체 모습은 실망스러웠다. 열대 지방에는 육식 갑충의 숫자가 대단히 적은 것으로 보인다. 열대 지방에 아주 많은 육식 네발 동물에 견주면 이 현상은 아주 대조가 된다. 브라질이나 라플라타 온대 지역에서 여러 종의 아름다운 초식 집게벌레가 나오는 것을 보고 충격을 받았다. 식물을 먹는 바구미상과와 잎벌레과가 놀랄 정도로 많다. 메뚜기목과 매미목도 유난히 많다. 벌목도 아주 많은데, 꿀벌은 예외인 것 같다. 열대 숲에 처음 들어오는 사람은 개미들의 노동량에 놀란다. 개미들은 보통 자기 몸보다 더 큰 커다란 나뭇잎 조각을 옮긴다.

때로는 엄청난 숫자의 작고 검은 개미가 이동한다. 개미떼는 맨땅을 지나 몇 무리로 나뉘어서는 오래된 벽을 타고 내려왔다. 많은 곤충들이 개미떼에게 몽땅 갇혔다. 그곳을 빠져나가려는 곤충들의 몸부림은 처절했다. 길에 나온 개미떼는 방향을 바

* 더블데이 씨는 최근(1845년 3월 3일 곤충학회에서) 이 나비가 소리를 내는 데 쓰는 날개의 특수한 구조에 대한 이야기를 했다. 그는 "늑골 시맥과 반늑골 시맥 사이, 앞날개 바닥에 일종의 북이 있다는 것이 눈에 띈다. 게다가 두 시맥 안쪽에 특수한 나사 같은 진동판 또는 통이 있다" 라고 말했다. 랑스도르프의 여행기(1803~1807년, 74쪽)에는 브라질 해안의 세인트 캐서린 섬에는 날아갈 때, "딸랑 딸랑" 소리를 내는 호프만 페브루아라는 나비가 있다는 내용이 있다.

꾸더니 작은 줄을 만들어 벽을 타고 다시 올라갔다. 줄 하나를 흩뜨리려고 작은 돌멩이 하나를 앞에 갖다놓았다. 개미들은 돌멩이를 공격했지만, 꼼짝하지 않자 금방 흩어졌다.

리오 부근에는 새끼를 위하여 베란다 구석에 진흙으로 집을 짓는 말벌 비슷한 곤충들이 대단히 많다. 그 곤충들은 반쯤 죽은 거미들과 풀쐐기들로 집을 채워놓는다. 곤충이 자기 알들이 부화할 때까지 먹이가 죽지 않고 마비될 정도로만 침을 찌를 줄 안다는 사실이 놀랍다. 유충은 반쯤 죽은 먹이를 먹고 자란다. 나는 어느 날 거미말벌과 늑대거미속의 커다란 거미가 벌이는 혈투를 흥미롭게 지켜보았다. 말벌은 먹이를 재빠르게 공격한 다음 날아갔다. 거미가 달아나며 작은 언덕을 굴러 내려간 것을 보니 분명 다친 모양이었다. 하지만 거미는 그때까지도 힘이 남아 우거진 풀숲으로 기어들어갔다. 이내 날아 돌아온 말벌은 먹이를 찾지 못하자 놀란 듯이 보였다. 말벌은 반원을 그리며 날개와 더듬이를 떨었다. 마치 사냥개가 여우를 찾는 것처럼 보였다. 거미는 잘 숨었지만 곧 발견되었다. 말벌은 거미의 턱을 무서워해 한참을 날아다녔다. 하지만 마침내 거미의 목 아래쪽에 독침을 두 번 찔러 넣었다. 얼마 후 거미가 움직이지 않자 말벌은 더듬이로 잘 조사한 다음 거미를 자기 집으로 끌고 가기 시작했다.*

이곳에는 영국에 비하면 거미가 곤충보다 훨씬 많다. 아마

* 펠릭스 아자라 씨(1권 175쪽)는 이 말벌과 같은 속에 속하는 것으로 보이는 벌목의 곤충 이야기를 하면서, 그 말벌이 죽은 거미를 163보 떨어진 자기 집까지 수풀을 지나 직선으로 끌고 가는 것을 보았다고 적었다. 또한 말벌이 길을 찾기 위해 간혹 '세 뼘 정도의 반원'을 그렸다고 덧붙였다.

다른 어떤 절지동물에 견주어도 많을 것이다. 깡충거미의 변종은 거의 무한한 것처럼 보인다. 어떤 종들은 가죽 같은 껍질에 뾰족한 모양이며, 어떤 종들은 정강이가 크고 가시가 났다. 앞다리가 대단히 긴, 작고 예쁜 거미는 아직 기재되지 않은 속에 속한 종으로 보이며 질긴 거미줄에 거의 빠짐없이 기생하며 산다. 이 작은 거미가 커다란 에페이라 거미에게는 하찮게 보이는지, 거미줄에 붙은 작은 곤충들을 먹게끔 그냥 내버려두는 것으로 보인다. 이 녀석들은 놀라면 앞다리를 늘어뜨려 죽은 체하거나 거미줄에서 뚝 떨어진다. 메뚜기나 말벌 같은 큰 곤충이 걸리면, 거미는 먹잇감을 능숙하게 돌리는 동시에 꽁지에서 거미줄을 내어 먹이를 금방 누에고치처럼 둘러싼다. 그런 후 거미는 꼼짝 못하는 먹이를 살펴보고 목 뒤쪽을 마지막으로 문 다음, 물러나서 독이 퍼지기를 기다린다. 그 거미를 집적거리면 상황에 따라 다르게 반응한다. 만약 거미줄 아래 우거진 풀숲이 있다면 거미는 뚝 떨어진다. 그러나 바닥이 맨땅이면 거미는 거의 떨어지지 않고 다른 쪽으로 재빨리 가버린다. 더 집적거리면 거미줄 가운데에 서서 거미 몸이 거의 보이지 않을 때까지 흔들어댄다.

대부분의 영국 거미들은 큰 곤충이 거미줄에 걸리면, 거미줄이 완전히 망가지는 것을 막으려고 거미줄을 끊어 먹이를 풀어주는 것으로 잘 알려져 있다. 그러나 슈롭셔에 있는 온실에서 커다란 말벌 암컷이 꽤 작은 거미의 불규칙한 거미줄에 걸리자, 거미가 줄을 끊는 대신 아주 끈기 있게 먹이의 날개를 줄로 감았다. 거미는 자신보다 몇 배나 큰 먹이의 즙을 빨아먹어서 대단히 통통해졌다.

산타페 바하다 부근에서 모여 사는 습성이 있는 거미를 보았다. 등에 붉은 점이 있는 그 거미의 줄은 에페이라속의 거미처럼 수직으로 쳐져 있었다. 거미줄들은 약 2피트 정도 떨어져 있으나, 모두 공통되는 줄 하나에 연결되어 있다. 그 공통되는 줄은 아주 길고, 사방으로 뻗어 있었다. 이런 식으로 상당히 넓은 덤불의 꼭대기가 서로 연결된 거미줄로 뒤덮여 있었다. 가을에 거미가 죽으면 거미줄 가운데에 알들이 모자 크기 정도로 모여 있는 것을 보았다는 말이 있으나 나는 그런 것을 본 기억이 없다. 내가 보았던 모든 거미는 같은 크기로, 나이가 거의 같다는 것을 알 수 있었다. 떼 지어 사는 습성은 에페이라속만 갖고 있는데, 피에 굶주리고 홀로 살아가며 암수가 서로 잡아먹을 정도인 거미로는 아주 신기하다.

멘도사 부근 안데스 산맥의 고지대 골짜기에서도 괴상한 모양의 집을 짓는 거미를 발견했다. 이 거미가 머물러 있는 거미줄 중심에서 줄이 방사상으로 퍼져나가 수직면을 만드는데, 단 두 줄만이 대칭인 그물로 연결되어 있었다. 따라서 거미집은 여느 것처럼 둥근 모양이 아니라 쐐기 모양이다.

축약자 주석

1) 이 석 달 동안 비글호가 바이아로 돌아가 경도 측정값들을 확인했다. 그 동안 다윈이 리오의 보토포고 만에 머물면서 부근을 답사했다.
2) 당시 화폐단위는 1파딩(farthing)이 1/4페니(penny), 1합페니(ha'penny)가 1/2페니, 1쉴링(shilling)이 12페니, 1파운드가 20쉴링이었다. 1크라

운(crown)이 5쉴링이다. 1기니(guinea)가 21쉴링이다. 2쉴링이 1플로린(florin)으로 이 단위는 비글호가 항해를 한 다음에 쓰였다. 크라운은 은화이며 파운드와 기니는 금화였다.

3) 만디오카는 남아메리카 열대 지방과 아열대 지방에 널리 퍼진 대극과에 속하는 키 1.5~3m에 지름이 2~3cm가 되는 다년생 낙엽관목이다. 길이 30~50cm에 이르는 고구마를 닮은 구근에는 타피오카라는 녹말이 많아, 사람이 먹거나 알콜을 뽑는다. 어린 만디오카 나무의 껍질에는 맹독인 시안화수소가 있다.

4) 다윈의 어머니인 웨지우드 집안에서는 할아버지 때인 18세기부터 일찍 노예제도를 반대했다. 그 집안에서는 쇠사슬에 매인 노예가 한 쪽 무릎을 꿇고 비는 모습 둘레에 "나는 사람이 아니고 형제가 아닙니까?" 라는 글씨를 조각한 메달을 만들기까지 했다. 다윈은 그러한 분위기에서 성장해 노예제도에 깊은 반감과 큰 적대감이 있었다.

그런 의식을 가진 다윈은 피츠로이 함장과 크게 다툰 적도 있었다. 비글호가 브라질 리오에 정박했던 1832년 4월 어느 날 피츠로이 함장은 노예제도란 '성경'만큼이나 오래된 제도로, 노예를 써본 적이 없는 이상주의자가 노예제도에 반대해서는 안 된다고 말했다. 그러자 다윈은 이에 반발하며 자신이 브라질의 시골을 답사하면서 보고 들은 노예들의 비참한 생활을 들려주었다. 그러나 피츠로이 함장은 자신도 농장에 가서 노예들이 살아가는 것을 보았으며, 영국 농부 못지않게 좋은 생활을 한다고 말했다. 그러나 함장은 다윈의 표정에 이성을 잃고 언성을 높였고 "같이 항해하지 못하겠다"고 소리쳤다. 다윈도 "배에서 내리겠다"고 소리쳤다. 그러나 감정의 평온을 되찾은 피츠로이 함장이 다윈에게 사관을 보내 사과함으로써 일단락됐다.

5) 다윈이 리오의 북쪽 지방을 돌아보고 있는 동안 비글호의 군의관이며 박물학자인 로버트 맥코믹과 항해사인 알렉산더 더비샤이어가 배에서 내렸다. 군의관의 후임이 오지 않고 다윈과 친한 장교가 군의관대리가 되면서 다윈이 자연스레 비글호의 박물학자가 되었다.

6) 반 디멘스 랜드(Van Diemen's Land)가 오스트레일리아 타스마니아 섬의 옛 이름이다.

제3장 말도나도

몬테비데오-말도나도-뽈랑꼬 강까지 갔다 와-올가미와 볼라-자고새-나무가 없어-사슴-카피바라 또는 강 돼지-투쿠투코-쇠새의 뻐꾸기 비슷한 행동-큰 파리잡이 새-흉내내는 새-사체를 먹는 매-번개로 생긴 관-벼락을 맞은 집

비글호는 1832년 7월 5일 아침 리오를 벗어났다. 라플라타 강으로 내려가다가 수백 마리의 돌고래 떼를 보았다. 바닷물이 갈라졌고 돌고래가 뛰어 오르고 물을 가르는 광경이 대단했다.

피츠로이 함장의 이름을 딴 피츠로이돌고래.

배가 시속 9해리로 달릴 때, 돌고래들이 뱃머리 앞을 왔다 갔다 하면서 배를 추월했다. 라플라타 강 하구에 들어온 어느 날 밤 비글호는 해표들과 펭귄들로 둘러싸였다. 그 소리가 낯설어, 당직사관이 해안에서 소가 운다고 보고했다. 둘째 날 밤 돛대 끝과 가로 돛의 활대 양쪽 끝이 방전현상으로 번쩍거렸다. 번쩍거리

는 흔적을 보고 그 모양을 거의 그릴 수 있었다. 강어귀에 들어와, 바닷물과 강물이 천천히 섞이는 것을 흥미롭게 지켜보았다.

비글호는 7월 26일 몬테비데오에 정박했다. 그 후 비글호가 2년 동안 남아메리카 아주 남쪽과 라플라타강 남쪽의 동쪽 해안을 조사했다. 나는 한 지역을 여러 번 갔어도 같은 지역에 속하는 이야기를 모아서 하겠다.[1]

몬테비데오 중심거리. 멀리 우루과이 깃발을 단 건물이 세관이다.

플라타 강의 북쪽 연안에 있는 말도나도는 아주 조용하고 작고 쓸쓸한 동네이다. 이 동네에도 스페인 식민지처럼 길이 직각으로 만나고 가운데 큰 장방형의 광장이 있다. 그러나 상거래라는 것이 거의 없어, 쇠가죽 몇 장과 소를 파는 것이 전부였다. 주민들은 주로 땅주인과 가게주인들과 꼭 필요한 대장장이나 목수들로, 그들이 할 만한 일을 거의 모두 맡아서 했다. 그 동네는 작지만 거의 평탄하고 탁 트인 초록색 들판으로 둘러싸여 있다. 그곳에서 많은 소와 양과 말이 풀을 뜯는다. 동네 가까운 곳도 거의 개간되지 않았다. 플라타 강의 북쪽연안 전체는 모양이 아주 비슷하지만, 여기는 화강암으로 된 언덕이 약간 더 험하다. 집도 거의 없고 울타리를 친 땅도 없고 나무 한 그루도 없어 풍광이 재미가 없었다. 그래도 배에 갇혀있던 다음이라 끝없는 풀밭을 걷는 해방감에 매력이 있었다.

내가 말도나도에 머문 10주 동안, 북쪽으로 거의 70마일 거리에 있는 뽈랑꼬 강까지 갔다 온 이야기를 먼저 하겠다. 내 생각으로는 그럴 필요가 없었지만, 나하고 같이 가는 사람들은 권총과 단도로 무장했다.

첫날 밤 우리 일행은 외딴 농가에서 잤다. 그런데 나침반이 사람들을 놀라게 했다. 모든 집에서 나침반을 보여 달라고 했으며 나는 지도를 가지고 여러 곳의 방향을 가리켜주었다. 덕분에 손님인 내가 가 본 적도 없는 여러 지역으로 가는 길을 아는 사람이 되어버렸다. 그들도 놀랐겠지만 수천 마리의 소와 거대한 농장을 가진 그들이 너무 무식해 내가 더 놀랐다. 이유는 이 외딴 곳으로는 외부사람이 거의 찾아오지 않기 때문이라고 밖에 설명할 수 없다. 지구 또는 태양이 움직이는지, 북쪽으로 갈수록 더 더워지는지 더 추워지는지, 스페인의 위치나 그 비슷한 많은 질문들을 받았다. 대부분의 주민들이 잉글랜드와 런던과 북아메리카가 이름은 다르지만 같은 곳이라고 알고 있었다. 좀 더 잘 아는 사람들이 런던과 북아메리카가 아주 가깝지만 다른 곳이며 잉글랜드가 런던에 있는 큰 동네라고 알고 있었다. 또 성냥이 불을 일으키는 것이 너무나 놀라워, 보통 온 가족이 그 광경을 보려고 모이곤 했다. 안내인은 내가 돌멩이를 깨고 독 있는 뱀과 독 없는 뱀을 구별하고 곤충을 길게 이야기해, 그들의 환대에 보답했다. 나는 그 때 마치 중앙아프리카 원주민 가운데에 있었던 것 같은 기분이 들었다.

다음날 라스 미나스까지 말을 타고 갔다. 라스 미나스가 말도나도보다 훨씬 작았고, 작은 평지 위에 있으며, 작은 바위 언덕으로 둘러 싸여있다. 마을이 보통 보듯이 대칭이며 가운데 하얀 회를 바른 아름다운 성당이 있었다. 둘레에는 정원이나 뜰이 없는 집들이 평지에서 외따로 떨어진 물체처럼 솟아있다. 우리는 술집에서 묵었다. 그 날 저녁 독한 술을 마시고 시가를 피우러 온 가우초를 처음 보았다. 키가 아주 크며 깔끔하지만 표정이 자신에 차있고 오만하게 보였다. 흔히 코밑에 수염을 기르며 검고 긴 머리카락이 등 뒤로 흘러내렸다. 진한 색깔의 옷을 입었고 발뒤축에는 커다란 박차를 달고, 허리에 짧은 칼을 차고 있었다. 예의가 발라, 상대방이 자신의 술맛을 보기 전에는 술을 절대로 먼저 마시지 않았다. 가우초들이 예의를 차리지만 기회가 생기면 언제라도 사람을 죽일 준비를 한 것처럼 보였다.[2)]

우리 일행은 사흘째 되던 날 대리석 층을 보면서 상당히 불규칙한 경로를 따라 갔다. 잔디가 잘 난 평지에서 많은 타조를 보았다. 그 타조들은 아주 온순해서 가까이까지 말을 타고 달려갈 수 있었다. 그러면 타조들은 날개를 펴, 바람을 받는 돛을 만들어 말을 따돌렸다.

우리 일행은 밤에 전연 모르는 부유한 지주인 돈 후안 푸엔테스의 집에 왔다. 나는 낯선 사람의 집에서 묵을 때, 우루과이와 희망봉에서 차이가 있다는 것을 알았다. 곧 스페인 사람은 손님에게 예의에서 벗어나는 질문을 한 마디도 하지 않는 반면, 네덜란드 사람은 그가 있었던 곳과 가는 곳과 직업을 묻고 형제와 자매와 아이의 숫자까지도 묻는다.

돈 후안의 집에서는 저녁용으로 소 세 마리를 골랐다. 대단히 사나운 그 소들은 올가미를 알아, 말이 그들을 한참이나 힘겹게 따라다녔다. 소와 사람과 말이 많은 것에 견주면 돈 후안의 집은 너무 초라했다. 저녁으로는 손님이 있는데도 구운 쇠고기와 호박 몇 조각을 넣고 삶은 쇠고기뿐이었다. 호박 외에는 채소가 없었고 빵도 없었고 질그릇에 담긴 물뿐이었다. 식사 후에는 담배를 피웠고 기타에 맞추어 큰소리로 노래를 불렀다. 아가씨들은 방 한 구석에 모여 앉아 남자들과 어울리지 않았다.

그 지역에서는 올가미나 볼라를 많이 썼다. 올가미는 대단히 강하면서도 가늘고 잘 꼰 쇠가죽 로프로 만든다. 한 쪽 끝은 말의 뱃대끈에 연결되고 다른 쪽 끝이 매듭을 만들 수 있는 쇠나 주석으로 된 작은 동그라미이다. 올가미를 머리 위에서 돌리면서 손목을 잘 이용해 지름이 보통 8피트인 올가미를 열리게 한다. 다음에는 올가미를 던져서 그가 선택하는 특별한 목표 위에 떨어지게 한다. 볼라에는 두 가지가 있다. 가장 간단한 볼라, 즉 타조를 잡는데 쓰는 볼라는 둥근 돌 두 개를 가죽으로 씌우고 길이가 8피트 정도인 얇게 꼰 줄로 연결한다. 다른 볼라는 공 세 개를 같은 중심에 연결한 것이 다를 뿐이다. 가장 작은 공을 들고 다른 두 개를 머리 위에서 돌리다가 조준한 다음 던지면 마치 체인처럼 공중을 돌면서 날아간다. 공들이 무엇에든 맞으면 감기면서 얽힌다. 돌멩이인 경우 사과보다 크지 않아도 힘 있게 던지면 때로는 말의 다리도 부러진다. 올가미나 볼라를 쓰는데 가장 큰 어려움이, 전속력으로 달리면서, 머리 위에서 그들을 계속해서 돌리고 목표를 잘 겨냥할 수 있을 정도로 말을 아주 잘 타는 것이다. 어느 날 내가 말을 달리면서 머리 위에서 볼라를 돌리다가 실수로, 돌아가는 공이 덤불에 걸려 도는 힘을 잃고 땅에 떨어지면서, 말의 뒷다리에 걸렸고 다른 공이 손에서 갑자기 빠져나가 말에 얽혔다. 다행히 내가 탄 말이 경험이 많아 그것이 무엇을 뜻하는지 알고는 멈추었다. 가우초들은 동물이 볼라에 얽히는 것은 봤어도 사람이 자기가 던진 볼라에 얽히는 것을 본 적이 없었다면서 크게 소리치며 웃었다.

다음 이틀 동안 나는 보고 싶었던 곳에 왔다. 자고새는 많았으나 무리를 짓지도 않았고 잉글랜드 종처럼 숨지도 않았다. 자고새가 아주 바보 같아서 말을 타고 둥글게 가까이 가거나 나선모양을 그리면서 가까이 가 새 머리를 때려 얼마든지 잡을 수 있었다. 또 긴 막대기 끝에 단단하게 묶은 타조깃으로 만든 작은 올가미로도 잡을 수 있었다. 늙은 말 위에 조용히 앉은 소년이 하루에 30~40마리를 잡는다고 했다. 북아메리카의 북극에서는 인디오들이 태양이 높아 사냥꾼의 그림자가 길지 않을 때, 눈토끼의 굴 위를 나선모양으로 밟아 눈토끼를 잡는다고 한다.

우리 일행은 갈 때와는 다른 길을 따라 말도나도로 돌아왔다. 우리는 유명한 판 데 아수카르 부근에서 아주 친절한 스페인 노인 집에서 하루를 묵었다. 나는 아침 일찍 라스 아니마스 능선을 올라가서 부근을 둘러보았다. 서쪽으로는 몬테비데오의 산까지 아주 넓은 평지가 보였고, 동쪽으로는 말도나도의 울룩불룩한 지형이 보였다. 산꼭대기에는 아주 오래 된 돌무더기들이 있었다. 그 돌무더기는 영국 웨일즈 산악지방에 있는 돌무더기와 비슷하지만 훨씬 작았다. 나와 같이 간 사람이 자신 있게 한 말에 따르면, 아주 오랜 옛날 인디오들이 만든 것이다. 현재는 야만 상태든 문명 상태든, 단 한 사람의 인디오도 이곳에 없다.[3)]

반다 오리엔탈에는[4)] 나무가 거의 없다는 것이 내 눈에 띄었다. 그래도 덤불이 있고 라스 미나스 북쪽 냇가의 둑에는 버드나무가 흔했다. 나는 상당히 큰 종려나무 한 그루를 위도 35도의 판 데 아수카르에서 보았다. 스페인 사람들이 심은 나무들은 예외로, 외부에서 들여온 나무에는 여러 종의 포플러, 올리브, 복숭아, 다른 과일나무들이 있었다. 복숭아나무가 상당히 잘 커 부에노스아이레스에서는 연료의 대부분이 복숭아나무이다. 팜파스처럼 대단히 평탄한 지형은 나무의 생장에 도움이 되지 않는다고 생각된다. 그 이유로 바람이나 배수상태를 생각했지만 말도나도 부근에는 그런 이유가 있어 보이지 않았다. 숲이 대개 연강수량에 좌우된다고 믿어왔으나, 꼭 그런 것은 아니다.

남아메리카에서는 숲과 땅의 경계가 아주 분명하게 습기 찬 바람을 따라간다. 예컨대, 태평양에서 습기 찬 서풍이 주로 부는 대륙의 서해안 남쪽 남위 38도부터 티에라델푸에고 섬까지는 숲이 빽빽하다. 같은 위도의 안데스 산맥 동쪽의 파타고니아는 아주 메마르다. 대륙의 더 북쪽, 남동무역풍이 계속해서 부는 지역의 동쪽에는 숲이 울창한 반면, 남위 4도에서 32도에 이르는 서쪽해안은 아주 건조하다. 무역풍이 불규칙하게 불고 심한 폭우가 쏟아지는 남위 4도의 북쪽 서해안이 페루에서는 사막이지만, 케이프 블랑코 부근은 울창한 숲이다. 그러므로 이 대륙의 남쪽과 북쪽에서 숲과 사막이 안데스 산맥을 중심으로 반대의 자리이며 이 자리가 분명히 바람의 방향으로 결정된다. 수분을 머금은 구름이 높은 산을 넘어가지 않는 중부 칠레와 라플라타 지방을 포함한 대륙의 중앙부가 사막도 아니고 숲으로도 덮이지 않았다. 그러나 포클랜드 군도는 비를 가져오는 바람을 따라 숲이

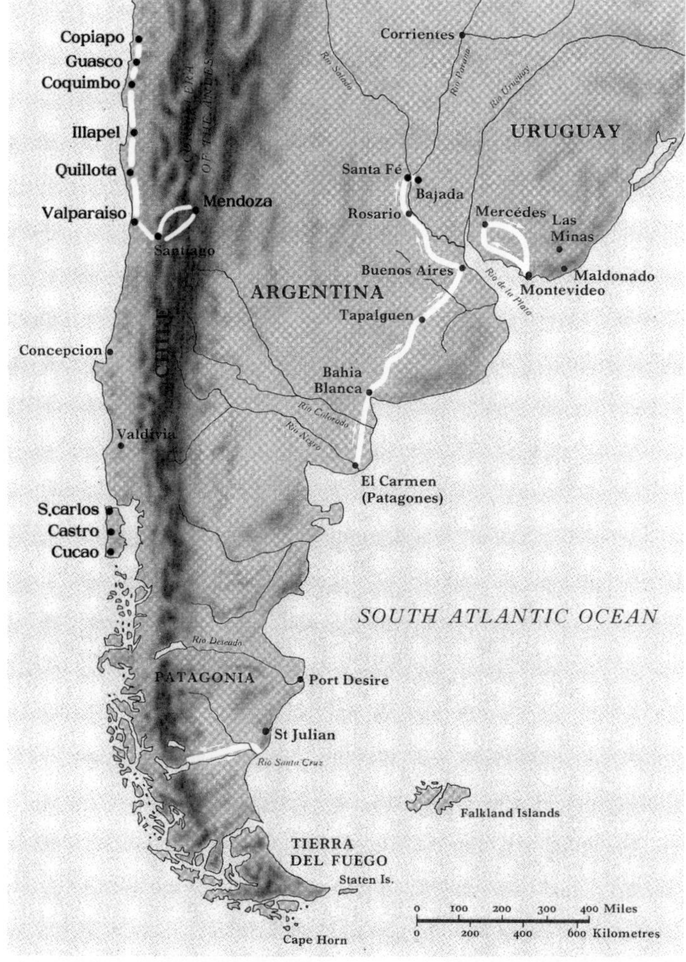

❁ 다윈이 여행했던 남아메리카 남쪽의 내륙 지방이 굵은 백색선으로 표시된 지도.

발달한다는 남아메리카 대륙의 규칙에서 예외이다. 티에라델푸에고 섬과 같은 위도에 있고 겨우 200~300마일 떨어진 이 군도는 티에라델푸에고 섬과 기후가 아주 비슷하고, 지질도 거의 같고, 토탄질 흙이 생기기도 좋고, 같은 토탄이 있어도 관목이라고 부를 정도의 식물도 거의 없다. 반면 티에라델푸에고 섬은 숲으로 빽빽하다.

나는 말도나도에 있으면서 네발 동물 몇 종과 새 80종과 뱀 9종을 포함해 많은 종의 파충류를 수집했다. 토종 포유동물 가운데 캄페스트리스 사슴이 흔했다. 작은 무리를 짓는 이 사슴이 플라타 강 연안과 북부 파타고니아에 아주 많았다. 사람이 땅에 엎드려 가까이 기어가면 이 사슴이 호기심에 사람을 보러 가까이 왔다. 나는 이렇게 해서 한 무리에서 세 마리를 잡았다. 사슴들이 그렇게 순하고 호기심이 많아도, 말을 타고 가까이 가면 극도로 예민했다. 또 총을 몰라 총소리에 무심했다. 이 사슴은 신기하게도 수컷한테서는 아주 역겨운 냄새가 났다. 내가 그 냄새를 설명할 수 없었으며, 껍질을 벗길 때에는 거의 구역질을 할 뻔했다. 고기에서도 냄새가 나, 먹기 힘들었다. 그러나 가우초의 말로는 흙속에 한 동안 묻어두면 냄새가 사라진다. 스코트랜드 북쪽에 있는 섬 사람들도 물새의 역한 냄새를 같은 방법으로 처리한다는 것을 내가 어디에선가 읽은 기억이 있다.

그 곳에는 설치류가 아주 많았다. 나는 남아메리카에서 모두 27종의 생쥐를 수집했는데, 그 지역에서 적어도 8종을 모았다. 아자라와 다른 사람들의 책을 보면 13종이 더 있다. 그 곳에는 설치류 가운데 가장 큰 카피바라가 흔했다. 내가 몬테비데오에서 총으로 잡은 것이 무게가 98파운드나 나갔다. 콧구멍 끝에서 꼬리까지 길이가 3피트 2인치였으며 몸통 둘레가 3피트 8인치였다. 이렇게 큰 설치류가 물이 상당히 짠 라플라타 강 하구에 있는 섬에도 나타나지만, 민물 호수와 강가에 아주 많았다. 말도나도 부근에서는 보통 서너 마리가 함께 살았다. 낮에는 물풀 가운데 누워있거나 잔디의 평지에서 먹이를 먹는다.* 멀리서 보면 걷는 모습과 색깔이 집돼지를 닮았다. 새끼를 데리고 있는 암컷이 헤엄칠 때는 새끼가 어미 등위에 올라탄다. 이 동물은 쉽게 잡을 수 있지만 가죽이 가치가 없고, 고기가 맛이 없다. 파라나 강에 있는 섬에는 이 동물이 아주 많으며, 보통 재규어가 이 동물을 잡아먹는다.

브라질 두더지 투쿠투코는 작고 신기한 설치류이다. 이 동물이 엄청나게 많으나 잡기가 어렵고, 절대로 땅위로 나오지 않았다. 말도나도에는 그들의 굴이 아주 많아 말들이 발굽 위 관절까지 빠진다. 그들이 모여서 사는 것이 확실한 게, 나에게 표본을 잡아주었던 사람이 여섯 마리를 한꺼번에 잡았으며, 그의 말로는 보통 그렇게 모여서 나온다고 한다. 그 동물은 야행성이며 주요한 먹이가 식물의 뿌리로, 먹이를 구할 수 있으면 가까이에 굴을 파고 살았다. 그 동물은 땅속에서 내는 대단히 특별한 소리로 잘 알려져 있다. 그 소리가 짧지만 귀에 거슬리지 않고 코에

* 내가 잡은 카피바라의 위장과 십이지장 속에는 노르스름한 묽은 액체가 많이 있었다. 그 액체에서 섬유질은 거의 발견할 수 없었다. 오언 씨는 카피바라의 식도 일부는 까마귀 깃털보다 더 큰 것은 지나가지 못할 정도라고 알려주었다. 카피바라는 턱이 강하고 이빨이 넓적해, 씹어 먹은 수생식물을 펄프로 갈아버리기에 아주 적합하다.

서 나는 신음소리로 빠르게 네 차례 단조롭게 되풀이된다. 투쿠투코라는 이름이 그 소리를 흉내 내어 지어진 이름이다. 방안에 가두어두면 뒷다리를 크게 벌리고 걷기 때문에, 천천히 어기적거린다. 또 고관절에 인대가 없어 높이 뛰지 못한다. 화가 나거나 놀라면 '투쿠투코' 라고 소리를 낸다.* 내가 살린 몇 마리가 첫날에 벌써 상당히 온순해져 물거나 달아나려고 하지 않았다. 그러나 몇 마리에게는 야성이 있었다.

투쿠투코를 잡았던 사람은 투쿠투코들이 눈이 멀었다고 단언했다. 내가 알콜에 보존한 투쿠투코도 눈이 멀었다. 그 투쿠투코가 살았을 때, 머리에서 0.5인치가 될 정도로 내 손가락을 가져가도 전혀 몰랐다. 그래도 온 방안을 돌아다녔으며, 다른 투쿠투코들도 마찬가지였다. 투쿠투코가 완전히 땅속에서만 산다는 것을 생각하면 눈이 먼 것이 심각한 문제가 되지는 않을 것이다. 두더지의 시력이 두더지가 굴을 벗어났을 때 쓰일지 몰라도, 불완전한 것은 틀림없다. 내가 믿기로는 결코 지면으로 나오지 않는 투쿠투코의 눈이 상당히 크고 간혹 눈이 멀고 쓸모없어져도 그 동물에게 크게 불편하지 않다. 라마르크라면 투쿠투코가 현재 아스팔락스나 물 도롱뇽의 상태로 변해 가고 있다고 분명히 말했을 것이다.[5]

* 북파타고니아 네그로 강에는 투쿠투코와 아주 가까운 계통으로 보이는, 같은 습성을 가진 동물이 있다고 하는데, 내가 본 적은 없다. 소리가 말도나도의 투쿠투코와는 달라, 서너 번 대신 두 번만 되풀이되며, 더 크고 분명하다. 멀리서 들으면 마치 도끼로 작은 나무를 찍을 때 나는 소리와 아주 비슷해, 그 소리를 분간하려고 가끔 귀를 기울였다.

말도나도 부근 풀밭에는 새가 많았다. 영국에 있는 찌르레기와 모양과 습성이 비슷한 새도 몇 종 있었다. 이 가운데 니게르 쇠새의 습성이 유난히 내 눈에 띄었다. 암소나 말의 등위에 앉는 이 새는 뻐꾸기처럼 다른 새 둥지에 알을 낳았다. 북아메리카 대륙에 있는 페코리스 쇠새가 뻐꾸기와 비슷한 습성이 있으며 모든 점에서 라플라타 종과 비슷해, 소 등에 앉는 습성도 비슷했다. 단지 크기가 약간 작고 깃과 알의 색조가 약간 다를 뿐이다. 대륙의 정반대 쪽에 있는 대표 종의 새가 모양과 습성이 아주 일치한다는 것이 흔한 현상이기는 하지만 나에게는 언제나 흥미로웠다.

페코리스 쇠새와 니게르 쇠새를 제외하면 뻐꾸기가 유일한 기생조류라는 말은 옳은 말이다. 기생조류란 '다른 생물체의 체온으로 생명을 얻고, 그 생물체의 먹이를 먹고, 그 생물체가 새끼 때 죽으면 함께 죽는 새'를 말한다. 뻐꾸기와 쇠새의 일부가 다른 새에 기생해서 전파된다는 점에서는 분명히 기생조류이지만, 이 두 새가 거의 모든 습성에서 반대라는 게 특이하다. 뻐꾸기가 다른 새의 둥지에 알을 낳는 데에는 여러 가지 설명이 있지만 내 생각으로는 프레보스 씨만이 자신의 관찰로 이 수수께끼의 설명에 도움을 주었다. 적어도 네 개에서 여섯 개의 알을 낳는 뻐꾸기 암컷이, 한두 개를 낳은 다음에는 매번 수뻐꾸기와 교미를 한다는 것을 발견했다. 지금 만약 뻐꾸기가 자기 알을 품어야 한다면 알을 모두 한꺼번에 품어야 할 것이며, 그렇게 되면 먼저 낳은 알들이 너무 오래되어 썩을 염려가 있을 것이다. 또는 뻐꾸기가 알을 낳는 대로 한 개씩 또는 두 개씩 각각 부화시킬 수도 있으나,

뻐꾸기가 철새로 영국에 짧게 머무르므로 계속해서 부화시킬 만큼 충분한 시간이 없을 것이다. 그러므로 뻐꾸기가 몇 번이나 교미하고 시간 차이를 두고 알을 낳아 양부모에게 맡긴다. 나는 암컷이 기생조류라고 말할 수 있는 남아메리카 타조에서 별도로 얻은 비슷한 결론에서, 그 의견이 옳다고 굳게 믿었다.

이곳에 있는 특이한 새 한 종은 파리잡이 딱새 계통으로 몸집이 크다. 모양이 때까치와 아주 비슷하나 습성이 다른 새들과 비슷하다. 맹금류처럼 보이는 이 새는 힘과 속력이 매보다 훨씬 못하다. 가끔 이 새는 물가에서 작은 물고기를 잡는다. 쉽게 길들여지는 이 새는 까치처럼 영리하면서 기묘한 행동을 보여주는데, 머리와 부리가 너무 무거워 기복을 그리며 날아간다. 저녁에 덤불 위에 앉아서 '너를 잘 보고 있다'는 뜻의 스페인말로 '비엔떼 베오' 라고 울어, 새 이름도 그렇게 부른다.

다른 종은 원주민들이 깔란드리아라고 부르는 앵무새의 일종이다. 이 새는 이 지역에 있는 어떤 새보다도 훨씬 잘 운다. 울음소리가 개개비 울음소리와 비슷하나 더 크다. 거친 소리와 아주 높은 소리가 듣기 좋은 소리와 적당히 섞인다. 봄에만 그 울음소리를 들을 수 있다. 다른 때에는 울음소리가 거칠고 화음이 되지 않는다. 말도나도 부근에서는 이 새가 농가의 기둥이나 벽에 걸어놓은 고기를 뜯어먹는다. 그때 어떤 작은 새라도 끼어들면 이 앵무새가 곧 그 새를 쫓아버린다. 파타고니아 평원에는 이 새와 아주 비슷한 새인 도비니 파타고니아 꾀꼬리가 있다. 그 새가 더 야성이며 약간 다른 소리를 낸다.

이 지역에서 사체를 먹는 매들의 숫자와 습성에 충격을 받았다. 까란차는 달걀을 훔쳐 먹거나 치망고와 함께 말이나 노새 등의 상처딱지를 뜯어먹는다. 그때 말이나 노새가 두 귀를 낮추고 등을 구부리는 반면, 공중에 떠있는 새가 1야드 정도 거리에서 상처딱지를 노리는 모습이 마치 그림 같다. 이 새들은 살아있는 새나 동물을 거의 죽이지 못한다. 파타고니아 황량한 평원에서 잠들어 본 사람들은 안다. 자다가 깨어나면 주변 언덕에 이 새가 날카로운 눈으로 끈질기게 응시하는 것을 볼 수 있다. 또 한 무리의 사람이 말을 타고 개를 데리고 사냥을 나가면 이 새들이 종일 따라다닌다. 까란차는 벌레, 달팽이, 괄태충, 메뚜기와 개구리를 먹는다. 아자라는 대 여섯 마리의 까란차가 왜가리처럼 큰 새를 공격한다고도 말했다. 그 모든 사실들이 이 새가 대단히 융통성 있는 습성과 상당한 재주를 가진 새라는 것을 보여준다.

치망고가 까란차보다 확실히 작다. 잡식성인 이 새는 빵까지 먹고 칠로에 섬에서는 감자 뿌리를 뒤엎어 큰 손실을 입혔다. 죽은 고기를 먹는 새 가운데 이 새가 보통 마지막에 사체를 떠난다. 또 이 새가 보통 소나 말의 갈비뼈사이에서 발견된다. 또 다른 종은 '신新젤란대'이며 포클랜드 군도에 아주 많다. 이 새가 까란차의 습성을 닮았다. 이 새가 아주 유순하고 사람을 무서워하지 않고 고기 찌꺼기를 찾아 집 근처에도 나타난다. 사람이 동물을 잡으면 이 새들은 끈질기게 기다린다. 먹이를 다 먹으면 깃털이 없는 밥통이 크게 불룩해져 보기 흉하다. 포클랜드 군도에서 겨울을 보낸 어드벤처호의 사관들이 이 새들은 아주 용감하고 탐욕스럽다고 말했다. 호기심이 큰 이 새가 모자나 볼라나 나침반 같은 것을 채간다. 게다가 툭하면 싸우고 화가 나면 풀을 물어뜯는다. 모여서 살지도 않고 높이 솟아오르지도 않고 나는 모습이 무겁고 서투르나 땅에서는 꿩처럼 대단히 빨리 달린다. 시끄럽고 거칠게 울며 그 울음소리 가운데 하나가 마치 잉글랜드의 땅 까마귀 소리와 비슷해서 물개잡이들이 언제나 이 새를 땅까마귀라고 불렀다.

칠면조수리가 케이프 혼에서 북아메리카까지 상당히 습한 곳에서는 빠짐없이 발견된다. 이 새는, 브라질 매나 치망고와 달리, 포클랜드 군도에도 있다. 칠면조수리가 혼자 살거나 쌍으로 살면서 높이 날고 솟아오르고 아주 멋있게 날아, 멀리서도 금방 알아볼 수 있다. 이 새가 파타고니아 서해안에서는 해안으로 밀려오는 것과 해표의 사체만 먹고산다.

나는 말도나도에서 조금 떨어진 넓은 모래 언덕지대에서 번개가 모래 속으로 들어가면서 생긴 섬전암閃電岩을 발견했다. 섬전암은 규산질 관들로 영국 컴버랜드 드릭 지방에서 나온 관을 닮았다.* 말도나도 모래언덕들이 식물로 덮이지 않아 위치가 자꾸 변하기 때문에 관이 땅위로 솟아나며, 둘레에 있는 조각들로 보아, 그것들이 더 깊은 곳에 묻혀있었다는 것을 알 수 있다. 내가 2피트까지 파 들어갔고 분명히 같은 관인 조각들을 이으니 5피트 3인치가 되었다. 관 전체의 지름이 거의 같았으므로 처음에는 그 관이 대단히 깊은 곳까지 들어갔다고 상상해야만 한다. 적어

* 『지질학술지』 2권 528쪽. 『과학학술지』(1790년, 294쪽)에서, 프리슬리 박사는 번개에 남자가 맞아 죽은 곳에 있는 나무의 아래를 파다가 발견한 불완전한 이산화규소 성분의 관 몇 개와 녹은 석영 자갈 이야기를 했다.

도 30피트 이상 파고 들어간 드릭에서 발견한 관의 크기에 견주면, 여기 관의 크기는 아주 작은 편이다.

섬전암은 완전히 유리여서 반짝거리며 매끈하다. 작은 조각을 현미경으로 보니, 작은 공기방울이 많아 취관吹管(광물 분석에 사용하는 금속제의 가는 관)으로 불어서 만든 시금물試金物(금의 형체가 드러나는 물체)처럼 보였다. 관 벽의 두께가 1/30~1/20인치이며 때로는 1/10인치이다. 관은 보통 눌렸으며 마치 시든 식물줄기처럼 길이를 따라 깊게 주름졌다. 둘레가 약 2인치나 되고 생김새가 실린더 같고 주름이 없는 조각에서는 둘레가 4인치나 된다. 관이 아직 말랑말랑할 때 옆에 있는 모래의 압력으로 주름이 생긴 것이 확실하다. 눌리지 않은 조각들로 판단하건대, 번개의 굵기가 대략 1과 1/4인치이다. 파리에서 사람들이 곱게 빻은 유리가루에 대단히 강한 전기를 흘려 섬전암과 비슷한 관을 만드는 데 성공했다. 관 길이가 정확하게 0.982인치이며 내부의 지름이 0.019인치였다. 파리에서 가장 강한 포병부대가 유리처럼 아주 잘 녹는 물체로도 그렇게 작은 관밖에 만들지 못했다는 것을 생각하면, 모래 여러 곳을 때려 석영처럼 열에 아주 강한 물질로, 적어도 길이 30피트에 내부지름이 눌리지 않으면 1과 1/4인치인 관을 만든 번개의 위력이 정말 대단하다!

관은 모래에 거의 수직으로 들어간다. 그러나 한 개는 수선에서 33도나 벗어나 들어갔다. 이 관에서 약 1피트의 사이를 두고 작은 가지가 두 개 생겨, 하나가 아래로 다른 하나가 위로 향했다. 위로 생긴 가지가 특이한 게, 전류가 26도로 위로 되돌아가야 했기 때문이다. 섬전암 모두가 높이 400~500피트인 연속된 언덕에서 반 마일 정도 떨어져 있는 높은 모래언덕 사이에 있는 60야드에 20야드인 평탄한 모래바닥에 생겼다. 관의 숫자를 봐서는 번개가 땅에 떨어지기 직전에 나뉜다고 생각된다.

라플라타 강 부근에는 전기 현상이 유난히 많았다. 1793년 역사상 가장 큰 뇌우가 부에노스아이레스를 덮쳐, 37곳이 벼락을 맞았고 19명이 죽었다. 내 생각으로는 뇌우는 큰 강들의 하구에 흔했다. 내가 그 부근을 찾아오는 동안 배 한 척, 교회 두 곳, 집 한 채가 벼락에 맞았다고 한다. 벼락이 떨어진 직후 교회와 집에 가서 보았다. 초인종 전선이 지나가는 양쪽 약 30cm의 종이가 검게 탔다. 방이 약 15피트 높이였으나 금속이 녹아 의자와 가구 위에 떨어져 한 줄로 작은 구멍이 났다. 벽 한 부분이 마치 흑색 화약이 터진 듯이 부서졌으며 조각들이 큰 힘으로 날아가 방 반대쪽 벽이 파였다. 거울의 틀이 탔고, 벽난로 선반 위에 놓여있던 향수병의 도금이 휘발했다.

축약자 주석

1) 피츠로이 함장은 파타고니아 지도가 부에노스아이레스에 있다는 것을 알고 1832년 7월 31일 몬테비데오 항구를 떠났다. 비글호가 8월 2일 부에노스아이레스 항구로 들어갈 때, 아르헨티나 해군 배가 다가오면서 공포탄과 실탄을 쏘았다. 영국에 콜레라가 생겼기 때문에 입항을 금지시켰던 것이었다. 비글호가 영국을 떠나 일곱 달 동안 바다에 떠 있었다는 설명은 아무런 도움이 되지 않았다.
   이렇게 되자, 피츠로이 함장이 아르헨티나 해군이 총을 쏜 사실을 해명하라고 요구하면서, 총을 한 발이라도 더 쏘면 대포를 쏘겠다고 말하고 몬테비데오로 돌아갔다. 몬테비데오로 돌아 온 피츠로이 함장은 아르헨티나 해군의 무례한 행동을 강력하게 항의하는 편지를 영국 외교관을 통해 아르헨티나 측으로 보냈고, 영국 해군성에게도 그 사실을 알렸다. 그가 몬테비데오에서 만난 영국 순양함 드루이드호 함장에게도 그 사실을 알렸고, 드루이드호는 다음 날 항의하러 부에노스아이레스로 떠났다.

비글호가 몬테비데오 항에 도착한 이틀 후, 흑인들의 폭동이 일어났다. 함장이 몬테비데오 시의 경찰 대장과 항구 대장의 요청으로 상륙해서 치안사정을 확인한 뒤, 8월 5일 무장한 해병과 수병 52명을 상륙시켰다가 다음 날 배로 돌아오게 했다. 질서를 유지하고 영국인의 생명과 재산을 보호하기 위해 군인들을 상륙시켰으나 사태가 나빠지면 중립을 지키기 어렵다는 것을 알았기 때문에 일찍 물러났던 것이다. 다윈은 그때 머리가 아파 배에 있었다. 8월 15일 돌아온 드루이드호가 아르헨티나 측이 지난 번 사건에 대한 잘못을 인정해, 문제를 일으킨 함장을 구속하고 정식으로 영국 해군에게 사과했다고 알려왔다.

이후 비글호가 다시 아르헨티나 해안을 따라 바이아블랑카로 내려갔으며 다시 부에노스아이레스로 갔다가 몬테비데오로 돌아와서 티에라델푸에고섬 원주민 세 명을 고향으로 돌려보내기 위하여 12월에는 티에라델푸에고섬까지 내려갔다.

비글호는 1833년 3월, 포클랜드 군도를 찾아갔다. 피츠로이 함장은 조난당한 프랑스 고래잡이배 마젤란호의 선원 22명을 우루과이까지 태우고 가기로 했다. 비글호는 파타고니아 해안을 거쳐 4월 몬테비데오로 올라와 프랑스 선원들을 내려주었다. 비글호 선원들이 어드벤처호를 수리하는 동안 다윈은 두 달 넘게 말도나도를 돌아보았다. 다윈이 6월 하순 비글호에 승선했으며 몬테비데오로 다시 왔다가 파타고니아의 북쪽 경계인 네그로 강으로 내려갔다. 다윈이 그 곳에서 내려 육로로 바이아블랑카까지 갔다가 다시 부에노스아이레스까지 갔다. 함장이 포클랜드 군도에서 산 어드벤처호의 수리가 끝나지 않았고, 비글호가 라플라타 강을 조사하고 해도를 준비하는 몇 주일 동안, 다윈이 파라나 강을 따라 아르헨티나 내륙을 탐험했다. 그가 몬테비데오에 도착했을 때까지, 비글호가 몬테비데오 일대를 조사했다. 또 사관들이 해도 작업을 다 끝내지 못해, 다윈은 11월 하순 우루과이 내륙지방을 여행했다. 비글호가 파타고니아와 마젤란 해협을 조사하기 위하여 12월 초에 라플라타 강을 떠났다.

비글호가 1834년 1월 산훌리앙 포구를 떠나 디자이어 포구를 거쳐 마젤란 해협에 처음 들어왔다. 3월 포클랜드 군도를 다시 찾아왔으며 4월과 5월 파타고니아의 산타크루즈 강 입구에 정박했다. 그 후 함장과 다윈을 포함한 사람들이 산타크루즈 강을 탐험했다. 비글호는 6월 1일, 마젤란 해협에 두 번째 들어와 '굶어 죽는 포구'에 도착했다. 6월 10일, 마젤란 해협의 가운데서 빠져나와 태평양으로 들어갔다.

2) 가우초란 남아메리카를 개척하러 간 포르투갈과 스페인의 군인들과 원주민 사이의 혼혈을 말한다. 가우초는 어려서부터 말(馬)과 친해서 말 없이는 살지 못한다. 그들이 하는 일도 말을 타고 하는 일로 주로 양이나 소를 기른다. 이들을 흔히 '남아메리카 카우보이' 라고도 부르며 파타고니아와 우루과이와 브라질 남부지방에서 많이 볼 수 있다.

3) 우루과이 땅에는 차루아족, 차나족, 게노아족, 가나족의 원주민 네 종족이 있었다. 그러나 유럽인이 그 곳을 정복하면서 그들을 모두 죽였다. 그러므로 다윈이 그 곳에 갔을 때에는 인디오가 한 사람도 없었다. 그러나 지금은 브라질 땅에서 살아남았던 차루아족의 후손들이 우루과이에 있다.

4) 반다 오리엔탈이 우루과이 공화국의 옛 이름으로 우루과이 강의 동쪽을 말한다. 1817년 포르투갈이 스페인한테서 현재 우루과이가 차지한 땅을 뺏어 당시 포르투갈 영토였던 브라질에 편입시켰다. 브라질이 1822년, 독립을 선언하자 우루과이 사람들이 폭동을 일으켰다. 아르헨티나가 그 폭동을 지원했으며 그 때문에 아르헨티나와 브라질이 전쟁을 했다. 그 틈에 우루과이가 1828년 독립을 선언했으며, 1830년 공화국이 되었다.

5) 프랑스 박물학이자 진화학자인 라마르크(1744~1829)는 모든 생물체가 더 나아지고 고등이 되려는 성질이 있다고 주장했다. 또 그는 생물은 환경에 따라 구조가 변화하며 그 변화된 구조가 후손에게 전해진다고 주장했다. 예를 들면, 얕은 물 위를 걷는 새는 물에 젖지 않으려고 다리를 뻗어 다리가 길어지며 그 긴 다리가 자손에게 전해져 후손도 다리가 길다고 주장했다. 또 기린의 긴 목도 높은 가지에 난 잎을 뜯어 먹으려고 목을 길게 뽑으면서 길어졌다는 주장이다. 라마르크의 주장을 용불용설(用不用說)이라고 한다.

제4장 네그로 강에서 바이아블랑카까지

네그로 강-인디오에게 습격당한 농장-소금호수-홍학-네그로 강에서 콜로라도 강까지-성스러운 나무-파타고니아 토끼-인디오 가족-로사스 장군-바이아블랑카까지 가다-모래언덕-흑인 장교-바이아블랑카-염류껍데기-푼타알타-스컹크

1833년 7월 24일_ 비글호는 말도나도를 떠나 8월 3일, 네그로 강 하구에 도착했다. 이 강은 마젤란 해협과 라플라타 강 사이에서 큰 하천으로 꼽히는데, 라플라타 강 하구 남쪽 약 300마일 지점에서 바다로 들어간다.[1] 약 50년 전 스페인 정부 때 남위 41도인 이곳에 작은 마을이 세워졌으며, 지금도 아메리카대륙 동해안에서 가장 남쪽에 있는 문명인 거주지역이다.

하구의 풍경은 대단히 황량하다. 남쪽에서는 시작되는 긴 수직 벼랑이 이 지역의 지질 단면을 보여준다. 지층들은 사암이다. 그중 한 지층은 부석 자갈들이 엉겨 붙은 역암이다.[2] 그 자갈들은 안데스 산맥에서 400마일 이상 내려온 것이 틀림없다. 지면은 자갈층으로 덮여 있고, 자갈층은 끝없이 펼쳐져 있다. 물은 아주 귀하며 식물도 거의 없다. 많은 종의 덤불이 있지만 모두 날카로운 가시가 있다. 마치 낯선 손님에게 이 거칠고 쓸쓸한 곳에 들어오지 말라고 경고하는 것처럼 보인다.

사람들은 비글호가 정박한 네그로 강 하구에서 상류 쪽으로 18마일 떨어진 곳에서 살았다. 우리 일행은 인디오의 공격으로 폐허가 된 '농장들'을 지나갔다. 그 공격을 받았던 사람이 그때의 모습을 아주 생생하게 이야기해 주었다. 사람들은 우리 안으로 말과 소를 몰아넣고, 작은 대포를 준비했다. 인디오들은 칠레 남부에서 온 아라우코 족 수백 명으로 잘 훈련되었다.[3] 근처 언덕에서 두 무리의 인디오들이 말에서 내려 가죽 망토를 벗고 앞으로 나왔다. 그들의 유일한 무기는 아주 긴 대나무 창인 추조였다. 타조 깃으로 장식된 창을 든 그들이 가까이 왔고, 추장 핀체이라가 사람들이 무기를 버리지 않으면 모두 죽이겠다고 소리를 질렀다. 포위된 사람들은 무기를 버리든 말든 그 결과는 마찬가지라고 생각하며, 사격으로 그 소리에 응답했다. 인디오들이 울타리까지 다가왔다. 그러나 그들의 예상과는 달리 울타리 기둥이 쇠가죽 끈이 아닌 쇠못으로 연결돼 있어 칼로 잘라지지 않았다. 이것이 기독교도들의 생명을 구했다. 부상당한 인디오가 많았고 하급 추장 하나가 부상당하자 인디오는 물러났다. 다음 공격은 더 빨리 격퇴 되었다. 냉정한 프랑스 사람이 사격을 지휘했다. 인디오들이 가까이 올 때 집중사격 해 39명을 쓰러뜨렸다.

마을은 엘 카르멘 또는 파타고네스로 불린다. 강을 마주 보며 벼랑 앞에 건설되었고 사암을 뚫어 지은 집들도 많다. 강폭은 200~300야드이며, 물이 깊고 빠르다. 햇빛 아래에서 넓은 초록색 골짜기로 보이는 광경은 정말 아름답다. 주민은 몇 백 명에 지나지 않는다. 마을 외곽에는 순수한 인디오인 루카네 추장 부족들이 사는 오두막들이 있다.

어느 날 동네에서 15마일 정도 떨어진 소금호수 살리나까지 말을 타고 갔다. 살리나는 겨울에는 얕은 짠물호수지만, 여름에는 새하얀 소금호수로 바뀐다. 길이가 2.5마일, 폭이 1마일인 호수의 가장자리 소금의 두께는 4~5인치이지만 가운데는 두껍다. 근처에는 이보다 넓은 소금호수가 있는데, 겨울에도 물아래의 소금의 두께가 2~3피트나 된다. 살리나에서는 매년 엄청난 소금이 채취되며, 수백 톤의 소금이 팔린다. 살리나에서 소금을 모을 때는 거의 모든 주민이 강가에 천막을 치고, 황소가 끄는 수레로 소금을 실어낸다. 이곳 소금덩어리는 정육면체로 크고 아주 순수하다. 트렌햄 리크스 씨의 분석을 보면 이곳 소금에는 석고와 진흙이 조금 섞여 있다.

호수 변두리의 진흙 속에는 큰 석고 결정들이 많다. 어떤 결정은 3인치나 된다. 반면, 진흙 표면에는 소다황산염들이 흩어져 있다. 가우초들은 앞의 것을 '소금의 아버지', 뒤의 것을 '소금의 어머니' 라고 부른다. 이 염류들은 물이 증발하기 시작할 때, 언제나 살리나 변두리에 생긴다고 한다. 소금호수에서 눈에 보이지 않는 생물 때문에 더러운 냄새가 나고 초록색이나 붉은색이 난다는 것을 알았고, 생물이 산다는 사실에 놀랐다. 나아가 소금호수에는 홍학과 소금게를 비롯한 동물들이 살고, 짠물이나 화산 아래든, 광천이든 대양이든 대기권이든 눈이 쌓인 지면을 포함해서 세계 어디에서나 생물들이 산다니 얼마나 놀라운 일인가![*]

스페인 사람들이 최근 네그로 강과 부에노스아이레스 사이에 바이아블랑카라는 작은 마을을 건설했다. 부에노스아이레스까지 직선거리가 영국 마일로 거의 500마일이다.[4)] 그 지역의 인디오들이 변두리에 있는 농장에 피해를 주자 부에노스아이레스 정부는 로사스 장군에게 인디오를 소탕시켰다. 그는 미개척지를 가로지르며 인디오를 상당히 없앴다. 또 그는 수도와 연락할 수 있도록 초소를 두어 약간의 군대와 말을 주둔시켰다. 비글호가 바이아블랑카에 들어올 계획이 있어, 나는 거기까지 육로로 가기로 결심했다가, 다시 부에노스아이레스까지 연장했다.

후안 마누엘 로사스 장군 인디오를 학살하고 아르헨티나를 통일했다가 밀려나 영국에서 삶을 마쳤다.

* 『린네 회보』 11권 205쪽. 시베리아와 파타고니아의 소금호수에 관계된 모든 조건들이 얼마나 비슷한가를 보면 놀랍다. 시베리아는 파타고니아처럼 최근에 해면 위로 솟아오른 것으로 보인다. 두 지역의 소금호수는 모두 평원의 얕고 낮은 지역에 있다. 호수 주위의 진흙은 검고 냄새가 난다. 보통 소금으로 된 껍데기 아래에는 결정이 불완전한 소다나 마그네슘 황산염이 나오며, 진흙이 섞인 모래에 렌즈처럼 생긴 석고가 들어 있다. 시베리아에 있는 소금호수에는 작은 갑각동물이 서식하며 홍학도 있다(1830년 1월호 『에든버러 새 과학학술지』). 아주 사소하긴 하지만, 이러한 환경이 멀리 떨어진 두 대륙에서 똑같이 만들어진 만큼, 같은 원인에서 비롯된 같은 결과라고 확신할 수 있다. 팔라스의 『1793~1794년 여행기』 129쪽에서 134쪽까지를 보라.

8월 11일_ 안내인과 영국인과 가우초들과 함께 바이아블랑카를 향해 떠났다. 우리 일행은 천천히 이틀 반 만에 콜로라도 강에 왔다. 길은 거의 사막으로 겨울인데도 짠 물이 나오는 샘이 두 곳 있었다. 네그로 강의 골짜기는 꽤 넓었고 사암평원에서 침식된 게 틀림없다. 평원의 변두리에는 작은 골짜기들과 낮은 곳들이 곳곳에 있어 평탄하지가 않았고 황량했다.

첫 샘을 지나자 인디오들이 왈레추 제단으로 신성하게 모시는 유명한 나무가 눈에 들어왔다. 그 나무는 높은 곳에 자리 잡아 멀리에서도 잘 보였다. 인디오들은 그 나무를 보자마자 소리를 질러 그들의 존경심을 나타낸다. 나무 자체는 작고 가지가 많고 가시가 돋았고 뿌리 바로 위 지름이 거의 3피트나 된다. 근처에는 전혀 나무가 없어, 그 나무는 정말 우리가 처음 발견한 나무였다. 그 후로 같은 종의 나무를 보았으나 흔하지는 않았다. 때가 겨울이라 나뭇잎은 없었고, 담배, 빵, 고기, 천 조각 같은 여러 가지 제수들이 매달려 있었다. 모든 남녀노소 인디오들은 이 나무에 제물을 바친다. 인디오들은 그런 다음에야 자신의 말들이 피곤하지 않고, 자신들도 잘되리라 믿었다. 이 이야기를 한 가우초는 자신이 평화로운 시절에 그런 장면을 목격했으며, 그와 다른 가우초들이 제물들을 훔치려고 인디오들이 갈 때까지 기다리곤 했다고 말했다.

가우초는 인디오들이 그 나무를 신으로 생각한다고 말했지만, 나는 그보다는 제단이라고 생각했다. 그렇게 생각한 이유는 그 나무가 위험한 통로에 있는 표식이기 때문이었다. 일행은 그날 밤 잠잘 곳을 찾아 그 나무에서 약 2리그 떨어진 곳에 멈추었다. 그때 암소 한 마리가 가우초의 날카로운 눈에 띄었다. 그러자 가우초는 전속력으로 따라가 몇 분 만에 올가미로 암소를 잡아끌고 와 죽였다. 우리에게는 '노숙'에 필요한 네 가지, 곧 말먹이 풀과 진흙이 섞인 부연 물과 쇠고기와 땔나무가 다 있었다. 가우초들은 이 사치품 네 가지가 다 있어 신이 났다. 우리는 곧 불쌍한 암소를 손질해서 먹었고, 잠자리를 준비했다. 이 밤이 별이 보이는 하늘 아래서 마구를 잠자리로 해서 잔 첫날밤이었다. 독립된 생활에 큰 기쁨을 느꼈고 평원의 죽음 같은 적막함, 보초를 서는 개들, 불을 피운 주변에 잠자리를 만드는 집시 같은 가우초들한테서 강한 인상을 받았다.

다음 날에도 황량한 풍경이 계속 되었다. 그 곳에서는 아구티가 가장 흔한 네발 동물이어서 영국의 산토끼였다. 그러나 여러 가지 중요한 점에서 그 속屬과 다르다. 예컨대, 뒷발에 발가락이 세 개 있으며 크기는 산토끼의 거의 두 배이며, 무게는 20~25파운드가 나간다. 그 동물은 평지가 갑자기 푸르러지며 습해지는 타팔겐 산(남위 37도 30분)같은 북쪽 지역까지 있으며, 남쪽 한계선은 디자이어 포구와 산훌리앙 포구 사이로 자연환경에 변함이 없다. 지금은 산훌리앙 남쪽 지역에서는 아구티를 볼 수 없지만, 우드 함장은 1670년 항해 기록에서 그곳에 아구티가 많다고 이야기하니 이상하다. 사람이 살지도 않고 거의 찾아오지도 않는 넓은 그곳에서 왜 그 동물의 서식 범위가 바뀔까?

다음 날 아침, 콜로라도 강이 가까워지면서 팜파스를 닮은 초원이 나타났다. 이어서 여름이면 염류들이 생기는, 즙이 많고 키 작은 식물로 뒤덮인, 살리트랄이라는 꽤 큰 진흙늪지를 지났다. 우리가 건넜던 콜로라도 강폭은 60야드 정도였으나, 보통 그 두 배인 게 분명하다. 군대를 따라 강을 건너는 거대한 암말무리 때문에 우리는 강을 늦게 건넜다. 수백 마리가 귀를 뾰족하게 세우고 벌름거리는 콧구멍을 물 위에 내어놓은 모습이 마치 엄청난 떼의 양서류 같아서 아주 우스꽝스러웠다. 이동하는 군대에게 암말처럼 유용한 존재는 없다. 식량으로 쓸 수도 있고, 평원 위로 말들을 몰아 행군할 수 있는 거리가 아주 놀랍기 때문이다.

로사스 장군의 주둔지는 마차와 대포와 짚으로 지은 집들로 된 직사각형이었다. 군인들은 기병이었는데, 모두 불한당이나 도둑놈 같았다. 대부분이 흑인과 인디오와 스페인 사람의 혼혈이었다. 나의 통행증을 본 비서가 위엄을 갖추면서도 교묘하게 여러 가지를 캐물었다. 다행히 나에게는 부에노스아이레스 정부가 파타고네스 총독에게 보내는 추천서가 있었다.* 우리는 란초라는 오두막을 얻었는데, 나폴레옹이 러시아를 공격할 때 참전했다는 스페인 노인이 살았던 곳이다.

우리는 콜로라도 강에서 이틀간 머물렀다. 가장 큰 즐거움은 사소한 물건을 사러오는 인디오 가족들을 구경하는 것이었다. 로사스 장군에게 협조하는 인디오들은 약 600명 정도였다. 남자들은 키가 크고 체격이 좋았으나 표정은 무시무시했다. 윤기 나는 검은 머리를 두 가닥으로 땋아 허리까지 내려오게 한 젊은 인디오여자들은 예뻤고 혈색이 좋고 눈이 반짝거렸다. 당시

* 비글호 박물학자인 나에게 아르헨티나 전국을 돌아다닐 수 있도록 통행허가증을 만들어준 부에노스아이레스 정부에게 크게 감사한다.

인디오 여자는 쓸모가 있는 노예였으며 남자는 싸우고 사냥하고 말을 돌보며 마구를 만들었다. 남자들이 집안에서 하는 주된 일은, 볼라를 만드는 일이었다. 그들은 볼라로 짐승을 잡고 상대와 싸웠다. 싸울 때는 먼저 볼라로 상대의 말 다리를 얽어 쓰러뜨린 다음 추조로 찔러 죽였다. 남자와 여자 가운데 얼굴을 붉게 칠한 이들이 있었으나 가로로 칠하지는 않았다. 인디오들은 은 세공품을 아주 좋아했다.

❀ 파타고니아 인디오의 거처와 무덤.

로사스 장군은 특이한 성격의 소유자로, 일대에서 영향력이 가장 큰 사람 중 하나였다. 재산이 많은 그는 규칙을 자신도 엄격하게 지켜서 유명해졌다. 실제 자신이 잘못했다고 생각하자 스스로 하인과 똑같은 처벌을 받은 일은 아주 유명해서 가우초 사이에서는 오랫동안 화제가 되었다. 로사스 장군은 완벽한 승마술을 지닌 사람이었다. 승마술로 장군을 뽑는 나라의 군대에서는 말을 잘 타는 기술이 무엇보다 중요했다. 여기서 요구되는 승마술은 길들이지 않은 말들을 우리 밖으로 달려 나가게 한 다음, 통로 위에 걸쳐놓은 나무에서 뛰어내려 달리는 말 위에 올라타는 것이었다. 물론 그 말에는 안장도 재갈도 없었다. 그런 말을 타고 능숙히 몰아 다시 우리 문까지 돌아와야 한다.

로사스 장군은 내 말을 경청했다. 그는 분별력이 있었고 지나칠 정도로 진지했다. 나는 장군에게 실없는 말을 했다가 처벌받은 사람의 이야기를 들었다. 그 초라하고 모자란 사내는 자신이 받은 처벌을 기억하면서 꽤 괴로워하는 것처럼 보였다. 그 처벌은 상당히 가혹해 땅에 박은 네 기둥에 팔과 다리를 수평으로 벌린 채 몇 시간 동안 매달아두었기 때문이다. 그것은 분명히 쇠가죽을 말리는 방법과 같다. 장군은 나와 이야기하는 동안 한 번도 웃지 않았으며, 통행허가증과 정부 초소의 말을 쓸 수 있는 명령서를 아주 공손하게 내주었다.

우리는 주둔지를 떠나 인디오의 집들을 지나갔다. 그 집들은 오븐처럼 둥그스름했고 쇠가죽들로 덮였으며, 문 앞에는 추조가 박혀 있었다. 추장에 따라 집들이 나누어졌다. 콜로라도 강 계곡을 따라가면서 본 충적평원이 비옥해서 밀 재배에 알맞다고 생각되었다. 북쪽으로 가면서 땅은 여전히 건조하고 거칠었으나, 석회-점토질 지층이 시작되면서 가시덤불이 적어지고 식물이 보였다. 시든 풀이 점점 많아지다가 가시덤불이 완전히 사라졌다. 이 지층이 팜파스가 되어 우루과이의 화강암질 바위를 덮을 것이다. 마젤란 해협부터 콜로라도 강까지 약 800마일이 안데스 산맥에서 기원한 반암자갈로 덮여 있었다. 콜로라도 강의 북쪽에서 이 층이 얇아지고 자갈이 아주 작아지면서 파타고니아의 특징인 식물들이 사라졌다.

약 25마일 정도를 걸어 사구가 동서 방향으로 끝없이 계속되는 곳에 왔다. 점토층 위에 사구가 생기면서 작은 물웅덩이가 생겨 이 건조한 지역에 귀중한 수원이 되었다. 폭이 약 8마일인 이 사구는 한때 거대한 하구의 가장자리였을 것이다. 현재 그 가장자리를 따라 콜로라도 강이 흐른다. 모래지역을 지나 저녁때 초소에 닿았고 그곳에서 하룻밤을 묵기로 했다.

초소는 그 곳에서 가장 높은 30~60m 사이의 능선 기슭에 있었다. 흑인 중위가 초소장인데, 그의 말로는 콜로라도 강과 부에노스아이레스 사이에 그 초소보다 더 깨끗한 초소는 없다. 그 초소에는 막대기와 갈대로 만든 손님방과 말 우리가 있었다. 집 둘레에는 공격에 대비한 호를 파놓았다. 그러나 만약 인디오들이 공격해오면 그 호들은 거의 쓸모가 없을 것이다. 그 장교는 자신의 초소가 가장 강력하다고 생각하는 듯했다. 얼마 전 한 무리의 인디오들이 밤에 그곳을 지나갔다. 만약 그들이 그 초소를 알았더라면, 그와 부하 네 명은 죽었을 것이다. 그가 우리와 함께 밥을 먹으려고 하지 않아 나는 아주 거북했다.

우리는 아침 일찍 '거세한 황소머리'라는 카베사 델 부에이를 지났는데, 이 이름은 바이아블랑카에서 시작되는 큰 늪지 상부에 붙여진 옛날 이름이다. 그 곳에서 말을 갈아타고 늪지와 짠물 습지들을 지났다. 말을 마지막으로 갈아타고 진흙 밭을 가로지르기 시작했다. 그때 내 말이 미끄러져 나는 진흙을 흠뻑 뒤집어썼다. 요새에서 좀 떨어진 곳에서 만난 사람이 인디오들이 가까이 있다는 경고인 대포 소리를 들었다고 말했다. 우리는 곧 길에서 벗어나 큰 늪지 가장자리를 따라갔다. 그곳이 쫓길 때 숨기에 가장 좋은 곳이었다. 마을 안으로 들어와 그 인디오들이 로사스 장군과 합류하려는 인디오들이라는 것을 알았다.

바이아블랑카는 마을이라는 이름에 걸맞지 않게 초라했다. 고작 집 몇 채와 군인 막사들이 깊은 호와 견고한 벽으로 둘러싸여 있을 뿐이었다. 1828년에 건설되었는데, 심각한 문제가 있었다. 부에노스아이레스 정부가 스페인 부왕과 달리, 네그로 강에서 가까운 땅을 인디오한테서 뺏었기 때문이다. 그러므로 벽 바깥에는 집과 경작된 땅이 거의 없었다. 요새가 있는 평지의 경계선을 벗어나면 소마저도 안전하지 않았다.

비글호가 25마일 떨어진 포구에 정박하므로, 사령관의 허락을 얻어 안내인 한 사람과 말들을 구해, 배의 도착을 알아보려고 떠났다. 작은 시내를 따르는 초록색 풀밭을 벗어나, 늪지와 펄뿐인 넓고 쓸쓸한 곳으로 들어갔다. 땅은 좋지 않아도, 동물은 많았다. 두 달 전, 안내인은 이 부근에서 두 사람과 사냥을 하다가 인디오에게 하마터면 죽을 뻔했다. 친구들은 죽었고 그가 탄 말의 다리도 볼라에 얽혔으나, 재빨리 칼로 볼라를 잘라내어 말 다리를 풀었다고 한다. 그 동안에도 그는 말 둘레를 빙빙 돌면서 추조를 피했다. 하지만 결국 추조에 두 번 깊게 찔렸고 간신히 안장에 올라앉아 말을 달려 요새가 보이는 곳까지 따라온 추격자들을 피했다. 그러자 거주지에서 멀리 떨어진 곳을 돌아다니지 말라는 명령이 내려졌다고 한다.

비글호가 도착하지 않아 돌아오려고 했지만, 말이 피로해 평지에서 하룻밤을 보냈다. 다음 날 아침 아르마딜로 한 마리를 잡아 껍데기 채 구우니 맛은 있는데 두 사람의 아침과 저녁으로는 부족했다. 우리가 밤을 보낸 곳에는 물이 없었다. 그래도 설치류는 많았다. 투쿠투코는 밤늦게 머리맡에서 그르렁거렸다. 아침에 아무것도 마시지 못한 말들이 녹초가 되어 우리는 걸어가야만 했다. 점심 때는 개들이 잡은 새끼 염소 한 마리를 구워 먹었다. 염소고기를 먹자 참을 수 없을 정도로 목이 말랐다. 20시간 가까이 물을 마시지 못해 체력이 많이 떨어졌다. 다른 사람들이 그런 환경에서 2~3일을 어떻게 생존하는지 상상하기 힘들었다. 나는 하루 물을 마시지 못해 고생했지만 안내인은 괜찮았다.

남아메리카에서는 기후가 상당히 건조한 곳마다 염류껍데기들이 생기지만, 바이아블랑카처럼 많이 생긴 곳은 본 적이 없었다. 축축한 땅에 즙 많은 식물이 듬성듬성 자라는, 진흙이 섞인 검은 흙으로 된 드넓은 평원 외에는 보이는 게 없었다. 그러나 뜨거운 날씨가 일주일 계속되자, 평원이 눈 내린 것처럼 하얗게 되었다. 수분이 천천히 증발하면서 염류가 죽은 식물의 잎이나 나무그루터기, 갈라진 흙 둘레에서 결정되었기 때문이다. 이 건조한 지역이 천천히 융기하는 동안 표면에 남아 있는 염화물에서 소다황산염이 만들어진다고 상상할 수 있었다. '염분 땅에서 자라는 즙이 많은 식물들이 염화물을 분해할 능력이 있는가? 유기물이 많아 냄새나는 검은흙이 유황이 되고 마침내 황산이 되는가?'라는 의문이 생겼다.

이틀 후 나는 안내인과 함께 포구로 갔다. 안내인이 포구 멀지 않는 곳에서 말을 타고 사냥을 하는 세 사람을 발견했다. 그는 그들을 인디오로 생각해서 조심스레 살피면서 달아날 준비를 했다. 그러나 타조 알을 찾는 여자라는 것을 알고는, 안내인은 그들이 인디오가 될 수 없는 온갖 이유를 댔고, 나는 곧 잊어버렸다. 우리는 바이아블랑카 포구 거의 전체를 볼 수 있는 푼타 알타라는 나지막한 곳에 도착했다.

우리는 그날 밤을 푼타 알타에서 보냈다. 나는 뼈화석을 찾아 나섰는데, 그 지점에 멸종된 동물들의 뼈가 아주 많았기 때문이다. 아침에 말을 타고 돌아오다가 퓨마는 보지 못했지만, 퓨마가 방금 만들었을 법한 흔적을 발견했다. 또 그 근방에서 흔한 스컹크 두세 마리를 보았다. 스컹크는 보통 족제비와 비슷하게 생겼으나, 몸집이 더 크고 사지가 더 굵다. 낮에는 개나 사람을 무서워하지 않고 평원을 돌아다니다가 가끔 개가 끈질기게 덤비면 고약한 냄새를 풍기는 기름 몇 방울로 공격했다.

축약자 주석

1) 네그로 강은 다윈이 말하듯이, 라플라타 강 하구에서 남쪽으로 300마일(해리), 즉 556km 떨어져 있지 않고 남서쪽으로 720km 정도에 있다.

2) 부석(浮石)이란 속에 빈틈이 많아 물에 뜨는 돌을 말한다. 역암이란 퇴적암의 일종으로, 자갈들이 모래와 함께 엉기어 굳어진 바위이다.

3) 아라우코 족은 남북 아메리카 원주민 가운데 유럽인이 힘으로 정복하지 못한 유일한 원주민이다. 칠레 정부가 1887년에 조약을 맺어 땅과 부족을 칠레에 편입시켰다. 현재 순수한 아라우코 족이 5만 명, 같은 계통으로 약 20만 명 정도가 있다. 이들 대부분은 산티아고의 남쪽으로 600km 정도 떨어진 테무코를 중심으로 한 9지역에 모여서 산다. 그들은 칠레 국경일에는 고유한 복장을 하고 참석한다. 그러나 교육을 받지 못해 칠레 주류사회로는 많이 들어오지 못하는 것으로 보인다. 칠레에서는 흔히 마푸체 족이라고도 부른다.

4) 이 거리는 바이아블랑카가 아니라 네그로 강 하구에서 부에노스아이레스까지 거리이다. 영국 마일이 우리가 쓰는 1,609m, 1마일이다. 다윈이 쓰는 마일은 1해리인 경우도 있고 1,609m인 경우도 있다.

제5장 바이아블랑카

바이아블랑카-지질-멸종된 거대한 네발 동물-최근의 멸종-종의 수명-큰 동물들에게는 무성한 숲이 필요하지 않다-남아프리카-시베리아에서 나오는 화석-타조 두 종-오븐 새의 습성-아르마딜로-독사와 두꺼비와 도마뱀-동물의 동면-바다조름의 습성-인디오와 벌이는 전투와 인디오 도살-화살촉과 골동품

8월 24일_ 바이아블랑카에 도착한 비글호는 1주일 후 라플라타 강으로 떠났다. 나는 피츠로이 함장의 동의로, 육로를 이용해 부에노스아이레스로 가기로 했다. 이 장에서는 이번 여행과 전에 비글호가 포구의 수로를 조사할 때 보았던 것들을 이야기하겠다.[1)]

바다에서 평원을 보면, 평원은 적갈색 점토와 석회질 성분이 많은 바위로 되어 있다. 해안으로 다가가면 위쪽의 평원이 무너져서 생긴 평원도 있고, 땅이 천천히 융기하면서 진흙과 자갈과 모래가 바닷물로 밀려올라와 생긴 평원도 있다. 푼타 알타에는 최근에 생긴 것으로 보이는 작은 평원의 단면 하나가 있는데, 그 지층에 들어 있는 거대한 육상동물 화석들의 숫자와 특징이 굉장히 흥미롭다. 그 화석들을 간단히 이야기하겠다.

첫째, 거대한 메가테리움의 머리뼈 세 개와 다른 뼈들. 둘째, 메가테리움과 비슷하면서 몸집이 큰 메갈로닉스. 셋째, 메가테

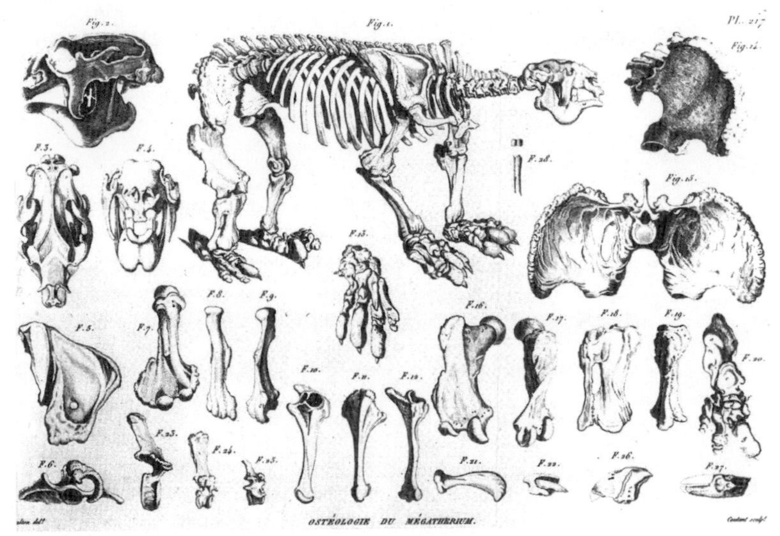

❂ 빈치류인 메가테리움의 골격과 뼈.

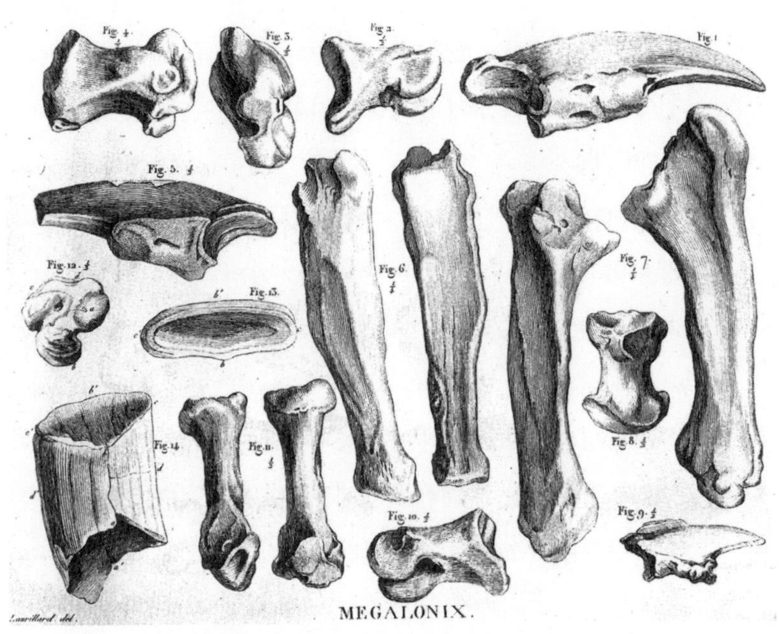

❂ 메가테리움과 비슷한 크기에 같은 빈치류인 메갈로닉스의 뼈.

리움과 비슷한 스켈리도테리움의 거의 완전한 골격. 이 동물은 코뿔소만 하며, 오언 씨의 의견을 따르면 머리 구조가 케이프 개미핥기에 아주 가깝다. 하지만 어떤 점에서는 아르마딜로와 비슷하다. 넷째, 앞의 것과 비슷하지만 크기가 작은 다윈 밀로돈. 다섯째, 또 다른 거대한 빈치류인 네발 동물. 여섯째, 골판 조각을 가진 큰 동물로 아르마딜로와 아주 비슷한 동물. 일곱째, 멸종된 말과 여덟째, 후피동물의 이빨로 낙타처럼 목이 긴 마크라우케니아와 같은 동물의 이빨로 생각되는데, 이 역시 다음에 이야기하겠다. 마지막으로 지금까지 발견된 동물 가운데 가장 이상한 톡소돈은 크기가 코끼리나 메가테리움과 같으나, 이빨 구조는 오늘날 가장 작은 네발 동물인 설치류와 아주 비슷하다. 톡소돈은 많은 점이 후피동물과 비슷하다. 눈과 귀와 콧구멍의 위치로 보아, 듀공이나 매너티와 흡사해서 이들처럼 물속에서 살았던 것으로 보인다.[2)]

이 거대한 아홉 가지 네발 동물들의 골격화석과 많은 뼈화석들이 사방 약 200야드의 해변에서 발견되었다. 그렇게 많은 종들의 화석이 한자리에서 발견된 것이 놀랍다. 이는 과거 이곳에서 얼마나 많은 동물들이 살았는가를 증명한다. 푼타 알타에서 약 30마일 떨어진 곳에 있는 붉은 흙 절벽에서도 뼛조각 몇 개를 발견했다. 또 카피바라의 이빨과 크기와 모양이 아주 비슷하게 생긴 설치류의 이빨도 있었다. 에렌베르크 교수의 연구에 따르면, 팜파스의 흙처럼 이런 화석들이 들어 있는 붉은 흙은 민물에서 사는 8종, 짠물에서 사는 1종의 적충류 계통의 극미동물이 있어, 강 하구에 쌓인 것이라고 한다.

푼타 알타의 화석들은 마치 바닷물이 얕은 기슭으로 밀어 올린 것처럼 층리層理가 분명한 자갈과 붉은 점토층에서 나왔다. 이 화석들은 23종의 조개 화석과 같이 나왔다. 그 가운데 13종은 현재도 살아 있고, 4종은 현재 살아 있는 조개에 아주 가까웠다. 지금도 살아 있는 조개들이 현재 그 만에서 살고 있는 비율대로 나오므로, 그 지층이 제3기에서도 아주 후기임이 틀림없다. 슬개골을 포함한 스켈리도테리움의 뼈들이 제자리에 있고, 아르마딜로 같은 큰 동물 뼈로 보이는 갑주가 다리뼈와 함께 잘 보존된 것으로 보아, 조개와 함께 자갈 속에 매몰될 때, 흠 없이 인대로 잘 결합된 상태였을 것으로 믿어진다.

메가테리움과 메갈로닉스와 스켈리도테리움과 밀로돈을 비롯한 골격이 거대한 메가테로이드 계통의 동물들은 정말 놀랍다. 메가테로이드 계통 동물들의 이빨 구조가 단순한 것은, 식물, 그중에도 잎이나 작은 나뭇가지를 먹고 살았음을 말해준다. 몇몇 훌륭한 박물학자들은 그들의 육중한 몸집과 크고 강하고 굽은 발톱이 활동하기에 적합하지 않아, 그들이 나무늘보처럼 나무를 타면서 나뭇잎을 먹고 살았을 것이라 믿었다. 오언 교수는 훨씬 더 그럴 법하게, 그 동물들이 나무를 기어오르는 대신 나뭇가지를 끌어당기거나 작은 나무는 뿌리째 뽑아 잎을 뜯어먹었다고 생각했다. 눈으로 보지 않고는 거의 상상이 되지 않는 그 동물들의 거대한 뒷다리 굵기와 무게가 오언 교수의 그러한 주장을 뒷받침해준다. 그 동물은 튼튼한 꼬리와 거대한 뒷다리로 삼각대처럼 땅을 딛고는, 대단히 강한 앞다리와 큼직한 발톱을 자유로이 썼을 것이다. 또 밀로돈에게는 기린의 혀처럼 길고 유연한 혀가 있었다. 자연이 만든 가장 훌륭한 도구의 하나인 기린의 혀는 긴 목의 도움을 받아 높은 나뭇잎까지 닿는다.

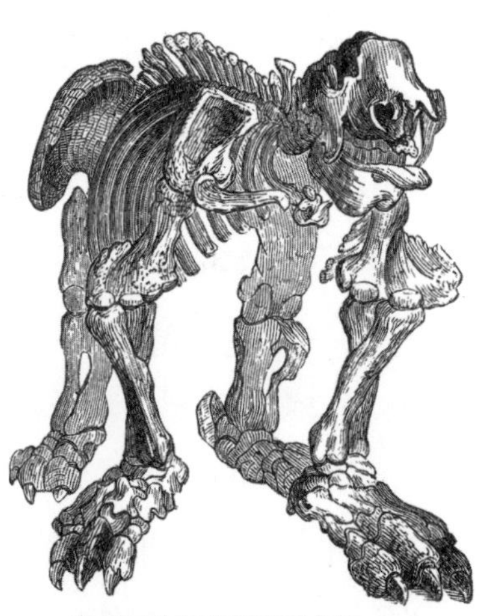

❀ **복원한 메가테리움의 골격**
뼈의 크기와 굵기로 보아 육중한 체격임을 알 수 있다.

위의 화석들은 만조 때 물 위 겨우 15~20피트인 지층에서 나왔다. 커다란 네발 동물들이 이 부근을 어슬렁거린 후, 땅이 약간 융기한 것으로 보인다(땅이 중간에 침강한 시기가 없다면 그렇게 생각할 수 있다. 그런데 침강한 시기에 관한 증거가 없다). 그 당시 경관은 지금처럼 황량하고 쓸쓸했을까? 동물화석과 함께 나오는 화석 조개 가운데 많은 종은 지금도 그 만에서 산다. 따라서 처음에는 당시 식물상이 지금과 비슷했으리라 생각했다. 그러나 잘못된 생각이었다. 그 조개 가운데 몇 종이 지금은 숲이 무성한 브라질 해안에서 번성하기 때문이다. 또한 보통 바다에서 사는 생물의 특징은 육지의 환경을 알아보는 데는 별 쓸모가 없기 때문이다. 다음에 이야기하는 것

❀ **살아 있을 때의 모습을 복원한 다윈 밀로돈**
그러나 지금은 그림처럼 꼬리와 뒷다리가 아닌 네 발로 서서 먹이를 먹었다는 의견이 우세하다.

을 고려하면, 바이아블랑카 부근 평원에서 큰 네발 동물들이 많이 살았다는 단순한 사실이 과거 그 지역에 수풀이 무성했다는 지표가 된다고는 확신할 수 없다. 나는 이곳에서 약간 더 남쪽인 네그로 강 부근의 황량한 가시덤불 지역이 수많은 거대 네발 동물들이 살기에 더 좋았다는 것을 조금도 의심하지 않는다.

큰 동물들이 살려면 흔히 수풀이 무성해야 한다고 가정한다. 그러나 그런 가정이 완전히 틀렸다. 그런 편견은 아마도 코끼리 떼와 무성한 숲, 사람이 들어가기 힘든 밀림이라는 연상을 일으키는 인도와 인도의 여러 섬에서 생긴 것으로 보인다. 그러나 아프리카 남부지방에 관한 책을 보면, 거의 모든 페이지에서 사막의 특징이라든가, 그곳에 있는 수많은 거대한 동물들에 관한 이야기를 찾을 수 있다.

남회귀선을 지나가는 데 성공한 의사 앤드루스 스미스는 아프리카 남부지방의 모든 것을 고려할 때, 그곳은 건조한 곳이 틀림없다고 최근에 알려주었다. 남부 해안과 남동부해안에는 훌륭한 숲이 있지만, 이를 빼고는 거의가 황무지다. 황소가 끄는 수레가 해안 부근을 빼고, 가끔 덤불을 잘라내기 위해 30분 정도 늦어지는 것을 제외하고는, 어느 방향으로든지 갈 수 있다는 사실은 이곳에 숲이 얼마나 없는가를 확실히 보여준다. 평원에서 사는 동물들을 살펴보면, 몸집도 대단히 크고 숫자도 아주 많다는 것을 알 수 있다. 코끼리, 코뿔소 3종-스미스에 따르면 2종이 더 있다-하마, 기린, 다 큰 황소만큼이나 큰 아프리카 들소, 그보다 조금 작은 엘란 영양, 얼룩말 두 종, 콰가, 누 영양 두 종, 그리고 그보다 큰 영양 몇 종을 꼽을 수 있다. 종은 이렇듯 많아도 개체의 수는 적을 것이라고 생각할 수도 있으나, 의사 스미스 덕분에 그렇지 않다는 것을 알 수 있다. 그는 남위 24도에서 황소가 끄는 수레를 타고 하루 동안 특별히 양쪽으로 움직이지 않고도 100~150마리에 이르는 세 종의 코뿔소를 보았다. 뿐만 아니라 그는 같은 날 거의 100마리에 이르는 몇 무리의 기린을 보았으며 코끼리는 보지 못했지만, 그 부근에 있다고 했다.

케이프 타운 지역의 자연을 잘 모르는 사람들이라도 이렇게 몸집이 큰 동물들 외에, 철새 떼에 가끔 비유되는 영양 무리에 관한 이야기를 읽어본 적이 있을 것이다. 사자와 표범과 하이에나와 수많은 맹금류는 이 지역에 엄청나게 많은 수의 네발 동물이 있음을 명백하게 말해준다. 그처럼 먹이가 적은 곳에 어떻게 그렇게 많은 수의 동물이 살고 있는지, 정말 놀랍다. 몸집이 큰 네발 동물은 먹이를 찾아 헤맨다. 그들의 먹이는 크기는 작아도 영양분이 많은 풀로 주로 큰 나무 밑에서 자란다. 그런 풀들은 빨리 자랄 뿐만 아니라, 뜯어 먹힌 부분에서 이내 새 풀이 돋아난다고 의사 스미스가 알려주었다. 그러므로 우리는 몸집 큰 네발 동물이 사는데 필요한 먹이의 양을 너무 과장해서 생각한 것이 분명하다.

몸집이 큰 네발 동물이 사는 곳은 반드시 숲이 우거진 곳이어야 한다는 믿음은, 숲이 우거진 곳이라도 반드시 큰 동물이 살지는 않는다는 사실을 보면, 아주 놀랍다. 버첼 씨는 브라질에 갔을 당시, 남아프리카 숲을 훨씬 능가하는 남아메리카의 울창한 숲을 보고 놀랐으며, 그 숲에 큰 동물들이 없다는 사실에 더욱 놀랐다고 말했다. 그는 (만약 충분한 자료가 있어) 각각의 지역에서 같은 숫자의 가장 큰 초식 동물들의 총 무게를 비교한다면 그 결과가 아주 신기할 것이라고 말했다.* 과거에 생각했던 가능성과 달리 포유동물의 크기와 그들이 서식하는 지역 식물의 양 사이에는 큰 관계가 없다.

거대한 네발 동물의 숫자로 말하면, 남아프리카와 비교할 만한 곳이 지구 어디에도 없다. 여러 이야기가 있지만 그 지역이 사막인 것은 논의할 여지가 없다. 우리가 유럽식으로 지구 역사를 나누는 경우, 지금 남아프리카 희망봉이 있는 곳의 환경과 닮은 포유동물 환경을 발견하려면, 제 3기를 반드시 돌아보아야 한다. 어떤 곳에서는 오랜 세월 동안 누적된 화석들을 발견해, 큰 동물들이 놀라울 정도로 많았다고 생각하기 쉬운 제 3기에도, 지금 남아프리카에 있는 네발 동물보다 더 큰 네발 동물들은 거의 없었다. 우리가 당시 식물상을 추정하려면 적어도 현존하는 유사한 것을 고려해야 하지만, 반드시 식물이 울창했다고 고집할 필요는 없다. 현재 희망봉에서 완전히 다른 상태를 볼 수 있으니까.

지표면 몇 피트 아래의 땅이 항상 얼어 있는 곳의 한계선을 몇 도나 지난, 북아메리카 북부 지역은 크고 높은 나무들의 숲으

* 엑시터 거래소에서 잡은 코끼리의 무게는 (일부분의 무게를 달았지만) 5톤 반으로 추정된다. 암컷은 1톤이 덜 나간다는 말을 들었다. 그러므로 다 큰 코끼리의 평균 무게는 5톤은 된다. 서리공원에서 토막을 내어 영국으로 보낸 하마의 무게가 3.5톤이라고 했으니 3톤으로 치자. 이런 값들을 바탕으로 다섯 마리의 코뿔소는 각각 3.5톤, 기린은 1톤, 아프리카 들소와 엘란은 각각 0.5톤이라고 할 수 있다(큰 수컷은 1,200~1,500파운드). 따라서 남아프리카에서 사는 거대한 초식동물 10종의 평균 무게는 2.7톤이 된다. 남아메리카의 경우를 보면 타피르 두 마리에 1,200파운드, 과나코와 비큐냐가 합해서 550파운드, 사슴 세 마리가 합해서 500파운드, 카피바라와 페커리와 원숭이가 합해서 300파운드이며 평균 몸무게는 250파운드이다. 그러므로 두 대륙의 가장 큰 동물 10종의 무게 비율은 6,048:250이므로 24:1이다.

로 뒤덮여 있다.* 마찬가지로 평균기온이 영하이며 땅에는 동물 사체가 완벽히 보존되는 위도 64도의 시베리아에서도 자작나무, 삼나무, 버드나무, 낙엽송이 자란다. 이 사실들에서 우리는 식물의 양만을 따지는 한, 제3기 후기의 거대한 네발 동물들은 지금 화석들이 발견되는 북유럽과 아시아 대부분 지역에서 살았다는 것을 인정할 수밖에 없다.

거대한 동물들이 살려면 열대 지방의 울창한 식물이 필요하고 그런 환경은 영구동토에서는 있을 수 없어, 몸집 큰 동물들의 매몰 원인을 기후나 지구의 급변으로 돌린다. 나는 얼음 속에 묻힌 동물들이 살았던 시기 이후에 기후가 결코 바뀌지 않았다고는 생각하지 않는다. 다만, 먹이의 '양'만을 따진다면, 옛날 코뿔소가 현재의 환경에서도(북부지역이 아마도 수면 아래에 있었을) 시베리아 중앙의 초원을 어슬렁거렸을 수도 있고, 지금 살아 있는 코뿔소와 코끼리가 남아프리카 카루 고원을 어슬렁거렸을 수도 있다고 생각한다.[3)]

이제 북부 파타고니아에 있는 흔한 새 가운데 먼저 남아메리카에 있는 가장 큰 새, 남아메리카 타조부터 시작하자. 타조는 뿌리나 풀 같은 식물성 먹이를 먹고 산다. 그러나 바이아블랑카에서는 서너 마리의 타조가 썰물 때 드러나는 넓은 개펄까지 내려오는 것을 보았다. 가우초의 말로는, 타조가 작은 물고기를 잡

* 백 함장의 탐험에 관한 의사 리처드슨의 『동물 관찰기』를 보라. 그는 "위도 56도 북쪽 지역의 아래 흙은 언제나 얼어 있으며, 해안에서도 녹는 깊이가 3피트를 넘지 못한다. 위도 64도에 있는 베어 호수에서는 20인치도 되지 않는다. 해안에서 멀리 떨어진 곳도 숲이 무성한 것으로 보아, 얼어붙은 땅 자체가 식물을 죽이는 것은 아니다" 라고 말한다.

아먹는다고 한다. 타조는 겁이 많고 조심스럽고 혼자 살며 발걸음이 아주 빠르지만 볼라를 가진 인디오나 가우초에게 쉽사리 잡힌다. 몇 사람이 말을 타고 반원을 그리면서 다가가면 타조는 어느 방향으로 달아날지를 몰라 우왕좌왕한다. 타조는 보통 바람을 안고 달리기를 좋아해, 처음에는 마치 배가 돛을 펴듯 날개를 편다. 타조들은 보통 헤엄을 치지 않는다고 알려져 있다. 그러나 나는 타조 몇 마리가 폭이 약 400야드에 물살이 빠른 산타크루스 강을 헤엄쳐 건너는 것을 두 번 보았다.

수 타조는 암 타조보다 더 크고, 색깔이 더 진하며, 머리가 더 크다. 내 생각에 타조는 굵고 낮은 독특한 음조의 쉿 하는 소리를 낸다. 모래 언덕 사이에 서서 그 소리를 처음 들었을 때, 네 발 동물이 내는 소리인지 알았다. 내가 바이아블랑카에 있던 9월과 10월, 수많은 타조 알을 들판에서 발견했다. 알들은 얕게 팬 곳에 모여 있는데, 그곳이 둥지이다. 둥지 네 개 중, 세 개에는 각각 23개의 알이 있었고, 네 번째 둥지에는 27개가 있었다. 가우초들은 입을 모아, 수 타조 혼자서 알을 부화하며 새끼가 태어난 후 얼마 동안 새끼를 데리고 다닌다고 말했다. 둥지를 지키는 수컷은 아주 낮게 쪼그려 앉아 있는데, 한번은 말이 수컷을 밟고 넘어갈 뻔한 적도 있었다. 그럴 때 타조는 아주 사나워진다.

가우초들은 또한 몇 마리의 암 타조가 한 둥지에 알을 낳는다고 입을 모아 말했다. 또 아프리카에서는 두세 마리의 암컷이 한 둥지에 알을 낳는다는 말도 들었다. 처음에는 이 습성이 이상하게 보이지만 아주 간단히 설명된다. 한 둥지에 있는 알의 숫자는 20~40개, 많게는 50개까지 된다. 한 지역에서 발견되는 알의 숫자가 부모 새의 숫자에 비해 많다는 사실로 보아, 암 타조가 알을 아주 많이 낳고 알을 낳는데 긴 시간이 든다는 것은 분명하다. 아자라는 길들인 암 타조는 사흘 간격으로 17개의 알을 낳는다고 말했다. 그런데 만약 그 암 타조가 자신의 알을 부화해야 한다면, 마지막 알을 낳기 전에 첫 알이 썩을 것이다. 그러나 만약 지금처럼 여러 암 타조가 몇 개의 둥지에 돌아가면서 알을 낳는다면, 한 둥지에 있는 알들은 거의 같은 날에 낳은 알일 것이다. 만약 둥지에 있는 알의 숫자가 타조가 한 철에 낳는 평균 알의 숫자보다 많지 않다면, 암 타조 숫자만큼의 둥지가 있을 것이고 수 타조가 공평하게 나누어 부화할 것이다.*

나는 북부 파타고니아 네그로 강에서 가우초들이 아베스트루스 페티제라고 부르는 이상한 새에 관한 이야기를 몇 번이나 들었다. 크기는 그곳에 많은 보통 타조보다 조금 작으나, 전체 모습이 아주 닮았다. 색깔이 진하고 점이 찍혔으며, 다리는 더 짧은데, 보통 타조보다 더 아래쪽까지 깃털이 났다.

두 종 모두를 본 몇 안 되는 주민들은 멀리에서도 두 종을 분간할 수 있다고 자신한다. 작은 종의 알이 더 많이 알려진 것으로 보이며, 놀랍게도 라플라타에 있는 타조의 알보다 아주 조금 더 작고 모양이 약간 다르고, 연한 파란기가 감돈다고 한다. 이

* 그러나 리히텐슈타인(『여행기』 2권 25쪽)은 암 타조가 10~12개 알을 낳으면 알을 품기 시작하고, 그 다음에 계속해서 알을 낳는다고 확신했다. 추측컨대 다른 둥지에 알을 낳을 것이다. 내가 보기에는 이런 일은 아주 있을 법 하지 않다. 그는 너댓 마리의 암 타조가 알을 부화시키기 위해 수컷 한 마리와 협력하며, 수컷이 밤에만 알을 품는다고 단언한다.

종은 네그로 강 연안에는 거의 나타나지 않으나 1.5도 남쪽에는 꽤 많다.

파타고니아의 디자이어 포구(남위 48도)에서 마르텐스 씨는 타조 한 마리를 총으로 잡았다. 나는 그것을 보고도 그 순간에 무슨 영문인지 페티제를 잊어버려, 다 크지 않은 보통 타조라고 생각했다. 그리고 내가 기억을 되살리기 전에 타조를 요리해 먹어 버렸다. 그러나 다행히 머리, 목, 두 다리, 두 날개, 더 큰 깃털들과 껍질 대부분이 남아 있었다. 이 부분을 가지고 거의 완전한 표본을 만들었다. 지금은 런던 동물학회 박물관에서 전시되고 있다.

백인과 인디오의 혼혈에게 아베스트루스 페티제에 관한 말을 들어본 적이 있느냐고 물어보았다. 그가 "이 남쪽엔들 없을 리 있겠습니까?" 라고 대답했다. 그는 페티제 둥지의 알 숫자가 다른 종보다 뚜렷이 적어, 평균 15개를 넘지 않는다고 알려주었다. 그는 한 마리 이상의 암컷이 알을 낳는다고 장담했다. 산타크루스 강에서 그 타조 몇 마리를 보았다. 내 관찰에 따르면, 결론은 스트루티오 레아는 라플라타 지역부터 남쪽으로는 위도 41도의 네그로 강 사이에서 살며, 다윈 스트루티오는 남부 파타고니아에서 산다. 네그로 강 부근은 일종의 중립 지대이다. M. A. 도비니는 네그로 강에서 이 새를 구하려고 노력했으나 끝내 구하지 못했다.* 오래 전 도브리즈호퍼는 두 종의 타조가 있다는

* 네그로 강 부근에서 이 박물학자의 불굴의 노력에 관한 이야기를 많이 들었다. 도비니는 1825~1833년까지 남아메리카 여러 지역을 돌아다니면서 자료를 수집해 그 결과를 훌륭하게 발표함으로써, 단번에 아메리카 여행자 가운데 훔볼트 다음의 자리를 차지했다.

것을 알았고, 지역에 따라 크기와 습성이 다르다는 것도 알았다. 그는 '부에노스아이레스 평지와 투쿠만에서 사는 종은 몸집이 크고, 흑색, 백색, 회색의 깃털이 났다. 마젤란 해협 가까운 곳에서 사는 종은 몸집이 더 작고 예쁘며, 흰 깃털의 끝은 검은색이고, 검은 깃털은 흰 깃털과 똑같게 하얀색으로 끝난다' 라고 기록했다.[4)]

❀ 남아메리카에 있는 타조 2종 가운데 작은 다윈 타조.

대단히 이상하고 작은 새인 티노초루스 루미시보루스가 이곳에는 흔하다. 그 습성이나 겉모습 전체가 메추라기나 도요새와 다르기는 해도 비슷한 점들이 있다. 먹이를 먹을 때는 다리를 벌리고 천천히 걷는다. 길이나 모래가 많은 곳에서는 먼지나 모래를 뒤집어쓰며, 자주 나타나는 특별한 곳이 있어서 그런 곳에는 매일 나타난다. 모양으로 보아서는 메추라기와 친척 관계에 있는 것으로 보인다. 그러나 그 새가 나는 모습을 보면 그런 느낌이 크게 바뀐다. 닭 목[目]과는 너무 다른 길고 뾰족한 날개와 날아갈 때의 불규칙한 모양과 날아오를 때 내는 구슬픈 소리는 도요새를 생각나게 한다. 비글호의 사냥꾼들은 모두 그 새를 '짧은 부리 도요새' 라고 불렀다.

티노초루스는 몇몇 남아메리카 새와 밀접한 관계에 있다. 아타기스 속에 속하는 두 종은 거의 모든 습성에서 뇌조이다. 한 종은 티에라델푸에고 섬에서 수목생장한계선보다 높은 곳에서 서식하며, 다른 한 종은 중부 칠레 안데스 산맥 설선雪線 바로 아래에서 서식한다. 이들과 밀접한 관련이 있는 또 다른 한 종 키오니스 알바는 남극지역에서 산다. 조간대 바위에서 해초와 조개를 먹고 사는 이 새는 물갈퀴가 없어도 바다 멀리에서 자주 볼 수 있다.

푸나리우스속屬에는 몇 종의 새가 있다. 모두 땅에서 먹이를 찾으며, 넓고 건조한 지역에 사는 작은 새들이다. 가장 잘 알려진 새는 라플라타 강에 흔히 있는 오븐 새로, 스페인 사람들은 카사라(집 짓는 목수)라고 부른다. 이 새의 둥지가 기둥 꼭대기나 맨 바위, 선인장 위처럼 잘 노출된 곳에 있기 때문이다. 둥지는 오븐 또는 벌집을 눌러놓은 것과 꼭 닮았다. 입구가 크고 아치 모양이며, 둥지 안 바로 앞이 거의 천장에 닿을 정도로 나뉘어져 통로가 되거나 진짜 둥지 앞의 대기실이 된다.

푸나리우스속에 해당하는 더 작은 종은 보통 깃털에 붉은 기가 있고, 특이한 울음소리를 반복하며, 발작하듯이 달리는 기이한 모습이 오븐 새와 닮았다. 이 새는 오븐 새와 친척 관계로, 스페인 사람들은 그 새를 카사리타(집 짓는 꼬마 목수)라고 부르지만, 집 짓는 방식은 상당히 다르다. 카사리타는 좁고 긴 구멍 바닥에 둥지를 지으며, 수평으로 거의 6피트나 땅을 파 들어간다고 한다. 이 새는 길이나 하천 옆의 모래가 섞인 단단한 흙으로 된 낮은 둑에 집을 짓는다. 내가 묵었던 곳의 정원을 두른 벽의 여남은 곳에서도 둥근 구멍을 보았다. 주인에게 그 이유를 묻자,

그는 작은 카사리타를 심하게 원망했다. 나 역시 훗날 몇 마리의 카사리타들이 구멍을 뚫는 것을 보았다.

아르마딜로에는 3종이 있는데, '피치' 라고 불리는 다시푸스 미누투스, 다시푸스 빌로수스인 펠루다와 아파르이다. 다시푸스 미누투스는 다른 종들보다 10도 정도 남쪽 지역까지 퍼져 있다. 또 다른 종으로 무틸라라는 것도 있는데, 이것은 바이아블랑카 만큼 남쪽까지 내려오지 않는다. 4종의 습성이 거의 다 비슷하지만, 펠루다는 야행성이며, 나머지 종들은 낮에 벌레나 유충과 나무뿌리와 작은 뱀까지 먹는다. 보통 마타코라고 부르는 아파르는 움직이는 골판이 3개이고 나머지 종에서는 조각을 잇댄 골판이 거의 움직이지 않는다. 아르마딜로는 몸을 완전히 둥글게 마는 능력이 있다. 이런 상태에서는 개가 공격해도 안전하다.

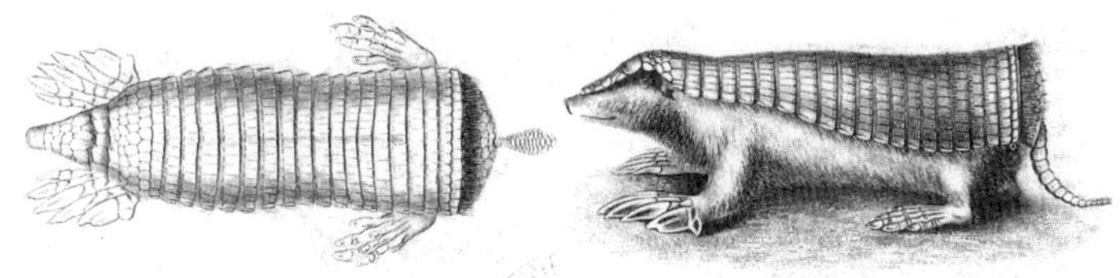

❀ 아르마딜로는 몸이 골판으로 둘러싸여 있다.

파충류에는 많은 종이 있다. 트리고노세팔루스 또는 코피아스라는 뱀은 독니에 있는 독관의 크기로 보아, 물리면 목숨을 잃기 십상이다. 퀴비에는 다른 박물학자들과는 달리 이 뱀을 방울뱀의 아속亞屬으로 생각해, 방울뱀과 독사의 가운데에 놓았다. 이 뱀의 꼬리 끝에는 아주 작고 둥근 덩어리가 있다. 뱀은 기어가면서 꼬리의 마지막 1인치를 끊임없이 진동시킨다. 몸이 자극을 받아들이는 동안 분명히 꼬리는 습관처럼 움직인다. 그러므로 이 트리고노세팔루스에게는 독사의 구조가 어느 정도 있지만, 방울뱀의 습성도 있다.

무미無尾 양서류로는 작은 니그리칸스 두꺼비만을 발견했는데, 색깔이 괴상했다. 이 두꺼비는 새까만 잉크 속에 집어넣었다가 꺼내어 말린 다음 새빨간 페인트를 칠한 판을 기어가게 해, 발바닥과 배가 새빨갛게 되는 모습을 상상하면 된다. 이 두꺼비는 해가 쨍쨍한 한낮에 물 한 방울 없는 건조한 사구와 메마른 평지를 기어 다닌다. 이슬로 수분을 보충하는 것이 분명하며, 피부로도 흡수할 것으로 생각된다. 한번은 말도나도에서 바이아블랑카만큼이나 건조할 때, 이 두꺼비 한 마리를 발견했다. 잘 해준다고 물속에 집어넣었는데 헤엄을 칠 줄 몰랐다. 꺼내주지 않았으면 빠져 죽었을 것이다.

이곳에는 도마뱀이 많았는데 단 한 종의 습성이 눈에 띄었다. 흰색과 노란색이 감도는 붉은색, 그리고 칙칙한 파란색 점이 찍힌 비늘이 알록달록해서 땅바닥과 거의 구별되지 않았다. 무엇에 놀라면 다리를 뻗고 배를 홀쭉하게 만들고 눈을 감고 죽은 척하면서 눈에 띄지 않으려고 했다. 더 귀찮게 하면 모래 속으로 급히 파고 들어갔다.

이 지역에 있는 동물들의 겨울잠 이야기를 해보자. 1832년 9월 7일, 처음으로 바이아블랑카에 왔을 때, 모래로 된 메마른 땅에 생물이 거의 없을 것이라고 생각했다. 그러나 땅을 파자, 몇 마리의 곤충과 큰 거미들과 도마뱀들이 반쯤 자는 상태로 발견되었다. 15일에는 동물 몇 마리가 나타났다. (춘분 3일 전인) 18

일이 되자 봄기운이 완연해지기 시작했다. 평원에는 분홍색의 괭이밥과 야생 완두콩과 달맞이꽃과 양아욱이 나기 시작했고, 새들은 알을 낳기 시작했다. 수많은 즐각류 곤충과 몸이 깊게 팬 곤충들이 천천히 기어 다녔다. 모래가 섞인 땅에서는 도마뱀이 뛰어다녔다. 대자연이 잠든 처음 11일 동안, 비글호에서 2시간마다 측정한 기온의 평균은 10.6℃였다. 한낮에도 12.8℃를 거의 넘지 못했다. 다음 11일 동안은 모든 생물들이 활기를 띠었으며 평균기온이 14.4℃가 되었다. 한낮에는 15.5~20.1℃ 사이였다. 평균기온이 3.8℃만 올라가도 생물들이 깨어나지만, 온도가 갑자기 크게 한 번만 올라가도 생물체들의 활동을 일깨우는데 충분하다. 우리가 방금 떠나온 몬테비데오는 7월 26일부터 8월 19일까지 23일 동안 276번 측정한 기온의 평균이 14.7℃였으며, 최고온도의 평균이 18.4℃였고 최저온도의 평균이 7.8℃였다. 최저온도는 5.3℃였으며 한낮의 최고기온은 때대로 20.6℃에서 21.1℃까지 올라갔다. 하지만 이렇게 높은 온도에도 거의 모든 벌레와 거미 몇 속, 달팽이, 민물조개, 두꺼비, 도마뱀이 돌멩이 아래에서 자고 있었다. 그러나 남쪽으로 4도 아래에 있어 기후가 약간 더 추운 바이아블랑카에서는 그렇게 아주 높지 않은 온도라도 모든 생명을 깨우기에 충분했다. 이런 현상은 겨울잠을 자는 동물들이 깨어나는 것은 한 번의 높은 온도가 아니라 그 지역의 평균 기온에 좌우된다는 것을 분명히 보여준다. 열대 지방에서는 동물들의 '여름잠'이 기온이 아니라 가뭄에 좌우된다는 것은 잘 알려져 있다. 리오 부근에서는 작은 웅덩이가 물로 채워진 뒤 며칠 지나자, 자고 있어야 할 다 큰 조개들과 벌레들이 많아졌다. 처음에는 놀랐다. 훔볼트는 새끼 악어가 잠을 자는 진흙 위에 지은 창고에서 벌어진 신기한 이야기를 했다. 그는 "인디오들은 가끔 우지라고 부르는 커다란 보아뱀 또는 물뱀을 발견하곤 한다. 그 뱀들은 잠에 취해 있는데, 그들을 깨우려면 귀찮게 하거나 물로 적셔야 한다." 라고 덧붙였다.

식충류인 바다조름의 일종인 파타고니아 비르굴라리아를 이야기하겠다. 이 동물은 양쪽에 돌기가 번갈아 돋아 있다. 길이는 8인치에서 2피트 정도로 가늘고 길고 살로 된 줄기가 탄력 있고 돌 같이 단단한 축을 감싼 꼴이다. 줄기의 한쪽 끝은 뭉툭하며, 다른 쪽 끝에는 벌레처럼 생긴 살로 된 부속물이 많이 달려 있다. 간조에는 마치 그루터기처럼 뭉툭한 부분을 위로 한 채, 진흙 섞인 모래바닥에서 위로 몇 인치 솟아난 수백 개의 바다조름이 보인다. 손을 대거나 잡아당기면, 이 바다조름은 거의 또는 아주 사라지듯이 갑자기 안으로 강하게 움츠려든다. 모든 돌기가 다른 돌기들과 연결되었지만, 돌기에는 분명한 입과 몸과 촉수가 있다. 큰 식충류에는 이런 돌기가 수천 개나 있다.* 이러한 돌기들은 한꺼번에 움직인다. 랭카스터 함장은 그의 항해기에서

* 끝에 있는 육질의 격실(隔室)에서 시작된 빈 곳들은 노란 펄프 같은 물질로 채워졌다. 이 물질을 현미경으로 보니 아주 기묘했다. 둥글고 반투명하고 불규칙한 입자들이 모여 여러 가지 크기의 둥근 덩어리가 된다. 그런 덩어리와 개개의 입자들은 빨리 움직이는 능력이 있어, 보통 여러 축의 둘레를 돌지만 가끔 앞으로도 간다. 배율이 아주 작아도 그런 움직임이 보이지만, 제일 고배율로 봐도 그 이유를 알 수 없다. 움직임이 축의 가는 끝을 포함한 탄력 있는 주머니 속에 있는 액체의 순환과는 대단히 다르다. 작은 바다 생물을 현미경 아래서 칼로 잘라 열면, 펄프로 된 덩어리 같은 것이 보였다. 그 큰 덩어리가 떨어져 나오자 금방 뱅글뱅글 돌기 시작했다. 이 펄프 같은 둥근 물질이 알이 되는 중이라고 상상했으나, 맞는지는 모르겠다. 분명히 이 식충류에서는 그렇게 보인다.

1601년 동인도 군도 솜브레로 섬 바다 모래 위에서 있었던 일을 다음과 같이 말했다. "어린 나무처럼 자라는 작은 가지를 발견했다. 그것을 뜯으려 하자 땅속으로 움츠러들었고, 꽉 붙잡지 않으면 아래로 사라졌다. 뽑아 올리자 아주 큰 벌레가 뿌리였다. 나무가 커지면서 벌레는 작아졌다. 벌레가 완전히 나무가 되자 땅에 뿌리를 박으면서 커졌다. 이 변화는 내가 항해에서 본 가장 흥미로운 것 가운데 하나였다. 만약 어릴 때 이 나무를 뽑으면, 잎과 나무껍질이 벗겨지고, 마르면 산호처럼 단단한 돌멩이가 된다. 그러므로 이 벌레는 두 번 다른 물질로 바뀐다. 우리는 이것들을 많이 모아 집으로 가져왔다."

비글호를 기다리며 바이아블랑카에 머무는 동안, 로사스 군대와 토착 인디오 사이의 전투와 승리에 관한 소문이 꼬리를 이었다. 어느 날 미란다 사령관의 지휘로 300명의 군인이 콜로라도 강에서 왔다. 이들 대부분은 베르난티오라는 추장의 부족에 속하는 (순화된) 인디오들이었다. 그들이 야영하는 장면보다 더 야만스럽고 사나운 것은 없었다. 몇몇은 저녁거리로 잡은 소의 피를 더운 김이 나는 상태로 들이마셨고, 몇몇은 너무 취한 나머지 마신 피를 토해놓았다. 그 바람에 야영장 주위는 온통 오물과 피로 뒤범벅이었다.

음식을 배불리 먹고 술에 너무 취해
머리를 떨어뜨린 채,
커다란 굴 속에 드러누워,
피를 토하면서 뒤엉켜 잠드네.

아침에 그들은 인디오들을 찾아 출발했다. 그러나 나중에 인디오의 흔적을 잃어버렸다는 말을 들었다. 그들은 흔적을 한 번만 슬쩍 보아도 전체 상황을 알 수 있다. 예컨대, 말 1천 마리의 흔적을 보았다고 하면, 천천히 달린 말들의 숫자를 세어, 사람이 탄 말의 수를 어림한다. 또 말 발자국의 깊이로 말이 짐을 졌는지를 알며, 발자국이 불규칙한 정도로 그들이 얼마나 피곤한가를 안다. 음식물을 요리한 방식을 보고 얼마나 급하게 행동했는지를 알며, 전체의 정황을 보면 얼마나 오래 전에 그곳을 지나갔는지를 안다. 열흘이나 2주 전에 만들어진 흔적은 상당히 최근에 만들어진 흔적으로 생각해, 따라갈 가치가 있다고 판단한다.

며칠 후 이 도적 떼 같은 군부대의 또 다른 무리가 작은 살리나스에 있는 인디오들을 공격하러 출동하는 것을 보았다. 붙잡힌 추장이 그 인디오들을 배신했던 것이다. 200명 정도의 군인이 출동해, 인디오들이 지나가면서 피어오른 먼지로 그들을 찾아냈다. 남자와 여자와 어린애들로 무리 지은 인디오들은 약 110명 정도였는데, 거의 모두가 잡히거나 죽음을 당했다. 인디오들은 너무 놀란 나머지 하나로 뭉쳐 반항하지 못했고, 남자들은 부인이나 아이를 버리고 달아났다. 그러나 잡히면 야수처럼 반항해 군인의 숫자에 구애받지 않고 마지막까지 싸웠다. 죽어가는 어떤 인디오는 이로 상대의 엄지손가락을 물고 늘어졌는데, 눈이 튀어나오고서야 물었던 것을 놓았다. 참으로 끔찍한 이야기지만, 스무 살이 넘어 보이는 여자는 모조리 무참하게 죽였다는 이야기보다 더 충격을 준 이야기도 없을 것이다. 그것은 너무 잔인해 사람답지 않다고 내가 소리치자 그는 "그럼 어떡합니까? 또 아이를 낳을 텐데요!" 라고 대답했다.

❁ 1541년 부에노스아이레스를 건설하던 스페인 사람들과 싸우는 원주민 케란디스 족. 활을 쓰는 그들이 스페인 사람들의 배를 불태우고 마을을 공격했다. 다만 그들은 스페인 사람들이 놓고 간 말을 길들여 타기 전까지는 활을 썼다.

그 싸움에서 남자 네 사람이 함께 달아났다. 추격을 당한 끝에, 한 사람은 죽고 세 사람은 붙잡혔다. 그들이 안데스 산맥 부근에서 백인을 공동 방어하려고 연합한 큰 인디오 부족들의 연락원, 곧 사절이라는 것이 밝혀졌다. 그들은 아주 멋있고 체격이 좋은 남자들로, 키가 6피트가 넘으며, 모두 서른이 안 되어 보였다. 살아남은 세 사람은 아주 귀한 정보를 가지고 있어, 백인들이 그 정보를 캐내려고 그들을 한 줄로 세웠다. 처음 두 사람이 "모른다" 라고 대답하고 차례로 죽음을 당했다. 세 번째 사람도 "모른다" 라고 대답하고는 "나를 쏘아 죽여라. 나는 남자고 죽을 수 있다!" 라고 덧붙였다. 그들의 연합을 해칠 단 한마디도 하지 않았다! 반면 앞서 이야기한 추장은 동족을 배신하고, 그들이 짠 전투 계획과 안데스 산맥에서 모이기로 한 지점을 말해, 목숨을 구했다. 이미 600~700명 정도의 인디오들이 모였고, 여름에는 그 수가 2배로 늘 것으로 보였다. 인디오들은 안데스 산맥부터 대서양 연안까지 서로 연락을 취하고 있었다.

로사스 장군의 계획은 모든 패잔병을 죽이고, 남은 사람들을 한 지점으로 모은 후, 여름에 칠레인들의 도움을 받아 한꺼번에 공격할 생각이었다. 그는 이 작전을 향후 3년 동안 반복할 계획이었다. 인디오들이 안전할 수도 있는 광대한 네그로 강 남쪽으로 달아나는 게 어렵게 된 것은, 로사스 장군이 테우엘체 부족과 맺은 협정 때문이다. 그들이 강 남쪽으로 달아나는 인디오들을 모두 죽이면 로사스가 그 부족에게 큰돈을 주고, 만약 실패하면 대신 그 부족을 죽이겠다는 협약을 맺었던 것이다. 로사스 장군은 체스터필드 경처럼, 그의 친구들이 미래에는 적이 될 수도 있다고 생각해, 그들을 언제나 최전선에 배치했다. 내가 남아메리카를 떠난 뒤, 이 섬멸 전쟁이 완전히 실패했다는 말을 들었다.

위 싸움에서 잡힌 여자들 가운데 대단히 아름다운 스페인 여자 두 사람이 있었다. 그 여자들은 어렸을 때, 인디오들에게 붙잡혀 인디오 말밖엔 할 줄 몰랐다. 얘기를 들어보면 그 여자들은 직선거리로 1,000마일도 넘게 떨어진 살타에서 온 것이 분명했다. 이는 인디오들의 활동 범위가 아주 넓다는 것을 뜻하지만, 아무리 넓어도 50년 이내에 네그로 강 북쪽으로는 인디오가 한 사람도 없게 될 것이라 생각된다. 기독교 신자들은 인디오들을 죽이고, 인디오들은 기독교 신자들을 죽였다. 인디오들이 스페

❀ 몸에 꼭 맞는 가운을 입고 얼굴에 검은 실크 베일을 두른 부에노스아이레스의 여인.

인 침입자 앞에서 어떻게 정복되었는가를 생각하면 슬프다.

내가 이야기한 싸움보다 몇 주일 앞서 촐레첼에서 다른 싸움이 있었다는 이야기를 들었다. 부대가 처음 그곳에 도착해 인디오들을 발견하고 20~30명을 죽였다. 추장은 모든 사람이 놀랄 만한 기술로 위기를 벗어났다. 인디오 추장은 작은 아들을 데리고 총알을 피하려고 한 팔로 말의 목을 안고 다리 하나를 말 위에 걸치고 탔다. 대장은 말을 세 번이나 갈아타고 뒤쫓았으나 늙은 인디오 아버지와 어린 아들은 달아나버렸다.

어느 날, 한 군인이 부싯돌로 불을 만드는 걸 보았다. 나는 그 부싯돌이 화살촉이라는 것을 금방 알았다. 길이가 2~3인치로 티에라델푸에고 섬에서 쓰이는 화살촉의 2배 길이였다. 그 화살촉은 불투명한 크림색의 수석인데, 화살촉 끝과 미늘을 일부러 깨어버렸다. 그 화살촉은 남아메리카에 말이 들어오고 생활습관이 크게 바뀌기 전의 골동품으로 보였다.[5)]

축약자 주석

1) 비글호가 이때 바이아블랑카에 두 번째 왔다. 처음 왔던 1832년 9월 이야기는 피츠로이 함장의 보고서에서 볼 수 있다.
"9월 7일, 다윈과 로레트와 해리스가 나와 함께 아르헨티노라는 부에노스아이레스 사람이 만든 요새를 찾아갔다. 안내는 해리스가 맡았다. 우리는 2시간 동안 노를 저었지만 두 개의 부드러운 진흙 더미 사이의 수로 머리에 갇혀, 오도 가도 못하게 되었다. 진흙이 너무 부드러워 발을 내딛으면 빠져 들 것 같아 내리지도 못하고 물이 차오를 때까지 기다렸다. 약 2시간 후 물이 차올라 큰 진흙 더미를 지나갈 수 있을 정도로 높아졌다. 물가에 있는 작은 오두막이 초소였으나, 그리로 가려면 진흙 더미 사이의 구불거리는 수로를 따라 가야만 했다. 마침내 우리가 상륙할 곳에 왔을 때에는, 골풀이 난 진흙 더미 사이에서 7시간이 지난 뒤였다. 어떤 때는 진흙 더미에 둘러싸여 땅을 볼 수도 없었다. 물은 어디에서나 짠물이었으며, 조류가 심해서 보트가 가끔 땅 위에 얹혔다."
"우리를 기다리는 사람들은 쉽사리 잊을 수 없는 흉측한 인간들이었다. 화가라면 매력을 느꼈을 법했다. 검은 얼굴에 돈키호테 같은 인물이 제복을 반 정도만 입은 채 말라빠진 말을 타고 있었다. 옆에는 인상은 험하지만 밝은 색 옷을 입은 가우초가 몇 명 있었는데, 그래도 그들이 우리와 가장 비슷한 편이었다. 그 뒤 한쪽에는 민간인 같은 군인 몇 사람이 있었다. 무장이 갖가지이고, 똑같은 옷을 입은 군인이 두 사람이 되지 않았다. 뒤쪽에서는 거의 벌거벗은 인디오 포로들이 반쯤 구운 말고기를 게걸스레 뜯어먹고 있었다. 그들이 뜯어먹던 커다란 말뼈를 들고 머리카락과 조금 걸친 옷을 날리며 우리를 쳐다보는 모습을 보니, 그들보다 더 괴상한 사람들을 본 적이 없다는 생각이 들었다."

"제복을 입은 키 큰 사람이 아르헨티노 요새의 대장이었다. 그와 그의 부하들은 우리가 부에노스아이레스가 보낸, 그들이 원하는 것을 가지고 온 사람인 줄 알고 우리를 맞이하러 나왔다. 노동은 인디오 포로들의 몫으로, 그들이 물자를 날랐다. 우리가 부에노스아이레스 사람도 아니고 상인도 아니란 것을 알자, 그들은 우리를 공격전에 탐지하러 온 스파이로 의심하기 시작했다. 해리스가 아무리 설명해도 그 말을 믿으려 하지 않았다. 해리스가 영국 사람이라 우리와 같은 편이라고 생각했기 때문이다. 그래도 대장은 우리가 어떤 사람인지는 아는 눈치였다. 그는 부하들이 속삭이거나 말하는 것을 무시하고, 하룻밤을 묵으라고 우리를 초소로 데리고 갔다."

"보통 때처럼 보트 선원들은 야영하게 하고, 나는 말을 타고 주계관을 뒤에 세웠다. 그리고 다윈과 해리스가 가우초 두 사람 뒤에서 말을 타고 평지를 지나 초소로 갔다. 초소에서 가장 현명한 사람으로 보이는 늙은이가 다윈에게 뭔가를 캐물으려 다윈을 우리 그룹보다 먼저 데리고 갔다. 그 노인은 우리를 모두 의심했으며 그 가운데서도 다윈의 목적을 가장 의문스러워 하며 그를 유난히 의심했다."

"우리는 감시당하는 것 외에는 환대를 받았다. 다음 날 아침 우리가 보트로 돌아가려 하자, 타고 갈 말이 없고 인디오가 무섭다는 이유로 대장이 우리를 잡아두려고 했다. 그러나 그렇게 되지는 않았다. 우리가 걸어가겠다고 고집했고 실제 걷기 시작해, 늙은 소령의 경고와 조언에도, 대장이 말을 가져오게 하고 호위도 붙여주었다. 한 무리의 가우초가 그날 아침 비글호에서 가까운 높은 곳에서 우리 행동을 감시했다."

"훗날, 늙은 소령이 다윈을 의심했던 것은 해리스가 다윈의 직업을 설명한 것 때문이라는 말을 들었다. 그 초소에 있는 누구도 '박물학자'라는 말을 들어본 적이 없었고, 해리스가 '모든 것을 다 아는 사람'이라고 설명하자, 그들의 의심을 깨려는 모든 노력도 허사였다."

"이 작은 초소에는 손님이 거의 찾아오지 않으므로 내가 그 원시 상태를 이야기하겠다. 냇물이 흐르고 토끼풀이 무성한 평지 한가운데 흙벽으로 지어진 그 작은 초소가 '아르헨티나 보호초소'라는 거창한 이름으로 권위를 세운다. 지름은 282야드이며 대략 24각의 다각형인 좁은 호로 둘러싸여 있다. 어떤 곳의 너비는 거의 20피트나 되나, 어떤 곳은 옛날 로마 건물에서 형제가 싸웠던 이야기가 기억날 만큼 남자가 건너뛸 만한 조그만 호였다. 그러나 가우초의 말로는, 호의 폭이 6피트가 되면 말을 탄 인디오를 막을 수 있으며, 원주민의 공격에 대비한 그 이상의 방어 수단은 필요하지 않다고 한다. 그렇게 말을 잘 타는 인디오들이 말에게 훌쩍 건너뛰는 법을 왜 가르치지 않는지 참으로 이해가 되지 않는다."

"초소 안과 밖에는 오두막(누옥)과 몇 채의 작은 집이 있을 뿐이다. 주민 수가 주둔군을 넣어도 겨우 400명 밖에 되지 않기 때문이다. 대여섯 문 정도의 쓸 만한 청동대포가 있었고, 포 두세 문이 오래 된 포가(砲架) 위에 얹혀 있었지만, 제대로 발사될지 의심스러웠다."

"우리가 진흙 밭에서 어물거리지 않고 비글호로 돌아왔을 때, 배에서 가깝고 (고지라고는 말할 수 없는) 가장 높은 곳을 가우초가 차지했다는 것을 알았다. 그들이 우리의 조사를 막지는 않았으므로, 여느 때처럼 수로조사를 했다. 다윈과 해상임무를 면제받을 수 있는 사람들이 땅 위를 돌아다녔다. 또 군인들한테서 타조, 타조 알, 사슴, 천축서, 아르마딜로를 샀다."

이런 일이 있은 후, 다윈은 푼타 알타에서 보다시피 9월 하순에 몸집이 아주 큰 동물들의 화석을 많이 채집했다. 이어서 함장과 그를 포함한 많은 사람이 10월 2일 다시 푼타 알타에 올라왔다. 그가 지질을 조사하는 동안 날씨가 나빠져 함장을 비롯한 몇 사람은 배로 돌아갔으나 다윈을 포함한 18명은 저녁도 굶고 해안에서 보트의 돛으로 찬바람을 막고 떨면서 잤다. 3일 해안에서 주운 새 몇 마리와 갈매기 두 마리와 매 한 마리의 사체로 아침을 먹었다. 오후에 함장이 보트에서 던진 저녁을 수병들이 물에 들어가서 가져와서 먹고 해안에서 자고 다음 날 오후 배로 올라왔다.

2) 메가테리움은 몸길이 7m가 넘는 빈치류에 속한다. 체격이 튼튼하고 다리와 발톱이 길다. 행동이 둔하며, 뒷발로 서서 어린 가지와 나뭇잎과 풀과 구근 따위를 먹는다. 메가테리움은 북아메리카에서 초기 플라이오세에 살았다. 메갈로닉스는 초식성의 빈치류로 몸길이 3m에 무게 1톤 정도이다. 약 1,000만 년 전부터 11,000년 전까지 북아메리카에서 살았다. 밀로돈은 몸길이 3m 정도의 빈치류로 털이 치밀하며, 양처럼 네 발로 걸어 다니면서 풀을 뜯어먹는 초식성이다. 남북 아메리카의 플라이스토세에 서식했다. 이 동물들은 빈치류라는 점에서 현재 살아 있는 빈치류인 나무늘보의 친척이지만, 나무늘보처럼 나무에 매달려 살지 않고, 땅 위에서 살았던 땅늘보이다. 마크라우케니아는 플라이스토세에 살았으며 몸길이가 5m 정도이고 목이

길며, 야마와 비슷하다. 톡소돈은 몸길이 2.7m, 어깨 높이 1.5m 정도의 초식성 동물로, 후기 마이오세에서 플라이스토세까지 남아메리카에서 가장 흔했던 유제류이다. 다윈이 이야기하듯이, 이 동물의 머리구조는 물에서 사는 초식 포유동물 듀공이나 매너티와 비슷하다. 톡소돈의 앞니는 설치류의 앞니처럼 뿌리가 없이 계속해서 나서 휘어졌다. 그러나 톡소돈이 물에서 사는 유제류라는 점에서는 듀공이나 매너티와는 다르다.

3) 카루 고원은 남아프리카에 있으며 아주 황량한 곳으로, 길이 660km, 높이 600~900m 사이이다. 지질은 빙퇴석과 붉은색 사암과 석탄으로 되어 있다. 카루 고원의 지질시대가 고생대 석탄기후기부터 중생대 쥐라기전기까지이며, 파충류, 포유류와 비슷한 파충류 화석이 많이 나온다. 이 고원에 있는 고생대 후기의 빙퇴석과 석탄과 화석이 대륙이동의 증거가 된다.

4) 아프리카와 아시아 일부에 있는 타조는 낙타타조 단 한 종이다. 키 2.5m, 몸무게 130kg으로, 현재 지상에 있는 날지 못하는 새 가운데 가장 크다. 남아메리카에도 타조와 비슷한 레아 두 종이 있다. 엄격히 말하면, 레아는 낙타타조와는 다른 새이다. 그러나 날지 못하는 큰 새이고 모양이나 습성이 타조와 아주 비슷해서 타조라고 생각해도 된다.
본문의 스트루티오 레아는 아르헨티나 팜파스에 사는 큰 타조를 말한다. 다윈 스트루티오는 아베스투르스 페티제(다윈 타조)를 말한다.

5) 말이 들어오기 전, 남아메리카 인디오들은 주요한 무기의 하나가 활이었다. 부에노스아이레스가 건설될 때였던 1541년에 있었던 케란디스 인디오들과 스페인 사람들 사이의 전투 장면을 그린 107쪽에 있는 쉬미델의 그림들을 보면 이러한 사실을 알 수 있다. 그러나 인디오들은 스페인 사람들이 당시 놓고 간 말을 길들여 타기 시작했는데, 그 다음부터는 명중률이 떨어지는 활 대신 주로 추조(창)와 볼라를 쓰기 시작했다(만약 인디오가 등자(橙子)를 발명했더라면 말에서도 활을 썼을 것이다). 위의 싸움에서 스페인 사람들이 파라과이 아순션으로 쫓겨 갔다가 1580년에 다시 와서 부에노스아이레스를 건설했다.

제6장 바이아블랑카에서 부에노스아이레스까지

부에노스아이레스로 떠나다-사우세 강-벤타나 산-세 번째 초소-말 몰기-볼라-자고새와 여우-지역의 모습-긴 다리 물떼새-테루테로 새-마구 퍼붓는 우박-타팔겐 산에 있는 자연히 생긴 울타리-퓨마 고기-고기 식사-가르디아 델 몬테 마을-소가 식물에게 끼친 영향-카르둔 엉겅퀴-부에노스아이레스-소를 도살하는 우리

9월 8일_ 나와 함께 부에노스아이레스로 갈 가우초 한 사람을 어렵게 구했다. 여기서 부에노스아이레스까지는 400마일 정도로, 거의 모든 길은 사람이 살지 않는 곳으로 나 있다. 우리는 아침 일찍 출발했다. 말을 두 번 갈아타고 빨리 달려 사우세 강에 왔다. 물이 말의 배에 닿지 않을 만큼 얕은 여울이 초소의 약간 위쪽에 있어 말이 건너갈 수 있었다. 그러나 그곳부터 바다까지는 건너가기가 아주 힘들어 인디오를 막는 장벽이 되었다.

이 강은 안데스 산맥의 눈이 녹아 물이 넘치는 것이 확실하다. 가우초가 장담한 대로 그 강은 콜로라도 강처럼 일정한 시기, 건조한 여름마다 넘치기 때문이다. 나는 파타고니아 평원에도 오스트레일리아의 평원처럼 많은 물길이 있으며, 일정한 시기에만 물이 흐를 것이라고 추측한다.

도착하니 이른 오후였다. 우리는 말을 갈아타고 군인의 안내를 받아 벤타나 산으로 떠났다. 피츠로이 함장은 바이아블랑

카에 정박한 비글호에서도 보이는 이 산의 높이를 3,340피트라고 계산했다. 대륙의 동쪽에서는 상당히 높은 산이었다. 주능선 기슭에 왔을 때, 물을 찾기가 아주 힘들었다. 그러나 얼마 후 마침내 산 가까이에서 물을 찾았다. 하지만 수백 야드를 가자 그 작은 시내는 부스러지기 쉬운 석회질 돌멩이와 자갈 사이로 완전히 사라지고 말았다.

어젯밤 우리가 덮고 잤던 말안장 담요를 촉촉하게 했던 이슬이 새벽에는 얼어버렸다. 9일 아침, 험한 바위산을 올라가는 일은 아주 힘들었다. 마침내 능선에 올라섰을 때, 평원에 닿을 정도로 깊은 절벽이 나를 사방에서 갈라놓으며 외톨이로 만들었다. 골짜기는 대단히 좁았지만 바닥이 평탄했다. 산을 내려와 그 골짜기를 지나면서 말 두 마리가 풀을 뜯는 것을 보았으나 인디오의 징후는 없었다. 우리는 조심스레 두 번째 봉우리를 다시 오르기 시작했다. 그때가 늦은 오전이었다. 이곳도 앞의 봉우리처럼 가파르고 울퉁불퉁했다. 오후 2시에 간신히 두 번째 봉우리에 올라갔다. 20야드를 갈 때마다 양쪽 넓적다리 위쪽에서 쥐가 났다. 말안장 같이 생긴 곳은 지나가지 못할 게 뻔해 더 높은 봉우리 두 개는 포기한 채 다른 길로 내려와야만 했다.

이 등산은 전체가 실망스러웠다. 경치도 보잘 것 없었다. 평원은 바다 같았으나, 아름다운 색깔이나 분명한 선이 없었다. 그러나 색다른 등반이었다. 등반을 하며 겪은 약간의 위험은 마치 고기에 소금을 친 것과 같은 기분이 들게 했다. 해가 질 무렵, 우리는 하룻밤 묵을 곳에 도착해 마테를 많이 마시고 담배 몇 개비를 피운 후 곧장 잠자리를 만들었다. 바람이 대단히 세고 차가웠으나 아주 편안하게 잠들었다.

9월 10일_ 꽤 강한 바람을 받으면서 길을 떠났고 낮이 되어서야 사우세 강 초소에 도착했다. 우리는 그날 밤을 초소에서 보냈는데, 이야기는 언제나 인디오에 관한 것들이었다. 벤타나 산이 과거에는 인디오들의 좋은 은신처여서, 3~4년 전에 그곳에서 큰 싸움이 벌어졌다. 내 안내인도 그 싸움터에 있었다. 인디오 여자들이 산꼭대기로 달아났고, 큰 돌로 완강하게 저항해 많은 여자들이 목숨을 구했다.

9월 11일_ 세 번째 초소를 지휘하는 대장과 함께 그 초소로 갔다. 초소에 도착하기 전, 군인 15명이 몰고 오는 거대한 소 떼와 말 떼를 만났는데, 소와 말을 많이 잃어버렸다고 한다. 동물을 몰고 평원을 가는 일은 아주 힘들다. 밤이면 퓨마와 여우가 가까이 오는 통에, 말이 사방으로 달아나는 것을 막을 방법이 없었다. 얼마 전에 한 장교가 말 500마리를 몰고 부에노스아이레스를 출발했는데, 부대에 도착해 보니 20마리가 되지 않았다고 한다.

먼 곳에서 이는 먼지구름 때문에 한 무리의 사람들이 우리 쪽으로 오고 있음을 알았다. 그들은 백인과 친한 살리나로 소금을 가지러 가는 베르난티오의 부족임이 밝혀졌다. 인디오들은 소금을 많이 먹는다. 심지어 어린애들은 소금을 설탕처럼 핥아 먹는다. 이런 습성은 인디오와 비슷한 생활을 하지만 소금을 거의 먹지 않는 가우초들의 습성과는 크게 다르다.

9월 12일과 13일_ 로사스 장군은 친절하게도 나에게 부에노스아이레스까지 군대의 호위를 받고 가라고 알려왔다. 나는 그들을 기다리며 이 초소에 이틀을 더 머물렀다. 군인들은 점심을 먹은 후에 두 패로 나뉘어 볼라 시합을 했다. 35야드 되는 곳에 창 두 개를 박아놓았는데, 네댓 번 던지면 한 번 정도 얽혔다. 볼라는 50~60야드까지 날아갈 수 있으나 정확하지는 않았다. 그러나 말을 탄 사람의 팔 힘과 말이 달리는 힘이 합쳐지면, 80야드까지도 정확하게 날아갈 수 있다고 한다.

다음 초소에서 장군에게 보낼 소포를 가지고 온 군인 2명이 한낮에 도착했다. 그래서 이 두 사람 외에 오늘 저녁 우리 일행은 내 안내인과 나와 중위와 그의 부하 4명이 되었다. 밤이 되자 그들은 불가에 둘러앉아 카드를 했다. 살바토르 로사 그림을 보는 기분이 들었다. 그들은 낮은 절벽 아래에 둘러앉아 있었고 나는 그들을 내려다볼 수 있었다. 그들 주변에는 개들과 총들, 남은 사슴 고기와 타조 고기가 있었고, 그들의 긴 창은 풀밭에 꽂혀 있었다. 더 멀리 어두운 곳에는 그들의 말이 어떤 위급한 상황에서라도 쓸 수 있도록 매어져 있었다.

그들의 초소는 사우세 강 초소에서 적어도 10리그 떨어진 곳에 있으며, 인디오들이 초소 한 곳의 군인들을 몰살시킨 다음에는 20리그나 떨어졌다. 인디오들은 한밤중에 초소를 공격했던 것으로 추측된다. 그들이 아침 일찍 이 초소 가까이로 다가오자 초소에 있던 이 모든 사람들이 말들을 몰고 달아났다.

그들이 잠을 청했던 엉겅퀴 줄기로 지은 오두막은 바람이나 비를 막지 못했다. 먹을거리로는 그들이 잡을 수 있는 타조와 사슴과 아르마딜로 같은 것들이다. 알로에를 닮은 작은 식물의 마른 줄기가 단 하나의 땔감이었다. 이들의 유일한 즐거움은 작은 종이담배를 피우고 마테를 빨아 마시는 것이었다. 이 평원에는 주검을 찾아 항상 사람을 따라다니는 독수리들이 있었다. 독수리들이 근처 작은 절벽 위에 앉아서 '아! 인디오들이 오면 우리는 잔치를 벌일 것이다' 라고 말하는 듯했다.

아침에 우리는 모두 사냥을 나갔다. 많이 잡지는 못했지만, 신나게 동물들을 따라다녔다. 초소에 돌아오니 사냥을 끝낸 두 그룹이 먼저 돌아와 있었다. 그들은 퓨마 한 마리를 잡았으며, 알이 27개 있는 타조 둥지 하나를 발견했다. 타조 알 한 개가 달걀 11개 무게이니, 그 둥지에서 달걀 297개를 얻은 셈이었다.

9월 14일_ 다음 초소에 속한 군인들이 돌아감에 따라 우리는 다섯 명이 되었다. 모두 무장했기 때문에 장군이 보내주기로 한 군인들을 기다리지 않기로 했다. 몇 리그를 달려간 우리는 북쪽으로 거의 80마일이나 뻗어 타팔겐 산에 이르는 낮은 늪지에 다다랐다. 어떤 곳은 풀로 덮여 축축했고, 어떤 곳은 검고 부드러운 토탄 같은 흙이 있었다. 넓지만 얕은 호수도 많았고 드넓은 갈대숲도 있었다. 밤에 우리는 축축한 곳에서 마른 잠자리를 찾느라 상당히 고생했다.

9월 15일_ 인디오들이 다섯 명의 군인을 죽인 초소를 지나갔다. 낮 동안에 빨리 달려 다섯 번째 초소에 도착했다. 말을 얻기가 어려워 그곳에서 자기로 했다. 이곳은 부에노스아이레스에 이르는 전체 경로에서 인디오들에게 가장 노출된 곳으로, 21명의 군인이 주둔하고 있었다. 해질녘에 그들이 사슴 일곱 마리와 타조 세 마리와 많은 아르마딜로와 자고새를 잡아가지고 돌아왔다.

마치 죽마竹馬를 탄 것처럼 보이는 물떼새가 여기에서는 상당히 큰 떼를 지어 종종 나타났다. 이 새 떼가 내는 소리는 목표물로 뛰어가며 짖는 강아지 소리와 아주 비슷하다. 테루테로 새는 밤의 정적을 깨는 또 다른 새이다. 겉모습과 습성으로 보면 많은 점에서 영국의 댕기물떼새를 닮았다. 피윗(댕기물떼새)의 새 이름도 우는 소리에서 생겨났는데, 테루테로 새도 마찬가지이다. 말을 타고 풀로 덮인 평지 위를 가면 이 새는 마치 사람을 미워하는 것처럼 끊임없이 따라온다. 번식 철에는 댕기물떼새처럼 다친 척해서 그들의 둥지에서 개와 다른 천적을 유인해낸다. 이 새의 알은 아주 맛있어서 사람들이 귀하게 여긴다.

9월 16일_ 타팔겐 산의 기슭에 있는 일곱 번째 초소로 갔다. 이곳에서 우리는 직접 보지 않았더라면 믿을 수 없는 이야기를 들었다. 지난밤 사과 크기의 단단한 우박들이 떨어져 엄청난 야생동물이 죽었던 것이다. 한 사람은 죽은 사슴을 13마리나 발견했는데, 나도 금방 벗겨낸 사슴 가죽들을 보았다. 이 이야기는 조금도 과장되지 않은 것이 확실하다.

우박에 맞아 죽은 짐승의 고기로 만든 저녁을 먹은 다음, 우리는 케이프 코리엔테스가 시작되는, 수백 피트 높이의 낮은 언덕들이 연속해 있는 타팔겐 산을 가로질렀다. 내가 올라간 아주 낮은 언덕은 지름이 200~300야드를 넘지 않으며, 더 큰 것들도 있다. '우리'라는 이름의 언덕은 지름이 2~3마일 정도 되며, 입구를 빼고는 높이 300~400피트 정도의 벼랑으로 둘러싸여 있다. 팔코너는 인디오들이 야생말들을 그곳으로 몰아넣은 후 입구를 막아 잡았다는 신기한 이야기를 했다. 내가 다른 곳에서는 차돌층으로 된 테이블 모양의 지형 이야기를 들어본 적이 없으며 내가 조사한 언덕에는 벽개나 층리가 없었다[1)]. '우리'를 만든 바위가 하얀 색이고 불이 켜진다는 말을 들었다.

어두워질 때까지 우리는 타팔겐 강에 있는 초소에 도착하지 못했다. 저녁 식사로 먹은 퓨마 고기는 아주 희고 송아지고기 같은 맛이 났다. 재규어 고기 맛을 두고 가우초들의 의견이 엇갈렸지만, 퓨마 고기는 대단히 맛있다고 입을 모아 말했다.

9월 17일_ 타팔겐 강의 유로를 따라 매우 비옥한 곳을 지나 아홉 번째 초소에 도착했다. 타팔겐은 점점이 흩어진 톨도스, 즉 오븐 모양의 인디오 집들밖에 보이지 않는 완전히 평탄한 평지였다. 로사스 편에서 싸우는 순화된 인디오 가족들이 여기에 살았다. 그들의 불그스름한 얼굴은 건강미가 넘쳤다.

❀ 화려한 색깔의 옷을 차려입은 팜파스의 인디오들이 부에노스아이레스의 가게 앞에 할일없이 있다.

우리는 여기에서 비스킷을 조금 살 수 있었다. 며칠째 고기 말고는 다른 것을 맛보지 못했다. 영국에서 환자들에게 육류만 먹으면 병이 낫는다고 해도, 그들이 그런 음식만 먹는 것을 거의 견디지 못했다는 말을 들었다. 그런데도 팜파스 가우초들은 몇 달 동안 쇠고기만 먹는다. 리처드슨 의사 역시 "사람이 오래 기름이 없는 살코기만 먹으면, 지방을 먹고 싶은 욕구가 대단히 강렬해져, 많은 양의 순수한 기름덩어리도 토하지 않고 먹을 수 있다"고 말했다. 가우초들이 다른 육식동물처럼 음식을 먹지 않고도 오래 견딜 수 있는 것은 고기 먹는 습성 때문일 것이다.

우리는 가게에서 인디오 여자들이 짠 말안장 담요와 허리띠와 양말을 묶는 끈 같은 물건들을 구경했다. 모양이 아름다우며 색깔은 화려했다. 양말을 묶는 끈을 만든 기술이 정말 좋았다.

9월 18일_ 살라도 강 남쪽 7리그 지점에 있는 열두 번째 초소에 도착했다. 처음으로 소와 백인 여자가 있는 농장이 있었다. 살라도 강에 도착했을 때, 날은 어두워져 있었다. 폭이 약 40야드인 이 강은 여름에는 거의 마르고, 조금 남아 있는 물은 바닷물처럼 짜진다고 한다. 어두울 때 도착한 로사스 장군이 소유한 농장은 마치 요새로 생각될 정도로 튼튼했다. 전에는 이 농장에 거의 300명의 사람들이 고용되었으며, 그들이 인디오들의 공격을 모두 물리쳤다고 한다. 우리는 이 농장에서 잤다.

9월 19일_ 가르디아 델 몬테 동네를 지났다. 살라도 강을 건너온 뒤 풍경이 많이 바뀌어 놀랐다. 거친 풀밭에서 아름다운 초록의 잔디밭으로 들어섰다. 처음에는 이런 현상이 토질이 바뀌기 때문이라고 생각했다. 그러나 주민들은 모두 소가 배설한 것으로 비료를 주고, 소가 풀을 뜯어먹기 때문이라고 자신 있게 말했다. 똑같은 현상이 북아메리카 초원에서도 생겨, 5~6피트 크기의 풀이 자라는 초원이 소가 풀을 뜯어먹으면 보통 풀밭으로 변했다.*

가르디아 근처에 지금은 아주 흔해진 유럽 식물 두 종의 남쪽 한계선이 있다. 회향풀은 부에노스아이레스와 몬테비데오의 강둑에 아주 많았다. 그러나 엉겅퀴의 일종인 카르둔 엉겅퀴가** 훨씬 더 널리 퍼져 있어, 이 위도에서는 대륙을 가로질러 안데스 산맥의 양쪽에서 다 나온다. 이 식물이 많고 지형이 울퉁불퉁한 곳에서는 현재 다른 어떤 식물들도 살 수 없다. 그러나 이 가시투성이 식물들이 들어오기 전에는 그곳에도 다른 곳처럼 목초가 우거졌다. 한 식물이 토종 식물을 그렇게 거대한 규모로 침입한 기록이 있는지 궁금했다.

그러나 팜파스에 있는 키가 큰 (얼룩무늬 잎의) 엉겅퀴는 경우가 다르다고 생각된다. 사우세 강 계곡에서 그 식물을 만났기

* 실리만의 『북아메리카 학술지』 1권 117쪽에 있는 애트워터 씨의 북아메리카 평원에 관한 논문을 보라.

** M. A. 도비니는 카르둔 엉겅퀴와 아티초크 엉겅퀴가 야생에서 발견된다고 말한다(1권 474쪽). 후커 박사는 이 지역에서 발견한 엉겅퀴의 변종을 이네르미스 엉겅퀴라는 이름으로 기재했다(『식물학 학회지』 4권 2,862쪽). 후커 박사에 따르면 보통 카르둔 엉겅퀴와 아티초크 엉겅퀴가 같은 엉겅퀴의 변종이라는 것이 요즘 식물학자들의 통설이다. 나도 아티초크 엉겅퀴가 카르둔 엉겅퀴로 변하는 것을 보았다는 똑똑한 농부를 만났다. 후커 박사는 헤드가 생생하게 기술한 팜파스 엉겅퀴가 카르둔 엉겅퀴라고 믿지만 이는 잘못되었다. 헤드 함장이 말하는 그 식물은 내가 키 큰 엉겅퀴라고 몇 줄 아래에서 말한 식물에 속한다. 그것이 정말 엉겅퀴인지는 모르겠다. 그러나 카르둔 엉겅퀴와는 상당히 다르며, 보통 엉겅퀴와 더 비슷해서 그렇게 불렀다.

때문이다. 수많은 말과 소와 양이 식물상 전체를 바꾸어 놓았을 뿐 아니라 과나코와 사슴과 타조를 거의 쫓아냈다. 이 외에도 무수한 변화가 일어났음이 틀림없다. 야생돼지가 페커리를 대신한 곳도 있을 것이다. 도비니 씨가 말했듯이, 가축이 도입된 이후, 고기 먹는 독수리가 엄청나게 늘어난 것이 틀림없다. 또 그 독수리들이 생활 범위를 남쪽으로 확장했다고 믿을 만한 이유도 있다. 카르둔 엉겅퀴와 회향풀 말고도 많은 식물들이 여기에 적응한 것이 확실했다.

☸ 잘 지은 건물들과 삼각형 탑이 있는 부에노스아이레스의 중앙 광장.

가르디아에서 말을 갈아타는 동안, 몇 사람이 군대에 관한 것을 물어보았다. 야만인들의 전쟁이라는 표현이 이곳에서는 대단히 자연스럽다. 최근까지도 남자와 여자와 말이 인디오들의 공격에서 안전하지 못했기 때문이었다. 우리는 하루 종일 말을 타고 초록의 풍성한 풀밭을 지나갔다. 저녁에는 비가 심하게 왔다. 우편역사驛舍에 오자마자, 주인은 도둑놈이 너무 많아 믿을 사람이 하나도 없다며 정식으로 발행한 여행 허가증이 없으면 다른 곳으로 가라고 말했다. 나는 박물학자 카를로스 씨로 시작하는 여행 허가증을 보여줬다. 그러자 그는 조금 전의 의심은 거두고 끝없는 존경심을 보였고 정중해졌다.

9월 20일_ 우리는 한낮에 부에노스아이레스에 왔다. 부에노스아이레스 시는 크다.* 또 세계에서 가장 질서 정연한 도시 가운데 하나이다. 모든 길이 직각으로 만나며, 평행한 도로들은 길이가 똑같다. 건물은 보통 단층이며 지붕이 평평하고 의자를 갖추고 있어 여름에는 주민들이 많이 모인다. 도시 한가운데 광장에는 관공서와 요새와 성당 같은 것들이 들어서 있다. 개개의 건물들이 그렇게 아름답지는 않으나, 모아놓고 보니 건축면에서도 상당히 아름다웠다.

고기를 좋아하는 이 도시 주민들에게 식량을 공급하기 위해 도살할 소를 가두어두는 거대한 우리는 이 도시에서 꼭 보아야 할 것 가운데 하나이다. 황소의 힘에 견줄 때, 말의 힘은 아주 놀랍다. 말을 탄 사람이 황소의 뿔에 올가미를 던져 그가 원하는 곳으로 끌고 다닐 수 있다. 황소는 말의 끄는 힘에 저항하려고 땅이 파지도록 다리를 뻗어 버티어보다가, 보통 한 방향을 향해 전속력으로 내달린다. 말이 즉시 그 충격을 흡수하려고 방향을

* 주민이 6만 명이라고 한다. 라플라타 강변에서 두 번째로 큰 도시인 몬테비데오는 15,000명이다.

❀ 1830년대 부에노스아이레스는 인구 6만 명으로 남아메리카 동해안 라플라타 강변에 있는 도시 가운데 가장 큰 도시였다. 건물들의 위용이 대단하다. 그림은 부에노스아이레스에 있던 투우 경기장.

급히 바꾸어 힘주어 서면, 황소는 거의 나뒹굴어지며 그 저항은 헛일이 된다. 그때 황소 목이 부러지지 않는 것이 신기하다. 그러나 그 시합이 공평한 것은 아니다. 말의 뱃대끈이 황소의 늘어난 목에 걸리기 때문이다. 황소가 도살되는 곳으로 끌려오면 마

❀ 도살자들이 도살장에서 황소를 잡는 모습. 올가미를 황소에게 건 후 말이 당겨 황소가 쓰러지면 도끼로 황소들을 죽인다.

타도르, 곧 황소 잡는 백정이 아주 조심스레 오금의 건腱들을 끊는다. 그러면 내가 알고 있는 어떤 비명보다 더 고통스러운 비명이 주위 공기를 찢는다. 죽음을 알리는 비명이다.

축약자 주석

1) 벽개(劈開)란 광물이 충격을 받아 일정한 방향으로 쪼개지는 현상을 말한다. 벽개는 쪼개지는 방향에 수직인 방향으로 결합력이 약하다는 것을 뜻한다. 벽개는 광물이 충격을 받아 불규칙하게 갈라지는 것, 곧 깨어지는 현상과는 다르다. 층리(層理)란 퇴적암에 있는 평행한 층을 말하며, 퇴적물의 종류나 성분이나 크기나 색깔이 바뀌면 만들어진다. 언덕에 벽개나 층리가 없는 것으로 보아, 그 언덕을 만든 바위가 바닷물에 녹은 이산화규소(SiO_2)가 침전한 바위로 생각된다. 이산화규소는 석영의 성분이다. 석영이 워낙 단단해서 쪼개지지 않고 조개껍데기 모양으로 깨어진다. "바위가 하얀색이고 불이 켜진다"는 말도 석영으로 된 바위, 흔히 차돌이라고 부르는 하얀 바위나 돌에서 볼 수 있는 특징이다.

제7장 부에노스아이레스에서 산타페까지

산타페로 떠나다-엉겅퀴 밭-비스카차 토끼의 습성-꼬마 올빼미-물이 짠 하천-평탄한 평원-마스토돈-산타페-풍경이 변하다-지질-멸종된 말의 이빨-남북 아메리카에 있었던 네발 고생물과 현생 네발 동물 사이의 관계-큰 가뭄의 효과-파라나 강-재규어의 습성-가위부리새-물총새와 앵무새와 가위꼬리 새-혁명-부에노스아이레스-정부의 상태

9월 27일_ 저녁 무렵 부에노스아이레스에서 영국 마일로 거의 300마일 정도 떨어진 파라냐 강변에 있는 산타페로 떠났다. 비가 온 뒤라 도시 외곽의 길들이 매우 나빴다. 황소가 끄는 수레는 한 시간에 1마일도 가지 못했다. 조금이라도 나은 길을 찾기 위해 사람이 계속 수레 앞에 있어야 했기 때문이다. 황소들은 녹초가 되었다. 멘도사로 가는, 여섯 마리의 황소가 끄는 기차 같은 수레가 우리를 지나쳤다. 그곳까지 거리는 약 580지리 마일이며[1] 보통 50일이 걸린다. 수레는 매우 길고 폭이 좁으며, 지붕은 갈대로 덮여 있다. 바퀴는 두 개뿐인데 어떤 것은 바퀴 지름이 거의 10피트나 되었다.

9월 28일_ 룩산이라는 작은 마을을 지났다. 이곳에서 아주 보기 드문 나무다리가 강에 놓여 있었다. 아레코 마을도 지나갔다. 들판은 편평한 것처럼 보였으나 실제는 그렇지 않았다. 여러 곳에서 지평선이 더 멀리 보였기 때문이다. 이곳은 쓴맛이 나

는 토끼풀이나 큰 엉겅퀴로 덮여 있다. 큰 엉겅퀴는 연중 이맘때 2/3가 자라는데, 어떤 곳에서는 말의 등 높이만큼이나 자란다. 그러나 어떤 곳에서는 싹도 나지 않았다. 엉겅퀴가 다 자라면 넓은 엉겅퀴 밭은 미로처럼 복잡하고, 좁은 길을 빼고는 사람이 파고 들어갈 수 없다. 이 길은 도둑놈들에게만 알려져, 이 무렵 도둑놈들은 이곳에 숨어 있다가 밤에 나와 도둑질을 하거나 사람을 죽인 다음 다시 이 밭으로 숨어든다. 어느 집에선가 이곳에 도둑놈이 많은지를 묻자, "엉겅퀴가 아직 다 자라지 않았습니다" 라고 대답했다. 처음에는 그 뜻을 몰랐다. 엉겅퀴 밭을 지나갈 때 큰 흥미가 없었는데, 비스카차와 그의 친구인 꼬마 올빼미 말고는 짐승이나 새가 거의 없었기 때문이다.*

비스카차는 팜파스에서 사는 동물들 가운데 눈에 띄는 존재이다. 남쪽으로는 위도 41도인 네그로 강 부근에도 있으나, 더 남쪽으로는 없다. 비스카차 토끼는 자갈 섞인 사막지대에서는 살 수 없으나, 식물상이 다르고 점토가 더 많거나 모래 섞인 흙을 좋아했다. 가우초들은 비스카차가 식물의 뿌리를 먹고 산다고 장담했다. 갉아먹는 이빨의 힘이 강하고, 잘 나타나는 장소로 보아, 그 말은 그럴듯하게 들렸다. 저녁에는 비스카차가 무리를 지어 굴 입구에 조용히 웅크려 앉았다. 그런 때는 아주 온순하며, 말을 타고 지나가는 사람을 뚫어지게 쳐다본다. 비스카차가 달

* 비스카차(세발가락토끼)는 토끼 큰 것과 어느 정도 비슷하지만, 갉아먹는 이빨이 더 크고 꼬리가 더 길다. 그러나 뒷발의 발가락이 아구티처럼 세 개뿐이다. 지난 3~4년간 털을 쓰려고 이 동물 껍질이 영국으로 보내졌다.

리는 모습은 매우 어색하다.

비스카차에게는 단단한 물체라면 무엇이든 끌어다 굴 입구에 갖다 놓는 괴상한 습성이 있다. 어두운 밤에 말을 타고 가다가 시계를 떨어뜨린 어떤 신사는 아침이 되자 시계를 찾기 위해 지나왔던 길로 돌아갔고 그곳에 있던 비스카차들의 굴 근처를 뒤졌는데, 예상했던 대로 시계를 찾았다고 한다. 내가 아는 한, 비스카차와 비슷한 습성을 가진 단 하나의 동물은 오스트레일리아의 이상한 새 칼로데라 마쿨라타이다.

자주 이야기한 꼬마 올빼미는 부에노스아이레스 평원에서는 오직 비스카차의 굴에서만 산다. 반다 오리엔탈에서는 자기가 살 굴을 판다. 가끔 저녁이 되면 우는 소리가 들린다. 이 새 두 마리의 뱃속을 갈라보았더니 소화된 생쥐가 발견되었다. 어느 날은 작은 뱀을 죽여 가지고 가는 것을 보았다. 낮에는 뱀이 이 새들의 흔한 먹이라는 말을 들었다.

저녁에 빈 통을 엮어 만든 간단한 뗏목을 타고 아레시페 강을 건너가, 그곳 우편역사에서 잤다. 태양이 뜨겁게 이글거렸지만 별로 피곤하지는 않았다.

29일과 30일_ 우리는 말을 타고 같은 평지를 계속해서 갔다. 로사리오에 닿기 전에 살라디요 강을 건넜다. 깨끗한 물이 흐르는 멋있는 강이었지만, 물이 너무 짜 마실 수는 없었다. 로사리오는 파라나 강 60피트 위의 아주 평탄한 평지에 건설된 큰 마을이다. 절벽이 가장 아름다운 경관인데, 어떤 절벽은 깎아 세운 것 같은 수직의 붉은 절벽이며, 어떤 절벽은 커다란 덩어리로 선인장과 미모사로 덮여 있다.

❁ 강변이 절벽인 파라나 강변. 유럽인들이 정착 초기에 나무와 마른 풀로 지은 집이 보인다.

산 니콜라스와 로사리오 지역에서 남북으로 먼 곳까지는 정말 평탄했다. 여행자들이 극도로 평탄하다고 쓴 것이 과장이 아니었다. 그렇지만 천천히 돌면서 보니 먼 곳에 있는 물체의 거리가 방향에 따라 변했다. 이 현상은 이곳이 완전하게 평탄하지 않다는 것을 증명했다. 바다에서 사람의 눈이 해면 위 6피트라면, 그가 보는 수평선까지 거리가 2.8마일이다. 비슷한 방식으로 평지가 편평하면 편평할수록, 지평선까지 거리가 이 제한 거리에 가까워진다.

10월 1일_ 우리는 달이 있을 때 떠나, 해 뜰 무렵 테르세로 강에 도착했다. 이 강을 살라디요 강이라고도 부르는데, 물이 짜기 때문이다. 이곳에서 톡소돈의 완전한 이빨 한 개와 흩어진 뼈 화석들을 많이 찾아냈고, 파라나 강의 수직 절벽에서 삐죽 튀어나온 거대한 두개골 화석 두 개를 발견했다. 그러나 그것들은 완전히 풍화되어 겨우 큰 어금니의 작은 조각들만을 건졌다. 이 조각들만으로도 그 두개골이 과거 페루 북쪽 안데스 산맥에 많았던 종과 같은 종으로 보이는 마스토돈에 속한다는 것을 충분히 알 수 있었다. 나를 카누에 태우고 갔던 사람들은 마스토돈이 비스카차처럼 굴을 뚫고 사는 동물이라고 생각했다. 그들은 오래전부터 그 화석들을 알고 있었다.

10월 2일_ 우리는 정원이 아름다운 마을 코룬다를 지나갔다. 여기서 산타페까지는 길이 그렇게 안전하지 않았다. 우리는 인디오들에게 약탈당하고 버려진 집 몇 채를 지나가며 놀라운 구경거리를 보았다. 안내인들은 꽤나 좋아했는데, 피부가 뼈에 말라붙어 있는 인디오의 해골이 나뭇가지에 매달려 있었다.

우리는 아침이 되어서야 산타페에 도착했다. 이곳과 부에노스아이레스는 위도로 겨우 3도 차이인데, 기후 차이가 얼마나 큰지 깜짝 놀랐다. 사람들의 옷과 표정-옴부 나무가 커진 것-새로운 선인장과 다른 식물들-그 가운데에서도 새로운 새들은 분명한 차이였다. 한 시간 동안 부에노스아이레스에서 전혀 못 보았던 새 5~6종을 보았다.

10월 3일과 4일_ 머리가 아파 이틀 동안 누워 있었다. 나를 돌본 마음씨 고운 할머니는 나에게 여러 가지 괴상한 치료법들을 쓰도록 권유했다. 그중 흔한 것이 양쪽 관자놀이에 오렌지 잎을 대거나 검은 석고 조각을 동여매는 것이었으며, 그보다 더 흔한 게 콩을 반으로 나누어 물에 적신 후 관자놀이에 붙이는 것이었다. 그 지역 사람들이 쓰는 많은 민간요법들은 너무나 낯설고 혐오스러워 이루 말할 수조차 없었다.

산타페는 조용하고 작은 동네로, 깨끗하고 질서가 잘 잡혀 있다. 평범한 군인인 총독 로페스가 혁명을 통해 17년째 권력을 잡고 있었다. 그의 독재로 정부가 어느 정도 안정될 수 있었다. 이 나라에서는 독재가 공화정치보다 아직은 나은 것처럼 보였다.

10월 5일_ 우리는 파라나 강을 건너 맞은편에 있는 동네 산타페 바하다로 갔다. 바하다는 엔트레 리오스 주의 수도였다. 1825년, 그 마을의 주민은 6천 명이었으며 엔트레 리오스 주의 주민은 3만 명이었다. 주민이 적었지만 피비린내 나고 처절한 혁명들로 고생했다. 훗날 이곳은 반드시 라플라타 지역에서 가장 부유한 지역이 될 것이었다. 이곳은 토질이 서로 달라 농작물이 아주 잘 된다. 또 이 주의 모양이 거의 섬 같아, 파라나 강과 우루과이 강이 두 개의 큰 교통로가 되었다.[2)]

나는 이곳에 닷새를 머물면서 지질을 조사했다. 이곳의 지질은 대단히 흥미로웠다. 절벽 밑바닥의 지층에는 멸종한 상어의 이빨과 바다조개의 화석들이 있었다. 그 지층이 위로 가면서 단단한 석회질 바위가 되고, 다시 팜파스의 붉은 점토가 섞인 흙으로 변했다. 이 흙 속에서 석회질 덩어리들과 땅에서 사는 네발 동물들의 화석이 나왔다. 이 수직 단면은 순수한 소금물의 오랜 침식작용으로 넓은 만灣이 되고, 마침내 진흙이 섞인 하구가 되어, 여기에 떠다니던 동물 사체가 밀려온 것이 명백했다. 최근까지도 내가 팜파스 지층이 하구에서 만들어진 지층이라고 생각하는 이유는, 지층의 전체 모습과 현재 라플라타 강 하구에 있다는 점, 뭍에서 사는 네발 동물들의 뼈화석이 많이 나오기 때문이다. 그러나 에렌베르크 교수가 친절하게도, 마스토돈 뼈화석이 나온 곳에서 가까운 지층의 낮은 곳에서 채집한 붉은 흙을 조사한 결과, 바다와 민물에서 사는 적충류를 발견했다. 따라서 짠물과 민물이 섞인 찝찔한 물임이 분명하다고 에렌베르크 교수가 말했다. A. 도비니 씨는 높이가 100피트나 되는 파라냐 강둑에서, 지금은 100마일 떨어진 바다에 사는 조개들의 화석이 들어 있는 거대한 지층을 발견했다. 나도 비슷한 조개 화석을 우루과이 강둑의 낮은 곳에서 발견했다. 이 사실은 팜파스가 천천히 융기하면서 마른땅이 되기 직전 그곳을 덮은 물이 찝찔한 물이었음을 가

야자나무 아래에 있는 아르헨티나 사람과 말. 야자나무에도 여러 종이 있다.

리킨다. 지금도 부에노스아이레스 지표 아래에는 살아 있는 바다조개의 화석이 든, 융기된 지층이 있다. 이는 팜파스가 최근에 융기했다는 증거였다.

바하다에 있는 팜파스 지층에서 거대한 아르마딜로와 비슷한 동물의 골갑骨甲을 하나 발견했다. 안에 든 흙을 파내니 큰 솥 같았다. 또 톡소돈과 마스토돈의 이빨들을 발견한 데 이어, 이들처럼 변색되고 풍화된 말 이빨 한 개를 찾았다. 이 말 이빨이 대단히 흥미로웠다.

말과 마스토돈과 코끼리로 보이는 동물의 화석, 룬드 씨와 클라우젠 씨가 브라질 동굴에서 발견한 뿔이 빈 반추동물들의 화석들로 보아, 이 동물들이 남아메리카에 있었다는 사실은 동물들의 지리 분포에서 볼 때 대단히 흥미로운 사실이었다. 만일 현 시점에서 아메리카를 파나마운하가 아니라 북위 20도 정도의 남부 멕시코를 기준으로 나눈다면, 이 남부 멕시코의* 거대한 테이블 같은 지형은 기후에 영향을 미치고, 계곡 몇 개와 해안의 좁은 평지를 제외하고는 넓은 장벽이 되므로 동물의 이동에 장애가 되었다. 아마도 몇 종의 동물만이 그 장애물을 지나 북쪽으로 올

* 이것은 리히텐슈타인과 스웨인슨과 에릭슨과 리처드슨의 지리 분리를 따른 것이다. 훔볼트가 『신 스페인 왕국 정치 논문집』에 언급한 베라크루스에서 아카풀코에 이르는 단면은 멕시코의 테이블 같은 지형이 얼마나 광대한 장벽이 되는가를 보여준다. 의사 리처드슨은 1836년 영국 학회에서 발표한 북아메리카 동물에 관한 보고서(157쪽)에서, 자신이 멕시코에서 발견한 동물을 시네테레스 프레헨실리스라고 감정한 이야기를 하면서, "우리는 이 설치동물이 남아메리카와 북아메리카 두 대륙에서 다 산다는 것이 얼마만큼 타당한지 알 수 없으며, 만약 정확하다면 정확하고, 유일한 예가 아니라면 적어도 그에 대단히 가깝다" 라고 말한다.[3]

라갈 수 있을 텐데, 그들은 남쪽에서 온 방랑자처럼 생각될 것이다. 예컨대, 퓨마와 오포섬과 킹카주와 페커리가 그런 것들이다.

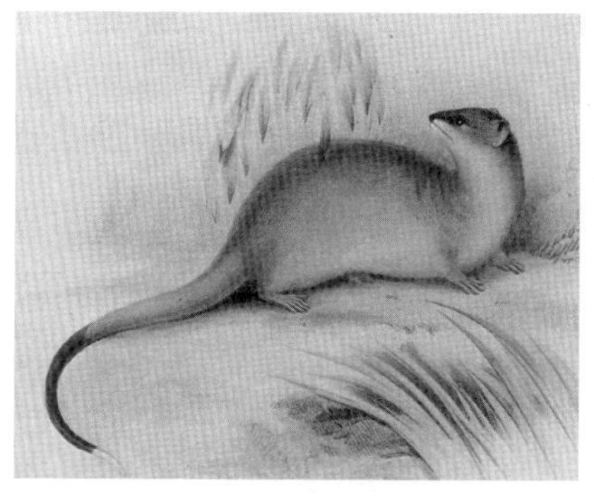

종이 많은 유대류인 오포섬(주머니쥐). 남아메리카에서 중생대 말이나 신생대 초기에 생겨난 것으로 생각된다.

남아메리카에서 사는 특징이 있는 종으로는, 수많은 토종 설치류와 원숭이 한 과科와 라마와 페커리와 맥貘과 오포섬과 특별히 개미핥기와 아르마딜로를 포함한 빈치류 몇 속이다. 반면, 북아메리카에서 사는 특징적인 종은 (몇 종의 방랑자를 넣으면) 수많은 특이한 설치류와 남아메리카에는 한 종도 없는 것으로 알려진 뿔이 빈 반추동물 4속(소, 양, 염소, 영양)이다. 그러나 현생 조개들이 살았던 시기에는, 북아메리카에도 뿔이 빈 반추동물 말고도 코끼리와 마스토돈과 말과 3속의 빈치류, 즉 메가테리움과 메갈로닉스와 밀로돈이 있었다. 이와 거의 같은 시기에 (바이아블랑카에서 나온 조개껍데기로 증명된 것과 같이) 남아메리카에도 위에서 열거한 마스토돈과 말과 뿔이 빈 반추동물과 3속의 빈치류(몇몇 다른 속도 있지만)가 있었다. 그러므로 지질시대의 후기에는 남북 아메리카에 이 몇 속의 동물들이 다 있었다는 것이 분명해진다. 이들 지역에 사는 동물들의 특징이 지금보다 훨씬 더 비슷했을 것이다. 이 문제를 깊이 생각하면 할수록 나는 점점 더 흥미를 느끼게 되었다. 나는 어떤 광대한 지역을 시기와 방법에서 여기보다 더 명확하게 두 개의 뚜렷한 특징 있는 동물구로 나눌 수 있는 곳이 있는지 모른다.

아메리카, 그 가운데서도 북아메리카에 코끼리와 마스토돈과 말과 뿔이 빈 반추동물이 있었을 당시, 동물들의 특징을 살펴보면 지금보다 유럽과 아시아의 온대지방에 훨씬 더 가깝다. 이 속의 화석들이 베링 해협의 양쪽과 시베리아 평원에서 발견된 것으로 볼 때, 과거에 북아메리카의 북서쪽이 구대륙과 이른바, 신대륙을 연결했던 곳이라는 생각을 하게 된다. 같은 속의 많은 종이 살아있든 멸종했든 구대륙에서 현재도 서식하고 있다. 따라서 북아메리카에 있는 코끼리와 마스토돈과 말과 뿔이 빈 반추동물들이 베링 해협을 지나 시베리아에서 북아메리카로 이주한 다음, 가라앉기 전의 서인도제도를 통해서 남아메리카로 내려와, 얼마 동안 남아메리카의 특징이 있는 동물들과 섞여 살다가 멸종했다고 생각하는 데 별 무리가 없었다.[4)]

그 지역을 돌아보면서 최근에 있었던 큰 가뭄에 관한 이야기들을 생생하게 들었다. 1827년부터 1830년까지를 '큰 가뭄'이라고 부른다. 이 기간에 비가 너무 적게 와 식물들이, 심지어 엉겅퀴마저도 모두 말라죽었다. 냇물 역시 말라붙었고, 온 땅이 먼지로 덮인 큰 도로 같았다. 이런 현상은 부에노스아이레스 주의 북부와 산타페 남부에서 유난히 심했다. 엄청나게 많은 새와 야생동물과 소와 말이 먹이와 물이 없어 죽었다. 가족이 마실 물을 얻으려고 뜰에 파놓은 우물로 사슴이 오곤 했으며,* 사람이 다가가도 자고새가 힘이 없어 날지를 못했다. 부에노스아이레스 주에서 최소 100만 마리의 소가 죽었다. 지금은 다시 동물이 많아졌으나, '큰 가뭄' 후기에는 주민들의 식용으로 쓸 소를 배로 실어 와야만 했다. 농장에서 나온 가축들이 여기저기 돌아다니고, 때로는 다른 가축들과 뒤섞이는 통에 주인들 사이에 분쟁이 일어났다. 이를 조정하기 위해 정부 관리까지 파견됐다.

산 페드로 강변에 있는 에스탄시아의 일상생활. 왼쪽은 소가죽을 땅에 박아서 넓히고 말리는 장면.

수천 마리의 소가 파라나 강으로 들어갔다가 진흙 둑을 기어오를 힘이 없어 물에 빠져 죽었다고, 그 광경을 직접 본 사람이

* 오언 함장의 『탐사항해기』(2권 274쪽)에는 벵겔라(서아프리카)에서 가뭄이 심해지자 코끼리들이 보였던 희한한 행동에 관한 이야기가 있다. "이 동물들이 물을 얻지 못하게 되자, 몇 마리가 한꺼번에 우물을 차지하려고 동네로 몰려왔다. 주민들이 소집되고 처절한 싸움이 일어났다. 결국 한 사람이 죽고 몇 사람이 부상당한 끝에 침입자들은 물러났다." 그 당시 이 마을에는 주민이 거의 3천 명에 이르렀다고 한다. 의사 말콤슨에 따르면 인도에서 큰 가뭄이 일어났을 때, 많은 야생동물이 엘로라에 있는 군인 텐트로 들어왔으며, 산토끼 한 마리가 연대 부관이 들고 있던 그릇의 물을 마셨다고 한다.

나에게 말해주었다. 어떤 배의 선장은 산 페드로를 지나가는 파라나 강 지류가 짐승들의 사체로 가득 차, 그 썩는 냄새 때문에 그곳을 지나갈 수 없었을 정도였다고 나에게 말했다. 수십만 마리의 동물의 사체가 라플라타 강 하구에서 가라앉았을 것이다. 계속된 가뭄에 이어 많은 비가 내렸고 홍수가 났다. 그러므로 수천 구의 해골이 그다음 해의 진흙층에 묻혀버린 것이 확실하다. 온갖 종과 연령층에 걸친 엄청난 숫자의 동물 뼈가 두꺼운 진흙층에 한꺼번에 묻힌 것을 본 지질학자는 어떤 생각을 할까? 사물에 공통된 질서보다는 지면을 휩쓴 홍수에 그 이유를 돌리지 않을까?*[5)]

10월 12일_ 여행을 더 하고 싶었지만 몸이 좋지 않아 부에노스아이레스로 가는 100톤 정도의 외돛배를 타고 돌아와야만 했다. 날씨가 좋지 않아, 그날 일찍 어느 섬에 있는 나뭇가지에 배를 묶고 정박했다. 파라나 강은 끊임없이 없어지고 새로 만들어지는 섬들로 가득 차 있다. 나는 재규어가 무서워 숲 속을 돌아다니지 못했다.

나무로 덮인 강둑이 재규어가 잘 가는 곳으로 보였다. 그들의 흔한 먹이가 카피바라이므로 카피바라가 많은 곳에는 대개 재규어의 위험이 적다고 했다. 파라나 강에서는 나무꾼 여러 명이 재규어에게 죽음을 당했으며, 밤에는 배에도 올라온다고 한다. 홍수로 섬에서 쫓겨 나오면 대단히 사나워졌다. 요즘은 재

* 이 가뭄들은 어느 정도 주기가 있다고 생각된다. 몇몇 가뭄에 관한 여러 이야기를 들었는데, 그 주기가 대략 15년이었다.

규어가 소와 말을 죽여 큰 피해를 입힌다. 재규어는 먹이의 목을 부러뜨려 죽인다고 한다. 재규어는 시끄러운 동물로 밤에는 심하게 우는데, 날씨가 나빠지기 전에 유난히 많이 운다.

어느 날, 우루과이 강둑에서 사냥할 때, 재규어가 발톱을 갈려고 찾아온다는 나무들을 보았다. 앞쪽 나무껍데기는 재규어의 가슴에 닳아서인지 매끈했지만, 양옆은 비스듬하게 거의 1야드 길이로 깊게 패어 있었다. 부근에 재규어가 있는지를 확인하는 방법이 바로 이런 나무들을 찾는 것이다. 재규어의 습성은 다리를 뻗고 발톱을 세워 의자 다리를 긁어대는 보통 고양이의 습성과 똑같았다. 개의 도움으로 재규어를 몰아서 나무 위로 올려 보낸 다음, 총으로 잡을 수 있었다.

날씨가 나빠서 이틀을 더 정박했다. 우리의 유일한 즐거움은 점심거리 물고기를 잡는 일이었다. '아르마도(메기 계통)'라는 물고기는 낚싯줄에 걸리면 귀에 거슬리는 소리를 냈는데, 물고기가 물속에 있어도 이 소리는 분명히 들렸다.[6] 이 물고기는 무엇이든 꽉 잡는 능력이 있어서 노의 날이나 낚싯줄을 가슴지느러미와 등지느러미에 난 강한 가시로 잡았다. 수많은 반딧불이가 날아다니고 모기들이 귀찮게 굴었다. 5분 정도 손을 내미니 적어도 50마리는 되는 놈들이 열심히 피를 빨았다.

10월 15일_ 돛을 올려 푼타 고르다를 지났다. 해가 지기 전 선장이 날씨가 나빠질 것을 겁내어 결국 작은 지류에 정박했다. 나는 보트를 타고 수로를 따라 상류로 올라갔다. 수로는 좁고 구불거리며 깊었다. 이곳에서 나는 가위부리새라 부르는 이상한 새를 보았다. 이 새는 다리가 짧고 물갈퀴가 있으며, 대단히 길고 뾰족한 날개를 가지고 있었다. 몸집은 제비갈매기만 했다. 저어새나 오리의 부리가 옆으로 납작한 데 반해, 이 새의 부리는 아래위로 납작했다. 마치 상아로 만든 종이 자르는 칼같이 납작하고 탄력도 있었다. 그리고 여느 새와 다르게 이 새의 아래턱은 위턱보다 1.5인치 더 길었다. 이 새들은 수면 가까이에서 부리를 크게 벌리고 아래턱을 반쯤 물에 담갔다 빼며 빠르게 수면을 헤쳤다. 이 새들은 날아오르면서 아주 재빠르게 몸을 틀었다. 그러면서 긴 아래턱으로 작은 물고기를 교묘하게 퍼 올린 뒤에 가위같이 짧은 위턱으로 꽉 잡았다.

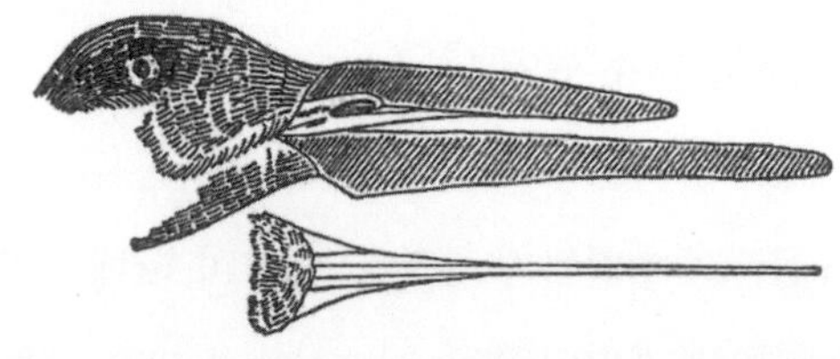

❀ 위는 가위부리새의 부리를 옆에서 본 그림이고 아래는 밑에서 본 그림이다.

이 새들은 파라나 강의 유로를 따라 내륙에서도 흔하게 볼 수 있었다. 앞서 이야기한 파라나 강의 많은 섬 사이에 있는 깊은 수로에서 정박하고 있을 때, 저녁이 가까워지자 가위부리새 한 마리가 갑자기 나타났다. 가위부리새는 오랫동안 물을 스치며 이리저리 좁은 수로를 날아다녔다. 가위부리새는 하등동물이 수면으로 많이 올라오는 밤에 물고기를 잡는 것으로 짐작된다.

파라나 강을 내려오면서 습성이 특이한 3종의 새를 보았다. 작은 물총새(아메리카 물총새)는 유럽 종보다 꼬리가 길어, 빳빳하게 똑바로 선 자세로 앉지 못했다. 날아갈 때도 마찬가지여서, 화살처럼 직선으로 빠르게 날지 못하고, 부리가 약한 새처럼 기복을 그리면서 느리게 날아간다. 가슴이 회색인 작은 초록앵무새는 둥지를 짓는 장소로 섬에 있는 큰 나무들을 좋아하는 것처럼 보였다. 이 앵무새들은 항상 무리를 이루어 살며, 때때로 밀밭을 습격해 큰 피해를 입힌다. 콜로니아 부근에서는 1년에 2,500마리를 잡는다고 한다. 꼬리가 길게 두 부분으로 나뉘어 스페인 사람들이 가위꼬리새라고 부르는 새는 부에노스아이레스 근처에서 아주 흔하다. 집 부근에서는 보통 옴부 나무 가지에 앉아 있다가 곤충을 따라 조금 날고는 같은 곳으로 되돌아온다. 공중에서 대단히 빨리 돌며, 한 쌍의 가위 날처럼 꼬리를 수평으로 혹은 수직으로 펴거나 접는다.

10월 16일_ 로사리오에서 몇 리그 떨어진 파라나 강 서안의 절벽은 산 니콜라스 아래까지 계속된다. 둑이 단단하지가 않아, 물에 진흙이 많이 섞여 파라나 강을 망쳤다. 화강암 지역을 흐르는 우루과이 강의 물이 훨씬 더 맑았다. 이 두 강이 만나는 라플라타 강어귀에서는 강물이 긴 거리에 걸쳐 검은색과 붉은색으로 뚜렷이 구분된다. 저녁에 바람이 조용하지 않아, 우리는 다시 정박했다. 다음 날, 배가 가기에 좋아졌지만, 바람이 다시 세게 불기 시작하자 게으른 선장이 출발을 늦추었다. 내가 바하다에서 보기에 그는 '대단히 슬픔에 잠긴 사람'으로 성공하기에는 글렀다. 그는 잉글랜드 사람을 굉장히 좋아한다고 말했으나, 트라팔가르 전투가 매수된 스페인 함장들 때문에 잉글랜드가 이긴 것뿐이고, 양편에서 스페인 제독들만이 정말 용감했다고 고집했다. 이 사람은, 스페인 사람들이 재주가 없거나 비겁하기보다는 오히려 사악한 배신자라고 생각하고 그들을 더 좋아한다는 사실이 나에게는 이상하게 느껴졌다.

10월 18일과 19일_ 우리는 장대한 강을 천천히 내려갔다. 내려가면서 배를 거의 만나지 못했다. 자연이 준 최대의 선물 가운데 하나인 거대한 수로가 여기에서는 일부러 버려진 것처럼 보였다. 봉플랑 씨의 판단으로는, 이곳의 땅은 세계 어디보다도 비옥했다. 만약 영국인 개척자들이 라플라타 강을 처음 항해해 올라왔다면 이 강의 경관은 어떻게 달라졌을까!

그 연안에 얼마나 훌륭한 동네들이 건설되었을 것인가! 파라과이 독재자인 프란시아가 죽을 때까지는 이 두 나라가 마치 지구 반대쪽에 있는 것처럼 뚜렷이 다를 것이다. 잔인한 늙은 독재자가 죽으면 파라과이는 혁명으로 찢어질 것이고, 과거가 부자연스럽게 조용했던 것만큼 혼란해질 것이다. 다른 남아메리카 국가들처럼, 어느 정도 국민들에게 정의와 명예라는 원칙이 스며들기 전에는 공화국이 성공할 수 없다는 것을 배울 것이다.

10월 20일_ 파라나 강 입구에 닿자, 나는 라스콘차스 해안에 상륙했다. 상륙하자마자 놀랍게도 내가 포로와 비슷한 처지가 되었다는 사실을 알았다. 혁명이 일어나 모든 포구에서 출항과 입항이 금지되었기 때문이다. 대장과 오래 이야기를 나눈 끝에, 다음 날 수도의 이쪽 지역을 장악한 반란군 사단을 지휘하는 롤로 장군에게 갈 수 있는 허가증을 받았다. 아침에 장군이 있는 진지까지 말을 타고 갔다. 롤로 장군은 나에게 도시는 현재 봉쇄된 상태이고, 그가 해줄 수 있는 최대의 조치는 힐메스에 있는 반란군 총사령관에게 갈 수 있는 통행증을 주는 것뿐이라고 말했다. 그러나 내가 로사스 장군이 콜로라도 강에서 나에게 베풀어 주었던 친절한 일을 이야기하자, 그들은 돌변했다. 통행증을 줄 수는 없지만, 내가 안내인과 말을 포기하면 그들의 초소를 지나갈 수 있다고 말했다. 마침내 나는 부에노스아이레스 안으로 들어오게 되었다. 기분이 상당히 좋았다.

❀ 울긋불긋한 옷을 입고 마떼차를 마시는 라플라타 강 동쪽 지역에 있는 군인.

그 혁명은 어떤 명분 있는 불만 때문에 일어난 것이 아니었다. (1820년 2월부터 10월까지) 아홉 달 동안에 정부가 15회나 바뀐 나라에서 명분을 묻는다는 것은 꽤나 어리석은 일일 것이다. 이번 경우는 일단의 군인들, 즉 발카르세 총독에게 불만을 품은 70명 정도의 로사스 군인들이 도시를 떠나 로사스를 부르짖으면서 시작된, 전국이 폭력의 소용돌이에 휘말리게 되었다. 로사스 장군이 이 봉기를 모를 리 없었으며, 자기를 지지하는 쪽과 손발이 아주 잘 맞는 것처럼 보였다. 내가 부에노스아이레스를 떠난 지 며칠 후, 로사스 장군이 평화가 깨어진 것을 인정하지 않으며 봉쇄한 측을 옳게 생각한다는 뜻을 밝혔다. 이 의견이 전해지자마자 총독과 장관들, 수백 명에 이르는 군인들이 부에노스아이레스를 탈출했다. 이 과정을 통해 로사스는 결국 독재자가 될 것이 분명했다. 남아메리카를 떠난 뒤 로사스가 공화국 헌법을 일시 정지시킬 수 있는 전권을 가진 총독으로 선출되었다는 소식을 들었다.[7]

축약자 주석

1) 지리 마일이란 적도에서 경도 1분의 거리이다. 2017년에 발간된 항해안내서 '미국실제항해사(The American Practical Navigator)'에 따르면 1지리 마일은 1,855.342m이다. 반면 1해리 1,852m는 적도에서 위도 1분의 평균 거리이다. 이렇게 지리 마일과 해리가 다른 것은 지구가 자전해, 적도 반지름이 극반지름보다 약간 크기 때문이다.

2) 엔트레 리오스(entre rios)는 '강 사이' 라는 뜻으로, 동쪽의 우루과이 강과 서쪽의 파라냐 강 사이를 말한다. 엔트레 리오스가 북동부 아르헨티나의 한 주이며 산타페 바하다가 지금은 파라냐이다. 엔트레 리오스 주는 한 때 혼란한 적도 있었으나, 다윈이 예측한 것처럼 지금은 아르헨티나에서 가장 발달하고 부유한 주의 하나가 되었다. 덧붙이면 파라냐 강은 3,998km로 남아메리카에서 두 번째로 긴 강이다. 우루과이 강은 약 1,838km이다.

3) 시네테레스 프레헨실리스는 내용으로 보아 남북 아메리카 대륙에 서식하는 쥐목 동물로 생각되며, 뒤쥐류나 호저류로 보인다. 지상에 있는 약 5,500종의 포유류 가운데 쥐목이 약 1,700종이며 박쥐목이 1,000종이 넘는다.

4) 다윈시대에는 알려지지 않았지만 남아메리카 대륙은 남극, 오스트레일리아, 아프리카, 인도와 결합되어 곤드와나랜드를 만들고 있었다. 약 1억 년 전 대서양이 생기면서 아프리카에서 갈라진 남아메리카는 혼자 떨어져 거대한 섬이나 마찬가지였다. 그러나 서인도 제도가 남북 아메리카 대륙의 징검다리 구실을 해, 두 대륙의 몇몇 동물이 아주 오래전에 두 번 조금 오갔다. 다윈은 이 사실을 본문에서 이야기했다.

그러나 300만~250만 년 전 남아메리카 북서쪽 끝이 육지가 되고 빙하기가 되면서 해면이 낮아져 파나마 육교가 생기면서 북아메리카 대륙과 연결되자 많은 동물이 오갔다. 곧 남아메리카에서는 메가테리움, 밀로돈, 글립토돈트, 아르마딜로, 개미핥기, 호저, 오포섬, 카피바라, 톡소돈을 포함한 크고 작은 38속의 네발 동물들과 날지 못하는 거대한 '공포의 새'가 북아메리카 대륙으로 올라갔다. 반면 북아메리카 대륙에서는 재규어, 사슴, 뒤쥐, 재칼, 스컹크, 페카리, 다람쥐, 낙타, 곰, 말, 타피르, 코끼리 계통, 여우, 햄스터를 포함한 47속이 내려왔다. 이 사실을 고생물 학계에서는 '미대륙간대이동(美大陸間大移動)'이라고 한다. 나아가 북아메리카 대륙으로 올라간 동물들은 그렇지 않은데, 남아메리카 대륙으로 내려온 동물들은 여러 종으로 발전했다. 이유는 남아메리카 동물들이 살지 않았던 지역에서 살았기 때문이다. 5장에서 이야기한 다윈이 바이아블랑카 해안에서 발견한 몸집이 아주 큰 동물화석의 주인공 가운데 대부분은 북아메리카로 올라갔다.

5) 우리는 뼈가 많이 모인 것을 보면 큰 홍수를 생각하는 것이 보통이다. 홍수만이 무거운 뼈를 운반할 수 있기 때문이다. 반면 다윈의 말은 그렇게 많은 뼈가 생기도록 한 원인으로 심한 가뭄을 생각해야 한다는 뜻이다.

6) 물고기는 이빨을 딸깍거리거나, 공기를 빠르게 뱉거나, 부레에 공기를 채운 다음 특수한 근육으로 부레를 쳐 소리를 낸다.

7) 후안 마누엘 로사스 장군은 1793년 부에노스아이레스에서 태어났으며, 부유한 아버지의 재산을 물려받지 않고 가우초처럼 살았다. 그는 인디오를 몰아내는 데 큰 공을 세워, 1835년~1852년까지 부에노스아이레스 주 총독이자 아르헨티나 전체를 지배하는 독재자가 되었다. 그러나 우루과이와 브라질의 지원을 받은 폭동으로 1852년에 축출되고 영국으로 망명해, 1877년 생을 마쳤다. 아르헨티나 사람들은 그가 아르헨티나를 통일한 것을 인정해 지금 아르헨티나 지폐에서 그의 얼굴을 볼 수 있다.

제8장 반다 오리엔탈과 파타고니아

콜로니아 델 사크라미엔토까지 가다-농장의 가격-소를 세는 방법-이상한 품종의 황소-구멍이 뚫린 자갈-양치기 개-말 길들이기와 가우초의 말 타기 기술-주민들의 특성-라플라타 강-나비 떼-재주꾼 거미-바다의 인광-디자이어 포구-과나코-산훌리앙 포구-파타고니아의 지질-거대한 동물의 화석-생물의 변화 양상-아메리카 대륙의 동물 변화-멸종의 원인

부에노스아이레스에서 거의 2주일을 지체하다가 다행히 몬테비데오로 가는 우편선을 타고 빠져나왔다. 출입이 봉쇄된 도시에 머무르는 일은 언제나 마음이 편하지 않았다.

여행은 대단히 길고 지루했다. 라플라타 강 하구는 지도에서는 근사하게 보였으나, 사실 볼 것이 없었다. 진흙이 섞인 넓은 강은 장대하지도 않고 아름답지도 않았다. 몬테비데오에 와서 비글호가 얼마 동안 항해하지 않는다는 것을 알고 그 부근을 잠시 돌아보기로 했다.

11월 14일_ 오후에 몬테비데오를 떠났다. 내 계획은 라플라타 강 북쪽 연안이자 부에노스아이레스의 맞은편에 있는 콜로니아 델 사크라미엔토까지 간 다음 우루과이 강을 따라 네그로 강변에 있는 멜세데스 마을까지 갔다가, 직선으로 몬테비데오로 돌아오는 것이었다. 우리는 카넬로네스에 있는 안내인의 집에서 묵었다. 보트를 타고 카넬로네스 강과 산타루시아 강과 산호

세 강을 건넜다. 지난번 여행에서는 산타루시아 강을 하구 근처에서 건넜는데, 말들이 폭이 600야드인 강을 쉽게 건너는 것을 보고 놀랐다. 그날 한 가우초가 한사코 버티는 말을 몰아 억지로 강을 건너게 하는 기술을 재미있게 구경했다. 그 가우초는 옷을 홀랑 벗고는 말 등에 올라타더니, 말이 물 깊이를 모를 때까지 곧장 강물 속으로 들어갔다. 그다음에는 말의 엉덩이에서 미끄러져 내려와서는 말꼬리를 붙잡았다. 그러고는 말이 고개를 돌릴 때마다 말의 얼굴에 물을 튀겨 말을 놀라게 했다. 잠시 후 말의 두 발이 건너편 강바닥에 닿자마자 그는 말 위로 올라앉아 말이 둑 위로 오르기 전에 고삐를 잡았다. 나는 네 사람과 함께 보트를 타고 강을 건넜는데, 그 보트도 앞서 가우초가 했던 것과 똑같은 방식으로 강을 왕래했다.

우리는 다음 날 쿠프레 우편 역사에서 묵었다. 저녁 무렵 우편배달부가 도착했다. 로사리오 강이 넘쳐서 보통 때보다 하루 늦게 도착했지만, 편지는 단 두 통뿐이었다. 나는 여기에 처음 도착해서 보던 눈과는 아주 다른 눈으로 이곳을 보는 나 자신을 발견했다. 그때는 이 지역이 아주 이상할 정도로 평탄하다고 생각했으나 팜파스를 말을 타고 달려본 지금, 도대체 그때 무엇 때문에 이곳을 평탄하다고 생각했는지 알 수 없는 노릇이었다. 지형의 기복 때문에 작은 시내가 많았다.

11월 17일_ 우리는 코야 마을을 지나는 수심이 깊고 물살이 빠른 로사리오 강을 건너, 한낮에 콜로니아 델 사크라미엔토에 도착했다. 풀이 아주 무성했지만 소나 주민은 거의 없었다. 한 신사가 나에게 콜로니아에서 자고 다음 날 석회암이 있는 자기의 농장까지 가자고 했다. 거리는 불규칙했지만 주위에 늙은 오렌지나무와 복숭아나무가 많아 경치가 좋았다. 폐허가 된 성당이 내 호기심을 불러일으켰다. 한때 화약 창고로 쓰였던 이 건물은 라플라타 강에 떨어진 수많은 번개 가운데 하나를 맞아 건물의 2/3가 토대까지 날아갔으며, 나머지는 번개가 화약에 불을 붙이면서 깡그리 부서졌다. 저녁때 파괴된 성벽 둘레를 산책했다. 그곳은 브라질 전쟁의 주요한 싸움터였다.[1)] 브라질 전쟁은 이 나라에 더없이 큰 피해를 입혔고, 수많은 장군과 장교를 탄생시켰다. 라플라타 통합 주에는 영국보다 더 많은 숫자의 (보수가 없는) 장군들이 있었다.

11월 18일_ 나를 초청한 신사와 함께 아로요 데 산후안에 있는 그의 농장으로 말을 타고 갔다. 땅은 58km^{2}로, 한쪽은 라플라타 강이고, 다른 두 쪽은 건너갈 수 없는 하천으로 막혀 있었다. 작은 배가 닿을 수 있는 좋은 포구가 있었고, 부에노스아이레스에 연료로 공급할 만한 작은 나무들이 많았다. 소가 3천 마리 있었는데, 서너 배는 더 키울 수 있을 듯 보였다. 150마리의 길들인 말과 함께 800마리의 암말이 있었고, 양이 600마리 있었다. 물과 석회암이 많고, 투박하게 지은 집과 좋은 가축 우리들과 복숭아밭이 있었다. 이 모두를 2천 파운드에 사겠다는 사람이 있었으나, 주인은 500파운드를 더 원했다고 한다. 농장에서 가장 큰 문제는 일주일에 두 번 소들을 길들이고 수를 세기 위해 한 곳으로 몰아가는 일이었다. 1만 마리에서 15,000마리의 소가 모여 있기 때문에 수를 세는 일은 쉽지 않았다. 이런 문제 때문에 소를 언제나 40~100마리 단위의 작은 무리로 나누어 관리한다. 폭풍이 부는 밤에는 소들이 뒤섞였으나, 다음 날 아침이면 다시 나누어져 무리를 지었다. 그러므로 소 한 마리 한 마리가 1만 마리 가운데서도 자기의 친구들을 알고 있음이 틀림없었다.

여기에서 나타 또는 니아타라고 불리는 이상한 품종의 황소를 두 번 보았다. 겉보기에 이 황소와 다른 황소 사이의 관계는 거의 불독과 발바리 사이처럼 보였다. 이마가 짧고 넓으며, 코끝이 위로 휘어졌다. 윗입술은 뒤로 많이 물러갔고, 아래턱은 위턱보다 앞으로 툭 튀어나오며 위로 휘어져 이빨이 언제나 노출되어 있었다. 콧구멍은 높고 크게 열리며, 눈은 앞으로 튀어나왔다. 걸을 때는 머리를 낮추고 목을 짧게 한 자세로 걸었다. 뒷다리는 앞다리에 견주어 보통 황소보다 길었다.

나는 귀국한 후 친구인 해군 설리번 함장의 호의로 그 소의 두개골을 하나 얻었다. 룩산의 F. 무니스 씨가 수집한 내용을 보면, 약 80~90년 전에는 그 황소가 귀해서 부에노스아이레스에서는 신기한 품종으로 보존되었다. 그 품종은 라플라타 강 남쪽에 있는 인디오 부족한테서 기원했으며, 그들에게는 가장 흔한 품종인 것으로 알려져 있었다. 이 품종은 진품이어서, 니아타 암소와 수소를 교배하면 언제나 니아타 새끼가 나왔다. 니아타 수소와 보통 암소 또는 그 반대의 교배에서는 니아타의 특징이 더 강한 새끼가 태어났다. 많은 짐승이 죽었던 큰 가뭄에는 니아타 소가 아주 불리해, 사람이 돌보지 않으면 죽을 수도 있었다. 보통 소는 말처럼 입술로 나뭇가지나 갈대를 뜯어먹고 연명할 수 있으나, 니아타 소는 윗입술과 아랫입술이 딱 맞지 않아 그렇게 할 수 없기 때문이다. 이 사실은, 오랜 주기를 두고 생기는 어떤 환경에서 생물 종이 희귀해지거나 멸종되는, 우리가 보통 생활습성에서 아무렇지도 않게 넘어가는 변화가 나중에 얼마나 큰 종의 변이를 일으키는지를 보여주는 좋은 예로 생각되었다.

11월 19일_ 라스 바카스 계곡을 지나, 아로요 데 라스비보라스에 석회가마에서 일하는 미국인의 집에서 잤다. 여기부터 우루과이 강의 수량이 많아진다. 강물이 맑고 물살이 빨라, 부근의 파라냐 강보다 경관이 훨씬 빼어났다. 맞은편 강기슭에서는 파라냐 강에서 흘러온 몇 가닥의 지류가 우루과이 강에 합류했다. 해가 비치자 두 강물의 색깔이 뚜렷이 구별되었다.

저녁에는 네그로 강가에 있는 멜세데스로 갔다. 밤이 되어 한 농장에 와서 하룻밤 재워줄 것을 부탁했다. 주인은 이 나라 안에서는 가장 큰 농장 소유주 가운데 한 사람이었다. 그의 조카가 농장을 맡아하고 있었으며, 얼마 전 부에노스아이레스에서 도망쳐온 육군 대위도 함께 있었다. 그들의 신분을 생각하면, 그들이 나누는 대화가 재미있었다. 그들은 지구가 둥글다는 사실에 매우 놀랐다. 대위가 질문이 하나 있다면서 내가 성실히 답변해주면 정말 고맙겠노라 말했다. 얼마나 어려운 과학 문제일까 하고 나는 사뭇 긴장했다. 그런데 그의 질문은 "부에노스아이레스 아가씨들이 세계에서 가장 아름답습니까?" 라는 것이었다. 나는 이슬람으로 개종한 기독교도처럼 "가장 아름답습니다" 라고 대답했다. 그러자 "또 다른 질문이 하나 있는데, 세계 다른 곳의 아가씨들도 이곳 아가씨들처럼 큰 빗을 머리에 꽂고 다닙니까?" 하고 물었다. 나는 엄숙하게 그렇지 않다고 말했다. 그들은 정말 기뻐했다. 대위가 "세계를 반이나 본 사람이 그렇다고 말했어.

우린 언제나 그렇게 생각해왔는데, 이제 정말 사실을 알게 되었어" 라고 소리쳤다. 빗과 아름다움에 대한 정확한 판단 덕분에 나는 최고의 대접을 받았다. 대위는 나를 기어이 자기 침대에서 자게 했고, 자신은 말안장으로 쓰는 담요를 깔고 잤다.

11월 21일_ 동이 틀 때 떠나 종일 말을 탔다. 전 지역이 거대한 엉겅퀴 밭이라 해도 과언이 아니었다. 카르둔 엉겅퀴와 보통 엉겅퀴는 따로 생장해 자기네끼리 모여 있었다. 카르둔 엉겅퀴는 말의 등 높이이며, 팜파스 엉겅퀴는 보통 말을 탄 사람의 머리보다 높았다. 엉겅퀴 밭 가까이에서 소를 모는 것은 아주 위험했다. 만약 소나 말이 엉겅퀴 밭 속으로 들어가면 좀처럼 찾기 힘들기 때문이었다. 이 지역에는 농장이 거의 없었고, 그나마 몇 있는 농장들은 이런 키 큰 식물들이 많지 않고 습기가 많은 골짜기에 있었다. 우리는 작은 오두막에서 묵었다.

11월 22일_ 내 친구 럼 씨가 써준 소개장을 갖고 베르켈로 강가에 있는 친절한 영국인의 농장을 찾아갔다. 나는 그곳에서 사흘을 머물렀다. 반다 오리엔탈은 잘만 하면 놀랄 만큼 많은 동물을 키울 수 있으리라. 현재 몬테비데오에서는 연간 30만 장의 가죽을 수출하며, 낭비되는 것을 포함해 소비하는 양도 엄청나게 많았다. 한 농장 주인이 내게 말하기를, 쇠고기를 소금에 절이는 공장으로 많은 소를 보내는데, 먼 길을 가는 도중에 기력이 빠진 소는 그 자리에서 잡아서 가죽을 벗기는 일이 자주 있다고 했다. 그러나 그가 가우초에게 그렇게 잡은 쇠고기를 먹도록 설득하지 못해, 가우초들이 매일 저녁 멀쩡한 소를 잡았다.

이 부근에서 북쪽으로 상당히 멀리 떨어진 라스 쿠엔타스 산

이야기를 자주 들었다. 산 이름은 구슬을 뜻한다고 하는데, 산에서 작고 길쭉하여 구멍이 패어 있는 갖가지 색깔의 돌멩이가 많이 발견되기 때문이라고 한다. 예전에는 인디오들이 목걸이나 팔찌를 만들려고 그 돌멩이를 모았다고 한다. 그런 장신구는 야만인이나 문명인이나 다 좋아했다.

말을 타고 가다 보면 인가나 사람한테서 몇 마일이나 떨어진 곳에서 많은 양 떼와 그를 지키는 양치기 개 한 두 마리를 만나는 것이 보통이었다. 이 개들은 어릴 때부터 어미 개와 떨어져 미래의 친구인 양들과 친해지도록 훈련받는다. 하루 서너 번씩 양의 젖을 먹고 양 우리 안에 양털 집을 지어주고는 다른 개나 한 배 새끼들과 놀지 못하게 하는 것이다. 게다가 강아지 때 거세를 시켜서 크더라도 다른 개와 공통되는 감정이 거의 없었다. 이렇게 키우다 보면 여느 개가 주인을 보호하듯이, 그 개는 양 떼를 떠나지 않고 보호한다. 낯선 사람이나 짐승이 양 떼에게 가까이 가면 개가 금방 앞으로 뛰어나와 짖고, 양들은 마치 늙은 양들이 그러하듯 개 뒤로 모여들었다.

양치기 개는 매일 고기를 먹으러 집으로 온다. 고기를 주면 마치 쑥스런 듯 숨어 다닌다. 그러면 집 개들이 양치기 개를 향해 짖어대며 따라다닌다. 그러나 양 떼에게 도착하는 순간 양치기 개는 돌연 돌아서서 짖는다. 그러면 집 개들은 달아나기 바쁘다. 이와 비슷하게 들개 떼 역시 양치기 개 한 마리가 지키는 양 떼에게 감히 덤벼들지 못한다(결코 그렇지 않다는 말도 있다). 이 모든 이야기가 개에게 있는 사랑의 능력을 보여주는 신기한 예로 생각된다. 들개든 집에서 키우는 개든 자신의 집단 본능을 강하게 지닌 동료들을 존경하거나 두려워한다. 퀴비에에 따르면, 가축으로 된 동물들은 모든 사람을 그들 사회의 일원으로 생각해, 곧 그들의 집단 본능을 지니게 된다고 한다. 위의 경우, 양치기 개는 양들을 자기 형제로 생각해 자신감을 갖는 것이며, 들개들은 양들이 개가 아니라 먹잇감이라는 것을 알더라도, 양치기 개를 앞세운 양들을 보면 어느 정도 개와 한 무리라는 생각을 하게 된다.

어느 날 저녁, '도미도르(말을 길들이는 사람)'가 말을 길들이는 광경을 구경했다. 그는 다 자란 망아지를 골라 그 망아지가 울타리 안을 뛰어다닐 때, 올가미로 앞다리 둘을 건다. 망아지가 꽈당 쓰러져 땅 위에서 버둥댈 때, 올가미를 죄어 뒷다리를 걸려고 빙빙 돈다. 뒷다리 하나의 관절 바로 아래를 걸어 앞다리 쪽으로 당겨온 다음 세 다리를 한데 묶는다. 그리고는 말의 목 위에 올라앉아 아래턱에 재갈이 없는 강한 말굴레를 고정시킨다. 이 것은 가는 쇠가죽 끈을 고삐 끝에 있는 작은 구멍에 끼워 턱과 혀를 몇 번이나 죄는 일이었다. 다음에는 두 앞다리를 강한 가죽끈으로 묶어, 당기면 풀리는 매듭으로 고정시켰다. 이제 세 다리를 묶은 올가미를 풀면 말이 힘들게 일어선다. 만약 두 번째 사람이 있다면 그가 말의 머리를 잡고 있는 동안 첫 번째 사람이 말에게 옷을 입히고 안장을 얹고 이 모두를 뱃대끈으로 잘 묶는다. 이 과정에서 말은 허리둘레가 묶이는 두려움과 놀라움으로 몇 번이나 나뒹구는데, 얻어맞을 때까지 일어나려 하지 않는다. 마침내 안장을 올리는 일이 끝나면 불쌍한 동물은 겁에 질려 거의 숨도 쉬지 못하고, 거품과 땀으로 주둥이가 하얗게 된다. 그때 사람은 말에 올라타기 위해 등자를 세게 눌러 말이 균형을 잃지 않도록 하면서 다리를 말 등 위로 올린다. 그 순간 앞다리를 묶은 매듭을 당겨 말을 자유롭게 한다. 말은 공포에 질려 몇 번 사납게 뛴 다음 전속력으로 내달린다. 말이 상당히 피로해졌을 때에야 그는 말을 우리로 끌고 와, 뜨거운 김을 내뿜으며 겨우 살아 있는 가엾은 동물을 자유롭게 풀어준다. 이런 과정은 아주 잔인하지만, 두세 번 거듭하면 말을 길들일 수 있다.

이곳에는 동물이 너무 흔해서 인간성과 이기심이 각각이다. 어느 날, 존경할 만한 '농장주'와 함께 말을 타고 팜파스를 지나갔다. 내가 탄 말이 지쳐 뒤처지자 그는 나에게 박차를 가하라고 소리쳤다. 내가 말이 너무 피로해 가엾다고 하자, 그는 "왜 그러시오? 염려하지 말고 박차를 가해요. 내 말이란 말이오!" 라고 소리쳤다. 내가 말에게 박차를 가하지 않는 것이 말을 위해서라는 내 말을 듣고, 그는 아주 놀란 표정으로 "아! 카를로스 씨, 어째 이런 일이!" 라고 소리쳤다. 그는 그 일이 있기 전에는 말이 불쌍하다는 생각을 해본 적이 결코 없음이 틀림없었다.

❀ 말 달리기를 하는 모습. 사람들이 주위에서 흥미롭게 바라본다.

가우초들이 말을 완벽하게 탄다는 것은 잘 알려진 사실이다. 그들이 말을 잘 탄다는 기준은 길들이지 않은 망아지를 다루거나, 말이 쓰러질 때 뛰어내려 똑바로 서거나, 혹은 그와 비슷한 재주들을 부리는 것이다. 말을 스무 번 쓰러뜨리고도 자신은 열아홉 번은 쓰러지지 않을 자신이 있다고 말하는 사람의 이야기를 들었다. 뒷다리로 너무 높게 일어나는 바람에 뒤로 쿵 하고 쓰러지기를 세 번이나 연속하던, 고집이 센 말을 타는 가우초도 보았다. 그 가우초는 어떠한 완력도 사용하지 않은 듯 보였다.

칠레에서는 말이 전속력으로 달리다가도 어느 특정 위치, 예컨대, 땅 위에 던져놓은 시계 위에 곧바로 설 수 있어야 완전히 길들여졌다고 본다. 반면 벽으로 돌진하여 발굽으로 벽면을 긁는다든가, 뒷발로 서지 못할 때는 완전히 길들여진 것으로 보지 않았다. 어떤 팔팔한 말은 검지와 엄지만으로 고삐를 당겨 쥐는 것만으로도 전속력으로 뜰을 가로질러 달려와 거리를 일정하게 유지한 채 베란다 기둥 주위를 빠르게 돌았다. 말을 탄 사람이 기둥에 댄 손은 줄곧 떨어지지 않았다. 다음에는 말이 공중으로 뛰어올라 방향을 180도로 바꾸어, 힘차게 반대 방향으로 돌았다. 그때에도 사람의 다른 손끝은 기둥에서 떨어지지 않았다.

이런 말이 정말 길이 잘 든 말이다. 이런 말은 매일 필요한 일을 완벽하게 해냈다. 예컨대, 황소에게 올가미를 걸면 황소는 몇 바퀴나 원을 그리면서 달린다. 그때 잘 길들여지지 않은 말이라면 황소의 강한 힘에 놀란 나머지, 바퀴 축처럼 잘 돌지 않으려고 한다. 그래서 많은 사람이 죽음을 당한다. 올가미가 사람 몸에 감기면 두 동물의 당기는 힘 때문에 몸이 한순간에 거의 동강이 나기 때문이다. 칠레에서 잘 길들여진 말의 용도를 훌륭하게 보여주는 일화를 하나 들었는데, 나는 이 얘기가 사실이라고 믿는다. 어느 날 어떤 점잖은 사람이 말을 타고 가다가 두 사람을 만났다. 그런데 한 사람이 도둑맞은 자기 말을 타고 있었다. 그가 그들에게 대들자, 그들은 칼을 뽑아 들고 그를 쫓아왔다. 잘 훈련된 빠른 말을 타고 있던 그는 바람같이 말을 달려 무성한 숲을 지난 다음 숲의 길목에서 정확하게 멈췄다. 그러고는 자신을 따라오던 사람들이 앞을 홱 지나가자, 바로 그들 뒤로 돌진해 한 사람의 등을 칼로 찔러 죽였고 다른 사람에게 부상을 입혔다. 그러곤 자기 말을 찾아갔다. 이렇게 말을 잘 쓰려면 두 가지 도구가 필요하다. 하나는 자주 쓰지 않더라도 말이 그 위력을 충분히 잘 아는, 옛날 이집트 기병이 썼던 것 같은 가혹한 재갈이다. 다른 하나는 살짝 당기만 해도 말에게 심한 고통을 주는 커다란 돛바늘 박차이다. 피부를 살짝 찌르는 영국 박차로는 남아메리카식으로 길들이기가 불가능하리라 생각된다.

11월 26일_ 몬테비데오를 향해 직선으로 돌아오기 시작했다. 네그로 강으로 들어가는 작은 하천인 사란디스 인근 농가에서 톡소돈 머리뼈를 18펜스에 샀다.* 처음에는 온전했는데, 아이들이 돌로 이빨을 깨고 돌멩이로 맞추는 표적으로 썼다고 한다. 다행히 이 두개골에 꼭 들어맞는 완전한 이빨 한 개를 이곳에서

* 내가 묵었던 베르켈로 강가의 집주인인 케안 씨와 부에노스아이레스의 럼 씨에게 깊이 감사드린다. 그들의 도움이 없었다면 이 귀중한 화석들이 영국으로 오지 못했을 것이다.

180마일 정도 떨어진 테르세로 강둑에서 발견했다. 나는 이 유별난 동물의 화석을 다른 두 곳에서도 발견했다. 이로써 이 동물이 과거에는 흔했다는 사실을 알 수 있었다. 또 이곳에서 커다란 아르마딜로 같은 동물의 갑주 대부분과 밀로돈의 커다란 머리뼈 일부도 발견했다. 팜파스를 만들고 반다 오리엔탈의 화강암 질지층을 덮는 거대한 하구 퇴적층에 매몰된 유골의 숫자가 아주 많은 게 틀림없었다. 여행을 하면서 조금씩 구한 뼈 화석들 말고도 많은 뼈화석에 관한 이야기를 들었다. '동물의 강'이니 '큰 동물의 산'이니 하는 말들의 어원만 보더라도 이는 틀림없는 사실이었다. 팜파스 전 지역이 이 멸종된 거대한 네발 동물의 대규모 매장지라고 결론지어도 좋을 것이다.

28일 낮, 이틀 반을 길 위에서 보낸 끝에 몬테비데오에 도착했다. 그 지역의 경관은 일정했다. 동네는 아름다웠는데, 몇 그루의 무화과나무로 둘러싸인 집들은 정말 그림 같았다.

멀리 몬테비데오 시내 쪽으로 보이는 큰 건물들과 황소가 끄는 우차가 묘하게 대조된다.

지난 6개월 동안 이 지역 주민들의 특성을 볼 기회가 있었다. 가우초가 도시 사람들보다 인간성이 훨씬 좋다. 그들은 언제나 온순하고 예의범절이 바르며 사람을 잘 대접한다. 그들은 겸손하고 자신과 나라를 존중하며 활기차고 용감하다. 반면, 강도가 많고 피를 흘리는 일이 많은 것은 언제나 칼을 차고 다니는 습관 때문이다. 그들의 얼굴에 있는 깊고 무서운 흉터에서 보듯이 그들은 싸울 때 상대방의 귀나 눈을 칼로 베어 얼굴에 상처를 남기려고 한다. 강도 사건이 많은 것은 널리 행해지는 도박과 과음과 지독한 게으름 때문에 생겼다. 말馬이 너무 많고 식량이 넘쳐나서 모든 산업을 망쳤다. 게다가 잔칫날이 너무 많고, 달月이 커질 때에는 아무것도 성공할 수 없다는 미신이 있어, 일을 시작하지 않는다. 한 달의 반이 이 두 가지 이유로 낭비되었다.

경찰과 사법부의 의식도 아주 낮았다. 가난한 사람이 살인을 하고 붙잡히면 감방에 가고, 경우에 따라서는 총살된다. 반면, 부유하고 경찰이나 사법부에 친구들이 있는 사람은 심각한 결과가 생기지 않았다. 그 나라의 가장 존경받을 만한 주민들이 살인자가 달아나도록 도와준다는 것이 흔한했다. 여행객은 자신의 무기를 빼고는 달리 호신책이 없었다.

교육을 더 받은 도시의 상류계급 사람들에게서는 가우초들의 장점을 찾아보기 어렵다. 걱정스럽게도 그들은 오히려 가우초에게는 없는 갖가지 악에 더 많이 오염되어 있었다. 성이 문란하고 모든 종교를 비웃는 풍조가 만연하며 심한 부패가 널리 퍼져 있었다. 뇌물을 받지 않는 관리가 거의 없을 정도였다. 황금이 판치는 사회에서 정의를 기대하기는 어려웠다. 사회 지도층 대부분이 원칙이 없었다. 월급이 적어 부패한 공무원으로 가득 찬 나라에서도 국민은 여전히 민주 정부가 성공하기를 빌었다.

이 나라에 처음 왔을 때 두세 가지 현상이 눈에 띄었다. 사회의 모든 계급에 걸친 예의 바르고 품위 있는 태도, 여자들이 입고 있는 옷에 나타나는 고상한 취향과 모든 계급 사이의 평등함이었다. 많은 장교들이 글을 깨치지 못했지만 사교계에서 모두가 평등한 사람으로 만났다. 엔트레 리오스 주의 재판소는 단 여섯 사람으로 구성되어 있었고, 이 모두가 신생국가에서 기대할 수 없는 것들이었다. 그런데도 직업이 '신사'인 사람이 없다는 것이 영국인인 나에게는 낯설게 보였다.[2)]

이 나라에 대한 이야기를 할 때, 이 나라의 '부자연스러운 부모'인 스페인을 염두에 두어야 한다. 이 나라의 극도의 자유주의가 좋은 결실을 맺으리라는 것은 의심할 여지가 없었다. 외래종교를 용인하는 너그러움과 교육에 기울이는 관심, 언론의 자유와 모든 외국인에게 공평하게 제공되는 시설들, 특히 학문에 대해 한없이 겸손한 이들은 스페인계 남아메리카를 찾았던 사람들에게 좋게 기억될 것이었다.

12월 6일_ 라플라타 강을 떠난 비글호는 다시는 진흙탕물이 흐르는 강으로 돌아가지 않았다. 어느 날 저녁, 산 블라스 만에서 10마일 정도 떨어진 바다에서 어마어마한 숫자의 나비가 넓고 긴 무리로, 때론 큰 덩어리로 하늘 가득히 날아왔다. 망원경으로 봐도 나비가 없는 곳을 찾을 수 없었다. 수병들은 "나비 눈이 온다!" 라고 소리쳤다. 실제 모습도 그러했다. 적어도 한 종 이상이었는데, 대부분이 영국에서 흔한 에두사 노랑나비와 매우 비슷했지만 똑같지는 않았다. 나방과 벌목의 곤충들도 나비와 함께 날았으며, 작은 (딱정벌레 속의) 갑충 한 마리도 갑판으로 날아왔다. 이 경우 매우 놀랄 만한 것은 딱정벌레과에 속하는 것들 대부분이 날개가 거의 또는 전혀 없기 때문이다. 날씨는 전날처럼 맑고 고요했다. 해가 지기 전에 불었던 강한 북풍 때문에 수만 마리의 나비와 곤충이 죽었다.

케이프 코리엔테스에서 17마일 떨어진 곳에서 원양동물을 잡으려고 그물을 쳤다. 얼마 뒤 그물을 올리자 놀랍게도 상당수의 갑충이 그 안에 있었다. 바다의 소금물이 그 갑충들에게 나쁜 것 같지 않았다. 표본 몇 점을 잃어버렸지만, 현재 가지고 있는 것들은 거저리 속, 긴다리파리 속, 소금쟁이(2종), 먼지벌레, 쇠똥구리, 길쭉벌레 속, 풍뎅이 속들이다. 처음에는 이 곤충들이 해안에서 바람에 날려 왔다고 생각했으나, 8종 가운데 4종은 물에서 살고, 2종은 어느 정도 물에서 산다고 생각하자, 그들이 케이프 코리엔테스 근처의 호수에서 흘러나오는 작은 하천을 따라 바다로 흘러 들어왔다고 보는 것이 가장 그럴듯했다. 어떻게 생각하든, 가장 가까운 육지에서 17마일이나 떨어진 바다에서 살아서 헤엄치는 곤충을 발견했다는 사실이 흥미롭다.

비글호가 라플라타 강 입구에 정박하고 있을 때, 삭구가 몇 차례씩이나 고사메르 거미의 줄로 덮였다. 곧 1832년 11월 1일 영국의 가을날처럼 맑은 아침에 양털 같은 거미줄들이 공중을 꽉 채웠다. 배는 육지에서 60마일쯤 떨어져 있었고, 가벼운 미풍이 쉬지 않고 불었다. 거미줄에는 길이가 0.1인치 정도인 아주 작고 검붉은 거미들이 엄청나게 많이 붙어 있었다. 거미들은 모두 한 종으로, 암수가 다 있었으며 새끼들도 있었다. 새끼들은 더 작고 색깔이 진해 쉽게 구별되었다. 그 꼬마 조종사 거미는 갑판에 오자마자 행동이 아주 빨라져, 달리거나 또는 저절로 아래로 떨어졌다가 같은 줄을 타고 다시 올라왔다. 때로는 로프 사이의 구석에다 작고 매우 불규칙한 그물을 만들기도 했다. 그 거미는 물 위에서도 상당히 쉽게 달릴 수 있었다. 건드리면 경계하는 자세로 앞다리를 쳐들었다.

하루는 산타페에서 몇 가지 비슷한 사실들을 볼 기회가 있었다. 길이가 0.3인치 정도 되고 전체 모양이 지네를 닮은 (그래서 고사메르와는 아주 다른) 거미가 기둥 꼭대기에서 서너 가닥의 줄을 꽁무니에서 풀어 내보냈다. 이 줄들이 햇빛에 반짝거려 빛이 분해되는 것처럼 보였는데, 직선이 아니라 바람에 날리는 비단처럼 물결쳤다. 길이는 1야드가 넘었으며, 꽁무니에서 위로 올라가면서 퍼졌다. 그러더니 거미가 갑자기 기둥에서 사라져 보이지 않았다. 날은 뜨거웠고 아주 고요했다. 엄청난 수의 같은 종 암수 거미들과 새끼가 몇 차례나 상당히 멀리 떨어진 곳에서 거미줄에 붙은 채 발견되는 것으로 보아, 잠수거미가 물속으로 잘 들어가는 것처럼, 공기 속을 잘 떠다니는 것을 이 거미의 특징으로 볼 수 있었다.

라플라타 강 남쪽을 몇 번 오갈 때, 그물로 신기한 동물들을 많이 잡았다. 몇 가지 점에서 (바위 아래에 붙으려고 뒷다리가 거의 등에 있는) 닭게과의 게와 비슷한 갑각류의 뒷다리 구조가 아주 특이했다. 끝에서 두 번째 마디 끝이 단순한 발톱으로 끝나는 게 아니라, 길이가 다른 3개의 강모 같은 부속물로 끝났다. 가장 긴 강모는 다리 전체 길이와 같았다. 이 발톱들이 매우 얇고, 발톱에는 아주 가는 톱니 모양의 이빨들이 뒤쪽으로 나 있었다. 발톱들은 휘어지고 그 끝이 납작한데, 여기에 있는 5개의 아주 작은 컵들이 마치 오징어 다리의 빨판 같은 구실을 하는 것 같았다. 넓은 바다에 사는 이 동물에게는 아마도 쉴 곳이 필요할 것이고, 그래서 이 아름답고 대단히 이상하게 생긴 구조물을 이용해 물에 떠다니는 동물들에게 달라붙는 것으로 보였다.

육지에서 멀고 깊은 바다에는 생물의 숫자가 아주 적었다. 위도 35도 남쪽에서는 빗살해파리 계통과 작은 절갑류 몇 마리를 빼고는 잡힌 게 없다. 케이프 혼 남쪽 위도 56도와 57도 사이에는 고물에서 몇 번 그물을 끌었다. 그러나 작은 절갑류 두 종을 빼고는 잡힌 것이 전혀 없었다. 그래도 그곳에는 고래, 해표, 섬새, 신천옹이 굉장히 많았다.

아주 어두운 날 밤, 라플라타 강 남쪽을 항해할 때였다. 바다가 놀랍고도 아름다운 장면을 보여주었다. 배가 액체로 된 인을 헤치고 나아가듯이, 물살이 배 앞에서 밝게 갈라지더니 배 뒤쪽에서 우윳빛으로 길게 빛났다. 눈이 닿는 데까지 파도 봉우리란 봉우리는 모두 밝게 빛났으며, 바로 머리 위 하늘은 캄캄한데도 이 검푸른 불빛이 반사된 섬광으로 인해 수평선 위 하늘이 희뿌옇게 빛나고 있었다.

더 남쪽으로 항해하니 바다 인광은 거의 보이지 않았다. 케이프 혼 부근에서는 딱 한 번 본 기억이 있는데, 그다지 밝지는 않았다. 이런 현상은 그 부근 바다에 생물이 거의 없다는 사실과 깊은 관련이 있는 것으로 보였다.[3] 그 바닷물을 떠서 밑이 판판한 큰 컵에 넣고 흔들면 불꽃이 나타나지만, 회중시계 유리뚜껑에 조금 담으면 여간해서는 빛을 내지 않았다.

수면 아래 상당한 깊이까지 빛을 내는 경우를 두 번 보았다. 라플라타 강 어귀 가까운 바다에서 지름이 2~4야드 정도 되고 둥글고 때론 달걀꼴 외 한 윤곽이 희미한 빛을 계속해서 내었다. 겉모양은 달이나 또는 어떤 빛을 내는 물체를 닮았다. 바다 표면이 아래위로 움직여 외곽이 구불구불했다. 13피트나 물에 잠기는 우리 배는 이 모양들을 흐트러뜨리지 않은 채 지나갔다. 따라서 배 밑바닥보다 더 깊은 곳에 어떤 동물들이 모여 덩어리를 만들었다고 생각해야 했다.

페르난두 노로냐 부근에서도 바다가 번쩍거렸다. 그 광경은 빛을 내는 액체 속에서 큰 물고기가 빨리 움직이는 것과 비슷했다. 바다가 보통 때보다 며칠간 평온을 오래 유지하면 여러 가지 동물들이 떼를 이루는데, 그때 빛이 가장 강한 것 같았다.

12월 23일_ 위도 47도에 있는 파타고니아 해안의[4] 디자이어 포구에 왔다. 비글호는 입구에서 수 마일 더 들어가 옛날 스페인 사람들이 거주했던 폐허 앞에 정박했다.

저녁 무렵에 상륙했다. 지면은 아주 평탄하며, 하얀 흙이 섞인 둥근 자갈들로 이루어져 있었다. 여기저기에 갈색 철사처럼 보이는 풀덤불이 있으며, 키 작은 가시덤불이 드물게 보였다. 날씨가 건조하고 좋아서 하늘에는 구름이 거의 없었다. 이 쓸쓸한 평원에서는 상당히 높고 평탄한 다른 평원의 절벽이 보였다.

이런 지역에 살았던 스페인 사람들의 운명은 곧바로 결정되었을 것이다. 연중 거의 대부분 건조한 데다, 이따금씩 인디오들

❁ 원주민의 공격으로 스페인 사람들의 주거지가 파괴된 디자이어 포구. 배는 피츠로이 함장이 포클랜드 군도에서 사서 수로 조사에 유용하게 썼지만, 해군성이 비용을 지불하지 않아 칠레에서 판 어드벤처호이다.

이 사납게 공격해오는 바람에 개척자들은 반쯤 짓던 건물들을 포기할 수밖에 없었을 것이다. 위도 41도 이남을 개척하려던 모든 노력의 결과는 비참하게 끝났다. '굶어 죽는 포구'는 그 이름이 수백 명의 사람들이 오래 당했던 극한의 고통을 표현했다. 그 가운데 한 사람이 살아남아 그들의 비극을 전해주었다.

파타고니아의 동물은 식물만큼이나 단조로웠다.* 건조한 평원에서는 검은 갑충 몇 마리(거저리 계통)가 기어 다니는 것과 가끔 도마뱀이 재빠르게 돌아다니는 것을 볼 수 있었다. 새는 시

* 나는 이곳에서 헨슬로 교수가 다윈 선인장이라고 이름 붙인(『동물학과 식물학 학술지』 1권 466쪽) 선인장 한 종을 발견했다. 이 선인장의 특징은 막대기나 손가락 끝을 꽃 속으로 집어넣을 때, 수술의 반응이 뚜렷하다는 점이다. 화피(花被) 부분들이 암술 위에서 닫히나, 수술보다는 천천히 닫힌다. 이 과의 식물들은 보통 열대성이라고 생각되지만, 북아메리카에서는 여기만큼이나 높은 위도에서 발견된다. 곧 남위 47도와 북위 47도 양쪽에서 나타난다(루이스와 클라크의 『여행기』 221쪽).

체를 먹는 매와 계곡에 사는 몇 종의 핀치새, 곤충을 잡아먹는 새 몇 종이 있었다.

과나코, 즉 야생 야마는 파타고니아 평원에서만 볼 수 있는 네발 동물이었다. 과나코는 동양의 낙타에 해당되는 남아메리카의 대표 동물이다. 목이 가늘고 길며, 다리 또한 가늘어 모습이 아름다웠다. 남아메리카 대륙의 온대지방 전체에 걸쳐 있으며, 케이프 혼 가까운 섬에도 있었다. 보통 대여섯 마리에서 30마리 정도가 떼를 지어 살지만, 산타크루스 강 강둑에서는 적어도 500 마리는 족히 되는 떼를 보았다.

과나코는 성질이 거칠고 경계심이 아주 많았다. 사냥꾼들은 보통 과나코가 경계음으로 내는 날카롭고 특이한 울음소리를 듣고 멀리에서도 과나코가 있다는 것을 알았다. 만약 사람이 느닷없이 한 마리 또는 몇 마리의 과나코와 마주치면, 과나코는 대개 움직이지 않고 조용히 사람을 뚫어져라 응시했다. 그런 다음 몇 미터 걷다가는 다시 서서 뒤돌아본다. 과나코는 호기심이 많다는 것이 확실했다. 만약 사람이 누워서 발로 하늘을 차는 듯한 이상한 행동을 해보이면, 과나코는 거의 언제나 그 사람을 살피러 가까이 다가왔다. 사냥꾼들은 이 술책을 즐겨 썼으며, 그 틈을 노려 총을 쏘아 언제나 사냥에 성공했다. 과나코는 아주 쉽게 길들여진다. 북부 파타고니아에서는 아무런 우리도 없이 집 가까운 곳에서 과나코를 키웠다.[5] 과나코는 대담하여, 걸핏하면 뒤에서 두 무릎으로 사람을 공격했다. 그런데도 야생 과나코는 자기 방어를 할 줄 몰라, 개 한 마리가 사냥꾼이 올 때까지 큰 과나코를 붙잡아둘 수 있었다. 그들의 습성은 양과 비슷했다. 그래서 사람이 말을 타고 여러 방향에서 나타나면, 과나코는 어리둥절해져 어느 방향으로 달아날지 몰랐다.

과나코는 물로 쉽게 뛰어들었다. 발데스 항에서 헤엄쳐 다니는 과나코를 몇 번이나 보았다. 낮 동안 과나코는 자주 움푹 팬 곳의 먼지 속에서 뒹굴었다. 수컷끼리는 곧잘 싸우는데, 한 번은 두 마리가 서로 물려고 깩깩거리며 바로 내 옆을 지나간 적도 있었다. 과나코에게는 설명하기 어려운 아주 특이한 습성이 있는데, 바로 같은 자리에 배설을 한다는 점이다. 내가 본 이런 배설물 하나는 지름이 8피트나 되었으며, 양도 아주 많았다.

과나코는 죽을 때 찾아가는 곳이 따로 있는 것으로 보였다. 산타크루스 강둑 위에서 나는 10~20개 정도의 머리뼈를 센 적도 있다. 그것들을 주의 깊게 살펴본 결과, 어디에선가 보았듯이 육식동물에게 끌려온 것처럼 뼈가 씹히거나 흩어져 있지 않았다. 과나코가 죽기 전에 덤불 아래나 덤불 사이로 기어들어온 것이 분명했다.[6)]

❁ 개와 볼라를 이용해 달아나는 과나코를 사냥하는 모습. 낙타 계통인 과나코는 사람이 둘러싸서 공격하면 우왕좌왕하다가 잡힌다.

어느 날, 채퍼스 씨가 지휘하는 잡용선이 사흘분의 식량을 싣고 포구 위쪽을 조사하러 떠났다. 아침에 우리는 옛 스페인 지도에 표시된, 물이 있는 곳을 찾아 헤맨 끝에 찝찔한 물이 졸졸 흐르는 실개천을 찾아내었다. 이곳에서 조석을 기다리는 동안 나는 내륙으로 몇 마일 걸어 들어갔다. 다른 파타고니아 평원처럼 자갈이 겉으로 보기에는 백악白堊과 비슷한 흙과 섞여 있었는데, 흙의 질이 완전히 달랐다. 나무도 없었고 무리를 보호하느라 높은 언덕 꼭대기에 서서 망을 보는 과나코 빼고는 어떤 짐승이나 새도 보이지 않았다. 적막함과 황막함이 전부였다. 그런데도 근처에 밝은 물체 하나 없는 이 풍경들을 지나쳐 가며, 뚜렷하게 정의할 수 없는 강렬한 기쁨이 생생하게 느껴졌다. 이 평원은 얼마나 오래됐으며, 또 그 상태로 얼마나 오래 지속될 것인가 하는 의문이 떠올랐다.

> 아무도 대답할 수 없네-지금은 모든 것이 영원하게 보여.
> 황야는 신비한 혀를 가지고 있어.
> 무서운 불확실함을 가르치네.[7]

저녁에 몇 마일 더 올라가 밤을 보낼 천막을 쳤다. 다음 날 물이 얕아 더 올라갈 수 없었다. 채퍼스 씨가 함재정으로 2~3마일 더 올라간 곳에서는 민물이 흘렀다. 물에는 진흙이 섞여 있었고, 안데스 산맥에서 눈이 녹아 흐르는 물 말고는 그 수원을 설명할 수 없었다. 우리가 야영한 그 지점은 반암으로 된 험준한 절벽과 가파른 봉우리들로 둘러싸여 있었다. 그 황량한 평원 안의 바위 틈보다 세상과 더 단절되어 보이는 곳을 나는 본 적이 없었다.

우리가 정박지로 돌아온 이틀째 되던 날, 나는 근처 산꼭대기에서 발견한 인디오 무덤을 파헤치러 갔다. 약 6피트 높이의 불쑥 나온 바위 앞에 적어도 2톤쯤 되어 보이는 바위 두 개가 있었다. 단단한 바위에 있는 무덤의 바닥에는 아래 평원에서 가져온 것이 확실한 약 1피트 두께의 흙층이 있었다. 그 위에 판판한 돌들을 깔았으며, 불쑥 나온 바위와 바위 두 개 사이의 공간을 돌로 채웠다. 인디오들은 무덤을 마무리하려고 불쑥 나온 바위에서 큰 조각을 재주껏 깨뜨려내어 판판하게 쌓은 돌 위에 올려놓았다. 우리는 무덤 양쪽 아래를 파헤쳤다. 그러나 아무런 유물도 없었고 뼈마저도 없었다. 다른 곳에 있는 조금 작은 무덤에서는 사람 뼈로 보이는 부스러기를 조금 발견했다. 팔코너에 따르면, 인디오들은 죽은 자리에다 일단 묻은 다음 훗날 뼈를 조심스레 추려 아무리 멀어도 바닷가로 옮겨가 묻는다고 했다.

1834년 1월 9일_ 어두워지기 전에 비글호는 디자이어 포구의 남쪽 약 110마일 지점에 있는 널찍한 산훌리앙 포구에 정박했다.[8)] 우리는 그곳에서 8일 동안 머물렀다. 이곳은 디자이어 포구와 비슷하거나 어쩌면 더 황막했다. 어느 날, 피츠로이 함장과 몇 사람이 포구 머리를 오래 산책했다. 11시간 동안이나 물을 전혀 마시지 못해 몇 사람은 아주 녹초가 되었다.[9)] 우리는 하루 종일 돌아다니며 물 한 방울 찾아내지 못했으나, 물이 있는 것만은 확실했다. 우연히 만의 꼭대기에 있는 소금밭 표면에서 죽지 않은 거저리 계통의 곤충 한 마리를 잡았기 때문이다.

파타고니아의 지질은 흥미롭다. 제3기층이 만灣에 둘러싸인 유럽과는 달리, 수백 마일에 걸친 해안에 하나의 커다란 지층이 형성되어 있었다. 그 지층에서는 멸종된 것으로 보이는 제3기에 살았던 조개의 껍데기가 화석으로 많이 나왔다. 가장 흔한 껍데기는 커다란 굴 껍데기로, 때로는 지름이 1피트나 되었다. 이 층에서 에렌베르크 교수는 이미 그 속에서 바다에 사는 30종을 감정했다. 이 층은 해안을 따라 500마일이나 펼쳐졌다. 산훌리앙 포구에서는 그 두께가 800피트가 넘었다. 이 하얀 지층은 아마도 세계에서 가장 두꺼운 자갈층일 것이다. 자갈층이 콜로라도 강 근처에서 남쪽으로 600~700해리 정도 계속되었다. 이 자갈층은 둥근 반암자갈의 근원지인 안데스 산맥까지 뻗어 있는 것으로 생각된다. 자갈층의 평균 폭은 200마일, 평균 두께는 50피트 정도로 보였다. 이 자갈을 다 모으면, 그 자갈에서 생긴 진흙을 빼고라도, 산처럼 쌓이고 큰 산맥을 이룰 것이다. 바위가 천천히 부서져 내린 다음, 그 조각들이 더 작아지면서 천천히 굴러 내리

❀ 마젤란이 1520년 4월 1일 스페인 함장들의 폭동을 제압한 산 훌리앙 포구. 함장을 처형한 마젤란은 오른쪽 몽테크리스토 산 봉우리에 십자가를 세웠다.

고 둥글게 되고 멀리 운반되어 만들어졌다는 것을 생각하면, 그 기나긴 시간의 흐름에 정신이 아득해진다.

남아메리카 대륙에서는 무엇이든지 크게 일어났다. 라플라타 강에서 티에라델푸에고 섬까지 1,200마일 되는 땅은 현재 살아 있는 조개가 나타난 이후에 융기했다. 파타고니아에서는 300~400피트나 융기했다. 융기하는 중 적어도 여덟 번에 걸친 긴 휴지기가 있었다. 그동안 바다는 육지를 심하게 침식해 순서대로 긴 절벽을 만들었다. 절벽은 층계처럼 차례차례 솟아오르면서 다른 평원과 구별되었다. 층계 같은 평원들이 먼 곳의 거의 같은 높이의 다른 평원에 연결되어 있는 것을 보고는 충격을 받았다. 가장 낮은 평원은 90피트이며, 해안 가까운 곳에서 내가 올라갔던 가장 높은 평원이 950피트였다. 산타크루스 강의 상부 평원인 안데스 산맥 기슭에서는 3,000피트로 높아졌다. 파타고니아가 융기만 했던 것은 아니었다. E. 포브스 교수의 연구를 보면 산훌리앙 포구와 산타크루스에서 발견된 제3기 조개는 40~250피트 사이보다 더 깊은 바다속에서는 살 수 없다고 했다. 그러나 지금 그것들은 두께가 800~1,000피트 되는 해저 지층으로 덮여 있었다. 그러므로 한때 조개가 살았던 바다의 지층이 수백 피트 가라앉은 후 그 위에 지층들이 쌓이게 된 것이다.

산훌리앙 포구에서* 90피트 높이의 평원에는 자갈을 덮고

* 최근 해군 설리번 함장이 가제고스 강의 강둑, 위도 51도 4분의 수평 지층에서 많은 뼈 화석을 발견했다는 말을 들었다. 뼈 몇 개는 크고 작은 뼈들도 있으며 아르마딜로의 뼈로 보였다. 이 발견은 대단히 흥미롭고 새로웠다.

있는 붉은색 진흙 지대가 있었다. 나는 이곳에서 다 크면 낙타만 한 아주 이상한 네발 동물, 파타고니아 마크라우케니아의 반쯤 남은 골격을 발견했다. 이 동물은 분류상 코뿔소와 맥과 팔레오테리움과 함께 후피동물에 속하지만, 긴 목과 목뼈의 구조로 보아 낙타, 아니면 과나코나 야마와 분명히 관계가 있다고 생각된다. 마크라우케니아가 매몰된 진흙층보다 먼저 만들어지고 융기된 게 확실한, 좀 더 높은 단구 두 층에서 살아있는 조개들의 화석이 발견된 바, 이 신기한 네발 동물은 현재 살아있는 조개들이 바다에 살기 시작한 훨씬 이후에 살았을 것이 확실했다.

마크라우케니아와 과나코, 톡소돈과 카피바라, 멸종된 많은 빈치류와 남아메리카 동물의 뚜렷한 특징인 살아 있는 나무늘보와 개미핥기와 아르마딜로 같은 빈치류 사이에 좀 멀지만 어느 정도 관계가 있다는 점과 두더지류와 카피바라의 화석과 살아있는 그 동물들 사이에 관계가 있다는 것이 정말이지 흥미로웠다. 이러한 관련성은 런드 씨와 클라우젠 씨가 브라질 동굴에서 발견해 유럽으로 가져온 수집품에서도 나타난다. 또 이 관계는 오스트레일리아 유대류 화석과 살아 있는 유대류 사이의 관계만큼이나 놀랍다. 그들의 수집품에는 동굴지역에서 사는 네발 동물 4종을 뺀 32속의 멸종된 동물들의 화석이 있었다. 개미핥기, 아르마딜로, 맥, 페커리, 과나코, 오포섬과 수많은 남아메리카 설치류와 원숭이들, 기타 동물들의 화석이 있었다. 한 대륙에서 화석과 살아있는 동물들 사이에 있는 이 놀라운 관계가, 그 어떤 다른 사실보다도, 지구 위에 생물이 나타나고 사라지는 관계를 더욱 분명하게 밝혀줄 것임을 나는 의심하지 않았다.

남아메리카 대륙의 상태가 변한 것을 생각할 때면, 나는 언제나 크게 놀란다. 과거 이곳에는 수많은 동물들이 우글거렸을 것이 틀림없었다. 지금 우리는 단지 과거의 동물에 견주어 비슷한 동물들의 꼬마를 보고 있을 뿐이다. 멸종된 네발 동물 중 전부는 아니지만 많은 종들이 최근까지 살았고, 현재 살아 있는 바다조개들과 같은 시기에 있었다. 그들이 산 이후로는 땅이 크게 변하지 않았다. 그렇다면 무엇이 그렇게 많은 종과 속을 멸종시켰는가? 처음에는 당연히 급격한 대규모의 변동이 그 원인일 거라고 생각했다. 그러나 남부 파타고니아, 브라질, 페루의 안데스 산맥, 북아메리카에서 베링 해협에 이르기까지 모든 크고 작은 동물들을 멸종시키려면 지구 전체가 흔들려야만 했다. 게다가 라플라타 지방과 파타고니아의 지질을 보면, 육지의 모든 특징들은 천천히 단계를 밟아 생긴다는 믿음이 들었다. 지구 양 반구에서 열대, 온대, 한대 지방에 걸쳐 살았던 동물들이 거의 동시에 멸종된 것이 온도의 변화 탓이라고만은 할 수 없었다. 결론이지만, 간접적인 이유로 인해 남반구에서도 마크라우케니아가 바위가 빙하로 운반된 시기의 훨씬 후까지도 살았다는 확신이 든다. 보통, 사람이 남아메리카로 들어와 큰 메가테리움과 빈치류를 멸종시켰다고 말하는데, 사실인가? 라플라타 주에서 엄청난 피해를 일으킨 가뭄보다 훨씬 더 심한 가뭄이라고 해도 남부 파타고니아부터 베링 해협에 이르기까지 모든 동물들을 멸종시킬 수 있다는 것은 상상하기 어렵다. 말의 멸종은 어떻게 설명할 것인가? 평원에서 목초가 사라졌기 때문일까? 나중에 들어온 종들이 체구가 큰 그들 조상들의 먹이를 다 먹어버려서인가? 확실히 지구의 장구한 역사에서 원래 살았던 동물이 모조리 또 몇 번이나 멸종되었던 것만큼 놀라운 사실도 없다.

그런데도 만약 우리가 그 문제를 또 다른 관점에서 생각하면 덜 혼란스러울 수 있다. 우리는 각 동물이 존재할 조건을 우리가 얼마나 모르는지 염두에 두지 않는다. 평균해서 먹이는 일정하게 공급된다. 그러나 모든 동물의 증가추세는 기하급수적이다. 자연 상태에 있는 모든 동물은 규칙을 가지고 번식한다. 그러나 오래전에 확립된 종의 수가 크게 증가한다는 것은 분명히 불가능하며, 반드시 어떤 수단으로 억제된다. 그럼에도 어떤 한 종에 대한 억제책이 그 종의 일생 중 어떤 때에 또는 1년 중 어떤 때에 소멸되는지 또는 긴 주기를 가지고 사라지는지를 우리는 거의 알 수가 없다. 그러므로 우리는 같은 지역에서 습성이 아주 비슷한 두 종 가운데 한 종이 드물어지고 다른 종이 많아진다 해도 크게 놀라지 않는다. 또는 다시 그 종들 가운데 한 종이 한 지역에서 많아졌고, 다른 종이 자연에서는 같은 처지인데도 조건이 거의 다르지 않은 인근 지역에서 적어졌어도 마찬가지일 것이다. 만약 그 이유를 묻는다면, 기후나 먹이가 조금 다르거나, 천적의 숫자가 약간만 달라도 그렇게 된다고 대답할 수 있다. 그러나 실제 그런 일이 있다 하더라도 우리가 그것의 정확한 이유와 억제책이 작용하는 방식을 알아낼 수 있을까? 결국 우리가 잘 느끼지도 못하는 이유 때문에 생물의 개체수가 많아지고 적어진다는 결론에 이르게 된다.

전 지역 또는 일부 지역에서 사람 때문에 어떤 종이 멸종된 과정을 추적할 수 있는 경우, 그 종이 점점 적어지다가 마침내 완전히 사라지고 만다는 것을 알 수 있었다. 인간이 멸종시키는 경우와 천적이 많아져 멸종되는 경우를 정확히 구별한다는 것은 어려운 일이다. 어떤 일이 우리 둘레에서 일어나지만 거의 알아볼 수 없다면, 우리가 모르는 사이에 분명히 더 뚜렷이 진행될 수도 있을 것이다. 한 종이 멸종되기 전에 드물어진다는 것을 인정하고 한 종이 다른 종에 비해 드물어진 것에는 놀라지 않다가, 그 종이 멸종되면 크게 놀라며 특별한 이유들을 찾는 것은, 질병이 죽음의 서곡이라는 것을 인정하면서 병 자체에는 놀라지 않다가 앓던 사람이 죽으면, 놀라면서 갑자기 죽었다고 생각하는 것과 마찬가지이다.[10)]

축약자 주석

1) 아르헨티나가 독립한 뒤, 우루과이를 놓고 브라질과 벌인 싸움을 말한다. 1825년 아르헨티나가 이겨서 우루과이가 독립하게 되었다.

2) 다윈이 말하는 신사란 왕족이나 귀족이 아닌 평민으로서 실력과 재산을 가진 존경받는 사람들을 말한다. 주로 사업으로 부유해진 사람들과 지식층인 법률가와 학자, 큰 땅을 가진 농장주와 나라에 큰 공을 세운 사람들이다. 신사 계층은 영국이 장미전쟁(1455~1485)으로 귀족이 줄어들자 새로이 생겨나 그 빈자리를 메우기 시작했다. 그러므로 신사란 왕족이나 귀족처럼 타고나는 게 아니라, 개인의 노력으로 성취한 점에서 존경받는 신분이었다.

3) 다윈이 여기에서 생물을 거의 잡지 못한 것은 우연의 일치로 생각된다. 그 바다에는 엄청난 식물플랑크톤과 동물플랑크톤이 있어 고래와 해표와 물새와 물고기를 비롯한 수많은 동물이 살아간다.

4) 파타고니아(Patagonia)는 아르헨티나 중부 남위 41도의 네그로 강의 남쪽 지방을 말한다(같은 위도의 칠레 쪽을 서파타고니아라고도 부르지만 거의 쓰이지 않고, 파타고니아가 보통 아르헨티나 쪽을 말한다). '파타고니아'에는 '발이 크다'는 의미가 있다고 한다. 1520년 3월 말 산훌리앙 포구에 정박

한 마젤란 탐험대는 얼마 후 처음 만난 원주민이 추위를 이기려고 발을 싼 두툼한 신에서 발이 크다고 생각했을 수도 있다.

파타고니아 면적은 70만 km^{2}이며 황량하고 평탄한 사막으로 회록색의 가시덤불밖에 없다. 해안과 내륙지방에서는 수십 km에 이르는 해안단구(海岸段丘)가 몇 단이나 발달해 그 지역이 생긴 지사(地史)를 시사한다. 파타고니아에는 과나코, 여우, 설치류, 스컹크 같은 네발 동물이 있으며 짠물 호수, 곧 살리나가 군데군데 발달한다. 말은 파타고니아 사막에서 살 수 있지만 소는 살지 못한다. 황량하게 보이는 파타고니아에는 주로 양을 키우는 농장, 에스탄시아(estancia)가 곳곳에 있다. 규모가 수십 km^{2}가 될 정도로 아주 넓다. 땅은 당연히 주인이 있고 철조망이 그 경계를 뜻하고 도로가 생겼다. 20세기 초에 석유가 발견되었다.

5) 과나코는 어려운 점이 있지만 사람이 가축으로 만들 수 있는 마지막 야생동물이라는 의견이 있다. 실제 마젤란 해협 부근에는 과나코 목장이 있다. 가축이 되려면 몇 가지 조건이 필요하다. 첫째, 우리에 가두어 놓았을 때, 번식해야 하고 둘째, 성격이 사람에게 적대적이 아니어야 하며 셋째, 식성이 초식성이어야 한다. 동남아시아에 있는 악어농장은 예외이다.

6) 티에라델푸에고 섬에서 태어난 루카스 브릿지스(1874~1949)는 1948년에 발간한 그의 저서 『지구 맨 끝(Uttermost Part of the Earth)』 290~291쪽에서 과나코 뼈가 모이는 과정을 설명했다.

"백인 가운데는 늙고 병든 과나코가—코끼리가 그렇게 한다는 말이 있듯이—친구들이 죽는 곳으로 죽으러 간다고 믿는 사람이 있다. 파타고니아와 티에라델푸에고 섬에 모여 있는 과나코 뼈에 관한 훨씬 더 정확한 설명이 있다. 한겨울 이 동물들은 큰 무리를 지어 눈이 적고 먹이가 있는 곳으로 모여든다. 눈이 깊은 곳보다는 길을 따라가는 게 쉬워 그런 곳으로 더 많이 모여든다. 숲이 없는 파타고니아와 북부 티에라델푸에고 섬에서는 과나코들이 바람에 눈이 쌓인 나무 덤불 부근에 은신한다. 과나코들은 덤불이 아무리 억세고 가시가 있어도 그 덤불을 뜯어먹고 살다가, 사방이 눈 천지가 되면 힘을 잃고 살려는 희망이 없어지면서 엎드린 채 차례차례 죽는다. 몇 년 전 아주 혹독했던 어느 겨울, 나는 과나코들이 땅바닥까지 갉아먹었던 덤불 둘레에서 적어도 52마리가 넘는 과나코 사체를 보았다. 그리고 그 자리에서 겨우 몇 마일 떨어진 곳에서, 내 친구는 200구가 넘는 과나코 사체들을 보았다. 이게 바로 과나코 공동묘지 이야기이다."

7) 영국 시인 퍼시 비시 셸리(1792~1822)의 시 〈몽블랑〉.

8) 산훌리앙 포구는 마젤란이 1520년 3월 31일에 발견한 포구이다. 그는 여

기에서 폭동을 일으킨 스페인 함장들을 제압했다. 먼저 그의 심복들이 콘셉시온 호 함장 루이스 데 멘도사를 칼로 찔러 죽였고, 그는 산안토니오호의 가스파르 께사다와 그를 따르는 선원들과 싸워 전투에서 이겼다. 이긴 다음, 자신이 재판장이 되어 선원들은 용서했으나 께사다에게는 참수형을 선고해, 께사다의 머리를 말뚝에 꽂아 해안에 박아 두었다. 나아가 산훌리앙 포구를 떠날 때, 폭동에 동조했던 탐험대 감찰관인 후안 카르타제나와 신부에게 약간의 비스킷과 포도주를 주고, 배에 태우지 않았다. 선원들이 여기에서 몇 사람 죽었고 파타고니아 원주민 부부를 붙잡았다. 또 산타 크루스강 하구 부근에서 산티아고호의 돛대가 강풍에 꺾이고 암초에 부딪쳐 침몰되면서 탐험선이 4척이 되었다.

9) 녹초가 된 두 사람 가운데 함장이 있었다. 다윈이 먼저 배로 빨리 와서 선원들에게 두 사람의 처지와 있는 곳을 이야기해서 선원들이 그들을 구조했다.

10) 생물의 멸종이 지질학에서도 어려운 문제 가운데 하나이다. 다윈이 이야기하는 내용은, 환경이 변하면서, 생물이 그 환경에 적응하지 못해 멸종하는 경우이다. 그러나 지구 역사에서는 환경의 변화 외에도 행성이나 운석처럼 지구 외부에서 오는 물체가 지구에 충돌해, 생물들이 멸종했다. 곧 6,600만 년 전인 중생대 백악기와 신생대 고제3기의 경계이다. 그때 지름 10km 정도의 운석 또는 소행성이나 혜성이 지구에 충돌해, 공룡과 익룡을 포함한 많은 중생대 생물들이 멸종되었다. 또 거대한 화산 폭발에 따른 현무암의 분출로 고생물이 멸종된 적도 있다. 지구 역사에서 고생물이 5차례 크게 멸종되었다.

제9장 산타크루스 강과 파타고니아와 포클랜드 군도

산타크루스 강-강 상류까지 탐험-인디오-현무암질 용암이 엄청나게 흘러-강물의 힘으로 운반되지 않은 암편들-계곡을 침식해-콘도르의 습성들-안데스 산맥-거대한 표력-인디오 유적-배로 돌아와-포클랜드 군도-야생말과 소와 토끼-늑대 같은 여우-뼈에 피운 불-야생 소를 잡는 방법-지질-돌로 된 강-격렬한 장면-펭귄-거위-바다괄태충 도리스의 알-군체동물

1834년 4월 13일_ 비글호는 산훌리앙 포구에서 남쪽으로 약 60마일 떨어진 산타크루스 강 입구에 정박했다. 지난 항해에서 스토크스 함장은 상류로 30마일 정도를 올라갔으나 식량이 없어 돌아와야만 했다. 18일, 세 척의 고래잡이 보트에 3주분 식량을 싣고 출발했다. 밀물이 강하고 날씨가 좋아 우리는 순항 끝에 밤에는 조석의 영향에서 거의 벗어났다.

대략 300~400야드 정도인 강폭은 우리가 가장 멀리 갔던 상류에서도 거의 줄지 않았다. 경치 역시 변함이 없었고, 가운데 깊이는 약 17피트였다. 시간당 4~6해리로 흘렀다. 물은 우윳빛이 약간 감도는 연한 파란색이었다. 강은 서쪽으로 곧게 뻗은 폭 5~10마일의 골짜기를 따라 구불구불 흘러갔다. 층계 같은 단구가 발달해 있었는데, 대부분의 경우 차례로 높아져 최고 500피트 정도에 이르렀다. 강 양안의 단구는 정확하게 연결되었다.

❀ 비글호 1차 항해 시 스토크스 함장이 탐험한 30마일 외에는 아는 게 없어, 피츠로이 함장이 2차 탐험을 한 산타크루스 강. 빙하에 깎인 고운 돌가루에서 사는 미생물 때문에 강물은 우윳빛이 감도는 연한 파란색이다.

4월 19일_ 물살이 너무 세어 노나 바람의 힘만으로 올라갈 수 없었다. 이물과 고물을 함께 묶은 배 세 척에 두 사람만 남겨두고 나머지 사람들은 땅으로 올라가 배를 끌었다. 인원을 두 팀으로 정확히 나눴다. 그러고는 한 팀이 한 시간 반씩 교대로 배를 끌었다. 해가 지면 덤불이 자라는 평지를 잠자리로 정했다. 30분 만에 모든 야영 준비를 마쳤다. 그리곤 수병 둘에 사관 하나를 보초로 세워, 모든 사람이 하룻밤에 한 시간씩 보초를 섰다.

4월 20일_ 우리는 섬들을 지나 강을 오르기 시작했다. 힘들었지만, 하루 평균 진도는 구불거리는 것을 감안하면 15~20마일쯤 될 것이다. 어젯밤 야영지를 벗어나자, 우리는 전혀 알려지지 않은 땅에 들어섰다. 말의 해골이 있는 것을 보고 근처에 인디오들이 있다는 것을 알았다. 다음 날, 말들의 흔적과 추조를 끈 자국을 땅에서 보았다.

4월 22일_ 풍경에 아무런 변화가 없어서 흥미가 없었다. 건조한 자갈 평원은 키 작은 한 가지 식물로 거의 덮여 있었다. 어디에나 똑같은 새와 곤충뿐이었다. 물새의 수도 아주 적었다.

파타고니아가 어떤 점에서는 아무리 초라하다 해도 아마 작은 설치류의 수에서는 세계 어느 곳에도 결코 뒤지지 않을 것이다. 생쥐 몇 종은 이슬 빼고는 몇 달 동안 물 한 방울 없는 골짜기 덤불 속에서 떼를 이루었다. 그들 모두가 육식성으로 보이는데, 한 마리가 내 쥐덫에 잡히자마자 다른 놈들에게 잡아먹혔기 때문이다. 작고 가냘프게 생긴 여우도 많았는데, 모두 이 작은 동물들을 먹고사는 것으로 보인다. 과나코 역시 많았다. 퓨마와 콘도르와 사체를 먹는 새들이 이 동물들을 따라다녔다.

4월 24일_ 미지의 땅에 가까이 가는 옛날 항해사처럼 우리는 사소한 변화도 조심스레 살폈다. 떠내려 온 나뭇등걸이나 제1기의[1] 돌덩이를 보면, 안데스 산맥 기슭에서 생장하는 나무들의 숲을 본 것처럼 환호성을 질렀다.

4월 26일_ 오늘부터 평원의 지질구조가 많이 달라졌다. 지난 이틀 동안 구멍이 아주 많은 작은 현무암 자갈들이 보이기 시작했다. 이들은 점점 많아지고 커지기 시작했다. 그런데 오늘 아침 더 치밀한 현무암 자갈들이 갑자기 많아졌다. 반 시간 정도 올라오니, 5~6마일 떨어진 거대한 현무암 대지의 모난 끝이 보이기 시작했다. 다음 28마일은 이 현무암 덩어리들의 방해를 받았다. 그 지역을 지나자 역암층에서 떨어져 나온 원시암석 덩어리가 현무암 덩어리만큼이나 많아졌다. 상당히 큰 덩어리는 모암母岩에서 3~4마일 이상 흘러내려가지 않았다.

현무암은 바다 아래로 흘러가는 단 하나의 화산암이었다. 이 현무암을 처음 만난 곳의 두께는 120피트였다. 최초의 지점에서 40마일 올라온 곳의 두께는 약 320피트나 되었다. 안데스 산맥 가까이에서 현무암 대지의 높이는 해발 약 3,000피트에 달했다. 따라서 현무암의 근원을 살펴보기 위해서는 거대한 산맥을 생각해야 했다. 계곡 건너편의 현무암 절벽들은 한때 평평하게 연결되었던 것이 확실했다. 대체 어떤 힘이, 단단한 바위 덩어리로 된 그 지역에 평균 깊이 300피트에 폭 2~4마일의 홈을 한 줄로 판 걸까? 계곡 양쪽에 층계처럼 발달한 단구의 형태와 성질, 안데스 산맥 근처의 골짜기 바닥이 모래 언덕이 있는 넓은 하구처럼 펼쳐지는 방식, 강바닥에서 적지 않게 나오는 바다조개의 껍데기들이 이 골짜기가 과거 바닷물로 덮였다는 것을 가리켰다.

❁ 산타크루스 강의 현무암 협곡. 왼쪽에 보이는 바위 기둥은 현무암에서 흔히 볼 수 있는 기둥을 닮은 주상절리이다. 멀리 수평으로 보이는 평탄한 지층은 현무암으로, 안데스 산맥 쪽으로 조금씩 높아지고 두꺼워진다.

평원의 지질구조가 바뀌면서 풍경도 함께 바뀌었다. 현무암 절벽 사이에서 다른 곳에서 전혀 보지 못했던 식물들을 찾아냈다. 티에라델푸에고 섬에서 보았던 식물들도 눈에 띄었다. 조금씩 오는 빗물이 고여 화성암과 퇴적암이 만나는 선을 따라 파타고니아에서는 대단히 드문 작은 샘이 솟아났다. 샘 둘레에는 연두색 풀이 자라 멀리에서도 알아볼 수 있었다.

4월 27일_ 강이 약간 좁아지면서 이곳에서는 강물이 한 시간에 6해리 속도로 흘렀다. 오늘은 콘도르 한 마리를 총으로 잡았다. 날개 끝에서 끝까지 길이가 8피트 반, 부리에서 꼬리까지는 4피트였다. 이 동물은 아주 넓은 지역에서 산다. 남아메리카 서해안에서 발견되는가 하면 마젤란 해협부터 안데스 산맥을 따라 북위 8도에 이르는 지역에서도 발견된다.

칠레 시골 사람의 말로는 콘도르는 둥지를 만들지 않지만, 11월과 12월에 암반에 크고 하얀 알을 두 개 낳는다고 했다. 새끼 콘도르는 1년 동안은 날지 못하고, 날 수 있어도 오랫동안 밤이면 모여서 쉬고 낮이면 어미 새와 사냥을 했다. 어른 새는 보통 쌍으로 살지만, 나는 산타크루스 강 내륙의 현무암 절벽에서 수십 마리가 모여 있는 곳을 찾아냈다. 낮은 평원에서 죽은 동물의 고기를 배불리 먹고, 좋아하는 그 절벽으로 돌아왔다. 콘도르는 여기에서 퓨마에게 죽은 과나코의 고기만 먹고살거나 죽었다. 파타고니아에서 직접 본 바로는 콘도르들은 특별한 경우를 빼고는 자는 곳을 멀리 벗어나지 않는 것 같았다.

가끔, 콘도르가 아주 높은 상공에서 멋있게 원을 그리며 나는 것은 죽어가는 동물이나 퓨마를 감시하는 것이라고 했다. 콘도르가 미끄러져 내려오다가 갑자기 솟구치면, 죽은 먹잇감을 지켜보던 퓨마가 뛰쳐나와 콘도르를 쫓는 것이라고 했다. 콘도르는 사체를 먹을 뿐 아니라, 새끼 염소나 새끼 양을 자주 공격했다. 칠레 사람들은 콘도르를 많이 잡는데, 두 가지 방법을 쓴다. 하나는 평탄한 곳에 굵은 막대기로 입구가 하나뿐인 울타리를 만들고 그 가운데에 죽은 동물을 놓아둔 뒤 콘도르가 그걸 먹으러 들어가면 말을 타고 달려가 입구를 닫아 버리는 것이다. 콘도르는 충분한 공간이 없으면 땅에서 날아오르지 못하기 때문이다. 다른 방법은, 콘도르가 자주 모이는 나무에 표시를 해두었다가 밤이 되면 그 나무를 타고 올라가 올가미로 잡는 방법이다. 발파라이소에서 줄로 묶여 있고 심하게 다친 콘도르 한 마리를 본 적이 있는데, 부리를 묶었던 줄을 잘라 주자, 사람들에게 둘러싸였어도 고기를 게걸스레 찢어 먹었다. 그곳 뜰에는 20~30마리

☸ 칠레 사람들이 죽은 동물로 콘도르를 사냥하는 모습이다.

정도의 콘도르가 산 채로 모여 있었다.*

이 부근의 들판에서 동물이 죽으면 콘도르들은 죽은 동물의 고기를 먹는 다른 동물처럼 도저히 알 수 없는 방식으로 이내 그곳으로 모여들었다. 콘도르들은 대부분의 경우, 살이 조금이라도 썩기 전에 뼈를 깨끗이 발라냈다. 나는 썩은 고기를 먹는 새의 후각이 둔하다는 오뒤봉 씨의 실험을 떠올리며 앞서 말한 집의 뜰에서 다음 같은 실험을 했다. 여러 마리의 콘도르를 묶어서 벽 아래 한 줄로 세워 놓았다. 그러고는 고기 한 덩이를 종이로 여러 겹 싸서 손에 들고 3야드 정도 떨어진 곳에서 왔다 갔다 했다. 아무런 반응이 없었다. 다음에는 늙은 수컷 한 마리의 1야드 앞쪽에 고깃덩어리를 던져주었다. 그놈은 잠시 지켜보다가 더 이상

❀ 동물이 죽으면 콘도르가 나타난다.

* 나는 어느 콘도르라도 죽기 몇 시간 전에는 콘도르에 기생했던 모든 이들이 깃 바깥으로 기어 나온다는 것을 알았다. 이런 현상에는 예외가 없다고 사람들은 나에게 장담했다.

거들떠보지도 않았다. 막대기로 고깃덩어리를 조금씩 밀어 종이가 부리에 닿도록 했다. 그놈은 순식간에 종이를 물어뜯었다. 그러자 모든 콘도르들이 기를 쓰며 날개를 퍼덕거렸다.

넓은 평원 위에 누워 쉬다가 하늘을 올려다보면, 썩은 고기를 먹는 새들이 하늘 높이 나는 걸 자주 보았다. 평탄한 지형에서는 걷든 말을 타든 지평선으로부터 15도 이상이 되는 하늘을 쳐다보는 일이 거의 없었다. 만약 이런 내 생각이 맞고, 썩은 고기를 먹는 새가 지상 3천~4천 피트 사이를 난다면, 사람의 시야에 들어오기 전, 사람 눈에서 그 새까지 직선거리는 2영국 마일이 넘을 것이다. 그렇다면 사냥꾼은 내내 하늘에서 날고 있는 새에게 감시당하지 않을까? 또 그 새가 내려오는 모습이 곧 그곳에 있는 고기 먹는 모든 새들에게 먹이가 가까이 있다는 것을 알리는 것은 아닐까?

한 번은 리마 근처에서 거의 반 시간이나 이 새 몇 마리에게서 눈을 떼지 않고 지켜보았다. 그들은 큰 원을 그리며 미끄러지듯 날았고, 단 한 번도 날개를 펄럭거리지 않으면서 내려가거나 올라갔다. 머리와 목이 자주 움직였는데, 겉으로 보기에는 힘을 주는 듯했다. 활짝 편 날개가 목과 몸과 꼬리의 움직임을 받는 받침점처럼 보였다. 내려오고 싶으면 잠시 날개를 접었다. 기울기를 바꾸며 날개를 다시 펼치면, 콘도르는 빨리 내려올 때의 운동량 때문에 마치 종이 연처럼 고르고도 꾸준히 솟아오르는 것 같았다. 어떤 새라도 솟아오를 때에는 기울어진 몸체의 동작이 중력을 상쇄할 수 있을 정도로 그 움직임이 충분히 빨라야 했다. 아무리 그렇다 하더라도, 그렇게 큰 새가 몇 시간이고 아무런 힘도 들이지 않고 산과 강 위를 빙빙 돌며 미끄러지듯 나는 모습은 정말 놀랍고 아름다웠다.

4월 29일_ 우리는 약간 높은 곳에서 안데스 산맥의 정상을 보고 환호성을 질렀다. 강줄기가 대단히 꾸불꾸불하고 판암 같은 바위와 화강암 덩어리가 흩어져서 유로를 막아 며칠 동안 천천히 강을 거슬러 올라갔다. 골짜기 양쪽 평원의 높이는 강에서 1,100피트이고, 특징도 많이 바뀌었다. 표력漂礫을 처음 본 곳은 가장 가까운 산에서 67마일 떨어진 곳이었다. 또 다른 표력은 5야드제곱에 높이가 5피트였다. 이렇게 큰 바위가 얼음이 아니고는 모암에서 멀리 운반되기 불가능했다.[2)]

마지막 이틀 동안은 말들의 흔적과 인디오들의 물건들을 보았다. 그래도 이 지역에는 인디오들이 거의 나타나지 않는 것처럼 보였다. 처음에는 과나코가 많은 것을 보고 놀랐으나, 근처 평원에 돌이 많아 편자를 박지 않은 말들이 과나코를 따라가면

❀ 과나코를 사냥하는 모습. 호기심이 많은 과나코는 사람이 가까이 가면 그렇게 빨리 도망가지 못한다.

곧 절룩거리게 된다는 사실을 알고 나니 이해가 갔다. 이 지역의 한가운데에서 우연히 생겼을 거라고 믿을 수 없는 작은 돌무덤 두 개를 발견했다. 그것들은 가장 높은 용암 절벽 끄트머리에 만들어져 있었는데, 크기는 조금 작았지만 디자이어 포구 부근에 있던 돌무덤을 닮았다.

5월 4일_ 피츠로이 함장이 더 이상 올라가지 않기로 결정했다. 대서양에서 140마일, 태평양의 가장 가까운 협만에서 약 60마일 떨어진 지점이었다. 골짜기는 넓은 분지로 변했다. 북쪽과 남쪽에는 현무암 대지가 있었고, 앞에는 눈이 덮여 길게 뻗은 안데스 산맥이 있었다. 우리는 그 거대한 산맥을 안타까운 눈으로 바라볼 수밖에 없었다. 며칠 동안 빵을 반으로 줄여 먹었다. 조금씩 먹으면 소화가 잘 된다는 것은 말만 좋지 썩 내키는 일은 아니었다.

5월 5일_ 해가 뜨기 전에 강을 빠른 속도로 내려가기 시작했다. 하루 만에 닷새 반에 걸려 올라왔던 길을 내려갔다. 8일, 우리는 21일 만에 비글호로 돌아왔다. 나만 빼고 모두가 심드렁했으나 나 개인으로는 산타크루스 강을 거슬러 올라가 파타고니아의 거대한 제3기 지층의 가장 흥미로운 부분을 보게 된 탐사였다.

1833년 3월 1일 그리고 1834년 3월 16일_ 비글호는 동포클랜드 섬 버클리 협만에 정박했다. 이 군도는 마젤란 해협 입구와 거의 같은 위도에 있었다. 크기가 120×60지리 마일로 아일랜드의 반을 약간 넘었다. 프랑스, 스페인, 영국이 이 황량한 군도를 서로 차지하려고 싸웠지만, 결국 무인도가 된 채 버려졌다. 이후

부에노스아이레스 정부가 이 군도를 개인에게 팔았으나, 옛날 스페인 사람들이 그랬듯이 유형지로 계속 썼다. 영국이 자신의 권리를 주장하며 다시 이 군도를 뺏었지만 소유권을 지키기 위해 남겨졌던 영국인은 결국 살해당했다. 이어서 아무런 병력 지원도 받지 못한 영국 관리가 파견되었다. 우리가 도착했을 당시, 그는 반 이상이 탈주자이거나 살인자였던 무리들을 관리하고 있었다.[3] 그곳의 자연은 그들에게 걸맞았다. 울퉁불퉁한 땅은 쓸쓸하고 황량한 모습이었고, 어디를 가나 땅은 토탄질 흙과 철사 같은 풀로 덮여 있었다. 평탄한 땅 여기저기에는 차돌로 된 회색 바위 능선이나 봉우리가 솟아 있었다.*

16일_ 아침에 나는 말 여섯 필과 가우초 두 사람을 데리고 길을 떠났다. 자신의 능력으로 살아가는 데 익숙한 가우초는 여행에서 중요한 사람이었다. 날씨는 대단히 나빴다. 춥고 싸락눈이 심하게 왔다. 그러나 우리는 꽤 잘 나아갔다. 지면은 시든 연갈색 풀과 작은 덤불로 드문드문 덮여 있었는데, 모두 푹신한 토탄질의 흙에서 자라고 있었다. 야생 거위 떼와 도요새 외에 다른 새는 드물었다. 높이가 약 2천 피트이고 차돌바위로 이루어진 주 능선이 하나 있었는데, 그 능선은 바위투성이의 불모지여서 넘어가기가 상당히 힘들었다.

* 내 항해기가 발간된 다음에 들은 이야기들과 특별히 포클랜드 군도를 조사한 해군 설리반 함장이 보낸 여러 통의 편지를 볼 때, 우리가 이 군도의 날씨가 나쁘다고 과장을 한 것처럼 보인다. 그러나 군도의 거의 전부가 토탄으로 덮이고 밀이 거의 익지 않는 사실을 곰곰이 생각할 때, 여름의 날씨가 최근 발표된 것처럼 그렇게 좋고 건조하다는 것을 믿지 못하겠다.

저녁에는 무리 지은 야생 소 떼를 만났다. 생자고는 살찐 암소 한 마리를 외톨이로 만든 후, 볼라를 던져 다리를 맞혔으나 얽히지는 않았다. 그러자 그는 전속력으로 달려가 볼라가 있는 곳에 모자를 떨어뜨려 위치를 표시해둔 다음, 올가미를 풀었다. 추적 끝에 결국 암소의 뿔에 올가미를 걸었다. 다른 가우초는 남은 말들을 데리고 앞서 가버렸기에, 생자고 혼자 성난 짐승을 죽이느라 고생했다. 그는 암소 뒤에서 요리조리 피해 다니더니 마침내 소 뒷다리의 중요한 힘줄에 놀라운 솜씨로 치명타를 가했다. 그다음에는 큰 어려움 없이 칼을 암소 머리 뒤쪽에 꽂았고, 암소는 번개에 맞은 듯이 쓰러졌다. 그는 뼈를 발라내고 가죽은 붙여둔 채 우리에게 필요한 만큼만 고깃덩어리를 잘라냈다. 우리는 저녁으로 '가죽이 붙은 쇠고기'를 구워 먹었다. 등에서 잘라낸 크고 둥근 고기 조각을 육즙이 흐르지 않도록 가죽을 쟁반처럼 아래로 해서 등걸불에 구웠다. 그날 저녁 존경할 만한 런던 시의원이 우리와 함께 식사를 했더라면, 이 '가죽이 붙은 쇠고기'는 틀림없이 런던에서도 크게 칭찬받는 음식이 됐을 것이다.[4)]

밤새 비가 왔고, 다음 날(17일)에는 큰 바람과 함께 많은 우박과 눈이 내렸다. 우리는 섬을 가로질러 링콘 델 토로(남서쪽 끝에 있는 큰 반도)가 섬을 연결하는 목까지 갔다. 암소를 많이 잡아 황소들이 많았다. 나는 일찍이 이렇게 훌륭한 짐승을 본 적이 없었다. 큼직한 머리와 목은 마치 그리스의 대리석 조각 같았다. 기술이 어떻게 힘을 이기는지를 보는 것도 아주 재미있었다. 황소가 말에게 돌진할 때, 올가미 하나는 두 뿔에 걸고, 다른 올가미로는 뒷다리를 잡았다. 그러자 그 괴물 같은 황소는 1분 만에 땅바닥에 힘없이 쓰러졌다. 올가미로 두 뿔을 단단하게 걸었지만, 황소를 죽이지 않고 올가미를 푼다는 것이 처음에는 쉬워 보이지 않았다. 혼자서는 올가미를 풀지 못할 것 같아 염려스러웠다. 그러나 다른 사람이 올가미로 뒷다리를 잡자, 일은 빨리 처리되었다. 뒷다리를 길게 뻗으면 황소는 아무런 힘도 쓰지 못했다. 먼저 한 사람이 자신의 손으로 뿔의 올가미를 풀고 조용히 말에 올라탔다. 그 순간 다른 한 사람이 뒤로 약간 물러나면서 힘을 빼니, 올가미가 황소의 뒷다리에서 빠져나왔다. 황소는 몸을 크게 한 번 털고 일어나 사람에게 덤벼들었지만, 헛일이었다.

하루 종일 말을 타고 갔으나 딱 한 무리의 야생마를 보았을 뿐이다. 이 동물도 소처럼 1764년 프랑스인들이 들여왔고, 그 후 크게 늘어났다. 돌아다니는 것을 막는 자연 장벽도 없고, 섬의 동쪽 끝이 다른 곳보다 더 나을 것도 없는데, 말들이 한사코 이곳을 떠나지 않는 게 신기했다. 가우초는 말들이 익숙한 곳에 대한 강한 애착이 있다고만 말할 뿐 다른 설명은 하지 못했다. 그 섬이 말로 꽉 찬 것도 아니고 말의 천적이 있는 것도 아닌데, 무엇이 말이 급속히 증가하는 것을 억제하는지 대단히 신기했다. 가우초들의 설명으로는, 망아지가 어미를 따라올 능력은 개의치 않고, 암말에게 따라오도록 강요하는 수말 때문이라고 했다. 한 가우초는 암말이 망아지를 버릴 때까지 한 시간 동안이나 암말을 거칠게 차고 물어뜯는 수말을 보았다고 설리번 함장에게 말했다. 설리번 함장은 죽은 망아지는 몇 번이나 보았어도 죽은 송아지는 전혀 보지 못했다며, 그 신기한 이야기를 재확인시켜줬다. 더욱이 말이 소보다 병에 더 잘 걸리는지, 소보다 말의 사체가 더 자주 눈에 띈다. 가장 많은 말의 색깔은 밤색에 흰색이 섞인 것과 철회색이었다. 길이 든 말이나 야생마나 이 섬에서 번식한 말들은 모두 작지만 건강했다. 그러나 힘이 아주 약해 올가미로 야생 소를 잡는 데는 적당하지 않았다. 그래서 라플라타에서 말을 수입했다.

소는 몸집이 커졌고, 말보다 훨씬 많았고, 색깔도 크게 달랐다. 그리고 지역에 따라 각기 우세한 색깔이 달랐다. 설리번 함장 말을 따르면 소의 색깔 차이가 너무 뚜렷해서, 플레즌트 포구 부근의 소 떼는 멀리에서 보면 검은 점처럼 보이고, 슈아즐 협만 남쪽에서는 소들이 산기슭에 붙어 있는 흰 점처럼 보인다고 했다. 설리번 함장의 생각으로는 소 떼들이 서로 섞이지 않았다. 이상한 것은 높은 곳에 사는 쥐색 소가 낮은 곳에 사는 소보다 한 달 반 정도 새끼를 먼저 낳는다는 것이다. 이런 소 떼를 몇 세기 동안 그대로 내버려 두면 분명히 어떤 한 가지 색깔이 결국 다른 색깔을 압도할 것이었다.

토끼 역시 외지에서 들어온 동물 중 하나인데, 이곳에 아주 잘 적응해서 섬 대부분 지역에 많이 있었다. 하지만 토끼 역시 말처럼 어떤 일정한 곳에만 있는데, 가운데 있는 산맥을 넘어가지 못했기 때문이다. 또 가우초가 나에게 알려주었듯이, 작은 무리를 산 밑으로 옮겨 놓지 않았더라면 토끼는 산 밑으로도 퍼지지 못했을 것이다. 사실 나는 북아프리카가 원산인 토끼가 이곳처럼 습하고 밀이 겨우 익을 정도의 햇볕만 있는 곳에서 살 수 있다고는 생각도 못했다. 더구나, 이곳에 맨 먼저 들어온 몇 쌍의 토끼는 여우나 큰 매 같은, 이미 있던 천적들과 싸워야만 했을 것이다. 프랑스 박물학자들은 검은색 토끼를 변종으로 여겼으며 마젤란토끼라고 불렀다.* 가우초들은 검은 토끼가 회색 토끼와 다른 종이라는 생각을 비웃으면서, 검은 토끼가 어떤 경우에도 회색 토끼보다 사는 곳이 더 넓지 않으며 두 종이 결코 따로 발견되지 않는다고 했다. 그 두 종은 쉽사리 섞여 얼룩덜룩한 새끼를 낳는다고도 말했다. 나도 회색 토끼 한 마리를 표본으로 가지고 있는데, 머리가 프랑스 사람이 기록한 것과 다르다. 이 문제는 박물학자들이 종을 결정지을 때, 얼마나 조심해야 하는가를 보여주는 좋은 예였다.

이 섬의 유일한 토종 네발 동물은** 늑대처럼 생긴 여우로, 서포클랜드 섬과 동포클랜드 섬에 있었다. 이 동물은 아주 특이한 종으로, 의심의 여지없이 오직 이 군도에서만 살았다. 몰리나는 습성이 비슷해서 이 동물이 '쿨페우'와 같은 종이라고 생각했는데, 두 종을 모두 본 내가 보기에는 이 둘은 뚜렷이 달랐다. 이 동물들은 바이런이 유순하지만 호기심 많은 동물로 이야기하면서 유명해졌는데, 이 동물의 강한 호기심을 사나운 것으로 착각해 물속으로 뛰어든 선원들도 있었다. 가우초들은 저녁이면 한

* 르송의 『코퀴으호 항해기』 <동물학> 편 1권 167쪽. 모든 옛날 항해자들, 그 가운데서도 부갱빌은 늑대 같은 여우가 그 섬에 있는 단 한 종의 토종동물이라고 분명하게 말한다. 집토끼의 종을 나누는 기준은 털의 특징, 머리 모양, 귀의 길이였다. 아일랜드 산토끼와 영국 산토끼 사이의 차이가 거의 비슷한 기준을 바탕으로 한 차이이지만, 좀 더 뚜렷할 뿐이다.

** 그러나 나는 들쥐 한 종이 있다는 의심이 든다. 보통 유럽에 있는 쥐와 생쥐는 사람들의 거주지에서 먼 곳을 돌아다닌다. 보통 돼지가 작은 섬 하나에서는 야생이 되었다. 이런 돼지들은 모두 검은색이고, 멧돼지는 대단히 사나우며 송곳니가 아주 크다.

손에는 고깃덩어리를 들고 다른 한 손에는 칼을 들고 있다가 자주 이 동물들을 잡았다. 이 동물의 숫자는 급격히 줄어들고 있었다. 세인트 살바도르 만과 버클리 협만 사이 좁은 목 동쪽 편에 있는 이 섬의 반쪽에서는 이미 이 동물들이 사라졌다. 이 섬에 사람들이 제대로 살기 시작한다면, 몇 년 안에 여우들 역시 도도새처럼 지상에서 사라진 동물 중 하나가 될 것이었다.[5)]

❀ 지금은 멸종된 포클랜드 여우. 이 여우는 겁이 없어, 뱃사람의 머리맡에서 고기를 끄집어내는 짓도 했다. 다윈은 이 여우가 멸종하리라고 예언했고, 그 말은 맞았다.

우리는 (17일 밤) 섬의 남서쪽 반도가 되는 슈아즐 협만의 목에서 잠을 잤다. 연료로 쓸 나무가 거의 없었으나 가우초들은 놀랍게도 석탄만큼이나 뜨거운 불을 만들 수 있는 대체품을 찾았다. 바로 고기 먹는 새들에게 살을 다 뜯긴, 최근에 죽은 황소의 머리뼈였다.

18일_ 거의 하루 종일 비가 왔다. 비가 오고 모든 곳이 축축하게 젖었는데도, 부싯깃 통과 헝겊조각으로 금방 불을 만드는 가우초들의 기술이 놀라웠다. 그들은 풀과 덤불 뭉치 아래에서 마른풀 몇 가닥을 모아 비벼 실을 만들었다. 그리고 약간 굵은 가지를 모아 둥지처럼 둘러싼 후, 불꽃이 붙은 헝겊을 그 속에 놓고 둥지를 덮었다. 그다음 이 나무 둥지를 바람 부는 방향에 맞추어 들고 있으면 연기가 점점 많이 나다가 마침내 불길이 일어났다.

19일_ 한동안 말을 타지 않아서인지, 아침에 몸이 뻣뻣했다. 생자고가 예전에 아파서 석 달을 누워 있다가 야생 소를 잡으러 나간 적이 있는데, 넓적다리가 너무 아파 그 후로 이틀 동안을 자리에 누워 있어야 했다고 말했다. 야생 소를 사냥할 때는 될 수 있는 한 들키지 않고 소 떼에게 다가가야 한다. 그다음 많은 소에게 볼라를 던져 다리를 얽어놓는다. 한번 얽히면 못 먹고 버둥거리다가 결국, 녹초가 된다. 그렇게 며칠을 그대로 놓아둔 다음 볼라를 풀어주고, 일부러 그 근처로 데리고 온 길들인 작은 소 떼 쪽으로 몰아간다. 그러면 그 야생 소들은 며칠 동안 너무 고생한 통에 소 떼를 떠나지 못하고 힘이 있는 한, 사람들이 사는 곳까지 따라간다.

며칠째 날씨가 나빠 우리는 급히 돌아가기로 결정했다. 비가 많이 와 온 땅이 늪지 같았다. 내가 탄 말은 최소 열두 번은 더 미끄러졌고, 때로는 말 여섯 마리가 전부 진흙 속에서 버둥거렸다. 우리에게 남은 마지막 난관은 바닷물이 들어오는 수로 꼭대기를 건너가야 하는 것이었다. 물이 깊어서 말 등까지 왔고, 세찬 바람 때문에 파도를 뒤집어써서 속속들이 젖고 말았다. 온몸이 덜덜 떨렸다. 강철 같은 가우초들도 답사를 끝내고 사람들이 사는 곳까지 왔을 때는 기뻤노라고 말했다.

이 군도의 지질구조는 대부분 아주 단순했다. 낮은 곳은 점토 판암과 사암으로 이루어져 있으며 화석이 나오는데, 유럽의 실루리아기 지층에서 나오는 화석과 똑같지는 않아도 대단히 비슷했다.[6] 언덕들은 하얀 알갱이로 된 차돌바위이며, 언덕을 만든 지층들은 완전히 대칭인 경우가 많았다. 어떤 것은 아주 괴상한 형태였다. 페르네티는 '폐허의 산'이라는 산을 설명하는데 여러 쪽을 할애했으며, 지층이 계속되는 모양을 원형극장 좌석에 정확히 비유했다.

섬의 여러 곳의 계곡 바닥은 보기 드물게 차돌 바위에서 깨어져 나온 무수한 바위 조각들로 뒤덮여 있어 '돌 하천'을 만들었다. 차돌 바위 조각들의 크기도 지름 1~2피트에서 그 10배 또는 20배가 넘었다. 바위 조각들은 불규칙하게 쌓인 것이 아니라, 편편한 넓은 판, 즉 넓은 시내처럼 펼쳐져 있었다. 바위 조각들로 된 판의 폭은 수백 피트에서 1마일에 이른다. 이들은 작은 섬 모양을 이루기도 했다. 바위 조각들이 워낙 넓어서 소나기를 만나서 바위 조각 아래에서 비를 피했다.

이 '돌 하천'에서 가장 눈에 띄는 것은 경사가 아주 완만하다는 것이다. 산 옆에서 보면 지평선에서 10도 정도로 기울어졌으며, 전체 모양을 그려 보면, 영국 우편마차가 속도를 늦출 정도의 경사도 안 된다고 할 수 있었다. 어떤 곳에서는 바위 조각들이 골짜기를 따라 상류 방향으로 쌓여 산 능선까지 올라가기도 했다. 이 능선 위에는 웬만한 작은 건물보다도 큰 바위들이 위태롭게 서 있었다. 또한 휘어진 지층들이 거대하고 오래된 대성당의 폐허처럼 겹쳐서 쌓여 있었다.

한 능선에서 (해발 약 700피트의) 가장 높은 봉우리에서 볼록한 부분을 아래로 대고 누운 거대한 아치형 조각을 발견하고 흥미를 가졌다. 과거에 같은 능선에서 지금 이러한 자연의 격렬한 운동이 만든 거석이 놓인 그곳보다 더 높이 융기한 부분이 있었던 걸까? 계곡에 있는 조각들이 둥글게 되지도 않았고 조각들의 틈들이 모래로 채워지지도 않은 것으로 보아, 격렬했던 시기는 땅이 해면 위로 솟아오른 다음이라고 추정할 수밖에 없었다. 계곡들의 횡단면을 보면, 바닥은 거의 평탄하거나 양쪽으로 아주 조금 올라갈 것이다. 따라서 바위 조각들이 골짜기 위에서 내려온 것처럼 보이겠지만, 사실은 가장 가까운 사면에서 빠르게 내려온 것으로 보였다. 이후 바위 조각들은 엄청난 힘으로 진동되어* 평탄하게 깔리게 되었을 것이다. 1835년, 칠레 콘셉시온을 뒤엎은 지진에서** 작은 물체들이 땅에서 몇 인치나 튀어 오른 것이 놀랍다면, 무게가 몇 톤이나 되는 바위 조각들이 진동판 위의 모래알처럼 떨리고 평탄해지는 움직임을 어떻게 표현해야 할까? 지각의 이런 격렬한 움직임에 관한 기록을 찾아보기란 쉽지 않았다. 하지만 지식이 발달하면 언젠가는 이 현상을 간단히 설

* "우리는 무수한 바위들이 서로 뒤죽박죽 겹쳐지고 계곡을 채운 것처럼 아무렇게나 겹겹이 쌓인 것을 보고 놀라지 않을 수 없었다. 대자연의 위대한 결과에 경탄하지 않을 수 없다." 페르네티 책 526쪽에서.

** 훌륭한 판단력을 갖춘 멘도사 출신 주민 한 사람이 이 군도에서 몇 년을 살았지만, 그 어떤 작은 진동도 느낀 적이 없다고 장담했다.

명하게 될 것이다. 유럽 평지에 흩어져 있던 표력들의 운반 과정을 오랫동안 설명하지 못하다가 이윽고 설명을 할 수 있게 된 것처럼 말이다.[7)]

이 섬에는 사체를 먹는 폴리보루스 매와 다른 몇 종의 매, 올빼미, 땅에서 사는 작은 새들이 있었다. 물새가 유난히 많은데, 과거 배를 타고 다녔던 사람들이 센 숫자로 보면 전에는 훨씬 더 많았다. 한 번은 물고기를 여덟 번이나 잡았다 놓아주는 가마우지를 보았다. 또 해안에서 펭귄 한 마리의 습성을 재미있게 본 적도 있었다. 그 펭귄은 대단히 용감했다. 바다에 닿을 때까지 되풀이해서 나에게 덤벼들어 나를 뒤로 밀어냈는데, 세게 때리지 않고서는 펭귄을 멈추게 할 수 없었다. 이 펭귄은 보통 수탕나귀(잭애스) 펭귄이라고 불린다. 해안에서 당나귀가 우는 듯이 머리를 뒤로 젖히고 이상한 소리를 시끄럽게 내는 습성 때문이었다. 잠수할 때는 작은 날개를 지느러미로 쓰고 땅에서는 앞다리로 쓴다. 덤불을 지나가거나 풀이 난 절벽 면을 길 때는 다리가 네 개라고 생각할 정도로 아주 빨랐다. 그래서 곧잘 네발 동물로 착각하기 쉽다.[8)]

포클랜드 군도에는 고지대에서 사는 마젤란 거위와 해변에서만 사는 바위거위가 있다. 식물성만 먹는 전자는 여우 때문인지 작은 암초에 둥지를 지었다. 낮에는 유순하나 어두워지면 조심스럽고 사나워졌다. 후자는 이곳과 아메리카 서해안 칠레까지 흔했다.

이 군도에는 무게가 22파운드나 나가는 로거헤드 오리가 흔했다. 과거 이 새는 물에서 날개를 노 젓듯 하는 특이한 습성 때문에 '경주마' 라고 불렸다. 그러나 지금은 훨씬 더 그럴듯하게 '기선汽船'이라고 불렸다. 날개가 너무 작고 약해 날지는 못하고, 날개의 도움을 받아 반은 헤엄치고 반은 수면을 치면서 빠르게 움직였다. 마치 집오리가 개에게 쫓겨 가는 것과 비슷했다. 이 볼품없는 새는 시끄러운 소리를 내면서 물을 튀겼다.

남아메리카에는 이처럼 나는 데 날개를 쓰지 않는 조류가 세 종 있었다. 펭귄은 날개를 지느러미로, 기선은 일종의 노로, 타조는 돛으로 쓴다. 기선은 아주 짧은 거리만 잠수할 수 있었다. 조간대에 있는 조개만 먹고사는 이 새의 부리와 머리는 조개껍데기를 깰 수 있을 만큼 크고 무겁다. 무리를 지은 이 새들이 저녁이 되어 깃털을 다듬을 때는 열대 지방에 있는 황소개구리처럼 이상한 소리를 냈다.

포클랜드 군도와 티에라델푸에고 섬에서도 하등 해양생물을* 많이 관찰했지만 대개는 흥미가 없었다. 여기에서는 식충류 중에서도 복잡한 부류의 식충류와 관련된 단 한 가지 사실만을 이야기하겠다. 이 식충류는 머리 자체가 고정되어 있으나 아래턱이 자유롭다. 다른 종에는 머리 대신 아래턱과 딱 맞물리는 예

* 나는 하얗고 큰 도리스(이 바다괄태충은 길이가 3인치 반이었다)의 알을 세면서 그 수가 어찌나 많은지 놀랐다. 구형의 작은 케이스에 (지름이 0.003인치인) 2~5개의 알이 들어 있다. 이것들은 길이를 따라 두 줄의 리본을 만들면서 깊숙이 배열되어 있다. 리본 끝은 달걀꼴 나선으로 바위에 붙어 있다. 내가 발견한 나선 한 개의 길이는 거의 20인치이고, 폭은 반 인치였다. 한 줄의 0.1인치에 들어 있는 알갱이를 세고 리본의 0.1인치에 있는 줄을 세면 알이 대략 60만 개로 추정된다. 그래도 분명 이 도리스는 아주 흔하지 않았다. 돌멩이 밑을 자주 뒤졌지만, 일곱 마리를 찾아냈을 뿐이다. 박물학자에게 있어 개체의 수가 그 종의 번식력에 의존하고 있다고 믿는 것보다 더 큰 오류는 없다.

뽀게 들어맞는 뚜껑 문이 있는 삼각형 덮개가 있는 경우도 있다. 대다수의 종에서 각각의 세포에는 하나의 머리가 있는데, 경우에 따라 머리가 두 개인 세포도 있다.

이러한 산호충 가지 끝에 있는 어린 세포들에는 아주 미숙한 돌기가 있는데, 작기는 하지만 모든 면에서 완전한 독수리 모양의 머리가 붙어 있다. 독수리 모양 머리를 세포에서 떼어내도 아래턱은 여닫는 힘이 있다. 이 구조에서 가장 괴상한 부분은, 가지 하나에 두 줄 이상의 세포가 올 때, 가운데 세포에는 바깥 줄기의 독수리 머리 크기의 겨우 1/4밖에 안 된다는 부속 기관들이 있다는 점이다. 이들의 움직임은 종에 따라 다른데, 아래턱을 넓게 벌리고 5초에 한 번씩 앞뒤로 움직이는 것도 있고, 갑자기 빠르게 움직이는 것도 있고, 그렇지 않은 것들도 있었다.

이 식충류 몸체들은 알이나 아구芽球의 생산과는 관련이 없었다. 자라나는 가지 끝의 세포에 나타나는 어린 돌기보다 먼저 생성되기 때문이다. 또한 몸체는 돌기와 관계없이 움직이고, 어떤 면에서는 돌기와는 아무런 관련도 없어 보인다. 또 몸체들의 크기는 세포의 안쪽 열과 바깥쪽 열에서 다르고, 기능면에서는 세포 안의 돌기보다는 가지의 뿔 같은 축과 관련되는 게 확실하다. 바이아블랑카에서 이야기한 바다조름의 아래쪽 끝에 있는 살로 된 부속기관도 전체를 봤을 때, 그 식충류의 일부가 되는데, 이는 나무의 뿌리가 나뭇잎이나 꽃봉오리가 아닌 나무 전체의 일부를 이루고 있는 것과 마찬가지였다.

또 다른 멋있는 산호충의 세포 하나하나에는 빨리 움직이는 힘을 가진 이빨 모양의 작고 긴 강모가 있었다. 이 강모 하나하나와 독수리 같은 머리 하나하나는 대개 다른 것들과 상관없이 움직이지만, 때로는 가지 양쪽에서, 때로는 한쪽에서 거의 동시에 움직이기도 하며 하나씩 차례로 움직일 때도 있었다. 이 움직임에서 우리는 식충류의 의지가 수천 개의 돌기로 된 식충류 전체

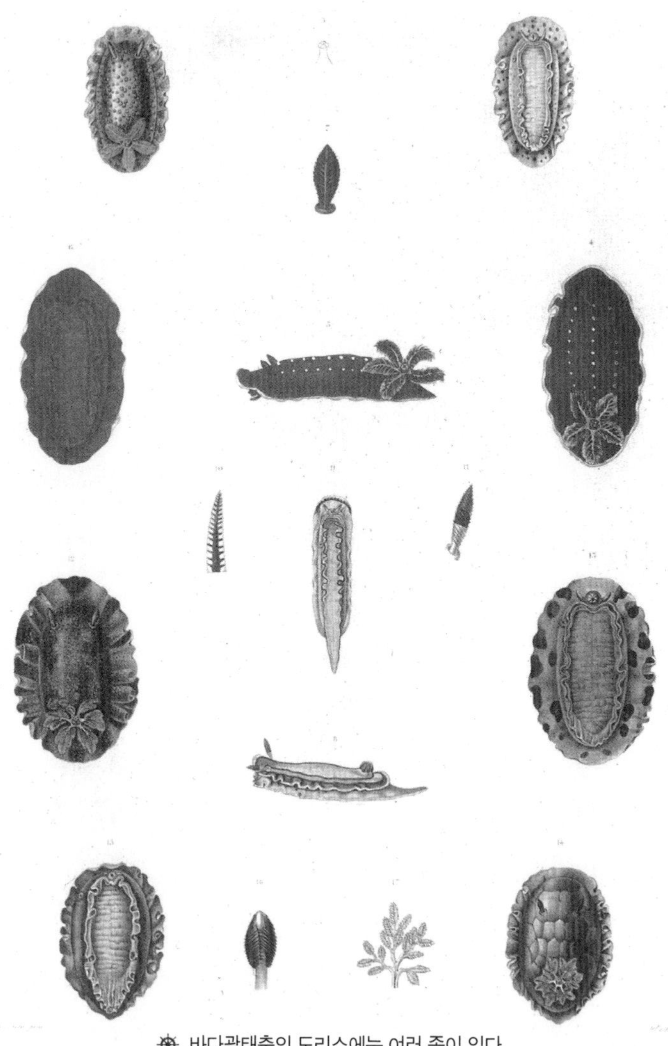

❀ 바다괄태충인 도리스에는 여러 종이 있다.

로, 마치 단 한 개의 생물인 양 완전히 전달되는 것을 볼 수 있다. 이는 바다조름에 손을 대면 해안 모래 속으로 쏙 들어가 버리는 것과 다르지 않다. 히드라와 아주 비슷한 식충류 중에서 본질은 매우 다르지만 똑같은 행동을 하는 예를 하나 말하겠다. 나는 소금물을 담은 대야에 이 식충류 한 덩어리를 넣고 날이 어두워졌을 때, 식충류의 가지를 문질렀다. 그러자 전체가 아름답고 푸른 빛의 강한 인광을 내었다. 하지만 특히 중요한 것은, 번쩍거리는 빛이 언제나 아래에서 가지를 타고 위로 올라간다는 점이다.

식물 같은 몸에서 알이 나오고, 그 알은 헤엄을 치며 적당한 곳을 찾아 붙을 수 있는 힘이 있고, 다음에는 가지를 내고, 그 가지에 복잡한 기관을 가진 무수한 개체가 생겨나는 것을 보는 것보다 더 흥미로운 게 어디 있겠는가? 게다가 방금 보았듯이, 그 가지들에는 종종 움직일 능력이 있고 돌기와는 상관없는 기관들이 있었다. 나무의 싹눈들 역시 각각 하나의 개체로 취급하기 때문에 모든 나무들도 이런 점에서는 똑같았다. 그러나 입과 내장과 다른 기관이 있는 돌기를 하나의 개체로 취급하는 것은 자연스럽지만, 나무 싹눈이 개체라는 것은 쉽게 이해되지 않았다. 따라서 각각의 개체가 한 몸에 있는 것은 나무보다는 산호충에서 더욱 뚜렷하다. 식충류의 돌기나 나무 싹눈은 개체가 완전히 나누어지지 않은 예로 볼 수 있었다. 나무의 경우에는 확실히 싹눈으로 전파되는 개체들이 알이나 씨로 전파되는 개체보다 그 부모와 더 밀접하게 관련된 것이 확실해 보였다. 싹눈으로 전파되는 식물의 수명이 모두 같다는 사실은 이제 꽤 확립되었으며, 종자의 전파로는 전혀 나타나지 않거나 우연히 나타날 여러 가지 특이한 점들이 싹눈, 휘묻이, 접목을 통한 번식에서 전달된다는 것은 이제 모든 사람들에게 잘 알려진 사실이다.

축약자 주석

1) 제1기란 지질학이 연구되기 시작한 초기에 쓰인 말로, 고생대와 그 이전을 뜻한다. 지금은 쓰지 않는다.
2) 표력(漂礫)은 빙하가 옮긴 돌덩이를 말하며 물은 도저히 옮길 수 없는 곳에 있다는 특징이 있다. 빙퇴석(氷堆石)은 빙하가 옮긴 물질들을 말하며 몇 가지 특징이 있다. 먼저 집채만큼 큰 바위부터 자갈과 모래와 밀가루처럼 고운 진흙이 뒤섞여 있고, 바위나 자갈은 모가 나있으며, 상당수의 바위나 자갈에는 얼음에 갈린 매끈한 면이나 불규칙한 선들이 있다.
3) 포클랜드 군도는 마젤란 탐험대의 사관이 16세기 초에 발견했다고도 하며, 1592년 8월 14일 영국 존 데이비스 함장이 발견했다고도 한다. 그러나 스페인이 1527년과 1529년과 1541년에 발간한 지도에 포클랜드 군도가 있어, 스페인 사람들이 발견한 것으로 보인다.
네덜란드 항해가 시볼드 드 워트가 1600년 포클랜드 군도를 확실히 발견했으며 드디어 프랑스 탐험가 구앵 드 보샌느가 1701년 남동쪽에 있는 섬에 상륙했다. 영국 해군 함장 우드 로저는 1708년 해군의 재무감 포클랜드 자작의 이름을 따, 그 섬을 '포클랜드랜드' 라고 이름을 지었다. 영국은 1766년 '포클랜드 군도' 라고 부르며 서 포클랜드 손더스 섬에 포트 에그몬트(Port Egmont)를 건설했다. 프랑스는 이 군도를 프랑스에서 남쪽으로 내려가던 배들이 떠나는 항구 생 말로에서 '말루인 군도(Malouines)' 라고 불렀다(여기에서 아르헨티나가 주장하는 '말비나스(Malvinas)'라는 이름이 나왔다). 프랑스 앙트왕 루이 드 부갱빌이 1764년 전 재산을 투자해 동쪽 섬 북동쪽에 사람이 살 수 있는 곳, 포트 루이(Port Louis)를 만들었다가 1766년 스페인에게 넘겨주었다. 프랑스인이 물러나자 스페인 정부는 부갱빌에게 25,000파운드라는 큰 금액을 지불했다.
서경 57°-62°인 포클랜드 군도는 토르데시아스 조약에 따르면 스페인이 개척할 수 있는 지역이다. (토르데시아스 조약이란 포르투갈과 스페인이 15세기말 새로 발견한 섬과 땅에 대한 분쟁을 일으키자, 교황 알렉산더 6세가 1494년 스페인과 포르투갈만이 각각 개척할 수 있도록, 지구를 두 부분으로 나눈 조약을 말한다. 대략 서경 47도를 기준으로 동쪽은 포르투갈이, 서쪽은 스페인이 개척할 수 있게 했다. 그러자 그 조약에서 밀려난 영국과 네덜란드와 프랑스는 그 조약을 무시했고, 해적을 인정하고 조장했다.)
드디어 1769년, 스페인과 영국은 서로 상대방에게 물러갈 것을 요구하면서 포클랜드 군도의 소유권을 따지기 시작했다. 그러다가 1770년 7월, 스페인이 무력으로 영국의 요새 포트 에그몬트를 뺏었다. 반면 영국은 당시 식민지인 미국과 전쟁도 있어, 1774년 포클랜드를 떠났다. 스페인 군인들이 1780년 정부의 명령에 따라 포트 루이의 이름을 바꾼 푸에르토 솔레다드(Puerto Soledad)에 주둔하기 시작했다. 스페인 군은 40년 간 여기에 머물렀다(스페인에서는 1767년 4월 1일부터 1811년 2월 13일까지 20명의 총독을 보냈다). 포클랜드 군도에 있었던 사람의 숫자는 90명을 넘지 않았으나 소와 말과 다른 가축은 8,000마리까지 늘어났다.
아르헨티나 정부는 독립하기 직전인 1816년 자신이 스페인의 권리와 의무를 승계했다고 생각해 영유권을 주장했다. 드디어 1816년 7월 9일에 독립한 아르헨티나는 1820년 쥬엣트가 함장인 '에로이나(Heroina)'호를 보내 그 해 11월 6일, 국기를 게양했다. 그러나 아르헨티나는 1823년 안젤 파체코라는 사람에게 섬을 위탁했다. 그는 독일에서 태어난 프랑스인인 루이 베르네와 손을 잡았다. 1828년 루이 베르네는 군도의 총독이 되었다가 1829년 6월 10일에는 포클랜드 군도의 정치와 군을 장악해 실질 총독이 되었다. 그가 미국의 고래잡이 배 3척을 불법어로로 붙잡자, 1831년 미국 전함 '렉싱톤'호가 나타나 아르헨티나인들을 포로로 붙잡고 요새를 파괴했다. 이어서 미국함장 실러스 던칸은 "포클랜드 군도는 어느 나라에도 속하지 않는다"고 선언했다.
그 후 영국 해군 '타인(Tyne)'호가 찾아와 남아있던 아르헨티나 관리들을 체포하고 1833년 1월 2일, 영국 국기를 게양하고 포클랜드 군도를 통치하기 시작했다. 그때 새로운 이주자들이 탄 아르헨티나 전함이 가까이 있었다고 하는데, 큰 충돌이 없이 라플라타 강으로 돌아갔다. 당시 영국은 그 기세가 한 창 올라갈 때였다. 그 곳에는 영국인 한 사람과 스무 명의 스페인 사람과 흑인 여자 두 사람을 포함해서 여자가 세 사람이 있었다. 1841년까지 영국 해군 장교가 섬을 책임졌으며 1843년에 영국령이 되어 총독이 왔다.
마침내 영국과 아르헨티나가 포클랜드 영유권을 놓고 1982년에는 유혈전쟁을 했다. 현재는 영국군이 주둔하며 2,500명 정도의 주민이 있다.

4) '가죽이 붙은 쇠고기(asado con cuero)'가 쇠고기만 굽는 것보다 아주 맛있어, 아르헨티나나 우루과이에는 지금도 그런 전문 음식점이 있다.

5) 다윈의 예측이 맞았다. 이 여우는 1800년대 말에 포클랜드 군도에서 영원히 사라졌다. 도도새는 마다가스카르 섬 동쪽 마스카렌 제도와 모리셔스 섬에 서식했던 새로, 3종이 있었다. 칠면조 크기이며, 몸은 뚱뚱하고 부리가 굵고 크며 끝이 휘어졌고, 목과 다리가 짧고 날개가 퇴화하여 날지 못했다. 1598년 발견된 후 70년(?) 만에 멸종했다. 사냥꾼과 개와 알을 깨어 먹는 돼지가 도도새를 멸종시킨 주범이다. 도도새는 사람의 잘못으로 멸종된 대표적인 동물 가운데 하나이다.

6) 실루리아기는 고생대 전기에 속하는 지질시대로 삼엽충과 완족동물과 해백합이 크게 발달했으며, 연체동물과 필석류도 많았고, 식물이 처음으로 땅 위에 나타났다. 다윈의 말대로 포클랜드 군도에서 유럽의 실루리아기의 화석과 아주 비슷한 화석이 나온다는 것은 두 지역 지층의 지질시대와 환경이 아주 비슷하다는 것을 가리킨다.

7) 빙하가 바위들을 옮겼다는 이야기는 1820년 샤므와 영양 사냥꾼인 장-피에르 파로댕한테서 처음 나왔다. 그 이야기가 1829년 동료 사냥꾼 이나스 베네츠를 거쳐 채광 기술자이자 아마추어 지질학자 요한 드 샤르팡티에르에게 전해졌고, 1830년대 중반 스위스 태생 미국 고생물학자 루이 아가시에게 전해졌다. 아가시가 책과 강연으로 발표하면서 평지에 흩어진 바위들은 과거 빙하시대에 얼음으로 운반되었다는 사실이 분명히 알려졌다. 다윈은 이 사실을 말한다.

8) 다윈이 말하는 펭귄이 마젤란 펭귄으로, 본문에서 말하는 검은 발 펭귄과는 다른 종이다. 마젤란 펭귄이 마젤란 해협과 남아메리카 남부의 양쪽 해안에서 서식하나 주로 마젤란 해협과 티에라델푸에고 섬과 포클랜드 군도에서 서식한다. 반면 검은 발 펭귄이 주로 남아프리카 남서해안에서 서식한다. 두 종 모두, 마치 당나귀가 우는 소리와 비슷한 소리를 내어, 보통 두 종 모두를 잭애스 펭귄이라고 부른다. 한편 포클랜드 군도에는 마젤란 펭귄 말고도 킹펭귄과 마카로니펭귄과 바위뛰기펭귄도 있으나, 다윈이 이야기하는 펭귄은 이 펭귄들이 아니다.

제10장 티에라델푸에고 섬

티에라델푸에고 섬에 처음 와-굿석세스 만-배에 있는 푸에고 섬 원주민 이야기-야만인들과 이야기해-숲의 풍경-케이프 혼-위그왬 소만-야만인들의 비참한 처지-기아-식인종-할머니를 죽여-종교에 관련된 감정들-큰 폭풍-비글 해협-폰손비 협만-위그왬을 짓고 푸에고 섬 원주민을 정착시켜-비글 해협의 분기-빙하-배로 돌아와-배를 타고 정착지를 두 번째 방문해-원주민들의 생활 조건이 같아

❀ 마젤란 해협과 그 남쪽 지방. 푼타아레나스와 우슈아이아와 리오 그란데는 다윈이 왔을 때에는 없었다.

1834년 비글호에서 만든 티에라델푸에고 섬 남쪽 부분과 비글 해협과 그 남쪽 지방 지도. 아주 자세하다.

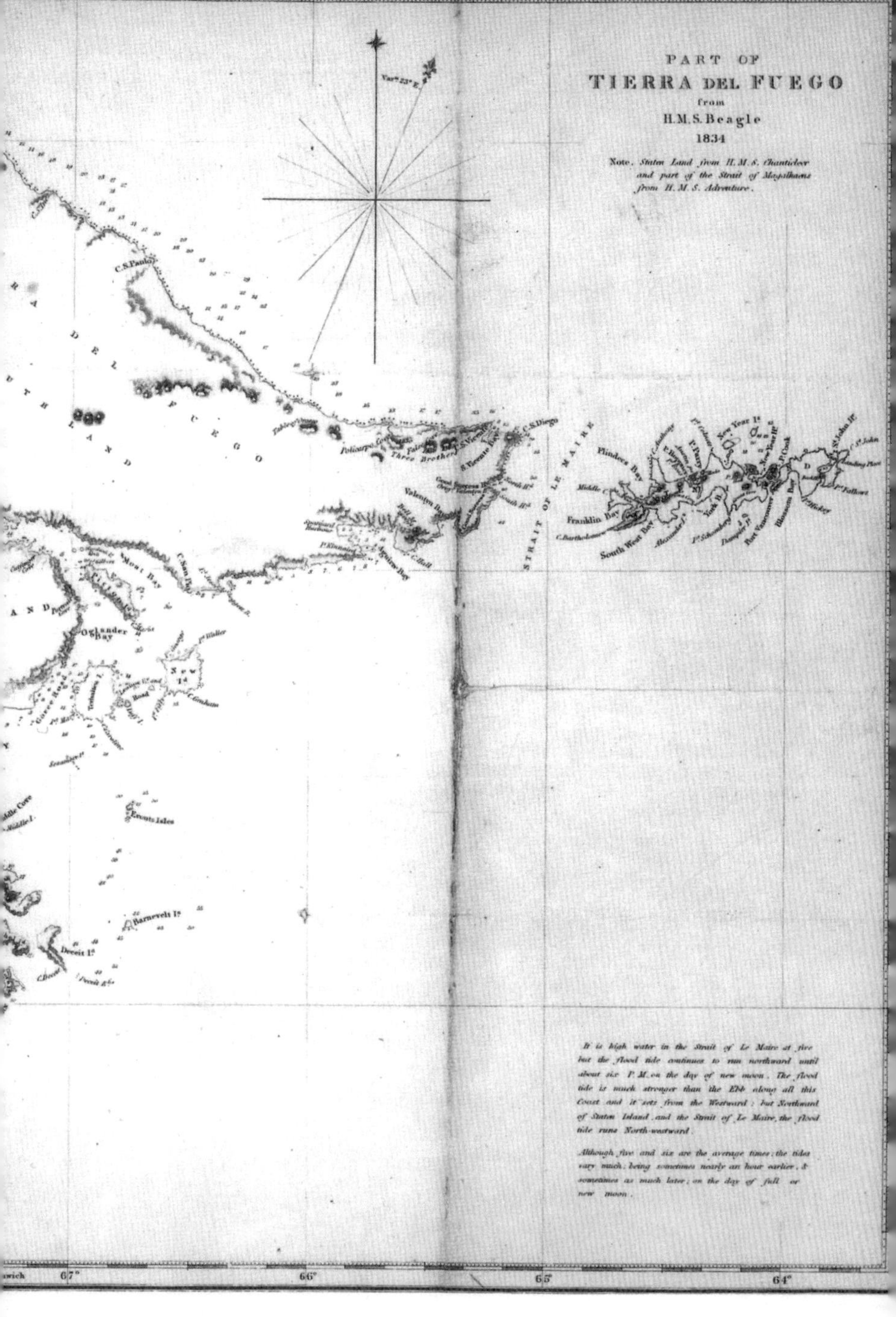
PART OF
TIERRA DEL FUEGO
from
H.M.S. Beagle
1834
Note. Staten Land from H.M.S. Chanticleer and part of the Strait of Magalhaens from H.M.S. Adventure.
STRAIT OF LE MAIRE
C.S. Diego
Three Brothers
Good Success Bay
Valentyn Bay
Franklin Bay
South West Bay
Flinders Bay
New Year Is
York B.
Port Vancouver
Blossom Bay
C. St. John
Oglander Bay
Moat Bay
New Id
Evouts Isles
Barnevelt Is
Deceit Is
It is high water in the Strait of Le Maire at five but the flood tide continues to run northward until about six P.M. on the day of new moon. The flood tide is much stronger than the Ebb along all this Coast and it sets from the Westward; but Northward of Staten Island and the Strait of Le Maire, the flood tide runs North-westward.
Although five and six are the average times; the tides vary much; being sometimes nearly an hour earlier, & sometimes as much later; on the day of full or new moon.
67°
66°
65°
64°

1832년 12월 17일_ 정오가 조금 지나 비글호는 케이프 산디에고를 돌아서 르매르 해협에 들어섰다. 티에라델푸에고 섬 쪽으로 붙어서 항해했는데, 스테이튼 섬의 울퉁불퉁하고 거친 윤곽이 구름 속에서 보였다. 오후에 비글호는 굿석세스 만에 정박했다.[1] 배가 나타나자 푸에고 섬 원주민들이 배를 따라오면서 남루한 옷을 흔들면서 소리를 질러 그들 방식대로 환영했다. 배에서는 어두워지기 직전 그들이 피운 불을 보았고, 거친 울부짖음도 들렸다.

우리가 아침에 상륙하자 원주민들은 상당히 놀란 것처럼 보였다. 그들이 쉬지 않고 빠르게 말하면서 몸을 움직이는 것을 보고, 나는 야만인과 문명인의 차이가 아주 크며 인간에게 있는 발전할 수 있는 위대한 힘의 차이는 야생동물과 길들인 동물의 차

❀ 알라칼루프 부족의 한 가족. 남자들은 유럽인이 건네준 옷을 입고 있고, 여자들은 담요를 걸치고 있다.

이보다도 더 크다고 생각했다. 키가 6피트 정도 되는 젊은이들은 조용한 반면, 한 가족의 어른으로 보이는 노인이 말을 가장 많이 했다. 여자들과 어린애들은 쫓겨 갔다.

원주민들은 얼굴을 빨간색, 흰색, 까만 줄로 화장해서 연극 〈마탄의 사수〉에 나오는 귀신들과 아주 비슷했다. 붉은 천을 주자 그들은 그것을 곧장 목에 매었고 나를 친구로 받아주었다. 노인과 나는 걸어가면서 서로 가슴을 세 번씩 세게 쳐서 친구가 되었다. 원주민의 발음은 아주 분명하지 않았다. 쿡 함장 말대로 그 소리는 양치질할 때 내는 소리 같았다. 그러나 어떤 유럽 사람도 양치질하면서 그렇게 쉰 소리와 걸걸한 소리와 짤막한 소리를 많이 내지는 않는다.

❀ 티에라델푸에고 섬 원주민 여인과 그 여자의 손녀. 원주민 여자의 원시적인 표정이 호기심에 가득 차 있다.

그들은 흉내를 굉장히 잘 내어, 기침을 하거나 하품을 하거나 이상한 행동을 할 때마다 곧 흉내를 내었다. 아프리카와 오스트레일리아의 원주민도 그렇다는 것을 어떻게 설명할 수 있을까? 미개한 사람들의 지각 능력과 감각이 문명생활을 하는 사람보다 더 발달한 것일까?

선원들이 노래를 부르자 원주민들은 무척 놀랐고 춤추는 것도 놀란 눈으로 바라보았다. 그러나 젊은이에게 왈츠를 잠시 추자고 하자 거절하지 않았다. 원주민들은 유럽인을 거의 모르는 것처럼 보였지만, 총은 무서워해서 손으로 집을 생각도 하지 않았다. 그들은 칼을 스페인 말 그대로 '쿠치야' 라고 하면서 기름 덩어리를 입에 물고 자르는 흉내를 내어 칼을 설명했다.

어드벤처호와 비글호가 1826년부터 1830년까지 이 부근을 조사했을 때, 원주민에게 보트를 도둑맞았다. 그러자 피츠로이 함장이 인질로 원주민 몇 사람을 붙잡아 영국으로 데려와 공부도 시켰다. 함장은 원래 남자 둘과 남자 아이와 여자 아이 각각 한 명을 데려갔는데, 남자 보트 메모리는 영국에서 마마로 죽었다. 요크 민스터가 어른인데, 키가 작고 똥똥하며 힘이 세다. 성격은 내향성이고 말이 없으며 침울했고, 흥분하면 무섭게 화를 냈다. 지미 버튼은 누구에게나 인기가 있었다. 정이 많았고, 얼굴 표정만 보아도 성품이 좋다는 것을 알 수 있었다. 또한 명랑하고 잘 웃었으며, 고통을 받는 누구에게나 동정심을 표했다. 푸에기아 바스켓은 착하고 얌전하고 조용한 처녀로, 명랑한 표정을 잘 짓지만 가끔 시무룩해 있었다. 그 여자는 무엇이든 빨리 배웠는데, 그 가운데서도 유난히 말을 빨리 배웠다. 리우와 몬테비데오에서 잠깐 상륙했을 때는 포르투갈 말과 스페인 말 몇 마디를 배웠다. 그 여자에게 관심을 가지면 요크 민스터는 대단히 시샘했다. 그는 정착만 하면 그 여자와 결혼하려고 작정했기 때문이다.

❀ 피츠로이 함장이 영국으로 데려갔다가 고향으로 돌려보낸 티에라델푸에고 섬의 원주민들. 그림은 함장이 직접 그렸다.

세 사람 모두 영어를 꽤 잘했지만, 그들의 관습을 알아내는 일은 이상하게도 힘들었다. 왜냐하면 이들은 가장 단순한 양자택일의 문제도 잘 이해하지 못했기 때문이다. 선원들도 시력이 좋지만, 요크와 지미는 배에 탄 누구보다 시력이 좋았다. 몇 번이나 멀리 떨어진 물체를 이야기했고, 모든 사람이 의심했으나 망원경으로 보자 이들이 본 것이 모두 맞았다.

내가 상륙하자 지미를 대하는 원주민들의 행동도 재미있었다. 그들은 금방 지미와 영국인의 차이를 알아챘고 지미에게 함께 살자고 말하는 것 같았다. 그러나 지미는 그들의 말을 거의 몰랐으며, 그 사람들을 아주 창피하게 생각했다. 요크 민스터가 상륙했을 때도 원주민들은 같은 방식으로 대했다. 원주민들은 유럽인의 흰 팔을 보고 동물원의 오랑우탄처럼 놀랐다. 원주민 가운데 키가 가장 큰 사람은 우리 선원 가운데 키가 가장 큰 사람과 등을 맞대고 키를 비교했다. 키 큰 원주민은 우리에게 입을 벌려 자기 이를 보여주고 고개를 돌려 옆모습도 보여주었다.

다음 날, 깊숙이 들어갔다. 티에라델푸에고 섬은 산악으로 일부는 물에 잠겨 있었다. 노출된 서쪽 산 사면을 빼고는 물가부터 위쪽 전체가 숲으로 덮여 있었다. 나무는 해발 1,000~1,500피트 사이에 있고, 그 위쪽은 작은 고산식물이 난 토탄이 띠처럼 있었다. 그 위로 이어지는 만년설이 마젤란 해협에서는 3천~4천 피트 사이까지 내려온다고 했다. 이곳은 평탄한 땅이 아주 드물었다. 내 기억으로는 '굶어 죽는 포구' 부근과 고어리 정박지 가까운 곳은 꽤 넓고 평탄했다. 두 곳 모두 지면은 늪에서 생긴 토탄으로 두껍게 덮여 있었다.

숲을 뚫고 지나가기란 거의 불가능해 산간 급류를 따라가기로 했다. 처음에는 폭포와 죽은 나무가 너무 많아 기어가기도 힘들었으나 곧 홍수로 하천 옆에 쌓여 있던 나무들이 쓸려가 하천 바닥이 나왔다. 울퉁불퉁한 바위 투성이인 하천을 따라 천천히 한 시간 정도 올라갔다. 경치가 아주 아름다워 올라간 보람이 있었다. 살아 있는 나무와 죽은 나무가 엉켜 있는 모습이 열대 지방의 숲을 생각나게 했다. 그러나 그 적막한 곳에는 생명보다 죽음이 우세했다.

12월 20일_ 포구의 한쪽에 피츠로이 함장이 J. 뱅크스 경의 재앙 같은 탐험을 기념해 그의 이름을 붙인 높이 1,500피트 정도의 산이 있었다. 그 탐험에서 두 사람이 죽었고 솔랜더 박사도 거의 죽을 뻔했다. 비극의 원인은 1월 중순의 눈보라였다. 낮은 곳에는 식물이 거의 없었다. 우리는 고산식물을 채집하려고 급류가 없어질 때까지 올라가다가, 숲 속을 기어 올라갔다. 마침내, 멀리서 봐서는 초록색 양탄자처럼 생긴 곳에 도착했다. 그러나 놀랍게도 4~5피트 정도의 너도밤나무 숲이 아주 빽빽해, 땅은 평탄했지만 뚫고 가기가 힘들었다. 조금 더 고생해서 토탄이 있는 곳까지 왔고, 다시 판암 같은 바위들만 있는 곳으로 왔다.

눈이 군데군데 남아 있었다. 능선으로 가면서 식물을 채집하기로 마음먹었다. 양처럼 언제나 같은 길을 다니는 과나코가 만든 길이 없었더라면 아주 힘들었을 것이다. 올라와 보니 그 산이 근처에서 가장 높은 산이었다. 북쪽으로는 늪이 있는 황무지가 계속되고, 남쪽으로는 장엄한 티에라델푸에고 섬의 자연 풍광이 펼쳐졌다. 상당히 신비롭게 느껴졌다.

12월 21일_ 다음 날, 동쪽으로 부는 미풍을 받아 비글호는 바르네벨츠 암초까지 왔다. 암봉이 솟은 케이프 디시트를 지나 3시쯤 케이프 혼을 지났다. 저녁때는 바람이 없고 햇살이 밝아 그 주변에 있는 섬들을 구경했다. 그러나 어두워지기 전, 케이프 혼이라는 이름에 걸맞게 정면에서 폭풍이 불어왔다. 우리는 다시 항해에 나섰고, 둘째 날 무섭게 쏟아지는 진눈깨비 속에서 함장은 케이프 혼에서 멀지 않은 작고 아늑한 포구인 위그웸 소만으로 피했다. 우리는 그곳에서 크리스마스이브를 보내려고 정박했다.

12월 25일_ 우리가 정박했던 소만의 이름인 '위그웸'은 그 소만에 있는 원주민들의 움막을 뜻하는 말이다. 부근에 있는 거의 모든 만에 예외 없이 움막들이 있었다. 그들은 주로 조개를 먹고 살아, 몇 톤이나 쌓여 있는 조개껍데기 무덤에 연두색 식물이 자라고 있었다. 그 가운데 야생 셀러리와 괴혈병 풀이 있는데, 그들은 그 식물들이 식용이라는 것을 몰랐다.

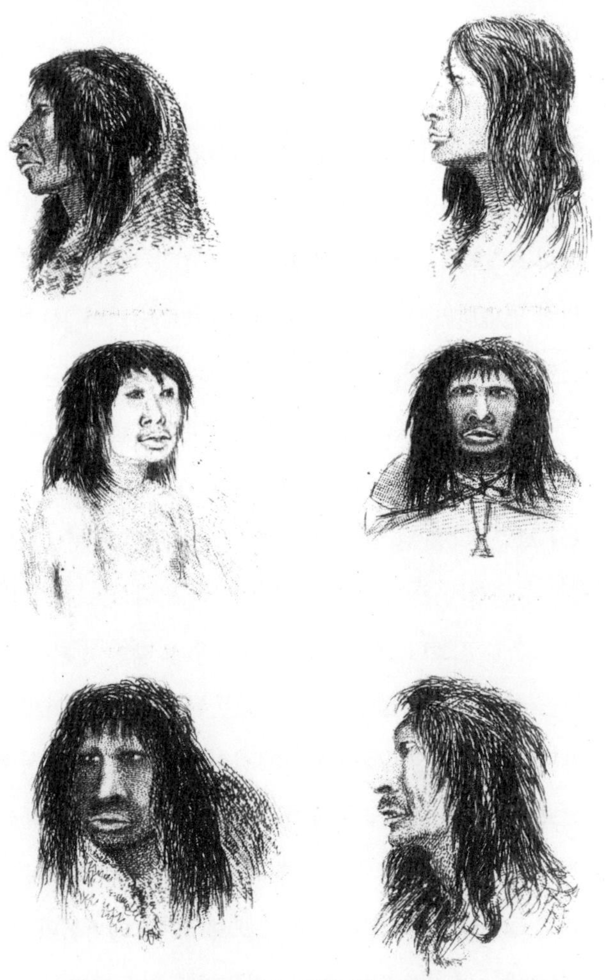

푸에고 섬 사람들은 깨진 조개껍데기로 눈썹을 밀어버렸다.

움막은 크기와 모양이 건초 더미와 아주 비슷했다. 나뭇가지 몇 개를 꺾어 땅바닥에 박은 다음, 한쪽을 풀과 덤불로 얼기설기 엮고 지붕을 얹었다. 짓는 데 한 시간도 걸리지 않고 거기에서 며칠 동안만 살았다. 그러나 서해안에 있는 움막은 해표 가죽을 덮어 조금 나았다. 날씨가 나빠 우리는 며칠 동안 그곳에 잡혀 있었다.

❀ 카누를 탄 티에라델푸에고 섬 원주민 가족. 카누에는 불씨와 몇 가지 간단한 살림살이가 있다. 그들은 바람의 힘을 쓸 줄 몰라 카누에는 돛이 없었다.

우리는 어느 날 월러스톤 섬 근처로 가다가 여섯 사람이 탄 카누와 나란히 붙어 움직이게 되었다. 그 사람들은 내가 본 원주민들 중에 가장 비참했다. 동해안에 있는 원주민들은 과나코 망토를 입고, 서해안 원주민들은 해표 가죽을 걸쳤다. 또한 중앙에 사는 사람들은 등과 허리도 제대로 가리지 못하는 손수건만 한 수달 가죽을 줄로 이어 가슴에 걸쳤다. 가죽은 바람을 따라왔다 갔다 했다. 그런데 카누를 탄 원주민들은 아무것도 걸치지 않았다. 여자들도 몸에 실오라기 하나 걸치지 않았다. 비가 심하게 오자, 빗물과 바닷물이 여자들 몸 위로 줄줄 흘러내렸다. 멀지 않은 다른 포구에서는 방금 태어난 갓난아기에게 젖을 물린 여자가 호기심으로 배 옆으로 왔다. 진눈깨비가 그 여자의 맨가슴과 벌거벗은 아기 몸에서 녹아 흘러내렸다. 그들을 보면서 그들이 과연 우리와 같은 인간이고 같은 세상에서 사는지 믿어지지 않을 정도였다.

이 지역의 원주민을 잘 아는 물개잡이 선장 로 씨가 태운 아이와 지미의 이야기를 종합해보면 원주민들은 겨울에 양식이 없으면 개보다 할머니를 먹었다. 로 씨가 그 이유를 묻자, 소년은 "개는 수달을 잡아도 할머니는 못 잡는다"고 대답했다고 한다. 이 소년은 원주민들이 연기로 할머니들을 질식시켜 죽이는 장면을 말했다. 그러면서 우스개로 할머니들의 비명을 흉내 내었고, 가장 맛있는 부위도 말했다고 한다.[2)]

❀ 의식을 위해 가면을 썼거나 온몸에 화장을 한 셀크남 원주민 남자들.

피츠로이 함장은 푸에고 섬 원주민들이 내세에 대한 어떤 믿음을 가지고 있는지 궁금하게 생각했다. 이들은 죽은 사람을 동굴이나 숲 속에 묻었다. 이들은 죽은 친구에 관한 이야기도 하지 않았다. 그들이 어떤 종교의식을 행한다고 믿을 만한 증거는 없었다. 각 가족이나 부족에게는 마술사나 주술 의사가 있었으나, 그가 일하는 곳을 확인할 수는 없었다.[3)]

각 부족들에게는 정부나 추장 같은 게 없었다. 또 각 부족들은 말이 다르고 적대관계에 있는 다른 부족들로 둘러싸여 있었다. 사람이 살지 않는 경계지역이나 완충지로 격리된 가운데, 서로 살아가기 위해 싸우는 것으로 보였다. 그들은 식량을 찾아 끊임없이 이리저리 옮겨 다녀야 하지만, 해안이 너무 험해서 엉성한 카누라도 타고 다녀야 했다. 그들은 가정이라는 개념이나 그런 감정을 모르는 채 살았다. 가족에 대한 애정은 더더욱 없어, 남편과 부인의 관계는 난폭한 주인과 부지런한 노예와 같았다. 바이런이 서해안에서 직접 목격한 일인데, 우렁쉥이를 담은 그릇을 떨어뜨렸다고 아버지가 아들을 바위로 밀쳤다. 피를 흘리며 죽어가는 어린 아들을 안고 있는 어머니의 모습보다 더 무서운 광경이 있을 수 있는가! 이곳에서는 차원 높은 정신 능력이 거의 나타나지 않는다! 이곳에는 상상이 그림을 그릴 수 있는, 이성이 비교할 수 있는, 판단이 의지할 수 있는 그 무엇이 있는가? 바위에서 삿갓조개를 따는 데는 이성이란 거의 필요 없었다. 원주민의 기술이란, 몇 가지 점에서는 동물의 본능에 비교될 만한 것으로, 경험에 힘입어 발전하지 않았다. 예컨대, 그들의 가장 우수한 작품인 카누마저도 우리가 드레이크 시절부터 알아오던 것과 똑같았다. 정말 초라하다!

이 야만인들을 보노라면 그들은 어디에서 왔을까 하는 의문이 생겼다. 무엇 때문에 또는 무슨 변화 때문에 북쪽의 살기 좋은 곳을 떠나 안데스 산맥을 따라 내려와 칠레, 페루, 브라질에서도 쓰지 않는 카누를 만들었고, 지구에서 가장 혹독한 그곳까지 오게 되었을까? 그런 의문이 언뜻 떠오르지만 쓸데없는 생각이었다. 푸에고 원주민의 수가 감소할 리도 없고 그들도 어쨌든 인생의 가치를 알려주는 자신들만의 행복을 누리고 있었다. 대자연의 전능한 힘 속에서 대대로 푸에고 섬 원주민들은 그 비참한 땅의 기후와 산물에 적응해서 살아왔다.[4)]

비글호는 날씨가 아주 나빠 위그왬 소만에 엿새를 붙잡혀 있다가 12월 30일이 되어서야 바다에 나섰다. 함장은 요크와 푸에기아를 그들의 고향에 내려주기 위해 서쪽으로 뱃머리를 돌렸다. 바다에 나서자 계속 폭풍이 불고 해류마저 항로와 반대 방향이어서, 우리는 남위 57도 23분까지 밀려갔다. 1833년 1월 11일, 바람이 허용하는 한 돛을 최대로 올려 요크 민스터라는 험준한 바위산 근처까지 왔다. 그러나 심한 진눈깨비 때문에 돛을 줄이고 바다에서 버텼다. 파도는 해안에서 무섭게 부서졌다. 물보라가 높이 200피트나 되는 절벽 위로 날렸다. 12일은 폭풍이 더욱 심해져 우리가 있는 곳을 정확하게 모를 정도가 되었다. "바람 부는 쪽 계속 감시!"라는 소리가 쉬지 않고 반복됐다. 13일에는 폭풍이 최고조에 달했다. 바람에 날리는 물보라 때문에 수평선이 아주 좁아졌다. 바다는 마치 눈이 군데군데 남아 있는 우울한 평원처럼 보였다. 불길했다. 정오에는 커다란 파도가 들이쳐 고래잡이 보트 한 척이 물로 가득 차, 보트를 즉시 잘라버렸다. 가엾은 비글호는 그 충격에 떨었고, 몇 분 동안 키가 말을 듣지 않았다. 그러나 비글호는 좋은 배여서, 곧 다시 똑바로 서서 바람과 겨루었다. 처음과 같은 파도가 다시 한번 들이쳤더라면, 우리의 운명은 영원히 끝장났을 터인데…. 우리는 서쪽으로 가려고 24시간을 고생했으나 헛일이었다. 수병들은 녹초가 되었다. 며칠째 마른 옷을 입어보지 못했다. 마침내 피츠로이 함장이 해안 바깥을 지나 서쪽으로 항해하려는 생각을 포기했다. 저녁 무렵, 비글호는 폴스 케이프 혼 뒤에 닻을 내렸다. 하루 종일 전투와 같은 굉음 속에서 고생하다가 고요한 밤을 맞으니 기분이 그렇게 좋았다.[5]

❀ 마젤란 해협의 험한 파도와 싸우는 비글호와 어드벤처호.

1833년 1월 15일_ 원주민들이 원하는 대로 폰손비 협만에 그들을 정착시키기로 결심한 함장은 비글 해협으로 가려고 보트 네 척을 준비했다. 지난번 항해에서 피츠로이 함장이 발견한 비글 해협이 이 지역 또는 다른 지역에서도 지리상으로 가장 주목할 만한 곳이었다. 호수들과 작은 만들이 이어져 스코틀랜드 로크 네스 계곡과 비슷했다. 길이는 약 120마일, 폭은 평균 약 2마일로 큰 변화가 없었다. 티에라델푸에고 섬의 남쪽을 횡단하며, 그 가운데에서 직각으로 남쪽에 불규칙한 협만이 연결되었다. 바로 폰손비 협만이다. 이곳이 지미의 부족과 가족들이 사는 곳이었다.[6)]

1월 19일_ 함장의 지휘로 세 척의 고래잡이 보트와 한 척의 잡용선이 출발했다. 오후에 수로의 동쪽 입구로 들어서서 작은 섬들로 가려진 아늑한 만을 찾아냈다. 우리는 그곳에 천막을 치고 불을 피웠다. 바위 해안 위로 뻗은 나뭇가지, 묶여 있는 보트, 노를 열십자로 엮어 세운 천막, 나무로 덮인 계곡 위로 뭉실뭉실 말려 올라가는 연기가 아늑한 시골 풍경 같았다. 20일, 우리는 사람이 더 많이 사는 곳으로 왔다. 이들은 백인을 본 적이 거의 없어, 우리가 탄 보트들이 나타나자 크게 놀랐다. 그들은 우리의 주의를 끌었고 여기저기에 도착을 널리 알리는 불을 피웠다. 해안을 따라 몇 마일이나 뛰어가는 남자들도 있었다. 그중 내가 본 한 무리의 사람들이 얼마나 야만스럽던지 아직까지 기억에 남는다. 네댓 명의 남자가 절벽 끝에 나타났는데 하나같이 홀랑 벗고 있었다. 긴 머리카락이 얼굴로 흘러내렸고, 손에는 울퉁불퉁한 방망이를 들고 있었다. 그들은 제자리에서 길길이 뛰면서 두 팔을 머리 위에서 흔들며 고래고래 소리를 내질렀다.

저녁때, 우리는 원주민들 사이로 상륙했다. 그들은 처음에는 호의를 보이지 않았다. 함장이 다른 보트에 앞서 해안 쪽으로 다가올 때까지도 손에 투석기를 들고 있었다. 그러나 우리는 붉은 천을 머리에 둘러주기도 하고 사소한 선물들로 그들을 기쁘게 했다. 그들은 비스킷을 좋아했다. 그러나 내가 먹던 통조림 고기를 손가락으로 찔러보고는 질색을 했다. 지미는 그들을 굉장히 창피하게 생각했다. 이 부족을 기쁘게 만들기는 쉬워도 만족시키기는 어려웠다. 남녀노소를 막론하고 "달라"는 뜻의 "얌메르스쿠너" 라는 말을 쉬지 않았다. 거의 모든 물체, 심지어 코트 단추까지도 가리켰다. 어느 물건에나 "얌메르스쿠너" 라고 말한 다음, 이내 "나에게 주지 않으려면 이 사람들에게 주라"는 뜻으로 그들의 젊은 부인들이나 아이들을 가리켰다.

텐트 칠 곳을 찾아 원주민들이 살지 않는 포구를 찾아 헤맸으나 헛일이었다. 결국 원주민들 근처에서 야영을 하게 되었다. 원주민들은 몇 사람이 되지 않았을 때는 얌전했다. 그러나 21일 아침, 숫자가 많아지자 적대감을 보이기 시작했다. 게다가 신경이 곤두 선 피츠로이 함장이 몇 명의 원주민들을 쫓아 보내려고 칼을 휘두르자 비웃기만 했다. 그러자 함장은 원주민 가까운 곳에 권총을 두 발 쏘았다. 그들은 두 번 다 놀란 듯이 보였고 재빨리 머리를 긁적거린 다음 우리를 잠깐 응시하다가 친구들에게 무어라 지껄였다. 달아날 생각은 전혀 하지 않았다. 그들은 총소리를 들었지만, 총에서 나는 소리인지 아닌지도 이해하지 못했을 것이다. 마찬가지로 그들은 총알 자국을 봐도 보이지 않는 총알의 위험을 느끼지는 못했다. 총알의 속도가 빨라서 보이지 않는다는 생각을 전혀 하지 못하기 때문이었다.

1월 22일_ 우리는 지미의 종족과 어제 본 종족 사이의 중립 지역이라 생각되는 곳에서 조용하게 밤을 보낸 다음 기분 좋게 항해를 시작했다. 이 널찍한 경계나 중립지역은 종족 사이에 있는 적대관계를 좀 더 분명히 보여주었다. 지미는 가끔 오엔스 족 남자들이 '나뭇잎이 붉어질 때' 동쪽 해안에서 산을 가로질러 이 지역 원주민들을 공격했다고 이야기했다. 그런 이야기를 할 때, 그는 눈동자를 번쩍거리고 그동안 본 적이 없는 야만스러운 표정을 지어 보이는 게 아주 신기했다. 비글 해협 경치는 아주 특이하고 장려했다. 이곳의 산은 높이가 약 3천 피트이며, 날카로운 톱니 모양이었다. 물가에서 갑자기 솟아난 산의 1,400~1,500피트까지는 어두운 숲으로 덮여 있었다. 신기하게도 나무가 생장을 멈춘 선이 마치 해초가 파도에 밀려와 남겨놓은 선과 같았다.

우리는 폰손비 협만과 비글 해협이 만나는 곳 근처에서 잤다. 그 만에서 사는 작은 원주민 가족은 조용하고 온순했는데, 곧 불가에 둘러앉은 우리에게로 다가왔다. 우리는 두꺼운 옷을 입고 불 가까이 앉아서도 추위를 느꼈는데, 이 벌거벗은 야만인들은 불에서 멀리 떨어져 앉았는데도 땀을 줄줄 흘렸다. 그래도 기분이 좋은지 수병들과 함께 노래를 불렀다. 그러나 그들의 몸짓이 아주 어색해서 웃음을 참기 어려웠다.

그날 밤 소문이 퍼져, 23일 아침 일찍 테케니카 족, 즉 지미의 부족 사람들이 왔다. 몇 사람은 너무 빨리 달려와 코피를 흘렸다. 말을 급하게 하는 바람에 입에서는 거품이 일었다. 또 벌거벗은 몸을 검고 하얗고 빨갛게 칠해 싸움질한 도깨비처럼 보였다. 다음에 우리는 지미가 어머니와 친척을 찾을 수 있으리라 생각되는 곳까지 갔다. 그는 아버지가 죽었다는 말을 들었으나, 그 사실을 '머릿속에 꿈'으로 알고 있어 별로 개의치 않았다.

❁ 테케니카 족 가운데 한 사람. 야만스러운 표정이 보인다.

지미는 낯익은 고장에 와서, 작은 섬들로 둘러싸인 울라이아 소만이라는 조용하고 아름다운 포구로 보트를 안내했다. 그 포구 주위에는 몇 에이커의 땅이 있었는데, 다른 곳과 달리 토탄이나 나무로 덮여 있지 않았다. 원주민들이 여기에 있고 싶어 해서, 함장은 선교사인 매슈를 포함한 모두를 그곳에 정착시키기로 결정했다. 닷새 동안 그들을 위해 커다란 움막 세 채를 짓고, 물건을 내리고, 두 곳의 땅을 일궈 씨앗을 뿌렸다.

24일 아침, 푸에고 원주민들이 밀려오기 시작했다. 지미의 어머니와 형제들도 왔다. 그들이 만나는 광경은 야생으로 돌려보낸 말들이 다시 만나는 것보다 더 재미가 없었다. 사랑의 감정을 특별하게 나타내지도 않고 단지 잠깐 동안 서로를 쳐다볼 뿐이었다. 지미의 어머니는 곧 카누를 보러 돌아갔다. 그러나 요크를 통해 듣기로는, 지미의 어머니가 아들을 잃어버린 후 크게 슬퍼했으며, 그를 돌려보냈을 것이라 생각하고 여러 곳으로 그를 찾아다녔다고 한다. 여자들이 푸에기아에게 큰 관심을 보였고 유난히 친절하게 대했다. 우리는 지미가 자신의 언어를 거의 잊어버렸다는 것을 알았다. 영어도 몇 마디 못하고, 부족어도 거의 잊어버렸다. 언어의 양이 이렇게 적은 사람도 거의 없을 것이

☸ 비글호에 타고 있던 지미 버튼과 같은 부족인 푸에고 원주민들의 모습.

다.[7] 그가 그의 형제에게 영어로 말하다가 스페인어로 "내 말 몰라?" 라고 묻는 게 우습게 보였고, 아주 측은했다.

다음 사흘은 모든 것이 다 잘 되어, 땅도 일구고 움막도 지었다. 원주민의 숫자는 120명 정도로 보였다. 여자들은 종일 열심히 일하는 반면, 남자들은 종일 빈둥거리면서 우리를 구경했다. 그들은 보는 것은 무엇이든 달라고 했고, 할 수만 있으면 무엇이든 훔쳐갔다. 그들은 우리가 춤추고 노래를 부르면 좋아했다. 우리가 근처 냇가에서 얼굴을 씻는 것도 큰 관심을 가지고 지켜보았다. 그런가 하면 다른 것에는 큰 관심이 없어 우리 보트에도 무심했다. 모든 것이 아주 조용해져 나는 사관 몇 사람과 근처 산과 숲을 오래 돌아다녔다. 그런데 27일, 갑자기 여자와 어린애들이 모두 사라졌다. 요크와 지미도 그 이유를 몰랐다. 우리는 이 사태가 아주 불안했다. 누군가 전날 저녁 우리가 총을 닦다가 총을 쏘아 그 소리에 놀라서 도망간 것이라고 말했다. 또 어떤 노인 때문이라고 생각하는 사람들도 있었다. 보초가 원주민 노인에게 좀 멀리 떨어지라고 하자, 노인이 보초의 얼굴에 침을 뱉고는 자고 있던 원주민에게 몸짓으로, 우리를 칼로 잘라서 먹겠다는 뜻을 분명히 했기 때문이다. 피츠로이 함장은 푸에고 섬 원주민과 충돌을 피하려고 몇 마일 떨어진 포구에서 자는 게 좋겠다고 생각했다. 매슈는 정착한 푸에고 사람들과 함께 그곳에 머물기로 결심했다. 우리는 그들이 무서운 첫 밤을 보내도록 남겨두고 그곳을 떠났다.

28일 아침에 돌아와 보니 모두 조용했다. 남자들이 카누를 타고 작살로 물고기를 잡고 있어 마음이 놓였다. 피츠로이 함장은 잡용선과 고래잡이 보트 한 척을 배로 돌려보낸 후, 함장이 한 척을 지휘하고 또 한 척은 해먼드 씨가 지휘하게 해서 비글 해협 서쪽을 조사한 다음 정착지로 돌아오기로 했다. 그날은 날이 뜨거워 피부가 검게 탔다. 비글 해협 중앙부로 들어가니 아름다운 경치를 볼 수 있었다. 양쪽을 둘러보아도 산 사이로 난 긴 해협을 가로막는 것은 아무것도 없었다. 여기저기서 물을 뿜는 고래들이 보였다. 우리는 날이 어두워질 때까지 항해한 다음 조용한 수로 옆에 천막을 쳤다. 가장 큰 행운은 자갈밭을 잠자리로 찾아낸 것이었다. 토탄질 땅은 습기가 있고, 바닥이 고르지 않고, 딱딱해서 불편했다.

1시까지는 내가 보초를 서는 시간이었다. 밤의 풍경 속에는 아주 엄숙한 무엇이 있었다. 다른 때에는 그렇지 않았으나, 이 시간이면 모든 것이 우리가 아주 외딴곳에 있다는 것을 일깨워 주는 듯했다. 밤의 고요는 천막 아래 잠든 수병들의 곤한 숨소리와 가끔 우는 밤새 소리로 이따금씩 깨어졌다. 멀리서 들리는 개 짖는 소리가 이곳이 미개인의 땅이라는 것을 가리켰다.

1월 29일_ 아침 일찍 비글 해협이 두 갈래로 나누어지는 곳까지 와서 북쪽 수로로 들어갔다. 경치는 전보다 더 굉장했다. 북쪽의 높은 산은 화강암 축을 중심으로 3천~4천 피트 높이까지 솟아 있었다. 6천 피트가 넘는 산봉우리도 있었고, 산꼭대기는 만년설로 덮여 있었다. 수많은 폭포가 숲을 지나 아래에 있는 좁은 해협으로 떨어졌다. 멋진 빙하들이 산에서 해변 곳곳으로 내려왔다. 녹주석 같은 색깔의 빙하들보다 더 아름다운 것은 상상하기 힘들었다. 정상에 쌓인 새하얀 눈과 대비되어 더욱 아름다웠다. 점심시간에는 보트를 끌어올려놓고 반 마일 정도 떨어진 수직 빙벽을 구경하면서 얼음 덩어리들이 떨어지기를 기다렸다. 마침내 우렁찬 소리를 내면서 커다란 덩어리가 떨어졌고, 조금 뒤 우리 쪽으로 다가오는 미끈한 물결을 보았다. 그 물결이 보트에 부딪히면 부서질 것 같아서 사람들이 보트로 달려갔다.[8)] 최근에 해안에 있던 큰 바위들이 옮겨진 것을 본 적이 있었는데, 이번 파도를 보기 전까지는 그 이유를 미처 몰랐다.

우리는 비글 해협 북쪽 수로의 서쪽 입구에 닿았다. 이 부근의 섬들이 우리들에게는 대부분 처음이었고, 날씨가 아주 나빴다. 원주민들을 만나지 못했다. 해안은 거의 전체가 절벽이어서, 천막 두 개를 칠 곳을 찾으려고 몇 마일이나 돌아다녔다. 하루는 해초가 썩고 있는 둥근 바위 위에서 자다가 밀물이 올라오는 바람에 서둘러 침낭을 옮겨야 했다. 우리가 도착한 서쪽 끝은 배에서 150마일 정도 떨어진 스튜어트 섬이었다. 비글 해협의 남쪽 수로를 항해해 큰 모험 없이 폰손비 협만으로 돌아왔다.

2월 6일_ 울라이아에 돌아오니 매슈가 그동안 있었던 원주민들의 소행을 이야기해 주었다. 원주민들은 우리가 떠난 후 물건들을 훔쳐가기 시작했다. 여기저기서 새로운 원주민들이 계속 왔다. 요크와 지미도 많은 물건을 잃어버렸고, 매슈는 땅속에 묻어놓지 않은 물건들은 거의 다 잃어버렸다. 매슈는 항상 필요한 시계를 지키기가 가장 힘들었다고 말했다. 밤낮으로 원주민들에게 둘러싸였고, 그들은 머리맡에서 소리를 질러댔다. 어느 날 그가 한 노인에게 움막에서 나가 달라고 하자 그는 금방 큰 돌을 들고 왔으며, 다른 날에는 돌과 방망이로 무장한 무리가 나타났다.

청년 몇 명과 지미의 형도 그에게 소리를 질러댔다. 매슈는 그들에게 선물을 주어 보낼 수밖에 없었다. 다른 무리는 그를 홀랑 벗기고는 얼굴과 몸에 있는 털을 모두 뽑아버리겠다는 시늉을 했다. 우리가 적절한 때에 와서 그의 목숨을 건진 듯했다. 세 사람의 원주민을 야만스러운 그들의 고향 사람들 틈에 두고 가는 것이 우리로서는 아주 불안했으나, 그들 자신이 무서워하지 않아 그나마 다행이었다. 요크는 젊고 강건해 그의 새색시인 푸에기아와 잘 견뎌나갈 것으로 보였다. 하지만 불쌍한 지미는 마음 붙일 곳이 없어 우리와 함께 왔어야 했다는 생각이 들었다. 그의 형이 그의 물건을 많이 훔쳐갔는데, 그는 "세상에 이런 법이 어디 있어" 라고 말하며 자기 부족들을 "모두 나쁜 놈이고 아무것도 모르는 놈들"이라고 욕했다. 또한 전에는 들어본 적도 없는 "빌어먹을 멍청이들"이라는 말도 했다.

저녁때 매슈를 태운 우리는 비글 해협이 아니라 남쪽 해안을 따라 배로 돌아왔다. 보트에 짐이 무겁고 바다가 험해 위험한 항해였다. 7일 저녁, 20일 만에 비글호에 올라왔다. 그동안 보트를 타고 돌아다닌 거리가 300마일이나 되었다. 11일에는 피츠로이 함장이 직접 원주민들을 찾아보았고, 모두 다 잘 있다는 것을 알았다. 함장은 매슈를 그의 형이 선교사로 있는 뉴질랜드에서 내려주기로 했다.[9)]

1834년 2월 마지막 날, 비글호는 비글 해협 동쪽 입구에 있는 아름답고 작은 만에 정박했다. 피츠로이 함장은 대담하게도 우리가 울라이아 정착지로 갔던 그 항로로 서풍을 맞받으면서 가기로 결정했고, 성공했다. 폰손비 협만에 다다르자 여남은 척의 카누가 우리를 따라왔다. 그들은 우리가 방향을 이리저리 바꾸면서 가는 이유를 전혀 몰랐고, 우리가 방향을 바꿀 때마다 삐뚤빼뚤 따라왔다. 보트를 타고 있을 때, 우리를 괴롭혔던 예의 그 지긋지긋한 '얌메르스쿠너' 소리가 들렸다. 좀 조용한 만에 들어와 사방을 둘러보며 밤을 조용하게 보낼라 치면, 어느 어두운 구석에서 불길한 '얌메르스쿠너' 소리가 날카롭게 난 다음, 우리가 왔다는 소식을 알리는 연기가 피어올랐다. 이번에는 원주민이 많으면 많을수록 그만큼 더 즐거웠다. 양쪽이 다 웃고 놀라고 입을 다물지 못했다. 얼굴을 검게 칠한 젊은 여자가 머리에 새빨간 천 조각들을 골풀로 매고 만족해하며 천진한 웃음을 보이는 게 아주 재미있었다. 이곳의 풍습대로 부인이 둘인 남편은 우리가 그의 부인들에게 관심을 보이자, 질투를 하면서 알몸의 미녀 부인들에게 몇 마디하고는 노를 저어 가버렸다.

원주민 몇 사람은 물건을 바꿀 생각이 있다는 뜻을 분명히 표했다. 내가 한 남자에게 큰 못 한 개를 주자, 그는 곧장 창끝으로 물고기 두 마리를 찍어서 넘겨주었다. 선물이 다른 카누 옆에 떨어지면 언제나 주인을 찾아주었다.

3월 5일, 우리는 울라이아 소만에 정박했다. 아무도 없었다. 우리는 깜짝 놀랐는데, 폰손비 협만에서 만났던 원주민들이 손짓으로 싸움이 있었다고 알려주었기 때문이었다. 나중에 들으니 무서운 오엔스 족이 내려왔다고 했다. 곧 카누 하나가 작은 깃발을 나부끼며 다가왔다. 카누를 탄 남자들 가운데 한 사람이 얼굴에 바른 것을 지우고 있었다. 바로 지미였다. 깡마른 몸과 헝클어진 긴 머리카락에, 허리를 두른 담요 조각을 빼고는 홀랑 벗은 미개인 그대로였다. 그가 가까이 와서야 우리는 그를 알아보았다. 그는 창피한 생각이 들었는지 등을 돌리고 있었다. 지난번 헤어질 때만 해도 포동포동하게 살이 찌고 깨끗했으며 옷도 잘 입은 모습이었는데, 그 사이 너무 비참하게 바뀌어 있었다. 하지만 옷을 갈아입고 한 바탕 소동이 끝나자 지미는 다시 아주 멋진 옛 모습으로 돌아왔다. 그는 함장과 함께 식사했는데, 예전처럼 깨끗하게 먹었다. 그는 아주 많이 먹었다고 말하며, 춥지도 않고 친척들도 좋은 사람들이라 영국으로 돌아가고 싶지 않다고 말했다. 저녁때 그의 예쁜 부인을 보자 지미의 마음이 크게 변한 이유를 알 수 있었다. 그가 예전의 좋은 감정으로 그와 가장 친했던 두 사람에게 해달 가죽을 선물했다. 함장에게는 자신이 손수 만든 창촉과 화살 몇 개를 선물했다. 그는 자신이 카누를 만들었다고 말했다. 또한 자신의 부족이 쓰는 말 몇 마디를 할 줄 안다고 자랑까지 했다. 그러나 가장 신기한 사실은 그가 자기 부족에게 영어 몇 마디를 가르쳐준 것이었다. 한 노인이 자연스레 영어로 "지미 버튼의 부인"이라고 말했다. 지미는 자기 물건 모두를 잃어버렸다. 요크 민스터는 큰 카누 한 척을 만들었고, 그의 부인인 푸에기아 바스켓과 몇 달 전에 제 고향으로 갔으나,* 그들이 극악한 방식으로 이별 인사를 했다고 지미가 말했다. 그가 지미와 지미 어머니에게 같이 가자고 말해 함께 갔는데, 밤에 그들

* 설리번 함장은 비글호 항해를 마친 뒤, 포클랜드 군도를 조사했다. 1842년쯤 그는 물개잡이한테서 마젤란 해협 서쪽에서 영어를 할 줄 아는 원주민 여자를 만났다는 놀라운 이야기를 들었다. 그 여자는 분명 푸에기아 바스켓일 것이다.

의 물건을 몽땅 훔쳐 달아났다는 것이다.

지미는 잠을 자러 해안으로 돌아갔다가 아침에 다시 우리 배로 왔다. 그는 우리가 출항할 때까지 배에 같이 있었다. 그의 부인은 놀란 나머지 그가 카누로 돌아올 때까지 큰 소리로 울었다. 그는 귀중한 물건들을 싣고 돌아갔다. 우리 모두는 그와 마지막으로 악수를 하며 그와 헤어지는 것을 진정으로 슬퍼했다. 나는 그가 항상 행복할 거라고, 어쩌면 자기 고향을 떠나지 않아 더 행복할 것이라고 믿었다. 피츠로이 함장의 고귀한 희망이 이루어져, 지미와 그 부족의 후손들이 조난당한 사람들을 구조하여, 함장이 이 티에라델푸에고 원주민들에게 베푼 관대한 희생이 보상받을 수 있기를 진실한 마음으로 바란다! 지미는 해안에 닿자 이별의 신호로 불을 피웠다. 배가 넓은 바다에 나섰을 때도 연기는 계속 피어올라 우리에게 마지막 작별을 고했다.[10)]

❀ 유럽인들이 티에라델푸에고 섬 원주민들을 학살하는 광경.

푸에고 섬 원주민들은 아주 평등하다. 이러한 점이 그들의 문명 발달을 오랫동안 늦춘 것임에 틀림없다. 동물도 본능에 따라 무리를 이루고 대장에게 복종하는 부류들이 발전할 수 있듯이 사람들도 마찬가지이다. 원인이든 결과이든, 문명이 더 발달된 사회는 그만큼 정교한 정부를 가지고 있다. 티에라델푸에고 섬에서는 어느 족장이 나타날 때까지, 이 나라의 상태는 거의 나아지지 않을 것이다. 지금은 한 사람에게 준 천 조각이라도 찢어서 나누어 가지는 식이라 더 부유한 사람이 없었다.

남아메리카에서도 이 지역에 사는 사람들이 가장 미개한 상태에 있는 것 같았다. 태평양에 살고 있는 두 종족 가운데 남태평양 사람들도 이 지역의 원주민들보다는 문명이 더 발달했다. 에스키모인들도 반지하의 집에서 그들의 안락한 삶을 즐기며 살았다. 장비를 잘 갖춘 카누에서 보여주는 기술도 아주 훌륭했다. 오스트레일리아 원주민들은 살아가는 기술이 단조롭다는 점에서는 티에라델푸에고 섬 원주민에 가장 가깝다. 그러나 그들에게는 부메랑과 창과 투창기와 나무 타는 기술과 동물을 따라가는 기술과 사냥하는 기술이 있었다. 오스트레일리아 원주민의 기술이 낫다는 것이 곧 그들의 정신 능력도 낫다는 뜻은 아니다.

축약자 주석

1) 티에라델푸에고(Tierra del Fuego) 섬은 '불의 땅'이라는 뜻으로, 남아메리카 대륙과 마젤란 해협을 만드는 큰 섬이다. 원래는 1520년 11월 마젤란이 해협을 지나갈 때, 원주민들이 연기로 신호를 하는 것을 보고 '연기의 땅(티

에라 델 우모(Tierra del Humo)' 라고 이름을 지었다. 그러나 마젤란이 죽은 후, 세계를 일주한 부하들이 스페인 왕 카를로스 5세에게 그 사실을 보고하자, 왕이 "불을 피우지 않고는 연기가 날 리 없다"면서 이름을 고쳤다고 한다(마젤란이 '불의 땅'이라는 이름을 지었다는 주장도 있다). 넓이는 우리나라의 반 정도이며, 협만과 수로가 많으며 황량하다. 현재 티에라델푸에고 섬의 동쪽은 아르헨티나 영토이고, 서쪽은 칠레 영토이다.

케이프 산디에고는 티에라델푸에고 섬의 남동쪽 끝에 있는 곳이며, 르 매르 해협은 티에라델푸에고 섬과 그 동쪽의 스테이튼 섬 사이의 해협이다(네덜란드 사람인 자크 르 매르와 빌렘 슈텐이 1616년 1월, 유니티호로 르 매르 해협과 스테이튼 섬을 발견했다). 굿석세스 만은 케이프 산디에고 남쪽에 있으며, 르 매르 해협으로 열려 있는 작은 만이다.

2) 제8장에서 이야기한 루카스 브릿지스의 말로는, 티에라델푸에고 섬 원주민은 식인종이 아니다. 그의 『지구 맨 끝』 33~36쪽에 다음 내용이 있다.

"이 세 명의 야흐간 족 젊은이들은 영국 사람과 3년 정도 있었다. 그리고 그중 반 정도는 비글호에서 피츠로이 함장과 생활했다. 이 기간에 그들은 함장과 다른 사람들에게 푸에고 섬 원주민들이 식인종이었다고 믿게 만들었다. 비글호를 타고 열두 달을 항해하면서 그들과 친했던, 진실을 추구하는 찰스 다윈마저 그들의 증언을 받아들였다. 훗날, 오랫동안 이 사람들과 매일 접촉하면서 살았던 우리는 이 놀라운 실수에 대한 단 하나의 설명을 찾을 수 있었다. 우리는 요크 민스터나 지미가 질문을 받으면 진실을 대답하지 않고, 질문한 사람의 기대에 부응하는 대답을 했다고 생각한다. 처음에는 그들은 영어를 잘 못해 자세한 설명을 하는 대신 '아니오' 보다는 '예', 로 대답하는 게 훨씬 쉬웠을 것이다. 그러므로 이 젊은이들과 어린 푸에기아 바스켓이 한 대답은 사실은 질문한 사람들이 암시한 것을 찬성하는데 지나지 않았던 것이다. 아래와 같은 어리석은 질문을 했을 때, 그들의 반응을 상상해보면 쉽게 이해할 수 있다. '너희들은 사람을 죽여서 먹었어?' 그들은 처음에는 어리둥절해하다가 질문을 반복해서 듣고 그 뜻을 알아차린 후 기대하는 대답을 알면 자연스레 찬성했을 것이다. 질문하는 사람은 이런 질문을 계속했을 것이다. '어떤 사람을 먹지?' 대답을 하지 않는다. '나쁜 사람을 먹어?' '예', '나쁜 사람이 없으면 어쩌지?', 대답을 하지 않는다. '늙은 할머니를 먹어?', '예', 한번 이렇게 대답을 시작하고 영어 실력이 늘면서 이 무책임한 젊은이들은 그들이 말한 것이 쉽사리 받아들여지고 사실로 인정된다는 것을 안 다음 나름대로 자연스럽게 짜 맞추기 시작했을 것이다. 그들이 푸에고 섬 원주민들이 전투에서 죽은 적을 어떻게 먹었고, 그런 희생자가 없을 때는 할머니를 먹었다는 말을 아주 자세하게 했다고 우리는 들었다. 배

고플 때 개를 먹었느냐는 질문에, 개는 수달을 잡는 데 필요해 먹지 않았고, 할머니는 쓸모가 없었다고 말했다고 한다. 그들이 말하기를 할머니들이 질식해 죽을 때까지 연기에 쐬였다고 한다. 고기의 맛도 아주 좋았다고 말했다. 그들이 꾸며낸 이런 불쾌한 허구들은 한번 굳어진 다음에는 아무리 그것을 부정해도 믿으려 하지 않았고, 그들이 과거에 빠졌던 무서움을 고백하지 않으려는 마음만 커졌다. 따라서 이 젊은 이야기꾼들은 그들의 상상력을 최대로 이용해 더욱 황당무계한 이야기들을 지어내 서로 경쟁했으며, 다른 두 사람이 칭찬하자, 더욱 대담해졌을 것이다…. 다윈과 피츠로이가 이 원주민들이 식인종이라는 이론을 받아들이자, 또 그 이론을 지지하는 증거들을 수집했다고 치자. 예컨대, 불에 타고 긁히고 흩어진 뼈들을 발견했다고 치자. 식인 풍습의 좋은 증거가 될 것이다. 그러나 한 겨울에는 죽은 사람을 땅을 팔 도구도 없어, 묻지 못하면 나무를 쌓아놓고 태울 수도 있다. 생선을 먹고 사는 야흐간 족은 수장하지 않는다. 여우가 뼈를 긁을 수도 있다…, 나의 아버지는, 기근에는, 즉 날씨가 나빠 물고기를 잡지 못할 때에는, 그들이 가죽 끈과 겨울에 가끔 신는 가죽신을 삶아 먹었으나, 어느 누구도 사람을 먹자는 말을 하지는 않았다고 그의 일기에 썼다. 또 그들은 아무리 배가 고파도 독수리나 여우가 시체를 먹었을 수도 있어, 그 동물들도 절대 먹지 않았다…, 그러나 원주민 세 사람을 포함해 아무도 그 사실을 부인하려고 하지 않아 그 사실이 굳어졌다"는 것이다.

그러나 항해기를 읽어보면, 원주민들이 먹을 것이 없었을 때에는 사람 고기를 먹었던 것으로 보인다. 실제 다윈이 그들에게 무서운 대답을 유도하지는 않았다고 믿어야 하기 때문이다. 또 로 선장과 이야기한 원주민 소년이 거짓말을 했다는 생각은 들지 않는다. 그러나 그보다 사람이 먹을 것이 없을 때, 사람 고기로라도 연명하는 것이, 먹을 것이 많은 문명인에게는 혐오스러워도, 그렇지 않다고 보아야 한다. 예를 들면, 1972년 10월, 안데스 산맥에 떨어진 우루과이 비행기를 탔던 럭비선수들과 승객들이 죽은 사람들의 고기를 먹고 두 달 정도를 살다가 구조된 것을 비난할 수 없다.

브릿지스가 원주민들의 편을 드는 것은 그들과 함께 오래 살면서 그들을 욕되게 하고 싶지 않았던 것으로 보인다. 한편, 원주민 사이에서는 도저히 치료하지 못할 병에 걸리거나 불구자는 안락사를 시킨 경우는 있었던 것으로 생각된다. 나이 든 여인들이 언제나 희생된 것은 아니며, 그들이 카누를 잘 다루거나 경험이 많아, 오히려 둘째 부인이나 셋째 부인으로 인기가 있었던 것으로 보인다. 브릿지스는 위에서 세 사람이 모두 야흐간 족이라고 말했으나, 지미만 야흐간 족이고, 나머지 두 사람은 알라칼루프 족이다.

3) 칠레 산티아고에 있는, 백인이 오기 전의 원주민 생활을 보여주는 '프레(先)

콜롬비아노 박물관'에서 발간한 책을 보면, 티에라델푸에고 섬의 원주민들도 제사를 지냈다. 그들이 제사를 지낼 때에는 몸을 하얀색으로 치장하고 머리에는 나뭇가지로 만든 관을 쓴 몇 명의 남자가 둥글게 어깨동무를 한다. 또 탈을 쓴 사람들도 볼 수 있다. 오나 족에게는 아름답고 슬픈 전설들도 있으며, 그 전설에는 나무와 바위와 땅속 깊은 곳과 하늘의 영혼과 이끼 귀신과 인간의 유령과 눈과 바람을 만드는 하얀 귀신같은 영혼이나 혼령들도 등장한다. 전설이나 미신이나 춤이 거의 모든 민족에 공통된 것이라면, 티에라델푸에고 섬 원주민이라고 해서 그런 전설이나 미신이 없었다고 생각해서는 안 될 것이다.

4) 다윈이 티에라델푸에고 섬에 왔을 때는 네 부족이 있었다. 아우시 족과 오나 족과 알라칼루프 족과 야흐간 족 (또는 야마나 족)이다. 아우시 족과 오나 족은 내륙에서 걸어 다니면서 주로 활로 사냥을 했다. 알라칼루프 족과 야흐간 족은 해안에서 카누를 타고 다니면서 주로 바다 생물을 사냥했다. 알라칼루프 족은 마젤란 해협의 서쪽 해안 지방에서 살았다. 야흐간 족은 머리 협수로의 해안에서 살았다. 그 이름은 '산골짜기 수로에서 온 사람' 이라는 뜻이다. 다윈이 충격을 받았던 비참한 생활을 했던 부족이 바로 야흐간 족이다.

네 부족을 합하면 약 8천~1만 명에 이르렀다. 그러나 이들은 다윈의 생각과는 달리 백인들이 들어오면서 빠르게 줄어들었다. 곧 1864년, 물개잡이 배에서 전염된 병으로 야흐간 족의 반 정도가 죽었으며, 1884년에는 1천 명(남자 273명, 여자 314명, 어린이 413명)만 남았다. 1884년 10~12월에는 홍역으로 다시 반 정도가 죽었다. 2년 후에는 폐렴과 연주창과 폐결핵으로 죽어 397명만 남았다. 또 악한 백인들이 동물을 사냥하듯이 원주민을 사살했다. 1891년, 우슈아이아호에서 전염된 장티푸스와 천연두와 백일해로 야흐간 족이 더 죽었으며, 1907년에는 선교 본부를 폐쇄할 정도로 야흐간 족의 수가 감소했다. 1911년에는 오나 족 300명, 아우시 족 5명이 있었으며, 1913년에는 야흐간 족 100명이 남았다. 전 세계에서 유행성 독감으로 2천만 명이 죽었던 1919년에도 오나 족이 많이 죽었다. 1924년~1925년에는 야흐간 족이 혼혈을 포함해 40~50명 정도 남았으며, 1925년의 홍역으로도 많이 죽었다. 지금은 순수한 푸에고 섬 원주민은 전혀 없다.

푸에고 섬 원주민을 포함하여 소위 신대륙과 대양에 많은 섬의 원주민들이 사라진 이유는 총도 원인이 되겠지만, 그보다는 그들이 가축을 기르지 않으면서 백인이 전염시킨 질병들에 대한 면역력이 없는 것이 큰 원인이라고 한다. 실제 인간의 질병 상당수는 가축한테서 유래했기 때문이다. 유라시아대륙에는 양, 염소, 돼지, 소, 말, 낙타, 토끼, 닭, 오리를 비롯한 여러 종의 가축이 있었지만 아메리카 대륙에는 야마와 알파카와 기니피그 정도였다. 또

근친결혼으로 열성 유전자가 모여 원주민들이 새로운 질병에 대한 저항력이 없었다는 의견도 있다.

5) 폴스 케이프 혼(False Cape Horn)이란 '가짜 케이프 혼' 이라는 뜻으로, 마젤란 해협 남쪽의 서쪽에 있는 호스테 섬의 하디 반도의 남쪽 끝이다. 케이프 혼의 북서쪽으로 60km 정도에 있으며, 케이프 혼과 착각하지 말라고 그런 이름을 붙인 것으로 보인다.

6) 비글 해협은 티에라델푸에고 섬과 그 남쪽의 나바리노 섬과 고든 섬과 오스테 섬 사이의 해협이다. 어드벤처호와 비글호가 1829년 4월부터 1830년 8월에 걸쳐 굿석세스 만에서 마젤란 해협의 서쪽 출구인 데솔라시온 섬까지 조사했을 때, 비글호의 갑판 선원이던 머리가 고어리 정박지의 서쪽을 조사하다가 비글 해협을 발견했다. 그러나 당시 함장이 피츠로이였으므로 본문에서는 피츠로이 함장이 비글 해협을 발견했다고 말한다. 비글 해협이 마젤란 해협과 르 매르 해협보다 남쪽에 있어, 그야말로 문명 세계가 있는 대륙에서 가장 남쪽에 있는 동서방향의 해협이다(반면 르 매르 해협은 거의 같은 위도에서 남북방향의 해협이다). 비글 해협이 본문에서 보다시피 경치가 좋아 지금은 좋은 관광지가 되었다.

비글 해협으로 가장 먼저 온 유럽 사람이 스페인의 노달 형제(Bartolome del Nodal과 Gonzalo Garcia del Nodal)이다. 그들은 1619년 1월부터 3월 11일까지 티에라델푸에고 섬 둘레를 처음으로 일주 항해하면서 굿 석세스 만을 발견했다. 또 그들이 그때 티에라델푸에고 섬의 동쪽 끝에서 사는 아우시 인디오를 처음 만났다.

이 부근을 탐험한 유럽인과 야마나 족이 처음 만난 것은 1624년 2월이었다. 곧 네덜란드 작크 허마이트(Jacques L'Hermite) 탐험대의 17명은 그들이 탔던 나쏘(Nassau)호가 돌풍에 밀려 비글 해협 남쪽에 있는 나바리노 섬의 남쪽에 있는 윈드혼드 만(Bahia Windhond) 부근에서 조난당하다가 그들을 만났다. 그러나 그들은 분명한 이유 없이 원주민들에게 모두 죽음을 당했다(지금은 케이프 혼 일대가 허마이트 군도로 이름이 지어져 그들을 기린다). 당시 탐험대에는 11척의 배가 있었고 가장 큰 배는 노를 젓는 사람이 1천 명이 넘었고 군인 900명에 크고 작은 대포도 많았다. 이렇게 강력한 탐험대가 그냥 떠난 것은 힘이 없어서가 아니고 다른 이유일 것이다. 탐험대는 3월 후안 페르난데스 섬에 왔다가 지금의 페루 땅으로 올라갔다. 한편 허마이트는 1624년 6월 2일 죽고 위고 쇼펜함이 지휘했다.

7) 위에서 이야기한 루카스 브릿지스의 부친인 토머스 브릿지스(1842~1898) 목사가 만든 『야마나 어-영어 : 티에라델푸에고 섬 언어사전』에는 약 32,000개의 단어가 실려 있다.

8) 다윈이 항해기나 일기에서 이야기하지 않았지만, 다윈도 보트를 잡으러 달려갔다는 내용이 함장의 일지에 기록되어 있다.
"그것들(보트들)을 움켜잡았거나 로프를 잡은 사람들의 노력으로 보트들이 두세 번째 파도에 맞지 않게 다시 높이 올려졌다. 보트들이 제시간에 구조되었던 게 다행으로, 다윈과 두세 사람이 즉시 달려가지 않았더라면 잡을 수 없도록 멀리 떠내려갔을 것이다."

9) 1869년 1월, 영국 선교사 웨이트 H. 스털링 목사가 유럽인으로는 처음으로 티에라델푸에고 섬에 정착해 야흐간 족과 여섯 달을 살았다. 그가 정착한 비글 해협 가운데 북쪽 해안에 영국 성공회 선교 본부와 아르헨티나 정부 건물이 들어섰으며, 오늘날 우슈아이아 시가 되었다. 티에라델푸에고 섬에 처음으로 영구히 살게 된 유럽 사람은 1871년 9월에 온 영국 성공회 소속 토머스 브릿지스 목사 가족이다. 우슈아이아에서 살다가 동쪽으로 옮긴 곳이 지금은 유명한 관광지인 에스탄시아 하버튼(Estancia Harberton)이다.

10) 비글호를 타고 온 원주민에 관한 이야기가 『지구 맨 끝』에 실려 있다.
먼저 영국 윌리엄 파커 스노우 선장은 1855년 포크란드 군도 케펠 섬에 영국 성공회 선교본부를 세웠다. 그가 알렌 가르디너호로 비글 해협에 처음 온 1855년 10월 11일, 지미를 발견했다. 이 때 그에게 배에 탈 것을 권유했으나, 가족들 때문에 거절당했다. 토마스 브릿지스 목사가 지미를 1863년에 처음 만났으며, 그때 그에게 아들이 셋이 있었다고 기록했다. 지미는 1864년에 죽은 것으로 알려졌다.
요크 민스터는 푸에기아 바스켓과 1833년 결혼해 아이 둘을 두었지만, 고향 사람을 죽인 보복으로 살해되었다. 그가 죽자 푸에기아 바스켓이 자신보다 아주 어린 남자와 재혼했다. 치아가 많이 빠진 그 여자가 1873년 5월 16일부터 23일까지 열여덟 살 남편과 다른 알라칼루프 족과 함께 우슈아이아 선교본부를 찾아왔다. 브릿지스 목사는 1883년 2월 그 여자가 자기의 종족 사이에 있는 것을 마지막으로 보았다. 그때 그 여자의 나이가 62세 정도였고 몸이 쇠약해져 인생의 끝에 왔다는 기분이 들었다고 한다.
상당한 시간이 흐른 다음에는 티에라델푸에고 섬 원주민들이, 함장의 기대대로, 조난당한 선원들을 구조했다. 예컨대, 그들과 브릿지스 가족은 1876년 1월 초 불이 난 산 라파엘호, 1882년 폭풍에 파손된 이태리 탐험대의 골든 웨스트호, 1884년 겨울 불이 난 독일 에르빈호, 1907년 7월 좌초된 영국 글렌 캐른호의 승무원과 승객들을 구조했다.

제11장 마젤란 해협-남쪽 해안 지방의 기후

마젤란 해협-굶어 죽는 포구-타른 산 등정-숲-먹는 버섯-동물-큰 해초-티에라델푸에고 섬을 떠나다-기후-남쪽 해안 지방의 과일나무와 산물-안데스 산맥의 설선 높이-빙하가 바다로 내려오면서-빙산이 만들어져-돌덩이들이 운반되다-남극 섬 지방의 기후와 토산물-시체가 얼어서 보존되다

비글호는 1834년 5월 말, 1월 중순에 이어 두 번째로 마젤란 해협 동쪽 입구에 들어섰다. 해협 양쪽은 파타고니아처럼 거의 평탄한 평원이었다. 그러나 20마일 정도 들어와 두 번째 좁은 수로를 조금 지나자 티에라델푸에고 섬의 특징인 험준한 지형이 시작되었다. 대기는 어떠한 제한도 받지 않고 뒤섞이면서 빨리 흐르는 것 같지만, 마치 강물이 강바닥을 따라 흘러가듯 규칙을 가지고 어떤 정해진 경로를 따라 흐른다.*

지난 1월에는 이른바 '거인들'이라 불리는 유명한 파타고니아 원주민들을 만났다. 평균 키가 약 6피트 정도이며 여자들도

* 남서쪽에서 부는 미풍은 보통 대단히 건조하다. 1월 29일 케이프 그레고리에 정박했을 때, 서쪽과 남쪽에서 심한 폭풍이 불었는데, 하늘이 맑았고 뭉게구름도 많지 않았다. 기온 13.9℃에 이슬점은 2.2℃였다. 1월 15일 산훌리앙 포구에서는 아침에 바람이 약간 불었고 비가 많이 온 데 이어 다시 심한 돌풍이 불면서 비가 왔다. 다음에는 심한 바람이 불면서 큰 뭉게구름이 생겼다가 맑아졌으며, 굉장히 심한 남남서풍이 불었다. 기온 15.6℃, 이슬점 2.2℃°였다.

키가 컸다. 생김새는 로사스 장군과 함께 있던 북쪽 인디오와 비슷했지만, 외모는 더 사납고 무서웠다. 함장이 식사에 초대한 원주민 세 사람은 칼과 포크와 스푼을 아주 점잖게 썼으며, 설탕을 좋아했다. 이 종족은 물개나 고래를 잡는 사람들과 교류가 많아, 남자 대부분이 영어와 스페인 말을 조금씩 했다.

❀ 그레고리 만의 파타고니아 원주민. 다윈은 이들보다 더 큰 사람들은 만나지 못했다고 한다.

다음 날 아침, 많은 사람들이 물건을 가죽이나 타조 깃과 바꾸려고 해안에 모였다. 그들은 총을 싫어했고 담배를 가장 많이 찾았다. 그들은 우리에게 다시 오라고 했다. 그들은 연중 대부분을 여기에서 보내지만, 여름에는 안데스 산맥 기슭까지 가거나 간혹 북쪽으로 750마일 떨어진 네그로 강까지 올라갔다. 1580년에는 이들에게 활과 화살이 있었으나, 지금은 쓰지 않는다. 그들에게는 그때에도 벌써 말이 있었다.[1)]

6월 1일_ 마젤란 해협 북쪽 연안에 있는 '굶어 죽는 포구'에 정박했다.[2] 겨울이 시작될 때라 볼 만한 경치는 없었고 어렴풋한 숲과 가랑비처럼 내리는 얼룩얼룩한 눈이 부연 대기 속으로 보일 뿐이었다. 다행히 날씨가 좋은 이틀은 높이 6,800피트의 사르미엔토 산이 웅장한 자태를 드러냈다. 산이 높아 놀랐는데, 해면부터 산꼭대기까지 한눈에 보기 때문이라는 것을 알았다.

❁ 티에라델푸에고 섬에서 아주 높은 산인 사르미엔토 산. 산의 윗부분은 얼음과 눈으로 덮여 있다.

함장은 여기에서 선원 두 사람을 구조했다. 물개잡이 배에서 달아난 그들은 배를 만나리라는 희망을 안고 '굶어 죽는 포구' 쪽으로 왔다고 했다. 비참한 몰골을 한 그들은 며칠을 홍합과 작은 열매만 먹고살았고, 불 가까이에서 잠을 자다가 그 남루한 옷을 태웠다. 그들은 밤낮으로 바깥에서 지냈어도 건강했다.

'굶어 죽는 포구'에 머무는 동안 원주민들이 두 번씩이나 나타나 우리를 귀찮게 했다. 처음 그들이 멀리 있을 때, 대포를 몇 발 쏘았다. 포탄이 물에 떨어질 때마다 인디오들은 1마일 반이나 떨어진 배 쪽으로 돌멩이를 던졌다. 다음에는 보트를 보내 소총을 몇 발 쏘자, 원주민들은 나무 뒤로 숨어, 소총을 쏠 때마다 활을 쏘았다. 하지만 보트에는 미치지 못했다. 마침내 총알이 나무를 부러뜨리고 쓰러뜨리자 그들은 달아났다. 지난번 항해에서는 원주민들이 하도 귀찮게 하는 바람에, 그들을 놀라게 하려고 한 밤 움막 위로 불꽃 로켓을 한 발 쏘자 곧 효과가 나타났다. 그들의 소동과 개 짖는 소리가 1~2분 만에 조용해졌다. 다음 날 아침 푸에고 섬 원주민은 한 사람도 보이지 않았다.

비글호가 정박해 있던 2월 어느 날, 우리는 부근에서 가장 높은 산인 2,600피트의 타른 산을 올라갔다. 밀물 선에서 시작된 숲이 너무 빽빽해, 산인데도 뚜렷한 지형들이 하나도 보이지 않아, 두 시간 만에 정상까지 가려던 생각을 포기했다. 깊은 계곡에는 죽음 같은 적막감을 빼고는 아무것도 없었다. 모든 곳이 음침하고 춥고 습해, 버섯이나 선태식물이나 양치식물도 자라지

❁ 마젤란 해협을 장악하려던 사람들이 고생했던 굶어 죽는 포구와 마젤란 해협.

못했다. 죽어서 썩어가는 큰 나무들이 넘어져 골짜기를 꽉 막아, 골짜기를 따라 기어가기도 힘들었다. 이렇게 생긴 다리를 넘어가다가 썩는 나무통 속으로 무릎이 빠지거나 튼튼한 나무에 기댔다가 그냥 쓰러져버리는 썩은 나무들 때문에 깜짝깜짝 놀라곤 했다. 마침내 작은 나무들이 있는 숲이 나왔다. 아무것도 없는 능선을 따라 꼭대기로 올라갔다. 그곳에서 티에라델푸에고 섬의 특징 있는 경치를 볼 수 있었다. 산들은 불규칙하게 연속되고, 군데군데 눈이 남아 있었다. 골짜기는 깊고 누런색이 감도는 초록색이었다. 바다가 여러 방향에서 육지를 파고들어 왔다. 바람은 강하고 매서웠다. 공기는 안개가 낀 것처럼 흐릿해서 산꼭대기에 오래 있지 않고 미끄러지듯 내려왔다.

푸에고 섬 원주민들의 식량으로 쓰이는 중요한 식물 한 종이 있다. 밝은 노란색을 띤 둥근 버섯으로 너도밤나무에 많이 달렸다. 어릴 때는 탄력이 있고 불룩하며 표면이 매끈하지만, 익으면 표면 전체가 그림에서 보듯이 깊게 패거나 벌집 모양이 된다. 티에라델푸에고 섬에서는 원주민들이 이 버섯을 그대로 먹었다. 버섯 같은 냄새가 약간 나며, 끈적끈적하고 맛이 들큼했다.[3)]

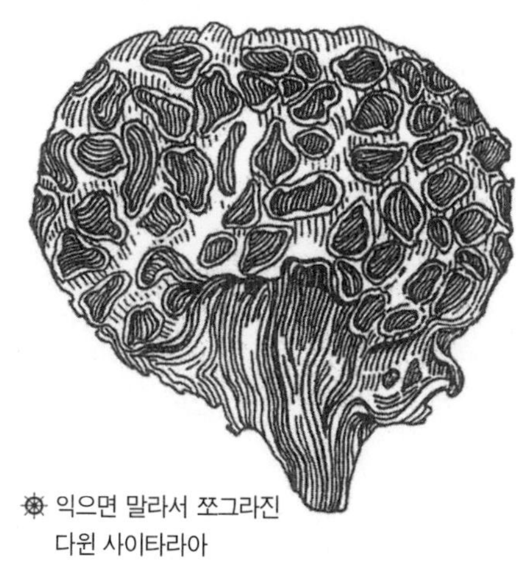
익으면 말라서 쪼그라진 다윈 사이타라아

티에라델푸에고 섬에는 동물이 거의 없었다. 고래와 해표류를 제외한 포유동물은 박쥐와 친칠라 생쥐, 해달, 과나코, 투쿠투코와 비슷하거나 같은 두더지 각각 한 종, 생쥐와 여우 2종이다. 이 동물 대부분이 건조한 동부지역에서만 산다. 비글 해협의 남쪽에 있는 두 개의 큰 섬 가운데 동쪽에 있는 나바리노 섬에는 여우와 과나코가 있으나, 서쪽에 있는 오스테 섬은 좁은 수로로 나뉘었을 뿐 모든 점이 전자와 비슷하지만, 그 두 동물이 살지 않는다. 나는 이 말을 지미한테서 들었다.

티에라델푸에고 섬 음침한 숲 속에는 새들이 꽤 많았다. 아주 높은 나무 꼭대기에 숨어서 우는 흰벼슬 파리잡이 딱새와 머리에 새빨간 벼슬을 한 검은 딱따구리와 작고 어두운 색깔을 한 마젤란 굴뚝새가 있다. 그러나 가장 흔한 새는 나무발바리이다. 너도밤나무 숲과 가장 어둡고 습해서 사람이 들어가기 힘든 깊은 계곡에서도 이 새들을 볼 수 있었다. 넓은 곳에는 서너 종의 핀치새와 오페티오린치 속에 속하는 새 두 종과 올빼미 몇 종과 개똥지빠귀와 찌르레기와 매가 각각 한 종이 있었다.

❀ 다윈 풍금조.

파충류가 전혀 없다는 것이 이곳과 포클랜드 군도의 특징이다. 티에라델푸에고 섬에 없다는 말은 지미에게서 들었고 후자는 스페인 출신 주민에게서 들었다. 남위 50도인 산타크루스 강둑에서 개구리 한 마리를 보았다. 개구리와 도마뱀은 파타고니아의 특징이 있는 남쪽 마젤란 해협까지 있을 것이다. 그러나 티에라델푸에고 섬의 춥고 습한 곳에서는 한 종도 나타나지 않았다. 기후가 도마뱀 같은 생물에게 맞지 않을 수 있겠다고 짐작되지만, 개구리의 경우는 분명하지 않았다.[4)]

갑충은 아주 조금 나왔다. 몇 종은 돌 밑에 사는 고산성 곤충인 초식성 집게벌레와 거저리 계통이었다. 열대 지방에 많은 잎벌레 과는 거의 없었다.* 곤충학자의 연구로는 집게벌레 과는 8~9종, 거저리 계통이 4~5종, 바구미 상과가 6~7종이 있었다. 다른 종들은 거의 없었다. 아주 적은 수의 파리와 나비와 벌은 있지만, 귀뚜라미나 메뚜기목은 전혀 없었다. 물웅덩이에는 갑충 몇 종이 있으나, 민물에서 사는 우렁이는 없었다.

바다에는 생물이 많았다. 특별히 중요한 생물이 바로 켈프이다. 이 식물은 바깥 해안이나 수로 안 어디든지 있었다.** 간조 시 수위부터 아주 깊은 물속에 이르기까지 바위에서 성장했다. 어드벤처호와 비글호를 타고 조사하는 동안, 해면 가까이 있는

* 고산종인 잎벌레 한 종과 방아벌레 한 종은 제외되어야 한다고 믿는다. 워터하우스 씨가 알려준 바로는 집게벌레 과는 8~9종이다. 많은 생물들이 아주 특이한데, 거저리 계통이 4~5종, 바구미 상과가 6~7종이다. 반날개 과와 방아벌레 과와 방아벌레 목의 한 과와 풍뎅이 과 한 종씩 있다. 다른 목에 속하는 종들은 거의 없다. 모든 목에서 종의 수보다는 개체 수가 적다는 것이 눈에 띈다. 워터하우스 씨는 딱정벌레 목의 대부분을 『박물학 연보』에 상세하게 기재했다.

** 켈프의 지리 분포는 아주 넓다. (스토크스 씨의 이야기를 따르면) 케이프 혼 부근의 최남단에서 북위 43도의 동해안까지 분포되어 있다. 하지만 후커 박사의 말로는, 서해안을 따라 캘리포니아 주의 샌프란시스코, 심지어 캄챠트가 반도에도 있다고 한다. 그러므로 이 켈프가 위도로는 아주 넓은 지역에서 나오는 것을 알 수 있다. 이 켈프를 잘 알고 있는 쿡 함장은 경도로도 140도 이상이나 떨어진 케르겔렌 제도에서 발견했다.

바위들이 모두 뜨는 식물로 덮여 있다는 것을 알았다. 둥근 줄기는 끈적거리고 매끈하며, 지름이 1인치가 채 되지 않지만, 켈프 몇 줄기를 엮으면 큰 돌덩이의 무게를 견딜 수 있을 정도로 강하다. 내륙 수로에서 켈프는 돌덩이에 붙어 자란다. 쿡 함장은 그의 두 번째 항해기에서 케르겔렌 제도의 켈프는 수심 24패덤보다 깊은 곳에서 자라 올라오며 "켈프는 해저에 붙어서 자라는데, 크게 자라면 대부분은 해수면에서 넓게 퍼진다. 어떤 것은 길이가 60패덤을 넘는 것이 있다" 라고 썼다. 피츠로이 함장은 수심 45패덤이 넘는 깊은 곳에서 자라는 켈프를 발견했다.* 이 해초밭은 폭이 크지는 않지만 물 위에 떠 있는 훌륭한 자연방파제가 되었다.

켈프에 크게 의존하는 생물 목目의 수는 놀랍게도 아주 많아, 켈프 밭에서 서식하는 생물들을 다 쓰자면 두꺼운 책 한 권이 될 것이다. 만약 어떤 숲이 파괴된다 하더라도, 켈프가 파괴되는 것만큼 많은 숫자의 동물이 죽지는 않을 것이다. 켈프의 잎들 사이에서는 다른 곳에서는 먹이와 숨을 곳을 찾지 못했던 여러 종의 물고기가 살았다. 나아가 이 물고기들이 죽으면 많은 가마우지와 다른 물새들, 해달, 해표류, 돌고래류가 이내 사라질 것이며, 마지막으로 이 비참한 땅의 불쌍한 주인인 푸에고 섬 야만인

* 『어드벤처호와 비글호 항해기』 1권 363쪽, 이 해초는 아주 빨리 자라는 것으로 보인다. 스티븐슨 씨가 (월슨의 『스코틀랜드 연안 일주 항해기』 2권 228쪽) 사리 때만 물에 잠기는 바위를 11월에 정으로 매끈하게 다듬은 다음, 다음 해 5월, 즉 여섯 달 후에 2피트 길이의 푸쿠스 디지타투스와 6피트 길이의 푸쿠수 에스쿨렌투스로 빽빽하게 덮여 있었다.

들의 식인 풍습이 더 심해질 것이다. 그러면 인구가 줄어들 것이며, 어쩌면 멸종할지도 모를 일이다.[5)]

6월 8일_ 비글호는 아침 일찍 '굶어 죽는 포구'를 떠났다. 피츠로이 함장은 최근에 발견된 마그달레나 해협을 지나 마젤란 해협에서 나갔다. 항로는 정남쪽이었는데 안개가 심해 풍경을 볼 수 없었다. 그래도 거무스름한 구름 사이로 언뜻 본 경치는 큰 호기심이 생겼다. 톱날 같은 봉우리들, 원뿔형으로 쌓인 눈, 파란 빙하, 하늘을 배경으로 한 뚜렷한 윤곽선들이 여러 번 보였다. 그런 풍경을 지나 우리는 케이프 투른에 정박했다.

6월 9일_ 아침에 안개가 서서히 걷히면서 티에라델푸에고 섬에서 가장 높은 산인 사르미엔토 산이 보이기 시작했다.[6)] 전체높이의 약 1/8인 산의 밑바닥은 울창한 숲으로 덮여 있고, 그 위쪽부터 꼭대기까지는 눈으로 덮여 있었다. 장엄하고 웅장했다. 산의 윤곽은 아주 맑고 또렷했다. 표면에서 반사되는 빛이 많아 그림자가 전혀 생기지 않으며, 하늘과 만나는 선만이 또렷했다. 그러므로 산의 몸체만 웅장하게 돋보였다. 위쪽 높은 곳에서 여러 갈래의 빙하가 바다 쪽으로 이리저리 흘러내렸다. 물이 너무 깊어 정박하지 못하고 14시간 동안 수로에 떠 있었다.

6월 10일_ 아침에 태평양으로 나갔다.[7)] 남아메리카 대륙 서해안은 주로 화강암과 녹색 바위로 된 둥그스름하고 아주 황량한 산들로 되었다. 큰 섬들 밖으로는 무수한 암초들이 흩어져 있었다. 비글호는 '으르렁거리는 동쪽'과 '으르렁거리는 서쪽' 사이를 빠져나갔다. 조금 더 북쪽의 바다는 흰 파도가 엄청나게 일어 은하수라고 불렀다. 뭍사람들이 그런 해안을 한 번이라도 본다면 일주일 동안 조난과 위험과 죽음을 상상할 것이다. 그 해안을 지켜보면서 티에라델푸에고 섬을 영원히 떠났다.

티에라델푸에고 섬과 남서쪽 해안 지방의 기후와 토산물_ 티에라델푸에고 섬 중부지역의 겨울은 더블린의 겨울보다 더 춥고, 여름에는 적어도 5.3℃ 낮다. 폰 부흐에 따르면, 노르웨이 살텐피오르의 7월 평균 기온이 14.3℃인데, 그곳은 굶어 죽는 포구보다 13도나 극지방 쪽에 가깝다. 우리가 느끼기에 이곳은 기후가 좋지 않아도 상록수가 무성하다.

남위 39도인 바이아블랑카에 가장 많은 조개는 감람조개 속 세 종과 권패 속 한두 종과 죽순고둥 속 한 종이다. 지금은 이 종들이 열대의 특징 종이다. 감람조개 중에서 크기가 작은 종이 유럽의 남부 해안에서 서식하는지 잘 모르겠지만, 다른 두 속은 한 종도 없다. 만약 어떤 지질학자가 포르투갈의 북위 39도 해안에서 감람조개 속 세 종, 권패 속 한두 종, 죽순고둥 속 한 종의 껍데기가 많은 지층을 발견한다면, 그 조개들이 살아 있을 때의 기후는 열대기후였을 것이라고 단언할 것이다. 그러나 남아메리카에서 보면 그런 추론이 틀릴 수도 있다.

	위도	여름 기온	겨울 기온	여름과 겨울 평균
티에라델푸에고	남위 53도 38분	10℃	0.6℃	5.3℃
포클랜드 군도	남위 51도 30분	10.6℃	-	-
더블린	북의 53도 21분	15.3℃	4℃	9.7℃

남아메리카 대륙의 서해안을 따라 위도 상으로 많이 올라가도 온도만 약간 올라갈 뿐, 티에라델푸에고 섬처럼 온화하고 습

기가 많으며 바람이 많이 부는 기후가 계속된다. 케이프 혼 북쪽으로 600마일이나 되는 곳의 숲도 겉모습이 아주 비슷하다. 북쪽으로 300~400마일 더 올라가도 기후가 같아서, 위도가 스페인의 북부에 해당되는 칠로에 섬에서는 복숭아가 거의 열리지 않는 반면 딸기와 사과는 잘 된다. 그곳에서 보리와 밀은 집 안에서 말리고 익혀야 한다. 마드리드처럼 위도 40도에 있는 발디비아에서는 포도나 무화과가 익지만 잘 되지는 않는다. 또 올리브는 거의 익지 않고, 귤은 전혀 되지 않는다. 반면 북반구에서 위도가 같은 유럽에서는 이 과일들이 아주 잘 된다.

기후가 온화한 것은 분명히 육지에 비해 바다가 넓기 때문일 것이다. 이러한 기후는 남반구 전체에 걸쳐 거의 같다는 생각이 든다. 그 결과 식물상에는 아열대 특징이 있다. 나무 같은 양치식물들이 위도 45도인 타스마니아에서 번성한다. 내가 잰 나무 같은 양치식물 한 그루는 둘레가 무려 6피트를 넘었다. 난초류들이 나무에 기생하는 남위 46도의 뉴질랜드에도 나무 같은 양치식물이 있다. 뉴질랜드 남쪽으로 460km 떨어진 남위 59도, 동경 165도에 있는 오클랜드 제도의 양치식물은 키가 크고 동체가 무척 굵어 양치나무라고 불러야 할 정도라고 한다. 이 군도뿐만 아니라 멀리 남위 55도에 이르는 매쿼리 섬까지 앵무새가 많다.

남아메리카의 설선 높이와 빙하 흐름_ 눈이 녹지 않는 설선은 연평균 기온보다는 주로 여름의 최고 기온으로 결정되므로, 마젤란 해협에서 그 높이가 해발 3,500~4,000피트로 내려온다고 놀라서는 안 된다. 노르웨이에서는 그 높이에서 녹지 않는 눈을 보려면, 북위 67~70도, 곧 13도나 극 쪽으로 가야 한다. 칠로에 섬 뒤의 안데스 산맥은 최고 높이가 5,600~7,500피트인데, 위도가 겨우 9도 북쪽인 중부 칠레와 설선 차이가 9,000피트라는 게 정말 놀랍다.* 칠로에 섬 남쪽에서 남위 37도인 콘셉시온 부근까지는 습기가 차 물이 뚝뚝 흐를 정도로 숲이 울창하고 하늘에는 구름이 끼어 있다. 반면 중부 칠레, 즉 콘셉시온의 북쪽 하늘은 보통 맑다. 일곱 달 동안 지속되는 여름에도 비는 오지 않는다. 남부 유럽은 과일이 아주 잘 되며 사탕수수까지 재배된다. 만년설의 설원이 해발 9,000피트 넘는 산지라는 것은 지구의 다른 곳에서는 결코 찾아볼 수 없는 현상이다. 이곳, 콘셉시온의 땅에는 나무와 숲이 없다. 남아메리카에서 나무가 자란다는 사실은 비가 많이 오는 기후이며, 비가 내린다는 것은 하늘이 흐리고 여름이 뜨겁지 않다는 뜻이다.

위도	설선 높이(피트)	관찰자
적도지역 평균	15,748	훔볼트
볼리비아 남위 16-18도	17,000	펜트란드
중부 칠레 남위 33도	14,000-15,000	길리스와 나
칠로에 남위 41-43도	6,000	비글호 사관들과 나
티에라델푸에고	3,500-4,000	킹 함장

빙하가 바다로 내려오는 것은 상부지역에서 눈이 공급되는 것도 중요하지만, 주로 해안 근처의 가파른 곳에서 설선이 낮아

* 칠레 중부 안데스 산맥에서는 여름 기후에 따라 설선의 높이가 아주 크게 변한다. 여름이 매우 건조하고 길었던 어느 해의 경우 높이가 무려 23,000피트나 되는 아콩카과 산의 눈이 모두 없어졌다는 말을 들었다. 그렇게 높은 곳의 눈은 녹기보다는 증발될 것이다.

지기 때문이다. 티에라델푸에고 섬의 설선이 그렇게 낮기 때문에 우리는 많은 빙하가 바다까지 내려오리라고 예상할 수 있다. 그런데도 영국 북서쪽 컴벌랜드 위도에서 골짜기마다 바다까지 내려오는 빙하로 가득 찬 산맥을 처음 보았을 때, 나는 크게 놀랐다. 그 산들은 겨우 3,000~4,000피트 높이였다. 티에라델푸에고 섬뿐만 아니라, 650마일 북쪽의 해안에서 내륙의 높고 깊은 곳으로 파고 들어온 거의 모든 만들의 끝이, 조사에 참가했던 한 사관의 표현대로 '굉장하고 놀라운 빙하'였다. 파리와 같은 위도인 에이레 협만에는 거대한 빙하들이 있다. 둘레에 있는 가장 높은 산의 높이는 겨우 6,200피트이다. 한 번은 이 협만에서 약 50개의 빙산이 밖으로 떠나가는 것이 관찰되었다. 빙산 하나의 높이는 적어도 168피트나 되었다. 빙산 몇 개에는 상당히 큰 바윗덩어리가 실려 있었는데, 그 바위는 화강암과 그 부근 산에 있는 점토 판암과는 다른 바위였다. 어드벤처호와 비글호가 지난번에 조

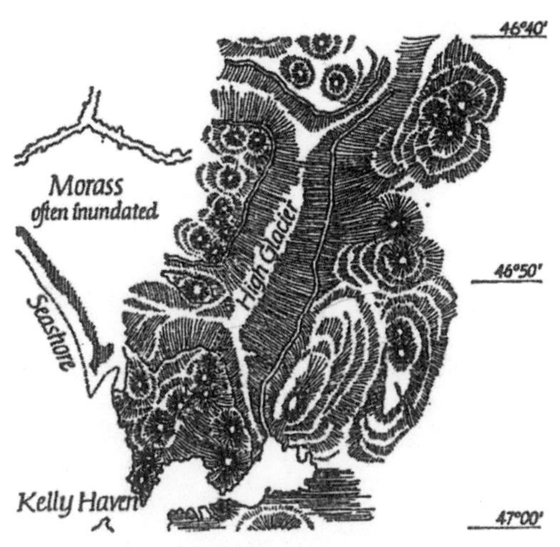

칠레 해안 페나스 만 부근의 빙하. 지구가 더워지면서 지금은 빙하가 많이 없어졌다.

사했을 때, 극에서 가장 먼 빙하가 남위 46도 50분의 페나스 만에 있었다. 빙하의 길이는 15마일, 한 부분의 폭이 7마일이었으며, 해안에 닿아 있었다. 그러나 이 빙하보다 몇 마일 북쪽인 산라파엘 하구에서 만난 스페인 선교사들이 바다가 들어온 좁은 만에서 "많은 빙산을 보았다. 아주 큰 것도 있었고, 작은 것도 있었으며, 중간 크기도 있었다" 라고 말했다. 그런데 날짜가 우리 달력으로 6월 22일이고, 제네바 호수의 위도와 놀랍게도 일치했다.

유럽에서 바다까지 내려온 빙하 중 가장 남쪽에 있는 빙하는 북위 67도에 있는 노르웨이 해안에 있다. 이는 산 라파엘 하구보다 위도로는 20도 이상, 즉 1,230마일 극 쪽에 더 가깝다. 이곳과 페나스 만에서 빙하가 발견되는 것은 매우 놀랍다. 바로 빙하가 흘러온 해안선이, 감람조개 속 세 종, 권패 속 한 종, 죽순고둥 속 한 종이 흔하게 발견되는 포구의 해안에서 위도로 7.5도, 즉 450마일이 되지 않기 때문이다.[8] 또한 종려나무가 자라는 곳에서 9도, 재규어와 퓨마가 돌아다니는 평원에서 4.5도, 나뭇가지를 닮은 풀이 자라는 곳에서 2.5도, 난초류가 기생식물처럼 자라는 곳에서 2도, 양치나무가 있는 곳에서는 겨우 1도 떨어지지 않기 때문이다.

이런 사실들은 바위들이 운반되었을 당시의 북반구 기후에 대한 지질 연구에 중요하다. 티에라델푸에고 섬에서는 대부분의 바위들이, 땅이 융기하면서 지금은 마른 골짜기로 변해버린 옛 수로를 따라 흩어져 있다. 바위들은 빙산이 바다 밑바닥을 쉼 없이 파 올린 물질과 빙산 자체에 실려 온 모나고 둥근 바위 조각들이 섞인 진흙과 모래로 된, 층리가 없는 거대한 지층과 함께 나온다. 지금 높은 산 위에 흩어져 있는 표력들은 빙하 자체로 옮겨진 것이다. 산에서 멀리 떨어져 있거나 물속 퇴적층에 있는 표력들은 빙산으로 옮겨졌거나 해안에서 언 얼음에 붙잡혀 운반되었다. 이를 의심하는 지질학자들은 거의 없다. 바위의 운반과 얼음의 존재가 관련이 있다는 것은 전 세계에 걸친 그들의 분포에서 뚜렷이 나타난다. 남아메리카에서는 남극점에서 위도로 48도보다 더 먼 곳에서 그 바위를 전혀 볼 수 없는 반면, 북아메리카에서는 북극점을 기준으로 운반 한계선이 북극점에서 53.5도까지로 보인다. 그러나 유럽에서는 똑같이 북극점을 기준으로 위도 40도보다 더 먼 곳에는 그런 바위들이 없다. 반면에 아메리카, 아시아, 아프리카의 열대 지방에서는 이들을 전혀 볼 수 없고, 희망봉과 오스트레일리아에서도 마찬가지다.*9)

남극에 있는 섬들의 기후와 토산물_ 티에라델푸에고 섬과 그 북쪽 해안에 식물이 많다는 점을 보면, 아메리카 남쪽과 남서

* 이전에 발행된 항해기와 부록에서, 남빙양에 있는 빙산으로 운반된 표력들에 관한 사실 몇 가지를 이야기했다. 훗날 헤이스 씨는 이 주제를 『보스턴 학술지』(4권 426쪽)에 잘 정리해 발표했다. 그러나 그는 남빙양에서 빙하에 실려 육지에서 100마일 또는 훨씬 더 멀리 떠내려간 거대한 바위에 관한 내가 발표한 내용(『지리학 학술지』 9권 528쪽)을 모르는 듯했다. 부록에서 나는 (당시에는 거의 그러리라고 생각하지 못했던) 빙산이 해안에 얹혀 빙하처럼 바위 표면에 골을 만들고 매끈하게 연마할 가능성을 길게 논의했다. 지금은 이 설명이 아주 쉽게 받아들여진다. 그러나 나는 아직도 이 설명이 쥐라기 산맥에 적용될 수 있는지는 의심스럽다. 의사 리처드슨은 북아메리카 쪽 빙산들이 자갈과 모래를 밀어내기 때문에 해저 암반은 아무것도 없이 평탄하게 된다고 나에게 장담했다. 그런 평탄한 바위들의 표면이 주요 해류방향으로 갈리고 패였다는 것을 의심하기란 거의 불가능하다. 이 부록을 쓴 다음, 북부 웨일스 지방에서 빙하들이 바닥에 닿아서 일으키는 작용과 떠 있는 빙산들이 바닥에 닿아서 일으키는 작용을 보았다(『런던 학술지』 21권 180쪽).

쪽에 있는 섬들의 환경은 참으로 놀랍다. 쿡은 북부 스코틀랜드와 위도가 같은 남샌드위치 군도를 가장 더운 달에 발견했는데, '수십 패덤이나 되는 만년설로 덮여 있었고' 식물도 거의 눈에 띄지 않았다고 한다. 요크셔와 같은 위도에 있는, 길이 96마일, 폭 10마일인 조지아 섬은 '한여름인데도 언 눈으로 전체가 덮여 있었다.' 선태식물과 풀 몇 종과 야생 오이풀만이 있고, 땅에서 사는 새는 단 한 종(코렌데라 논종다리)이 있다. 그러나 매켄지에 따르면, 극점에 10도 더 가까운 아이슬란드에는, 땅에서 사는 새가 15종이나 된다고 한다. 노르웨이 남반부와 같은 위도에 있는 남셰틀랜드 군도에는 이끼류, 선태식물, 작은 풀 한 종이 있을 뿐이다. 켄달 대위는 그가 정박했던 만이 우리의 9월 8일에 해당하는 시기에 얼기 시작했다는 것을 알았다. 그곳의 흙은 얼음과 화산재가 켜켜이 층을 이루고 있으며, 지면에서 조금만 깊어도 일 년 내내 얼어 있다. 켄달 대위는 묻힌 지 오래된 외국선원의 시체를 발견했는데, 살과 모든 부분이 완전히 보존되어 있었다.

남셰틀랜드 군도(남위 62~63도)의 언 땅에서 완전하게 보존된 채 발견된 시체의 경우, 팔라스가 시베리아에서 언 코뿔소를 발견한 위도(북위 64도)보다 약간 저위도에서 발견되었다는 점에서 대단히 흥미롭다. 시베리아 평원은 팜파스 평원처럼 해저에서 형성된 것으로 보인다. 이 평원으로 흘러든 많은 동물들의 사체는 대부분 골격만 보존되었으나, 사체 전체가 보존된 경우도 있다. 현재 아메리카 대륙 북극 해안의 얕은 바다는 밑바닥이 얼면 봄의 지면만큼 빨리 녹지 않는다고 한다. 하지만 이보다 좀 더 깊은 곳에 있는 바다 밑바닥은 얼지 않으며 밑바닥 수 피트 깊이에 있는 진흙은 육지의 수 피트 깊이의 흙처럼, 여름에도 0℃ 이하일 것이다. 더욱 깊은 곳에서는 진흙과 물의 온도가 살이 보존될 정도로 낮지 않을 것이다. 그러므로 북극 해안에서 깊은 곳으로 떠내려간 동물 사체들은 골격만 보존될 것이다. 지금 시베리아 최북단 지방에는 동물 뼈가 무수하게 많으며 뼈로만 되었다고 말할 수 있을 정도의 작은 섬들이 있다. 그 섬들은 팔라스가 얼어붙은 코뿔소 사체를 발견한 곳에서 북쪽으로 10도가 되지 않은 곳에 있다. 반면, 홍수 때 북극해의 얕은 곳으로 흘러간 사체들이 이내 진흙으로 덮이고, 그 진흙이 여름에 파고드는 물의 열을 막을 정도로 두껍다면, 무기한 보존될 것이다. 또 만약 해저가 융기해 육지가 되었을 때, 동물 사체를 녹이고 썩힐 여름의 공기와 해의 열을 막는다면 사체는 무한정 보존될 것이다.[10)]

축약자 주석

1) 남아메리카 대륙에 있던 말은 약 1만 년 전에 멸종되었다. 그러므로 유럽인이 처음 갔을 때는 말이 없었다. 그러나 스페인 사람들이 부에노스아이레스를 건설하다가 1541년, 원주민에게 쫓겨 가면서 놓고 간 말들이 늘어나 퍼졌다. 그 말은 파타고니아를 지나 1580년, 마젤란 해협까지 내려왔다. 다윈이 말하는 1580년 원주민에게 말이 있다는 내용이 그 뜻이다.
2) '굶어 죽는 포구'를 찾아온 다윈은 제1차 비글호 항해의 함장인 프링글 스토크스가 1828년 8월 그 부근에서 자살했고, 무덤이 근처에 있다는 것을 알고 있었을 것이다. 그러나 항해기와 일기에 그 이야기는 전연 없다.
3) 원주민들이 야오-야오라고 부르는 이 버섯이 유럽인들 사이에서는 '인디오의 빵' 또는 '다윈버섯'으로 알려졌다. 황색이나 주황색인 살구 모양의 둥근 포자낭이 어리고 연할 때 먹기에 제일 좋으나, 일 년 내내 여러 종이 있어 큰 어려움이 없다. 티에라델푸에고 섬에는 다른 종의 다윈버섯류가 있으

며, 이 버섯이 나뭇가지를 따라 작은 갈색 배처럼 성장한다. 이 다윈버섯은 1목, 1과, 1속에 10종이 넘으며, 모두 남반구 너도밤나무에서 기생한다. 버섯의 균사체가 나무에 기생하면, 나무가 이에 대항하면서 속이 아주 복잡하고 울퉁불퉁한 옹이가 되며, 버섯은 그 위에 생긴다. 그 밖에도 너도밤나무의 껍질을 벗긴 후 흘러나오는 수액도 인디오들과 개척 초기의 유럽인들이 마셨다. 또 가시가 난 작은 나무에 열리는 칼라파테라는 열매도 먹는다.

4) 티에라델푸에고 섬에는 뱀은 없으나, '마젤란 도마뱀'이라 불리는 도마뱀 1종이 있는 것으로 알려졌다. 등에는 노란 줄 두 줄과 점이 있으며 비늘이 크다. 이 도마뱀이 북쪽 모래가 많은 평지에만 있고 상당히 드물어 주민들의 눈에도 거의 띄지 않는다. (한편 2종의 도마뱀이 있다는 의견도 있다). 1973년 마젤란 해협 남쪽에 있는 데솔라시온 섬 메테오르 소만에서 초록바다거북 한 마리가 잡혔다. 이 거북이 티에라델푸에고 섬 근해에서 처음 잡힌 거북으로, 길을 잃고 너무 남쪽으로 내려온 것으로 보인다(이 거북의 골격은 푼타아레나스에 있는 마젤란 대학교 파타고니아 연구소에 보관되어 있다고 한다). 티에라델푸에고 섬에 양서류가 있다는 확실한 증거는 없다. 단지 스웨덴의 티에라델푸에고 섬 탐험대가 1896년 5월, 올챙이를 채집했다는 기록이 있을 뿐이다. 그러나 지금까지 개구리나 두꺼비나 도롱뇽 같은 양서류들이 티에라델푸에고 섬에서 채집된 적이 없다. 반면, 다윈 이후 관심이 있는 사람이 관찰과 수집을 계속 해 동물에 관한 더 많은 사실들이 밝혀졌다. 예를 들어, 아르헨티나 티에라델푸에고 섬에서 오래 산 생물학자 래 나탈리 프로제 구돌(1935~2015)여사의 1979년에 발행된 책『티에라델푸에고』를 보면, 70종이 넘는 새가 티에라델푸에고 섬에 있으며, 그 가운데 46종은 텃새이고, 20여 종은 철새이다.

5) 다윈은 여기에서 이 지역의 생태계, 그 가운데서도 먹이망을 이야기한다. 그러나 티에라델푸에고 섬 원주민들은 다윈이 생각하듯이, 생태계가 파괴되어 야기된 식량 부족이 아니라 유럽인한테서 전염된 병으로 멸종되었다.

6) 높이 2,246m의 사르미엔토 산이 티에라델푸에고 섬에서 두 번째로 높은 산이다. 가장 높은 산은 피츠로이 함장이 명명한 다윈 산으로 높이는 2,438m이며 남부 티에라델푸에고 섬, 비글 해협 북쪽 다윈산맥에 있다.

7) 함장이 마젤란 해협의 서쪽인 북서방향으로 발달한 직선 부분을 지나가지 않고 태평양으로 나갔다. 항해 목적의 하나가 마젤란 해협의 조사인데, 이에 대한 설명은 없다.

8) 다윈은 위 문장에서는 "…위도로는 20도 이상, 즉 1,230마일 극 쪽에…"이라고 했다. 그러나 아래 문장에서는 "…포구의 해안에서 위도로 7.5도, 즉

450마일이…" 라고 했다. 위도 1도는 60해리(海里)이다. 아래 문장을 기준으로 하면 다윈이 여기에서 쓰는 '마일'은 '지리 마일'이고 '해리'이다. 위 문장의 '1,230마일'은 '1,200마일'의 오식으로 생각된다.

9) 지금부터 18,000년 전 마지막 빙하기가 최극성이었을 때, 유라시아 대륙은 대략 북위 50도 북쪽, 북아메리카 대륙의 북위 40도 북쪽은 얼음에 덮였다. 남반구는 남아메리카의 높은 곳과 남쪽 지역은 얼음으로 덮였다. 또 얼음은 빙퇴석을 운반했다. 다윈이 이 이야기를 한다.

10) 다윈이 항해기를 썼을 때만 해도 남극이 발견된 지 얼마 되지 않아, 남극의 자연환경이 거의 알려지지 않았다. 바다로 둘러싸인 대륙인 남극의 최저 기온은 러시아 보스토크기지(남위 78도 28분 동경 106도 50분)의 -89.2℃이다. 남극 대륙은 물에 비해 비열이 작은 땅이고 태양의 고도가 낮고 대기가 건조하고 평균 두께 2,160m의 얼음으로 덮여있어, 태양에너지 대부분이 대기권으로 반사돼 지면으로 거의 입사되지 못한다. 그 결과 여름과 겨울의 최고 온도와 최저 온도의 차이가 작아 연중 춥다. 남극에서는 가장 북쪽에 있는 섬이라도 나무가 없고 꽃이 피는 식물이 단 두 종이 있을 뿐이며 대부분이 지의류와 선태식물이다. 반면 땅으로 둘러싸인 바다인 북극의 최저 기온은 북극 바다 아닌 동시베리아 오이먀콘(북위 63도 28분 동경 142도 47분)의 -71.2℃이다. 또 북극에서는 여름에는 얼음이 녹아 태양빛의 상당 부분이 흡수되고 멕시코 만류 같은 따뜻한 해류도 올라온다. 그러므로 북극에는 나무와 꽃피는 식물이 아주 많으며 곤충과 새와 포유동물도 많다. 이는 북극의 여름 평균 온도가 남극보다 훨씬 높기 때문이다.

남셰틀랜드 군도는 남위 61~64도, 서경 53~63도 걸쳐 길이 550km 북동-남서 방향으로 발달된 11개의 큰 섬들과 수많은 작은 섬들과 암초로 된 군도이다. 이 군도는 남극으로는 가장 먼저 1819년에 발견되었다. 물개잡이들이 1823년까지 32만 장의 물개가죽을 모았다. 본문에서 말하는 외국인 시체도 물개 사냥과 관계가 있으리라 추정된다. 시체가 발견된 섬이 "얼음과 화산재가 층을 이루며…" 라는 것을 보아, 활화산 섬인 디셉션 섬으로 생각된다. 영국 배가 1820년대 말에 이 섬으로 갔을 때, 연기가 난 기록이 있으며 1960년대 말에는 폭발했으며 지금도 분기공의 온도가 98℃ 정도가 되며 해안에서는 김이 솟아오른다. 이 섬의 안에는 바닷물이 들어찬 조용한 칼데라만이 있어 20세기 초 고래잡이 포구가 되었으며 지금은 유명한 관광지이다. 디셉션 섬은 우리나라 남극 세종기지가 있는 킹조지 섬에서 남서쪽으로 100km 정도 떨어져 있다.

제12장 중부 칠레

발파라이소-안데스 산맥 기슭까지 가다-그곳의 지질 구조-키요타의 벨 산을 올라가다-녹색 바위 조각들-큰 골짜기-광산-광부들의 상태-산티아고-카우케네스 광천-금광-분쇄기-구멍이 뚫린 돌-퓨마의 습성-엘 투르코 새와 타파콜로 새-벌새

1834년 7월 23일, 비글호는 밤늦게 칠레의 큰 항구인 발파라이소 만에 정박했다. 공기는 건조하고 맑고 파란 하늘에는 태양이 빛났고 자연의 모든 것들은 생명으로 가득 차 보였다. 도시는 해발 약 1,600피트로 낮지만 경사가 상당히 급한 산의 기슭에 건설되었다.[1] 북동 방향으로 안데스 산맥에 있는, 유난히 멋있고 크고 불규칙한 아콩카과 화산의 원뿔형 덩어리는 침보라소 화산

❀ 발파라이소 만의 전경, 오른쪽으로는 아콩카과 산이 보인다.

보다 높아서, 비글호에서 측정한 높이가 23,000피트가 넘는다. 그러나 여기에서 보이는 안데스 산맥의 아름다움은 대부분 대기와 조화를 이룬 덕분이다. 태양이 태평양으로 질 때, 그 뾰족뾰족한 능선이 시시각각 변하는 아름다움과 섬세함에 감탄했다. 나는 운이 좋아 학교 동창인 리처드 코필드를 만났다.

비가 겨울 석 달 동안에만 많이 내리는 발파라이소는 식물이 아주 드물어, 깊은 계곡을 제외하고는 나무가 없고 풀과 작은 덤불만이 경사가 덜 급한 산비탈에 흩어져 있었다. 아름다운 꽃들이 많았으며, 건조한 기후에서 보통 그렇듯 식물과 덤불에서는 강하고 특이한 향이 났다. 옷이 닿기만 해도 냄새가 뱄다.

8월 14일_ 안데스 산맥 기슭의 지질을 알아보려고 길을 떠났다. 첫날은 해안을 따라 북쪽으로 올라가 어두워진 뒤에야 해수면 몇 야드 위에 있는, 태워서 석회를 만드는 두꺼운 조개껍데기 층을 보려고 과거 코크란 경의 소유였던 킨테로 농장에 도착했다. 그 해안 전체가 확실히 융기해서 수백 피트 높이에도 오래된 것으로 보이는 조개껍데기들이 많았고, 1,300피트 높이에서도 몇 개를 찾아냈다. 현미경으로 들여다보니 식물체가 섞인 흙에는 바다에서 사는 작은 생물체들이 가득했다.

8월 15일_ 우리는 아주 아름다운 키요타 계곡으로 돌아왔다. 푸른 잔디밭이 작은 개천으로 나뉘고 양치기들의 오두막이 흩어져 있었다. 칠리카우켄 능선을 지나 시에라의 끝에 오자 넓고 평탄하고 개간된 키요타 계곡이 발아래에 있었다. 작고 네모난 뜰은 귤나무, 올리브 나무, 여러 종의 채소로 빈틈이 없었다. '발파라이소'를 '낙원의 골짜기' 라고 생각하는 사람은 누구라도 키요타를 보아야 한다. 우리는 벨 산의 기슭에 있는 산 이시드로 농장으로 건너갔다.

❀ 모자를 쓰고 폰초를 입고 담배를 피우며 말에 올라앉아 있거나 땅바닥에 앉아 있거나 엎드려 있는 칠레 사람들. 양들이 가까이 있는 것으로 보아, 목동이나 농촌에서 일하는 사람들로 보인다.

칠레는 지도에서 보듯이 안데스 산맥과 태평양 사이에 끼인 긴 나라였다.[2] 그 땅 자체를 관통하며 몇 개의 산맥이 지나가는데, 이곳에서는 커다란 산맥에 평행하게 작은 산맥들이 지나갔다. 이 산맥들과 안데스 산맥 사이에 평탄한 분지들이 대개 다른 분지와 좁은 통로로 연결되어 남쪽 멀리까지 계속되며 여기에 산 펠리페와 산티아고와 산 페르난도 같은 주요한 도시가 있었다. 이 분지들, 즉 평야와 분지들을 해안과 가로로 이어주는 키요타 계곡같이 밑바닥이 평탄한 계곡들은 오늘날 티에라델푸에고 섬 전체나 서해안을 가로지르는 수로나 깊은 만처럼, 옛날에는 수로들과 깊은 만이었음에 틀림없다. 가끔 안개가 낮은 곳을 몽땅 덮으면 이러한 사실이 아주 뚜렷하게 드러난다. 하얀 수증기는 골짜기 속으로 들어가 작은 만과 큰 만들을 나타낸다. 여기저기에서 외로운 산이 솟아나, 과거에는 그곳이 섬이었다는 것을 보여준다.

해안으로 자연스럽게 기울어져 경작하기가 쉬운 평원들은 대단히 비옥했다. 산과 언덕에는 덤불과 관목이 흩어져 있을 뿐, 식물은 아주 빈약하다. 계곡에 땅을 가진 지주들이 언덕도 나누어 가졌으며, 그곳에 상당한 수의 소 먹이가 생산되었다. 또 이곳에서는 밀, 옥수수가 많이 재배되었다. 과수원에서는 복숭아, 무화과, 포도가 넘쳐날 정도로 많이 났다.

8월 16일_ 농장 감독이 내준 안내인과 함께 높이 6,400피트인 캄파나, 즉 벨 산을 올라갔다.[3)] 길이 매우 나빴으나 지질과 경치가 좋아 그 값을 충분히 했다. 저녁때는 대단히 높은 곳에 있는 '과나코의 물'이라는 샘에 왔다. 북쪽 사면에 있는 덤불을 빼고는 아무것도 보지 못했다. 남쪽 사면에서만 높이가 15피트인 대나무 한 그루만 보았다. 몇 곳에서는 종려나무를 보았다. 적어도 4,500피트 되는 높은 곳에도 한 그루 있었다. 칠레 어딘가에는 이 종려나무가 엄청나게 많은데, 사람들은 이 나무의 수액에서 당밀의 일종을 만들었다. 매년 8월 종려나무를 베어놓고 잎이 난 부분을 잘라내면 꼭대기 부분에서 수액이 몇 달 동안 계속 흘렀다. 그러나 매일 아침 그 끝의 얇은 막을 걷어내어 새 면이 나와야 흘러나왔다. 나무가 좋으면 90갤런까지 흘러나왔다. 머리 부분을 반드시 위쪽으로 가도록 놓아야 한다. 만약 아래쪽으로 가게 하면 수액이 거의 흘러나오지 않는다. 수액을 끓여서 진하게 만들면 당밀이 되는데, 맛이 일반 당밀과 아주 비슷했다.

우리는 샘 근처에서 말의 안장을 내려놓고 잠잘 준비를 했다. 공기가 맑아, 최소 26지리 마일도 넘는 발파라이소 만에 정박한 배의 돛들이 새까만 선으로 분명히 구분되었다.

해가 지는 모습은 장관이었다. 계곡은 검었고, 안데스 산맥의 눈 덮인 봉우리들은 온통 루비 빛이었다. 밤이 되어 불을 피우고 얇게 저며서 말린 쇠고기 차르키를 굽고, 마테를 마시고 나니 아주 편안했다. 역시 야외생활에는 표현하지 못할 매력이 있었다.

8월 17일_ 아침이 되어 산꼭대기를 이루는 험준한 녹색 바위에 올라갔다. 크고 모난 덩어리로 갈라져 곳곳에 흩어져 있는 그 바위들은 놀랍게도 깨진 바위 면의 신선한 정도가 제각각이었다. 그런 현상은 자주 일어나는 지진 때문이라고 확신한 나는 위태롭게 쌓인 바위 아래서는 서둘러야 된다고 판단했다.

산꼭대기에서 보니 안데스 산맥과 태평양에 둘러싸인 칠레가 지도에서 보는 것처럼 보였다. 이 산들을 들어 올리는 힘을 누가 놀라워하지 않을 것이며, 누가 그 모든 것들을 부스러뜨리고 이동시키고 평탄하게 하는 데 걸린 무한한 시간에 놀라워하지 않겠는가?

안데스 산맥의 설선은 수평이었고, 산꼭대기까지도 이 선과 상당히 평행해 보였다. 긴 간격을 두고 점들이 모여 있거나 하나씩 있는 원추형 산체가 사화산과 활화산을 가리켰다. 안데스 산맥은 여기저기에 탑이 솟은 거대하고 단단한 벽처럼 그 나라를 지키는 가장 완벽한 장벽이 되었다.

가우초는 살인자일지라도 신사인데 반해 칠레의 구아소는

몇 가지 점에서 더 나았지만, 대개는 천하고 평범한 사람들이었다. 이 두 부류의 사람은 태도와 복장도 달랐다. 가우초는 그가 타고 있는 말의 일부분처럼 보여, 말을 타고 하지 않는 일을 경멸했다. 반면, 구아소에게는 들에서 하는 일을 시킬 수 있었다. 전자는 완전히 육식을 하지만, 후자는 거의 채식을 했다. 여기에서는 팜파스에서 보았던 하얀 장화와 통 넓은 바지, 허리에 묶어서 바지 위에 걸치는 짧은 5각형 옷인 새빨간 칠리파처럼 그림 같은 복장을 볼 수 없었다. 구아소가 가장 자랑하는 것은 어리석을 정도로 큰 박차였다. 내가 재어본 결과, 박차 끝 작은 톱니바퀴의 지름이 6인치나 되는 것이 있으며, 톱니바퀴 자체에 위쪽으로 솟은 톱니가 30개나 되었다. 네모난 나무토막으로 속을 파낸 등자도 무게가 3~4파운드가량 되었다. 구아소가 가우초보다 올가미를 더 잘 쓰겠지만, 칠레에는 평지가 없어 볼라를 몰랐다.

❀ 아주 험준한 안데스 산맥을 말을 타거나 걸어서 넘어가는 모습. 걸어서 넘는 사람들은 잠자리와 먹을 것을 지고 넘어간다.

8월 18일_ 우리는 산을 내려와 실개천과 멋있는 나무들이 있는 아름다운 곳들을 지났다. 지난번에 잤던 그 농장에서 자고 다음 이틀 동안 계곡을 따라 올라가, 복숭아꽃이 피어 아름다운 키요타를 지나갔다. 한두 곳에서 본 대추야자는 품위가 있었다. 원산지인 아시아나 아프리카 사막에 있는 야자나무 숲은 굉장할 것이다. 우리는 산 펠리페를 지났다. 그 부근의 계곡은 안데스 산맥의 기슭까지 펼쳐진 큰 만, 즉 평원의 하나로 칠레에서 가장 신기한 경관을 이루고 있었다. 저녁에 도착한 하우엘 광산에서 닷새를 머물렀다. 집주인인 광산 소장은 무식하지만 교활한 사람으로, 영국 콘월 출신이었다. 그는 스페인 여자와 결혼한 후 고향으로 돌아가지 않았다. 그래도 콘월에 있는 광산에 대한 칭찬은 끝이 없었다. 구리 광산인 그 광산에서 광석은 모두 영국 스완지로 보내져 제련되었다.

외국인들이 칠레 광산 기술자들에게 주요한 기술 두 가지를 알려주었다고 한다. 첫 번째는 구리 황철석을 제련하기 전에 먼저 태워서 환원하는 것이다. 영국 광산 기술자들은 처음 칠레에 왔을 때, 칠레 광산 기술자들이 그 광석을 버리는 것을 보고 놀랐다고 했다. 두 번째는 오래된 용광로에서 광재를 밟아 이기고 씻어서 금속 알갱이를 많이 회수하게 했다. 첫 번째의 경우가 아주 신기했다. 실제 칠레 광산업자들은 구리 황철석에는 구리가 조금도 없다고 확신하며 영국 광산업자들을 무식하다고 비웃었다.[4] 영국 광산업자들은 반대로 칠레 광산업자들이 무식하다고 비웃으며 대단히 귀중한 광맥을 아주 싸게 사들였다.

광부들은 대단히 고생했다. 밥 먹을 시간도 충분하지 않고,

여름과 겨울에는 밝아지면 일을 시작해 어두워져야 일을 끝냈다. 월급은 1파운드이고 식사가 제공되지만, 아침 식사는 무화과 16개, 작은 빵 두 조각, 점심 식사는 삶은 콩, 저녁 식사는 볶은 밀 싸라기뿐이었다. 고기는 거의 없으며, 연간 12파운드로 옷을 사 입고 가족의 생계를 꾸렸다. 광산에서 먹고 자는 광부들은 한 달에 25실링을 받으며 차르키를 조금 먹었다. 그들은 2~3주에 한 번씩 그들이 사는 을씨년스러운 곳에서 내려왔다.

❀ 밝은 색 띠를 두르고 선홍색 모자를 쓴 칠레의 광부. 칠레의 광부들은 광석을 찾으려고 쇠 지렛대를 들고 다녔다.

나는 여기에 머무는 동안 그 큰 산을 샅샅이 돌아다녔다. 예상했던 대로 지질이 아주 흥미로웠다. 녹색 암맥이 무수히 지나가, 깨어지고 열로 변질된 바위는 과거에 어떤 일이 있었는지를 보여주었다.

마지막 이틀은 눈이 많이 와 돌아다니지 못했다. 나는 이곳 주민들이 이유도 모른 채 바다의 만으로 믿는 호수로 가려고 했다. 대단히 가물었을 때, 물을 얻으려고 수로를 파자는 의견이 있었다. 자문을 받은 신부는 만약 그 호수가 태평양과 연결되었다면, 칠레 전체가 물바다가 될 것이라며 너무 위험하다고 공언했다. 우리는 꽤 높은 곳까지 올라갔으나 눈보라를 만나, 그 놀라운 호수까지는 가지 못했다. 돌아오느라 고생을 했다.

8월 26일_ 하우엘 광산을 떠나 산 펠리페 분지를 다시 건너갔다. 해가 아주 뜨겁고 대기가 대단히 맑아 칠레 다운 날씨였다. 산맥이 새로 내린 눈으로 두껍고 일정하게 덮여, 아콩카과 화산과 그 연봉의 경치가 장관이었다. 칠레의 수도인 산티아고로 향했다. 우리는 탈겐 봉우리를 지나 작은 오두막에서 잤다.

8월 27일_ 낮은 언덕을 많이 넘은 다음, 작은 분지인 기트론 평야로 내려왔다. 해발 1,000~2,000피트 정도 되는 분지에서 키 작은 아카시아 두 종이 떨어져 무성하게 자라고 있었다. 이 나무들은 해안 가까운 곳에서는 결코 찾아볼 수 없었다. 우리는 낮은 능선을 지나갔다. 경치가 굉장히 아름다웠다.

산티아고에 머물렀던 일주일은 아주 즐거웠다. 아침에는 평원의 여러 곳으로 말을 타고 갔고, 저녁에는 이곳에서 친절하기로 소문난 우리나라 상인들과 함께 저녁을 먹었다. 도시 가운데에 솟은 작은 산타루시아 바위 언덕은 언제 올라가도 기쁨이 한없이 샘솟았다.[5] 여기서 보는 경치는 참으로 빼어났다. 산티아고는 부에노스아이레스처럼 멋이 있거나 크지는 않아도, 같은 방식으로 건설되었다.

9월 5일_ 정오 무렵, 산티아고에서 남쪽으로 몇 리그 떨어진 곳에 있는 마이푸 강의 현수교에 도착했다. 강폭이 넓고 급류인 이 강에 걸려 있는 현수교는 쇠가죽으로 만든 것으로 형편없었다. 구멍이 숭숭 뚫려 있을뿐더러, 사람이 말 한 마리를 끌고 가는 무게에도 다리가 무섭게 출렁거렸다. 저녁에는 안락하게 보이는 한 농가에 들러 아름다운 아가씨들을 몇 명 보았다. 아가씨들은 "우리 종교는 확실한데 왜 당신은 천주교 신자가 되지 않느냐?"고 물었다. 나도 일종의 기독교인이라고 했으나, "여러분의 신부님과 주교님은 결혼을 안 합니까?" 라는 말을 물고 늘어지면서 내 말을 들으려 하지 않았다. 성공회 주교에게 부인이 있을 수 있다는 것이 그 여자들에게 큰 충격을 준 것 같았다.[6)]

9월 6일_ 우리는 정남쪽으로 평탄하고 좁은 평원을 따라 내려가 랑카과에서 잤다. 다음 날, 카차푸알 강의 계곡을 따라 올라갔다. 그곳에 있는 카우케네스 광천은 치료 효과가 뛰어나 오래전부터 유명했다. 그 계곡의 현수교를 내려놓아 말을 타고 강물을 건너야 했다. 강은 깊지 않았지만, 강물이 거품을 내며 굵은 자갈이 깔린 바닥을 빠르게 흘러갔다. 그 때문에 말이 앞으로 가는지 서 있는지조차 분간이 안 될 정도였다. 저녁이 되어서야 광천에 닿아 거기서 닷새를 머물렀는데, 마지막 이틀은 비 때문에 갇혀 있었다.

카우케네스 광천은 층리가 진 바위를 가로지르는 단층선을 따라 솟아나며, 지열의 작용을 보여주었다. 샘이 겨우 수 야드 떨어져 있어도 온도차는 아주 컸다. 이는 분명히 찬 물이 섞이기 때문인데, 온도가 가장 낮은 물에서는 광물 맛이 거의 나지 않았다. 1822년, 큰 지진이 일어난 다음에는 샘이 솟지 않다가, 거의 1년이 지나서야 물이 솟아나기 시작했다. 광천에서 일하는 사람의 말로는, 물은 겨울보다 여름에 더 뜨거워지며 수량도 더 많아진다고 했다. 더 뜨거워진다는 것은 건조한 시기에 찬 물과 덜 섞이기 때문으로 보이지만, 수량이 더 많아진다는 것이 아주 이해하기 힘든 말로, 앞뒤가 맞지 않아 보였다. 그러나 비가 전혀 오지 않는 여름에 수량이 많아진다는 것은 눈 녹은 물이 섞여 들기 때문으로 보였다.

하루는 그 골짜기에서 사람이 살고 있는 가장 높은 지점까지 말을 타고 올라갔다. 그곳을 기점으로 카차푸알 강이 두 개의 깊고 거대한 협곡으로 나뉘며, 곧장 거대한 산맥 속으로 파고들어 갔다. 칠레로 침입해서 주변 동네를 약탈해간 핀체이라는 이 두 협곡 가운데 한 협곡을 지나왔다. 이 자가 네그로 강 농장을 습격한 바로 그 장본인이다.

9월 13일_ 우리는 온천을 떠나 클라로 강에 이어진 큰 도로로 나섰다. 산 페르난도까지는 말을 타고 갔는데, 그곳에 닿기 전에 육지로 둘러싸인 마지막 분지가 대평원으로 넓게 확장되어 남쪽으로 펼쳐졌다. 산티아고에서 약 40리그 떨어진 산 페르난도가 내가 가장 남쪽까지 간 곳이었다. 그곳에서 해안을 향해 직각으로 방향을 꺾었다. 닉슨 씨라는 미국 신사가 운영하는 야킬 금광에서 며칠 묵었다. 다음 날 아침, 몇 리그쯤 떨어진, 높은 산꼭대기 근처에 있는 그의 광산까지 말을 타고 갔다. 돌아오는 길에 떠다니는 섬들로 유명한 타과타과 호수를 언뜻 보았다.

광부들의 안색이 창백해 꽤나 놀랐다. 광산의 깊이가 지하 450피트로, 광부들은 200파운드의 광석을 져 올렸다. 근육이 미처 다 발달하지 않은 18~20세의 젊은이도 같은 깊이에서 무거운 짐을 져 올렸다. 이렇게 심한 노동을 하면서도 삶은 콩과 빵만 먹었다. 그들은 빵만 먹으려 하지만, 콩을 먹지 않으면 힘을 쓰지 못한다는 것을 아는 광산주들이 말처럼 콩을 억지로 먹게 했다. 보수는 하우엘 광산보다 좀 많아 월 24~28실링이었다. 3주에 한 번씩 가족과 이틀을 보낼 수 있었다. 이 광산에서는 광부들이 숨겨놓은 금광석을 광산 관리인이 찾아낼 때마다 그에 해당하는 금액을 모든 광부의 임금에서 공제해서, 주인에게는 아주 유리했지만 광부들에게는 가혹했다.

광석을 분쇄기에 넣어 손에 집히지 않을 정도로 빻은 가루를 물로 씻어 금보다 가벼운 것은 흘려버리고, 수은과 합금을 만들어 금가루를 모았다. 분쇄기를 거친 진흙을 웅덩이에 모았다가 가라앉힌 다음 가끔 퍼내어 쌓아 뒀다. 1~2년 두었다가 다시 씻으면 금이 나오며, 이런 과정을 6~7회 반복했다. 그러나 금의 양이 점점 적어지며, 놓아두는 기간도 점점 길어졌다.

작은 금가루가 용해되지 않고 작은 덩어리로 모이는 게 신기했다. 내가 오기 얼마 전에 광부 몇 사람이 일을 그만두고 허락을 받아 분쇄기 둘레의 흙을 긁어 씻어서 적지 않은 금을 얻었다. 이런 일은 자연에서도 똑같이 일어났다. 산이 붕괴되고 침식되면서 그 속에 있던 황금맥도 침식되었다. 가장 단단한 바위도 손에 집히지 않을 정도의 가루로 부스러지며, 금속은 보통 산화되어 없어졌다. 그러나 황금과 백금과 몇 가지 무거운 금속은 파괴되지 않고 바닥에 가라앉았다. 산 전체가 이렇게 자연의 분쇄기 과정을 거치고, 산은 자연의 손에 씻긴다. 그리하여 남는 물질 속에는 금속이 섞였다. 이를 인간은 분리작업으로 완수했다.

위에서 이야기한 광부들에 대한 대우가 나쁘게 보여도 농부들의 작업 조건이 훨씬 더 나쁘기 때문에 광부들은 크게 불평하지 않았다. 농부들의 임금은 더 싸며 거의 콩만 먹고살았다. 농부들은 봉건제도 같은 경작제도 때문에 아주 가난했다.

근처에 오래된 인디오 유적이 몇 개 있어서, 구멍 뚫린 돌멩이를 그곳에서 보았다. 돌멩이는 둥글고 평평한 모양에 지름은 5~6인치 남짓이고, 가운데에 구멍이 뚫려 있다. 그것들은 대개 곤봉의 머리로 쓰였다고 상상되나, 모양은 그런 목적에 전혀 어울리지 않았다. 칠레 인디오들도 남아프리카의 몇몇 부족처럼 과거에 그러한 초보 농기구를 사용했을 가능성이 높았다.

어느 날, 박물학 재료를 수집하는 레노우스라는 독일인과 늙은 스페인 변호사가 거의 동시에 나를 찾아왔다. 레노우스는 스페인 말을 아주 잘해, 늙은 변호사가 그를 칠레인으로 착각했다. 레노우스는 나를 의식하면서 그에게, "영국 왕이 당신네 나라에 사람을 보내 도마뱀과 갑충을 채집하고 돌멩이를 깨오 게 하는 것을 어떻게 생각하십니까?" 라고 물었다. 늙은 변호사는 한동안 심각하게 생각하더니, "좋지 않습니다. 여기 입을 다문 고양이가 한 마리 있습니다…, 만약 우리 가운데 누가 영국에 가서 그런 일을 한다면, 선생님은 영국 왕이 즉시 우리를 쫓아낼 거라고 생각하지 않습니까?" 라고 말했다. 레노우스는 2~3년 전에 산 페르난도에 있는 여자 아이에게 쐐기벌레 몇 마리를 주면서 나비가 될 때까지 키워보라고 한 적이 있었다. 이 사실은 온 동네에 퍼졌고 신부와 총독이 그 행동이 이단임에 틀림없다고 합의해 레노우스가 돌아오자마자 그를 체포했다고 한다.

9월 19일_ 야킬을 떠나 키요타 계곡처럼 형성된 평탄한 계곡을 따라갔다. 산티아고에서 몇 마일 남쪽인 이곳만 해도 기후가 훨씬 습해 물을 대지 않는 좋은 목초지가 있었다. 20일, 그 계곡을 따라 넓은 평지가 펼쳐지는 곳까지 갔다. 그 평지는 바다에서 랑카과 서쪽 산까지 이르렀다. 그 평지도 몇 번의 융기 작용을 받아 고도가 달라졌고, 바닥이 평탄한 계곡들이 그 평지를 가로질렀다. 계곡 양쪽의 경사가 급한 절벽에는 큰 동굴들이 있는데, 분명히 파도의 힘으로 만들어졌다. 그중 하나가 바로 그 유명한 오비스포 동굴로, 과거에는 신성한 곳으로 모셔졌던 곳이다. 이날 몸이 아주 좋지 않더니, 10월 말까지 회복되지 않았다.

❁ 산티아고의 외항인 발파라이소. 발파라이소는 앞바다가 깊고 날씨가 덥지 않아 사람이 살기에 좋아 칠레에서 제일 큰 항구가 되었다.

9월 22일_ 나무 한 그루 없는 푸른 평지를 지나갔다. 다음 날 해안에 있는 나베다드 부근의 한 집에 도착했다. 그곳에 있는 부유한 농장 주인이 잠자리를 제공했다. 이틀을 머문 후, 몸이 아주 좋지 않았지만 바다에서 살았던 조개의 껍데기 몇 개를 제3기층에서 채집했다.

9월 24일_ 발파라이소로 떠났다. 무척 고생한 끝에 27일에 도착해서 10월 말까지 코필드 씨 집에서 환자로 지냈다.[7]

그곳에는 퓨마가 흔했다. 이 동물은 넓게 분포해, 적도에 있는 숲부터 파타고니아 사막을 지나 남쪽까지 있었다. 중부 칠레 안데스 산맥에서 해발이 적어도 10,000피트가 되는 높은 곳에서도 퓨마의 발자국을 보았다. 라플라타 지방에서는 퓨마가 주로 사슴과 비스카차와 다른, 작은 네발 동물과 타조를 잡아먹었다. 소나 말을 공격하는 일은 거의 없었고, 사람을 공격하는 일도 아주 드물었다. 그러나 칠레에서는 망아지나 송아지를 많이 죽이는데, 이는 다른 네발 동물이 없기 때문인 것으로 생각된다. 칠레에서 남자 둘과 여자 하나가 퓨마에게 죽었다는 말을 들었다. 퓨마는 언제나 먹이의 어깨에 올라타, 한 발로 먹이의 머리를 뒤로 심하게 젖혀 목뼈를 부러뜨려 죽인다고 했다.

퓨마는 먹이를 배불리 먹은 후, 커다란 덤불로 남은 먹이를 덮어 놓고 엎드려서 그것을 감시했다. 이러한 습성 때문에 하늘을 날던 콘도르가 먹이를 보고 내려왔다가 퓨마에게 쫓겨 날아오르는 장면이 자주 목격되었다. 이 모습을 본 칠레의 구아소들은 먹이를 감시하는 퓨마가 있다는 것을 사람들에게 알리고 개와 함께 급하게 퓨마를 잡으러 갔다. 퓨마가 먹이를 지키다가 그렇게 한번 당하면, 다시는 그런 습성을 보이지 않는다고 했다. 퓨마는 쉽게 잡을 수 있었다. 들판에서는 볼라로 퓨마를 얽어 쓰러뜨린 다음, 올가미를 걸어 기절할 때까지 끌고 다녔다. 칠레에서는 보통 퓨마를 관목이나 큰 나무 위로 올려 보낸 다음 총으로 잡거나 개를 미끼로 해서 잡았다. 퓨마는 아주 영리해서, 개들에게 쫓기면 먼저 갔던 길을 되돌아와 급하게 방향을 바꾸고는, 개들이 지나가기를 기다린다고 했다.

새 가운데 프테롭토코스 속의 두 종, 메가포디우스와 알비콜리스가 가장 눈에 띈다. 칠레 사람들이 '엘 투르코' 라고 부르는 앞의 새의 크기는 친척인 북유럽 티티새 크기이지만 다리가 훨씬 더 길고, 꼬리는 더 짧다. 부리가 더 강하고, 색깔은 붉은빛이 감도는 갈색이다. 건조하고 메마른 평지 여기저기에 있는 덤불 속에 숨어서 먹이를 찾는 투르코는 꼬리를 바짝 치켜세우고, 키다리 도요새 같은 다리로 여기저기를 재빨리 깡충깡충 뛰어다녔다. 정말 볼품없고 우스꽝스러워 처음 그 새를 보면, 누구라도 "형편없이 박제된 것이 박물관에서 달아나 살아 돌아왔군!"이라고 생각하게 된다. 투르코는 거의 날지도 달리지도 못하고, 오직 깡충깡충 뛸 뿐이었다. 덤불 속에 숨어서 여러 가지의 이상하고 시끄러운 울음소리를 냈다. 집은 땅속 깊이 구멍에 짓는다고 했다. 몇 마리의 배를 갈라 보았는데, 근육이 대단히 발달된 모래주머니 속에는 갑충들과 식물섬유와 자갈들이 들어 있었다. 이런 점뿐만 아니라 다리의 길이와 땅바닥을 할퀴는 발과 콧구멍이 얇은 막으로 덮여 있는 점, 그리고 짧지만 둥글게 휜 날개를 볼 때 이 새는 닭목의 지빠귀와 관련이 있는 것 같았다.

두 번째 종은 전체 모양은 첫 번째 종과 비슷했다. '네 뒤를 가려라' 라는 뜻으로 '타파콜로' 라고도 불리는 이 새는 꼬리를 바짝 치켜세우는 정도를 넘어, 꼬리가 아예 머리 쪽으로 기울어져 있었다. 관목 울타리 아래와 다른 새들이 잘 살 수 없는 메마른 산의 흩어진 덤불 같은 데서 자주 나타났다. 먹이를 먹는 버릇과 관목 숲을 재빨리 깡충거리며 드나들거나 잘 숨는 모습, 날지 않으려는 습성, 둥지를 짓는 모양으로 보아 투르코와 아주 닮았다. 그러나 겉모양이 그렇게 우스꽝스럽지는 않았다. 이 새는 영리해서 사람이 놀라게 하면 덤불 바닥에 숨어 있다가, 잠시 후에 반대쪽으로 재빠르게 기어갔다. 또 울음소리가 물거품 소리와 더불어 뭐라고 표현하기 힘든 소리도 많이 냈다. 시골 사람들의 말로는 이 새가 1년에 울음소리를 5회 바꾼다는데, 내 생각으로는 계절을 따르는 것 같았다.

❀ '네 뒤를 가려라' 라는 뜻의 타파콜로 새. 꼬리를 바짝 치켜세우는 모습이 아주 우스꽝스럽다.

벌새 두 종도 흔하게 볼 수 있었다. 포르피카투스 벌새는 리마 근처의 뜨겁고 메마른 곳부터 티에라델푸에고 섬 숲 속까지 남아메리카 서해안 2,500마일에 걸쳐 발견되었다. 티에라델푸에고 섬에서는 눈보라 속에서도 날아다니는 모습이 보였다. 아주 습한 칠로에 섬 삼림에도 이 작은 새가 어느 새보다도 많았다. 이 새의 배를 갈라 보았는데, 곤충 찌꺼기가 나무발바리의 뱃속만큼이나 많았다. 두 번째 종인 거인 벌새는 몸집이 작은 과에 속하는 새로서는 아주 크며, 나는 모습이 특이했다. 그 벌새도 그 속에 속한 다른 벌새처럼, 재빠르게 장소를 바꾼다. 그러나 꽃 위를 날 때는 날개를 아래위로 천천히 강하게 흔든다. 꽃 위에서 날 때는 꼬리를 쉬지 않고 부채처럼 폈다 접었다 하며, 자세는 거의 수직이다. 이 행동이 날개를 천천히 흔드는 사이에, 새의 몸을 흔들리지 않게 받쳐주는 것으로 보였다. 뱃속에는 보통 곤충 찌꺼기가 많은 것으로 보아, 꿀보다는 곤충을 더 찾아다니는 것으로 보였다. 이 벌새의 울음소리도 다른 벌새들의 울음소리처럼 아주 날카롭다.

축약자 주석

1) 비글호가 피츠로이 함장이 포클랜드 군도에서 구입한 작은 범선인 어드벤처호와 함께 티에라델푸에고 섬을 떠나 1834년 6월 10일, 태평양에 들어섰다. 비글호는 칠레 해안을 따라 북쪽으로 올라오다가 폭풍을 만나 사흘을 피신했으며, 7월 23일, 발파라이소에 입항했다. 여기에서 함장은 해군성이 어드벤처호를 구입한 비용과 선원에 대한 비용 지불을 거부하는 통고를 받고 사의를 표명했다. 이는 예정대로 수로 조사를 하지 못한다는 뜻으로, 사관들이 만류했고 나중에 함장이 사관들의 뜻을 받아들였다.
'발파라이소(Valparaiso)'가 '낙원의 계곡', 곧 '천당으로 가는 골짜기' 라는 뜻이다. 이는 산티아고도 건조하고 발파라이소 북쪽 300km 정도부터는 상당히 건조하지만, 발파라이소 부근에는 숲도 있고 경치가 좋아 붙여진 이름으로 생각된다. 산티아고 외항인 발파라이소가 오늘날 칠레의 제2도시이며 최대의 항구로 인구는 120만 명 정도이다.

2) 칠레는, 폭 100~400km, 평균 폭 180km, 길이 4,270km, 세계에서 가장 좁고 긴 나라이다. 다윈이 칠레를 찾아갔을 때, 북쪽과 남쪽은 칠레 땅이 아니었다. 남쪽은 1840년대에 칠레 땅이 되었고, 북쪽은 칠레가 1879~1883년에 걸친 볼리비아와 페루 연합군과 싸운 태평양 전쟁에서 이겨 칠레 땅이 되었다. 칠레라는 이름이 그 지역에 흔했던 지빠귀 계통의 칠리 새 울음소리에서 유래했다고 한다. 칠리라는 이름은, 스페인 사람들이 칠레에 오기 훨씬 전부터, 원주민들이 그곳을 불렀던 이름이다.

3) 캄파나 산은 지금은 칠레의 국립공원의 하나이다. 다윈이 묵었던 샘 부근에 그가 그 산을 올라갔다는 사실을 적은 동판이 그 사실을 기념한다.

4) 다윈이 이야기하는 '구리 황철석'은 황동석이다. 구리의 주요한 광석인 황동석에는 구리 34.6%, 철 30.4%, 유황 35.0%가 함유되어 있다. 칠레 광산업자들이 구리 황철석에 구리가 전혀 없다고 생각했던 것은 황동석을 '황철석'으로 착각했기 때문이라 생각된다. 두 광석 모두 누렇게 보이지만, 철과 유황으로 된, 일명 '바보의 황금'인 황철석에는 구리가 전혀 없다.

5) 다윈이 올라갔던 언덕 산타루시아는 현재 산티아고 시내의 한가운데이며 공원이 되었다. 다윈이 그곳에 올라왔던 것을 기념해, 이 장의 8월 27일 기록 일부를 스페인 말로 번역한 기념문이 산타루시아 공원 중턱 바위에 있다. 그곳에는 그를 기념하는 자연 그대로인 '다윈 정원'도 있다.

6) 다윈은 성공회를 믿었다. 성공회는 예배 형식은 로마 천주교를 따르고, 내용은 개신교를 따르며 성직자는 결혼을 할 수 있다.

7) 다윈의 항해기나 일기에는 아픈 이유가 없으나 1834년 10월 13일, 캐럴라인 누나에게 보낸 편지를 보면 여행 도중 금광에서 마신, 금방 만든 포도주가 병의 원인이다. 그는 속이 좋지 않았고 식욕을 잃었고 상당히 쇠약해졌다. 15장에서 다시 이야기하지만 다윈이 그때 남아메리카의 풍토병에 걸렸다는 주장도 있다. 또 장티푸스에 걸렸다는 주장도 있다. 다윈이 누워 있을 때 집으로 편지는 썼지만 일기는 쓰지 못했다.

제13장 칠로에 섬과 초노스 군도

칠로에 섬-전체 경관-보트로 답사-섬의 인디오들-카스트로-얼빠진 여우-산 페드로 봉을 올라가다-초노스 군도-트레스몬테스 반도-화강암 능선-조난당한 선원-로 포구-야생 감자-토탄층-둥근 꼬리 해리와 해달과 생쥐-체우카우 새와 짖는 새-오페티오르힌쿠스 속의 새-새의 이상한 특징-섬새류

11월 10일_ 비글호는 칠로에 섬과 초노스 군도와 남쪽의 트레스 몬테스 반도를 조사하기 위해 발파라이소에서 남쪽으로 내려가, 1834년 11월 21일, 칠로에 섬의 수도인 산 카를로스의 만에 정박했다.[1)]

칠로에 섬은 길이 약 90마일에 폭은 30마일쯤 되었다. 개간한 곳을 빼면 섬 전체가 숲으로 뒤덮여 있었다. 멀리서 보면 티에라델푸에고 섬과 비슷하지만 가까이서 보면 비교하지 못할 정도로 아름다웠다. 우리가 머무는 동안 오소르노 화산이 아주 잠깐, 그것도 해가 뜨기 전에 그 위용을 드러냈는데 해가 뜨면서 산맥의 윤곽이 동쪽 하늘의 눈부신 햇빛 속으로 서서히 사라지는 광경이 신기했다.[2)]

섬 주민들은 대체로 얼굴과 키가 작았다. 그들의 혈관 속에 원주민의 피가 3/4 정도는 흐를 것이다. 그들은 모두 겸손하고 조용하며 부지런했다. 화산암이 풍화되어 만들어진 비옥한 토양은 숲을 무성하게 하는 데는 도움이 되었지만, 몸집이 큰 네발 동

물에게 필요한 목초지는 거의 없었다. 그 결과 돼지고기와 감자와 생선이 주민들의 주요한 식량이었다. 해안가 근처와 가까운 곳에 있는 작은 섬만이 개간되었다. 먹을 것은 충분하지만, 하층민들은 아주 싼 물건도 살 돈이 없었다. 교통도 아주 나빠, 자잘한 생활용품들을 사려고 숯을 지고 온 사람과 포도주와 바꾸기 위해 송판을 지고 온 사람도 보았다.

칠로에 섬의 수도인 산 카를로스의 광장 전경. 돼지가 광장을 돌아다니고 물건을 어깨로 옮기거나 머리에 이어서 옮기는 사람들이 보인다.

11월 24일_ 지금은 함장인 설리번 씨는 칠로에 섬의 내륙 해안을 조사한 후 남쪽 맨 끝에서 비글호와 만나기로 했다. 내륙 해안선 탐험에 참가한 나는, 첫날 섬의 북쪽 끝인 차카오 마을까지 말을 타고 갔다. 길이 해안을 따라 나 있어서 가끔은 숲으로 덮인 갑岬(바다 쪽으로 부리 모양으로 뾰족하게 뻗은 육지)들을 지나갔다. 보트를 타고 온 사람들이 천막을 친 직후에 차카오 마을에 도착했다.

차카오는 그 섬에서 가장 큰 포구였으나 해류와 암초 때문에 배들이 침몰하자, 스페인 정부는 교회를 불태우고 대부분의 사람들을 산 카를로스로 강제로 이주시켰다. 우리가 야영한 지 얼마 되지 않아 촌장의 아들이 맨발로 우리에게 왔다. 범선에서 휘날리는 영국 깃발을 보면서, 그는 아주 무심하게 "차카오에서 언제까지 저 깃발을 날릴 것이냐?" 라고 물었다. 주민들은 우리가 칠레의 애국 정부한테서 섬을 되찾기 위해 온 스페인 함대의 선발대라고 생각했다. 그러나 권력을 쥔 모든 사람들은 우리의 계획을 알고는 아주 공손하게 대했다. 우리가 저녁 식사를 하고 있을 때, 스페인 군대에서 중령으로 복무한 촌장이 찾아왔다. 그는 우리에게 양 두 마리를 주었고, 우리는 답례로 목면 손수건 두 장과 주석으로 만든 자질구레한 장신구들과 약간의 담배를 주었다.

25일_ 억수같이 내리는 비를 뚫고 우리는 우아피-레노우까지 내려갔다. 칠로에 섬 동쪽 해안은 계곡이 발달하고 작은 섬으로 나누어진 평원이었다. 또한 사람이 파고 들어가지 못할 정도로 빽빽하고 어두운 초록색 숲으로 덮여 있었다. 가장자리에는 지붕이 높은 농가들이 둘러싼 약간의 공터가 있었다.

26일_ 날이 아주 맑았다. 눈으로 덮인 완전한 원추형의 아름다운 화산인 오소르노 화산이 뭉게뭉게 연기를 내뿜었다. 정상이 말안장 같은 큰 화산의 분화구에서도 조금씩 연기가 솟아났다. 그 뒤를 이어 무척 높은 코르코바도 화산이 보였다. 우리는 한눈에 커다란 활화산을 세 개나 보았다. 모두 7,000피트 정도는 될 것 같았다. 아주 먼 남쪽으로는 눈으로 덮인 높다란 원추형 산들이 보였다.

한낮에 상륙한 우리는 토박이 인디오 가족을 만났다. 아버지는 이상하게도 요크 민스터처럼 생겼고, 아이들은 얼굴의 혈색이 좋아서 팜파스 인디오로 착각할 정도였다. 남아메리카 인디오들은 비록 전혀 다른 언어를 쓰더라도 서로 아주 가까운 게 분명해 보였다. 1832년의 통계를 보면 칠로에 섬과 그 부근의 섬에서는 모두 42,000명의 사람들이 살고 있었고, 대부분이 혼혈이었다. 11,000명이 인디오 성을 쓰지만, 대부분 순수한 의미의 토박이 인디오는 아닐 것이다. 그들은 모두 기독교도지만 아직도 미신에 사로잡혀 이상한 의식을 치르거나 귀신과 이야기를 한다는 말도 들렸다. 인디오 성을 쓰지 않는 많은 인디오도 겉모습만으로는 순수한 인디오와 구별되지 않았다. 레무이 촌장 고메즈는 양쪽 조상이 스페인 귀족 출신이었지만, 계속 원주민과 결혼해서 지금은 토착 인디오가 되었다. 반면 퀸차오 촌장은 아직도 스페인 피를 많이 가지고 있다고 자랑했다.

우리는 밤중에 카우카우에 섬 북쪽에 있는 만에 왔다. 이곳 사람들은 땅이 없다고 불평했다. 개간을 하지 않은 것도 이유가 되었지만, 정부의 규정이 더 큰 이유가 되었다. 대부분의 지역에서는 산불로 인해 숲이 쉽사리 없어졌다. 그러나 칠로에 섬에서는 기후도 습하고 나무의 종 때문에 먼저 나무를 잘라야 했다. 이것이 칠로에의 발전을 막는 큰 장애물이었다. 스페인 시절의 인디오들은 땅을 가질 수가 없어서, 땅을 개간하면 정부에게 땅을 빼앗기고 다른 곳으로 쫓겨날 수 있었다. 지금은 칠레 당국이 인디오들에게 보답하는 법을 제정하여, 생활 정도에 따라 모든 남자에게 일정한 땅을 줬다. 개간하지 않은 땅의 가치는 아주 작았다.

다음 이틀은 날씨가 좋았다. 밤중에 퀸차오 섬에 왔는데, 근방의 섬들 중에서는 이 일대가 개간이 가장 잘 되어 있었다. 몇몇 농가는 아주 부유하게 보였다. 그래도 일정한 수입이 있는 사람은 없으며, 평생 부지런히 일하면 1,000파운드 정도는 모을 수 있다고 했다. 모든 가정에서는 돈을 독이나 금고에 넣어 땅에 묻어뒀다.

11월 30일_ 일요일 아침 일찍, 칠로에 섬의 옛 수도인 카스트로에 왔다. 거의 버려진 이곳에서 스페인 도시에 흔한 직각으로 배열된 건축물의 흔적을 찾을 수 있었다. 중앙에 있는, 두꺼운 널빤지로 지어진 성당은 그림처럼 아름답고 겉모습은 신성했다. 주민이 수백 명이어도 설탕이나 칼 한 자루를 살 수 없었다. 시계를 가진 사람도 없어서, 시간을 잘 안다는 노인이 추측하여 성당의 종을 쳤다. 동네 사람들이 거의 다 모여들어 천막 치는 것을 구경했다. 오후에 인사를 하려고 촌장을 찾아갔다. 촌장은 조용한 노인으로 외모나 행동거지가 우리 농민보다 나을 게 없었다. 밤에 심하게 온 비도 텐트 주변을 둘러싼 구경꾼들을 몰아내지 못했다.

❁ 칠로에 섬의 옛 수도인 카스트로에 있는 오래된 교회. 나무로 지었지만 잘 지었다는 느낌이 든다.

12월 1일_ 석탄이라는 것을 보려고 레무이 섬으로 향했다. 그러나 사암층 안에 있는 갈탄이었다. 우리가 도착하자 토착 인디오들과 모습이 매우 가까운 주민들이 우리를 둘러쌌다. 그들은 담배 욕심이 대단했다. 담배 다음으로 남색 물감, 고추, 헌 옷, 가루 화약을 원했다. 가루 화약은 동네마다 공용 소총이 있어서 성인의 날이나 잔칫날에 축포용으로 썼다.

주로 조개와 감자를 먹는 그들은 계절을 따라 물속에 울타리를 치는데, 썰물 때 많은 물고기들이 갇혔다. 그들에게 가금류, 양, 염소, 돼지, 말, 소가 필요한데, 순서는 그들에게 있는 숫자의 순서였다. 아주 공손하고 겸손한 그들은 보통, 자기들은 스페인 사람이 아닌 그 섬의 가난한 원주민들이라는 말로 시작해, 담배와 다른 것들이 필요하다는 말로 끝냈다. 가장 남쪽에 있는 카일렌 섬에서는, 수병들이 여송연 한 개비를 가금 두 마리와 바꿨다. 목면 손수건들로 양 세 마리와 양파 한 자루를 바꾸기도 했다. 해안에서 좀 떨어진 곳에 정박시킨 배에 밤에 도둑이 염려되어 안내인인 더글라스 씨가 지역 경찰대장에게, 우리는 실탄을 장전한 보초를 세울 것이며 스페인 말을 모르므로 어두운 곳에 있는 사람은 누구라도 쏘겠다고 말했다. 경찰대장은 이 조치에 흔쾌히 찬성하고, 밤에는 아무도 집에서 나오지 못하게 하겠다고 약속했다.

이후 나흘 동안 남쪽으로 항해했다. 지역은 비슷했으나 주민들은 훨씬 적었다. 탕키 섬에는 벌채된 곳이 한 군데도 없어서, 나무들이 해변으로 가지를 늘어뜨렸다. 사암 절벽에서 대황과 비슷한 정말 멋진 판케를 찾아냈다. 주민들은 판케의 시큼한 줄기를 먹고, 뿌리로는 가죽을 무두질하거나 검은색 물감을 뽑아냈다. 잎은 거의 원형이었으며, 잎 둘레는 깊이 파여 있었다. 그중 하나를 재어보니 지름은 8피트, 둘레는 최소 24피트, 줄기의 높이는 1야드가 넘었다. 그루마다 네댓 장의 거대한 잎이 나 있었다.

12월 6일_ 우리는 '기독교 세계의 끝'이라 부르는 카일렌에 왔다. 남위 43도 10분으로 대서양쪽 네그로 강보다는 2도나 남쪽이다. 주민들은 아주 가난해서 담배를 구걸했다. 워낙 가난해서 어떤 인디오는 작은 도끼 한 자루와 물고기 몇 마리의 값을 받으려고 사흘 반을 걸어왔다고 했는데, 걸어서 돌아가야 했다.

저녁때 산 페드로 섬에 도착하니, 정박한 비글호가 보였다. 그 섬에만 있다고 밝혀진, 아주 드문 신종 여우 한 마리가 바위 위에서, 주변을 측정하는 사관들을 하도 열심히 보는 바람에, 나는 뒤로 조용히 걸어 올라가 지질조사용 망치로 머리를 때려서 잡을 수 있었다. 이 여우는 지금 동물학회 박물관에 박제되어 있다.

❀ 칠로에 섬에만 있는 여우인 카니스 풀비페스. 다윈은 사람을 구경하던 이 여우를 지질조사용 망치로 잡았다.

우리는 그 포구에 사흘 있었는데, 하루는 피츠로이 함장과 몇 사람이 산 페드로 산의 봉우리를 올라갔다. 숲은 북쪽 숲과 달랐고 바위는 운모가 섞인 판암으로 지층이 곧장 바닷물 속으로 잠겼다. 꼭대기까지 가려고 했지만 숲을 파고들어 갈 수 없었다. 다리는 종종 땅에 닿지 않았는데, 나는 10분 넘게 땅에 닿지 않았다고 확신한다. 자주 10~15피트 정도 떠 있어서, 같이 갔던 수병들이 "수심을 잰다"고 농담을 했다. 어떤 때는 썩어가는 나무의 둥치 아래를 기어갔다. 산 아래쪽에는 윈터스 바크와 북아메리카가 원산인 녹나무과의 낙엽수 사사프라스 같은 향기로운 잎을 가진 월계수와 이름도 모르는 나무들이 덩굴 대나무나 등나무와 함께 우거져 있었다. 높은 곳에는 작은 나무의 숲이 있으며, 여기저기에 붉은 삼나무나 알레르세 소나무가 있었다. 높이 1천 피트가 조금 되지 않는 곳에서 옛날 친구인 남부지방 너도밤나무를 보니 반가웠다. 그러나 키가 작아 여기가 그 나무의 북쪽 한계선에 가깝다는 생각이 들었다.

12월 10일_ 설리번 씨는 조사를 계속했으나 나는 비글호에 있었다. 11일 남쪽으로 내려가려고 산 페드로를 떠났다. 13일 가야테카스 군도, 즉 초노스 군도의 남쪽 지역으로 들어가는 입구로 갔다. 천만다행이었다. 바로 다음 날, 티에라델푸에고 섬에 강풍이 몰아쳤기 때문이다. 암청색 하늘을 배경으로 하얀 뭉게구름이 피어오르면서 검고 들쭉날쭉한 얇은 구름판이 그 앞을 지나갔다. 첩첩이 계속되는 산봉우리들이 침침한 그림자처럼 보였고, 서쪽으로 지는 해가 독한 술이 타면서 생기는 것 같은 누렇고 희미한 빛을 숲 위로 비췄다. 바닷물이 바람에 날려서 물보라가 하얗게 일었고, 바람이 삭구 사이를 윙윙거리면서 지나갔는데, 이 모두가 불길하긴 했지만 장엄한 광경이었다. 몇 분 동안 무지개가 밝게 떴다. 수면 위를 따라 일어나는 물보라가 호기심을 끌었다. 무지개는 일곱 가지 색깔을 그대로 유지한 채, 배 쪽 가까운 곳에서는 만을 가로지르는 양쪽 기초 때문에 반원에서 원으로 바뀌었다. 찌그러지기는 했으나 전체로는 거의 완전한 원을 만들었다.

우리는 이곳에서 사흘을 머물렀다. 날씨가 나빴으나, 그 사실이 대단치 않은 게, 여기에서 땅 위로는 아무 데도 갈 수 없기 때문이었다.

12월 18일_ 우리는 바다로 나서서 20일, 남쪽에 이별을 고하고 바람을 받으면서 북쪽으로 향했다. 비바람에 시달린 험준한 해안을 따라 기분 좋게 항해했다. 거의 직각인 산의 사면에는 나무가 빽빽했다. 다음 날 포구를 하나 발견했는데, 이런 위험한 해안에서 조난당한 배한테는 큰 도움이 될 것 같았다. 포구는 1,600피트 높이의 산으로 쉽게 찾을 수 있었다. 산은 리오의 코르코바도보다 더 원추형이었다. 다음 날, 배가 정박하자 나는 이 산꼭대기에 올라갔다. 산의 경사가 아주 급해 어떤 곳에서는 나무를 사다리 삼아 올라갔다. 아름다운 꽃을 늘어뜨리는 커다란 달맞이꽃 덤불도 있었으나, 그 사이를 기어가는 것은 무척 힘들었다. 이런 황량한 곳에서는 어느 산이라도 올라가면 기분이 좋아졌다.

사람이 잘 오지 않는 곳에 오면, 다른 사람이 이미 찾아왔는지 확인하고 싶은 욕구가 생겼다. 못이 박힌 나무 조각을 들고 마치 상형문자처럼 들여다봤다. 그때 이 험한 해안에 불쑥 튀어나온 바위 아래에서 풀로 만든 잠자리를 발견했다. 그 옆에는 불을 피운 흔적도 있었고, 도끼를 썼다.

12월 28일_ 날씨가 나빠도 조사를 하면 지루하지 않았으나, 폭풍이 계속되어 일이 하루하루 늦어질 때는 지루하고 짜증이 났다. 저녁때 산 에스테반 포구에 정박했다. 곧 셔츠를 흔드는 사람을 발견했고, 보트를 보내 사람들을 데려왔다.[3] 미국 고래잡이 배에서 여섯 사람이 탈출해 보트로 조금 남쪽에 상륙했으나, 보트가 파도에 부서져 조각났다고 한다. 그들은 어디로 가야 할지, 어디에 있는지도 모른 채, 그 해안을 열다섯 달이나 헤맸다. 그들은 가끔씩 식량을 구하러 흩어지기도 했는데, 잠자리 하나가 발견된 것도 그런 연유였다. 그들이 알고 있는 날짜는 실제와 나흘밖에 차이가 나지 않았다. 구조된 선원들이 살았던 자리에는 옷 몇 점과 다 닳은 책 한 권과 도끼 두 자루와 칼 몇 자루가 있었다.

12월 30일_ 비글호는 트레스 몬테스 반도 북쪽 끝 근처의 높은 산기슭에 있는 아늑한 만에 정박했다. 다음 날, 아침을 먹은 뒤 몇 사람과 함께 이 산 가운데 하나인 2,400피트가 넘는 산을 올라가기 시작했다. 경치가 굉장했다. 장대한 능선의 대부분이 화강암 덩어리였다. 운모 판암이 화강암 위를 덮었는데, 그 판암이 시간이 지나서인지 손가락 끝 모양으로 이상하게 침식되어 있었다.

1835년 1월 1일_ 이곳답게 새해가 시작되었다. 그릇된 희망을 드러내지 않도록 심한 북서풍과 쉬지 않고 내리는 비가 새해 인사를 대신했다. "하느님, 고맙습니다. 우리는 여기에서 끝을 보는 게 아니라 태평양으로 나가고 싶습니다. 그쪽 파란 하늘은 천국이 있다고 말합니다. 머리 위로 지나가는 구름을 넘어 어딘가에 말입니다."

북서풍이 나흘이나 계속되어, 겨우 큰 만 하나를 지나서 작고 안전한 만에 정박했다. 깊은 수로의 끝을 조사하는 함장을 따라나섰다. 도중에 우리는 많은 바다사자를 보았는데, 판판한 바위는 말할 것도 없고 해안의 일부마저도 바다사자로 뒤덮여 있었다. 교미하듯 껴안고, 깊이 잠들어 있는 바다사자들은 진짜 돼지처럼 보였다. 불길한 칠면조수리가 매서운 눈으로 바다사자 무리를 하나하나 끈질기게 감시했다. 우리는 간신히 신선한 물을 발견했다. 물고기가 많았고, 이 때문에 많은 제비갈매기와 갈매기와 두 종의 가마우지가 모여들었다. 우리는 한 쌍의 아름다운 검은 목 백조와 가죽을 아주 고급으로 치는 해달 몇 마리도 보았다. 돌아오는 길에, 보트가 지나가자 바다사자들과 새끼 바다사자들이 물속으로 텀벙텀벙 뛰어드는 광경을 재미있게 지켜보았다.

1월 7일_ 해안을 따라 초노스 군도 북쪽 끝에서 가까운 로 포구에서 1주일 동안 머물렀다. 이곳의 섬들은 칠로에 섬처럼 층리가 있고, 부드러운 해성층으로 식물들이 울창했다. 우리는 여기에서 '기독교 세계의 끝'인 카일렌에서 온 다섯 사람을 만났다. 그들은 물고기를 잡으려고 초라한 카누를 타고 칠로에 섬과 초노스 군도 사이의 험한 바다를 무서워하지 않고 건너왔다.

이 부근의 섬에서 해안 근처의 모래와 조개껍데기가 섞인 흙에서는 야생 감자가 아주 많이 자랐다. 키는 4피트 정도에 감자알은 대개 작지만, 어떤 것은 달걀 모양에 지름이 2인치나 되는 것도 있었다. 모든 면에서 우리가 먹는 감자를 닮았으나, 삶으면 아주 많이 쪼그라들고 물도 많이 나왔다. 야생 감자는 말할 나위 없이 이곳의 토산물이다. 로 씨의 말로는, 감자는 남위 50도나 되는 남쪽까지 퍼져 있으며, 그 지역 인디오들은 감자를 아퀴나스라 부른다고 했다. 내가 본국으로 보낸 건조한 표본을 조사한 헨슬로 교수는, 사빈느 씨가 발파라이소에서* 구해서 설명한 종과 같다고 말했지만, 일부 식물학자들은 전혀 다르게 생각했다.

초노스 군도 중부지방의 숲은 남쪽으로 케이프 혼까지 약 600마일에 이르는 서해안의 숲과 아주 비슷했다. 칠로에 섬에 있는 나무 같은 풀이 여기에는 없으며, 티에라델푸에고 섬에 있는 너도밤나무가 숲의 상당 부분을 차지하며 꽤 크게 자랐다. 그러나 남쪽처럼 그렇게 많지는 않았다. 이곳 섬들의 숲에는 선태식물과 지의류와 작은 양치식물이 의외로 많았다.** 칠로에 섬에 있는 숲은 대단히 훌륭했다. 이곳 초노스 군도의 기후는 칠로에 섬 북부보다는 티에라델푸에고 섬의 기후를 닮아, 평평한 땅에 푸밀라 들국화와 마젤란 초롱꽃으로 덮였는데, 이들이 썩어 두터운 토탄층이 되었다.

티에라델푸에고 섬에서는 삼림 지역보다 위에서, 무리를 지

* 『원예학술지』 5권 249쪽. 칼드클뢰 씨가 본국으로 감자 두 개를 보냈는데, 비료를 잘 주어 첫 해에는 감자도 많이 나왔고 잎도 무성했다. 『스페인 정치논문』 4권 9장에 있는, 멕시코에서는 알려지지 않은 것으로 보이는 이 식물에 관한 훔볼트의 흥미로운 논의를 보라.

** 이곳에서 포충망을 휘둘러 작은 곤충들을 제법 많이 잡았는데, 반날개과와 개미사돈과와 비슷한 곤충들과 작은 벌목들이다. 칠로에 섬과 초노스 군도의 좀 더 트인 지역에서 마리 수나 종에서 가장 특징인 과는 딱정벌레 목의 가룃과이다.

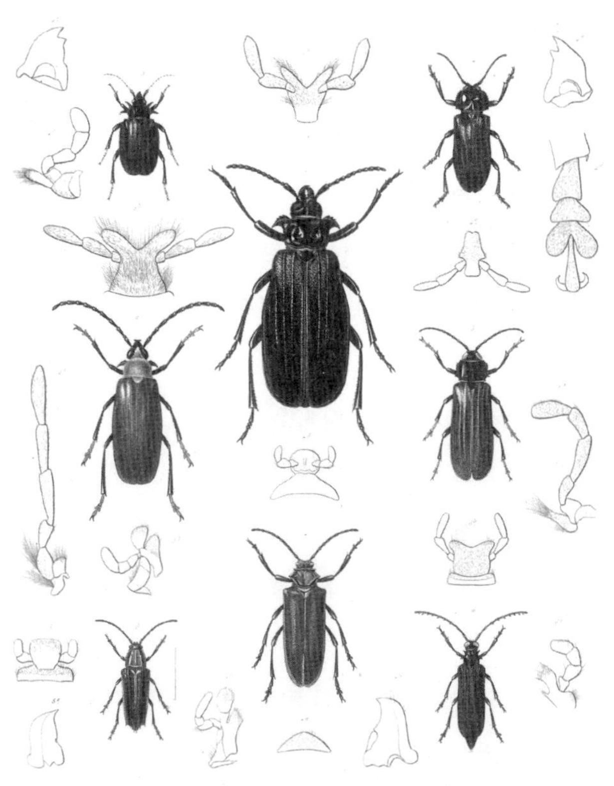

❁ 다윈이 칠로에 섬에서 채집한 갑충들.

어 생장하는 푸밀라 들국화가 주로 토탄이 된다. 직근直根(땅속으로 곧게 내리는 뿌리)의 아래쪽에 있는 잎이 썩으며, 토탄 속으로 식물 뿌리를 파들어 가면 제자리를 지키는 잎부터 전체가 한 덩어리로 변하는 단계까지, 잎이 썩는 모든 단계를 볼 수 있었다. 푸밀라 들국화 외에도 토탄이 되는 식물이 더 있는데, 영국의 넌출월귤과 덩굴도금양과 거의 습지에서만 크는 시로미와 골풀이었다. 이 식물들의 전체 모습은 우리 종과 매우 비슷했다. 좀 더 평탄한 곳에서는 토탄층 표면에 작은 물웅덩이가 생기는

데, 높이가 달라서 마치 사람이 파놓은 것처럼 보이며, 땅 속으로 흘러들어 가서 식물의 성분을 완전히 분해하고 모든 것을 굳어지게 했다.

남아메리카 남부의 기후는 토탄의 생성에 특별히 좋은 것으로 보였다. 포클랜드 군도에서는 지면을 덮는 억센 풀까지 거의 모든 식물이 토탄이 되었다. 어떤 환경도 그 식물이 자라는 것을 막지 못했다. 두께가 12피트나 되는 토탄층도 있고, 아랫부분이 마르면 너무 딱딱해져서 잘 타지 않는 토탄도 있었다. 토탄이 되는 데 반드시 필요한 분해 현상이 아주 천천히 진행되는 북쪽 한계선은 칠로에 섬의 위도인 41~42도였다. 그러나 그 섬에는 늪지가 아주 많아도 토탄은 나오지 않았다. 그러나 3도 남쪽인 초노스 군도에는 토탄이 많았다. 위도 35도인 라플라타 지방의 동쪽 해안에서 토탄을 전혀 찾지 못했다는 말을, 아일랜드를 가봤다는 스페인 출신 주민한테서 들었다.

초노스 군도에는 동물들이 드물었다. 네발 동물 가운데는 물에서 사는 두 종이 흔했다. 해리는 짠물에만 있으며, 작은 해달은 대단히 많았고 주로 물고기를 먹지만 무리를 지어 해면 가까이 떠다니는 작고 붉은 게도 먹었다. 바이노 씨는 이 동물이 티에라델푸에고 섬에서 갑오징어를 먹는 것도 보았고, 로 포구에서는 큰 소용돌이 조개를 가져가는 해달을 잡은 적도 있다고 했다. 나는 쥐덫으로 괴상하고 작은 생쥐 한 마리를 잡았다. 부근 섬에서는 흔하게 볼 수 있는 생쥐였지만, 로 포구에 있는 칠로에 사람들 말로는 한 번도 본 적이 없다고 했다. 이 작은 동물이 그 제도로 퍼지려면 얼마나 큰 변화가 있거나 어떤 변화가 계속

되어야 할까!*

칠로에 섬과 초노스 군도에는 칠레 중부의 투르코 새와 타파콜로 새를 대신하거나 관계가 있는 아주 이상한 새가 있었다. 체우카우라는 새는 습기 찬 숲에서도 가장 어둠침침하고 후미진 곳에 나타났다. 가끔 가까운 곳에서 울음소리가 들려도 보이지는 않는다. 때론 가만히 서 있으면 붉은 가슴을 한 작은 새가 친근하게 몇 피트 안으로 가까이 왔다. 체우카우 새는 여러 가지 낯선 울음소리로 미신 같은 공포심을 불러일으켰다. 이 새와 비슷하지만 조금 큰 새를 원주민들은 기드기드라고 부르며, 우리나라 사람들은 짖는 새라고 부른다. 짖는 새라는 이름은 아주 잘 지은 것 같았다. 체우카우 새처럼 가까운 곳에서 그 새소리를 들은 사람은 근처를 살펴보아도 그 새를 찾지 못할 것이다. 덤불을 때리면 더 찾지 못할 것이다. 하지만 때로는 기드기드가 겁먹지 않고 가까이 다가오기도 한다. 이 새는 먹이를 먹는 방식과 습성이 체우카우 새와 아주 비슷했다.

해안에는 작고 거무스름한 색깔의 파타고니아 오페티오르힌쿠스 새가 아주 흔했다. 도요새처럼 해변에서만 사는 이 새는 습성이 아주 조용했다. 이 새를 빼고는 몇 종만 있었다. 작은 굴뚝새도 가끔 보이고, 나무발바리가 짹짹거렸고, 벌새가 재빠르게 날아가며 짹짹거렸다. 마지막으로 몇몇 높은 나무에 있는 흰

* 육식 조류 중에는 둥지까지 먹이를 산 채로 가지고 오는 새가 있다고 한다. 만약 그렇다면 아주 드물겠지만 가끔은 새끼 새들한테서 도망가는 먹잇감도 있었을 것이다. 결코 가깝지 않은 섬에 작은 설치동물이 분포하는 것을 설명하기 위해서는 어느 정도 그와 비슷한 설명이 필요하다.

벼슬 파리잡이 딱새의 구슬픈 소리가 희미하게 들린다. 대부분의 지역에는 핀치 같은 흔한 속의 새가 아주 많았다.

이 남쪽 바다에서는 몇 종의 섬새가 나타났다. 가장 큰 종인 넬리는 내륙의 수로와 가까운 바다에서 흔했다. 넬리의 습성과 나는 방식이 신천옹과 아주 비슷하며, 아비의 머리를 쪼아 죽였다. 산훌리앙 포구에서는 이 커다란 섬새들이 갈매기 새끼들을 죽여서 게걸스레 뜯어먹는 것을 보았다. 두 번째 종인 퍼피네스 시네레우스는 유럽과 케이프 혼과 페루 해안에 흔하며, 넬리보다 훨씬 작아도 똑같이 검은색이었다. 이 새는 큰 무리를 지어 내륙의 협만에 자주 나타나는데, 나는 칠로에 섬에서 이 새의 무리보다 더 큰 무리의 새를 본 적이 없었다. 무수히 많은 새가 불규칙하게 떼를 이루며 몇 시간 동안 한 방향으로 날아갔다. 그 무리의 일부가 물에 내려앉자 수면이 검게 변했으며, 무리에서 나는 소리는 마치 멀리에서 사람들이 이야기하는 소리 같았다.

섬새 몇 종이 더 있으나 베라르드 펠라카노이데만 이야기하겠다. 이 새는 습성과 외모가 매우 독특했다. 이 새는 결코 내륙의 조용한 협만을 떠나지 않았다. 귀찮게 하면 먼 곳까지 잠수하다가 수면에 나타나서 날아갔다. 짧은 날개를 빨리 움직여서 어느 정도 직선으로 날아가다가 총에 맞은 듯 물에 떨어져 다시 잠수했다. 부리, 콧구멍, 발의 길이, 깃털의 색깔까지, 이 새가 섬새라는 것을 알려줬다. 반면, 날개가 짧아서 나는 힘이 부친다든지, 체형이나 꼬리 모양과 뒷발톱이 없는 발, 잠수하는 모습이나 장소를 선택하는 것이 처음에는 바다오리의 일종인 오크와 가깝다고 의심되었다.

축약자 주석

1) 칠로에는 '칠레의 일부' 라는 뜻이며, 산 카를로스는 오늘날의 안쿠드이다. 칠로에 섬은 서풍이 심하고 비가 많이 와서 지금도 사람이 많이 살지 않는다. 칠레가 스페인 한테서 독립하려는 운동을 했을 때, 칠로에 섬은 독립을 반대하는 왕당파의 마지막 보루였다. 1826년에야 왕당파는 모두 쫓겨났다.
2) 높이 2,652m인 오소르노 화산은 완전한 원추형으로 위쪽은 언제나 눈으로 하얗게 덮여 있다. 모양이 보기 좋아 칠레를 대표하는 화산 가운데 하나이다. 코르코바도 화산의 높이는 2,300m이다.
3) 여기에 함장의 기록을 옮긴다.
"우리가 돛을 펼 때, 몇 사람의 남자가 배 가까운 육지에서 아주 다급한 신호를 보냈다. 그들이 입은 옷이 뱃사람 같아 우리는 당연히 그들을 물개 가죽을 모으라고 남겨진 사람들로 생각했다. 보트 한 척을 보냈고 보트가 뭍에 닿자마자 그들은 적에게 쫓기는 듯이 한마디 말도 하지 않고 우르르 보트로 몰려와 올라탔다. 보트가 출발해서야 그들은 마음을 안정시키고 이야기를 시작했다. 그들은 북아메리카 선원들로 1833년 10월 (뉴 베드포드의 고래잡이 배) 프란세스 앙리에타호에서 달아났다. 케이프 트레스 몬테스 부근에서 육지가 보이지 않는 한밤중에 여섯 사람은 보트를 내려 해안을 따라 칠로에 섬으로 갈 목적으로 배를 떠났다. 그들이 처음 상륙한 날이 18일인데 부주의해서 보트에 고치지 못할 정도로 큰 구멍이 났다. 해안을 따라가려던 그들의 희망은 처음부터 깨어졌다."
"땅이 울퉁불퉁했고 숲이 빽빽해 높지 않은 내륙으로 들어간다는 것이 불가능하다는 것을 알고 그들은 해안을 따라 걷기로 했다. 그러나 실망스럽게도 돌아가야 하는 수로가 너무 많고 바위 해안을 따라 걷는 것이나 기어 올라가는 것이 아주 어렵다는 게 금방 분명해져, 그들은 걸어간다는 생각도 포기하고 그 자리에 있기로 결정했다. 이런 생각은 그들 가운데 한 사람이 절벽 사이를 건너뛰다가 떨어져 죽으면서 더욱 확고해졌다. 그들은 지금은 구조 포인트로 바뀐, 산 에스테반 포구에서 구조 되리라는 간절한 희망을 가지고 1년 정도를 머물렀다. 그들이 배에서 가져온 약간의 식량은 곧 바닥이 나서, 열세 달을 물개 고기, 조개, 야생 셀러리만 먹고 살았다. 그래도 그들이 비글호에 올라왔을 때에는 우리 배에 있는 누구보다도 혈색과 안색과 실제 건강도 나아 보였다."
구조 포인트는 초노스 군도의 남쪽 끝인 트레스 몬테스 반도의 북동쪽 끝이었다.

제14장 칠로에 섬과 콘셉시온 : 큰 지진

칠로에 섬의 산 카를로스 만-아콩카과 화산과 코세기나 화산과 동시에 분출한 오소르노 화산-쿠카오까지 말을 타고 가-파고들어 가지 못할 숲-발디비아-인디오들-지진-콘셉시온-큰 지진-쪼개진 바위들-옛날 동네 모습이 나타나-바닷물이 검은색으로 끓어-진동 방향-뒤틀린 바위-큰 파도-영원히 융기한 땅-화산 현상이 있는 지역-융기력과 분출력 사이의 관계-지진의 원인-산맥이 천천히 융기하다

1월 15일_ 로 포구를 떠나 사흘 뒤, 칠로에 섬 산 카를로스 만에 두 번째로 정박했다. 19일 밤 자정에 터진 오소르노 화산은 3시경 굉장했다. 망원경으로 보니 검은 물체가 쉬지 않고 시뻘건 불길 속에서 솟구치고 떨어졌다. 빛이 하도 밝아서 바닷물 위에 길고 밝게 반사되었다. 화산은 아침이 되자 조용해졌다.

훗날, 나는 북쪽으로 480마일 떨어져 있는 아콩카과 화산이 같은 날 밤에 터졌다는 말을 듣고 놀랐다. 또 아콩카과 화산에서 북쪽으로 2,700마일 떨어져 니카라과에 있는 코세기나 화산도 아콩카과 화산이 터진 지 6시간도 되지 않아 크게 폭발했고, 1,000마일 안에서도 느낄 수 있는 지진도 같이 일어났다는 말을 듣고 더 놀랐다. 코세기나 화산은 활동을 멈춘 지 26년이나 되었고, 아콩카과 화산도 폭발할 조짐을 거의 보이지 않았는데 동시에 이런 현상을 보였다니 놀라울 수밖에 없었다. 이런 현상이 우

연인지, 아니면 지하로 연결되어있는지 상상하기 어렵다.

피츠로이 함장이 칠로에 섬 바깥쪽 해안에서 방위각을 재려고 해, 킹 씨와 나는 말을 타고 섬을 가로지르기로 결정했다. 말 몇 마리와 안내원을 구한 우리는 22일 아침에 떠났다. 멀리 가지 않아, 가는 방향이 같은 여자와 소년 둘을 만났다. 모두들 이 길에서는 누구에게나 반가운 친구처럼 행동하는데, 남아메리카 지역 중 여기는 총이 없어도 여행할 수 있는 드문 지역이었다. 이 지역의 길은 아주 신기해, 몇 곳을 빼고는 넓은 통나무를 세로로 깔거나 좁은 통나무를 가로로 깔아놓았다. 여름에는 길이 그렇게 나쁘지 않지만, 겨울에 비가 와서 나무가 미끄러워지면 가기가 대단히 어렵다. 통나무가 없어진 부분을 지나갈 때면, 말들은 거의 개처럼 민첩하고 정확하게 다른 쪽으로 건너뛰었다.

산 카를로스에서 카스트로까지 직선거리는 12리그 정도인데, 길을 만드느라 큰 고생을 했다. 숲을 처음으로 지나간 사람은 인디오인데, 그는 나무줄기를 자르며 8일 만에 산 카를로스에 도착하여 스페인 정부로부터 큰 땅을 받았다. 여름이면 많은 인디오들이 반 야생인 소를 잡으려고 숲 속을 돌아다녔다. 몇 년 전, 좌초한 우리 배를 우연히 발견한 사람도 이런 사냥꾼이었다. 그의 도움이 없었다면 먹을 것이 떨어졌던 선원들은 사람이 지나가기 힘든 숲에서 결코 빠져나가지 못했을 것이다. 실제 수병한 사람은 가다가 기진맥진해서 죽었다.

날씨가 좋아서 꽃이 활짝 피었고 숲에 향기가 퍼져 있었다. 그러나 음울한 숲의 축축함은 사라지지 않았다. 이 태초의 숲에는 해골처럼 서 있는 수많은 죽은 나무들 때문에, 오랫동안 문명

생활에서는 볼 수 없는 엄숙함이 있었다. 해가 지고 얼마 후, 우리는 야영을 하려고 천막을 쳤다. 잠자리에 누워 어둠 속에서 빛나는 무수한 별들을 쳐다보는 게 굉장한 기쁨이었다.

1월 23일_ 아침 일찍 일어나, 2시경 아주 조용한 동네인 카스트로에 도착했다. 지난번에 우리가 방문했을 때 나이 많던 촌장이 죽어서 칠레 사람이 대신하고 있었다. 우리가 돈 페드로에게 우리를 소개하는 소개장을 주자, 그는 아주 공손하고 친절하게 대해주었다. 다음 날, 돈 페드로가 새로운 말을 구해와 우리와 함께 가겠다고 말했다. 우리는 해안을 따라 남쪽으로 갔다. 나무로 지은 창고 같은 큰 성당이 있는 몇개의 작은 마을을 지나갔다. 빌리피지에서 사령관이 합류하면서 우리는 그 지역에서 가장 큰 권력을 가진 두 사람과 함께 가게 되었다. 인디오들이 그들을 대하는 태도를 보니 그들의 권력을 알 만 했다. 촌치에서 우리는 복잡하게 구불거리는 길을 따라갔다. 숲으로 덮인 이 지역의 일부는 경작이 되고 있었는데, 영국의 황무지를 연상시켜 아주 매력적이었다. 주민들은 모두 인디오들로 보였다. 근처에 있는 호수의 길이는 12마일에 동서 방향이었다. 그 지역의 자연조건 때문에 낮에는 해풍이 아주 일정하게 불며 밤에는 약해졌다.

쿠카오로 가는 길이 좋지 않아 우리는 페리아과를 타기로 했다. 페리아과는 이상한 배였는데, 선원들은 더 이상했다. 나는 작고 이상하게 생긴 그 보트에 6명이 탈 수 있을지 의심이 들었다. 하지만 그들은 우릴 아주 쉽게 태웠다. 보트 조정수는 말이 많은 인디오로 돼지 몰이꾼이 돼지를 몰 때 내는 소리 같은 이상한 비명을 질렀다. 우리는 우리 쪽으로 부는 미풍을 받고 출발했는데, 쿠카오에는 늦지 않게 도착했다. 페리아과에 암소 한 마리를 실었다. 인디오들은 암소를 보트 옆으로 데리고 온 뒤 보트를 암소 쪽으로 기울여 놓고는, 노 두 개를 암소의 배 아래쪽으로 넣었다. 그리곤 그것을 지렛대 삼아 암소를 가볍게 쓰러뜨려 배 아래쪽에 눕혀놓고 로프로 묶었다. 쿠카오에서는 카페자를 찾아오는 신부에게 제공되는 빈 누옥을 한 채 찾아내어 그곳에 불을 피우고 저녁을 지었다. 만사가 편안했다.

비가 많이 오고 바람이 심하게 부는 칠로에 섬. 강우량이 많고 기온이 높아 칠로에 섬은 숲으로 덮여 있다. 그러나 사람이 많이 살지 않아 벌채된 곳은 얼마 되지 않았다.

쿠카오 부근은 칠로에 섬 서해안 전체에서 유일하게 사람들이 사는 곳이었다. 30~40가구의 인디오들이 해안가 4~5마일에 흩어져 살았다. 물개 기름 외에는 사고파는 게 거의 없었다. 불만이 있는 것처럼 보이는 그들은 보기에 민망할 정도로 자신을 낮추었다. 그런 감정은 주로 그들의 통치자들이 그들을 잔인하고 오만하게 대한 데서 비롯된 것 같았다. 우리와 함께 간 사람들은 우리에게는 아주 공손했지만, 가난한 인디오들을 대할 때는 자유인이 아닌 노예처럼 대했다. 나는 인디오들에게 담배와 마테를 선물하며 고마운 마음을 표했다. 그들은 하얀 설탕 덩어리가 신기한지 그 자리에서 맛보았다.

다음 날, 아침을 먹고 몇 마일 북쪽에 있는 우안타모 갑까지 말을 타고 갔다. 길은 아주 넓은 해변을 따라 나 있었으며 며칠이나 날씨가 좋았는데도 들이치는 파도가 대단했다. 그늘진 곳은 어디든지 땅이 완전히 수렁이 되어 갑까지 가는데 고생했다. 갑 자체는 바위산이었다. 그 바위산은 주민들이 체포네스라고 부르는, 파인애플 계통의 식물로 뒤덮여 있었다. 그 밭을 헤치고 기어 올라가면서 손에 상처가 많이 났다. 이 식물에는 양엉겅퀴의 열매와 비슷한 열매가 열리는데, 그 안에는 몇 개의 씨방이 모여 있고, 씨방에는 여기 사람들이 좋아하는 달콤하고 말랑말랑한 과육이 있었다. 로 포구에서 칠로에 사람들이 이 과일로 치치, 즉 과일 음료를 만드는 것을 보았다. 훔볼트가 말했듯이, 거의 어디에서든 사람들이 식물로 일종의 음료수를 만드는 것은 사실이었다. 그러나 티에라델푸에고 섬과 오스트레일리아의 미개인들에게는 그 기술이 없었다.

1월 26일_ 페리아과를 타고 호수를 가로지른 뒤 말에 올라탔다. 이번 주일은 다른 때와는 달리 칠로에 섬 전체의 날씨가 좋아 주민들이 숲을 태웠다. 주민들이 열심히 불을 놓아도 크게 번지는 곳은 한 군데도 없었다. 사령관과 함께 밥을 먹고 어두워져서야 카스트로로 돌아왔다. 다음 날 아침, 우리는 아주 일찍 그곳을 떠났다. 얼마 동안 말을 타고 가자 나무로 된 지평선 위로 코르코바도 화산과 북쪽으로 꼭대기가 평탄한 커다란 화산이 보였다. 밤에 우리는 구름 한 점 없는 맑은 하늘 아래에서 노숙했다. 다음 날 아침, 산 카를로스에 도착했다.

2월 4일_ 칠로에 섬을 떠났다. 지난주 해면에서 350피트나 솟아 있는, 지금도 살아있는 조개의 껍데기가 많이 나오는 지층을 찾아갔다. 또 한 번은 우에추쿠쿠이 갑까지 갔다. 그 지역을 썩 잘 아는 안내인과 함께 갔는데, 그는 작은 갑이나 시내와 수로의 이름들을 인디오 말로 끊임없이 이야기해 주었다.

우리는 8일 밤이 되어서야 발디비아에 도착했다. 다음 날 아침, 10마일 정도 떨어진 동네로 보트를 저어갔다. 가끔은 인디오 가족이 탄 카누도 만났다. 동네는 강의 낮은 둑 위에 만들어져 있었는데, 사과나무로 꽉 덮여서 큰 길이 과수원에 나 있는 오솔길 같았다. 나는 남아메리카에서 여기만큼 사과나무가 잘 되는 곳을 보지 못했다. 발디비아 부근에 있는 어떤 노인은 사과로 만들 수 있는 식품들을 설명해 주었다. 자신의 좌우명이 '필요는 발명의 어머니' 라는 것도 덧붙였다. 그는 사과로 사과주를 만들고, 남은 것으로 희고 맛이 좋은 독한 술도 만들었다. 그가 꿀이라고 부르는 당밀도 만들었다. 그의 자식들은 일 년 중 이 계절만 되면 거의 대부분의 시간을 과수원에서 보냈다.

2월 11일_ 안내인과 함께 짧게 답사했는데, 이상하게도 주민들을 많이 보지 못했다. 지역의 지질도 알아낸 바가 없었다. 숙소로 오기 전까지, 겨우 초라한 집 한 채를 지나쳤을 뿐이었다. 위도로 150마일 밖에 차이 나지 않는 칠로에 섬과 견주어보면 이곳의 숲은 나무의 비율이 약간 달랐다. 상록수가 그렇게 많지 않아서인지, 숲이 더 밝아 보였다. 칠로에 섬처럼 낮은 부분은 마디나무로 얽혀 있으나, 여기에서는 20피트 정도의 키에 종이 다른 마디나무가 엉켜 자라며 몇몇 하천의 둑을 아주 멋있게 장식했다. 인디오들은 이 나무로 추조를 만든다. 우리가 묵기로 했던 집은 너무 더러워 밖에서 잤다. 답사 첫날밤에는 벼룩에게 물려 뒤척여야 했다.

2월 12일_ 개간되지 않은 숲을 지나갔다. 가끔 말을 탄 인디오나 남쪽에서 가져오는 알레르세 송판과 밀을 나르는 노새 떼를 만났다. 산꼭대기에 올라와 야노스를 굽어보았다. 나무로 덮인 숲에 파묻혀 있다가 펼쳐진 들판을 보니 기분이 새로웠다. 이곳 서해안의 숲은 나에게 파타고니아의 자유롭고 무한한 평원을 생각나게 했다. 숲을 떠나기 전에 우리는 우리나라의 공원처럼 나무 한 그루가 서 있는 평평하고 작은 잔디밭을 지나갔다. 나무가 많고 기복도 심한 지역에 나무가 없는 아주 평탄한 땅이 있다는 사실을 알고 상당히 놀랐다. 말이 지친 듯하여 숲과 야노스의 중간 지역인 쿠디코의 선교부에서 멈추기로 했다. 훨씬 북쪽 아라우코와 임페리알 부근의 인디오들은 아직도 대단히 사납고 개종도 하지 않았지만 스페인 사람들과는 많은 교류가 있었다. 신부가 말하기를, 인디오 신자들은 미사에 나오는 것을 그렇게 좋아하지 않지만 종교에 존경심을 보인다고 말했다. 그들에게 가장 큰 어려움은 일부일처의 혼인 제도를 준수하는 것이라 했다. 순화되지 않은 인디오들은 부양할 수 있을 만큼 부인들을 데리고 살았다. 추장인 경우 때로는 부인이 열 명을 넘었다. 추장의 집에 있는 화덕의 숫자는 부인의 숫자를 말했다.

인디오들은 키가 크며 광대뼈가 나왔는데, 전체 모습은 그들이 속한 아메리카 인디오를 닮았다. 그러나 인상이 전에 보았던 다른 부족의 사람들과는 약간 달랐다. 정직하고 과묵하게 보이면서도 사나운 결단력이 느껴졌으나 겸손하지는 않았다. 이런 태도는 모든 부족들 가운데에서 그들만이 스페인 군에게 승리하면서 생긴 결과인 듯했다.[1)]

저녁에는 신부와 이야기하면서 즐겁게 보냈다. 대단히 친절했고 사람도 잘 대접하는 그는 산티아고를 떠나서는 자신에게 위안이 되는 것들을 많이 찾지 못했고, 자신이 사회에서 요구

남아메리카 인디오 가족. 남자가 쥐고 있는 것이 대나무로 만든 창인 추조이다.

하는 만큼 교육을 받지 못해서 아는 사람이 없다고 불평했다. 다음 날, 돌아오는 길에 무척 사나워 보이는 7명의 인디오 추장들을 만났다. 몇몇은 오랫동안 칠레 정부에 헌신한 공으로 매년 적은 연금을 받았다. 그들은 체격이 좋았으나 얼굴은 아주 우울했다. 이들을 만나기 직전에는 인디오 두 사람을 만났는데, 그들은 소송 문제로 먼 곳에 있는 선교 본부에서 발디비아로 가는 중이었다. 나는 두 사람에게 자주 담배를 권했고, 그들은 권할 때마다 받았다. 고마워할 일인데도 그들은 고맙다는 말을 하지 않았다. 칠로에 섬 인디오라면 모자를 벗고 "하느님이 값을 겁니다!" 라고 말했을 것이다. 길이 좋지 않았다. 우리는 길에서 잔 뒤, 다음 날 아침, 발디비아에 와서 배에 올라왔다.

며칠 후, 사관들과 함께 만을 건너 니에블라 요새 가까이에 상륙했다. 건물은 아주 낡았고 포좌는 거의 썩어 있었다. 함께 간 위크햄 씨가 한 발만 쏘면 분명히 포좌가 부서질 것이라고 말하자, 지휘관은 "아닙니다. 분명히 두 발은 견딜 겁니다!" 라고 엄숙하게 대답했다. 거리가 1.5마일 정도인 어떤 집으로 가고 싶었으나, 안내인이 숲을 뚫고 직선으로 가는 것은 거의 불가능하다고 했다. 그가 안내하는 길을 따라갔는 데 3시간이 걸렸다. 그 사람은 길을 잃은 소를 잡은 적이 있으므로 누구보다 숲을 잘 알았지만 얼마 전 숲에서 이틀 동안이나 헤매면서 꼬박 굶었던 적도 있다고 했다.

2월 20일_ 이날은 발디비아의 역사에 기록될 만한 날이었다. 마을에서 가장 나이 많은 사람도 처음 경험하는 큰 지진이 일어났기 때문이었다. 쉬려고 숲 속에 누워 있었을 때, 갑자기 일어난 지진은 2분 동안 계속됐지만 훨씬 길게 느껴졌다. 진동이 정 동쪽에서 왔다고 느꼈으나 남서쪽에서 왔다고 느낀 사람들도 있었다. 똑바로 서 있는 데는 어려움이 없었지만 흔들려서 현기증이 날 정도였다. 직각으로 교차하는 파도 속에서 흔들리는 배를 탄 것 같았다. 더 정확하게 말하자면 가라앉는 얇은 얼음 위에서 스케이트를 타는 기분이었다.

큰 지진은 우리가 아주 오래전부터 생각했고 연상했던 것들을 일시에 파괴했다. 가장 단단함의 상징인 땅이 우리 발아래에서 액체 위의 얇은 껍질처럼 움직였기에 아주 불안했다. 함장과 사관 몇 사람은 지진이 일어나는 순간 도시에 있었는데, 그 장면은 훨씬 심했다고 했다. 사람들이 놀라서 집 밖으로 뛰쳐나왔다. 지진이 일어났을 때는 썰물이었다. 그때 바닷가에 있던 할머니의 말로는 물이 거대한 파도를 일으키진 않았지만, 밀물 높이까지 순식간에 올라왔다가 원래의 높이로 빠르게 돌아갔다고 했다. 모래가 젖은 선을 보고 할머니의 말이 사실임을 알 수 있었다. 몇 년 전 칠로에 섬에서 작은 지진이 일어났을 때도 바닷물이 빠르고 조용히 움직였다. 저녁에는 여진이 많이 일어났다.

3월 4일_ 우리는 콘셉시온 포구로 들어왔다. 배가 정박할 곳을 찾는 동안 나는 키리키나 섬으로 올라갔다. 토지 관리인이 "콘셉시온이나 탈카와노 포구에는 집이 한 채도 서 있지 않습니다. 마을 70개가 파괴되었고 큰 파도가 들이쳐 탈카와노의 흔적들을 거의 다 쓸어갔습니다" 라고 처참한 20일 지진 이야기를 했다. 해안 전체가 목재와 가구로 뒤덮여 있었다. 무수한 의자, 책상, 선반 외에도 형태가 거의 온전한 초가지붕도 몇 개나 있었다. 탈카와노에 있는 창고가 터져서 목화와 마테 차와 다른 값비싼 물건들이 해안에 흩어져 있었다. 해안에서 본 많은 바위에는 붙어 있는 해산물로 보아, 최근까지 깊은 곳에 있다가 해변 위로 밀려 올라온 바위들도 있었다. 그 가운데 하나는 6피트 정도의 길이에 폭은 3피트, 두께는 2피트 정도였다.

섬 전체가 지진의 엄청난 위력을 보여주었고, 해변 역시 커다란 파도의 결과를 보여주었다. 여러 곳에서 땅이 남북 방향으로 갈라졌다. 아마도 이 좁은 섬의 평행하고 급경사이며 약한 가장자리들이 휘어졌기 때문으로 보였다. 절벽 가까운 곳에는 갈라진 틈의 폭이 1야드 정도 되는 것들도 있었다. 거대한 덩어리들이 해안으로 많이 떨어져 있었는데, 주민들은 비가 오면 더 큰 부분이 미끄러져 떨어질 것이라고 생각했다. 갓 깨진 바위 조각이나 떨어져 나간 흙에서 볼 수 있듯이 지진의 이런 효과는 지면 근처에 국한되는 것 같았다. 그렇지 않다면 칠레에는 바위 덩어리 하나 온전하게 남아 있지 않았을 게 분명하기 때문이다. 표면이 중심부와는 다른 영향을 받는다는 것은 잘 알려져 있었다. 지진이 깊은 광산에서는 예상보다 심각한 피해를 일으키지 못하는 이유가 아마도 이 때문일 것이다.

다음 날, 탈카와노에 상륙한 뒤 말을 타고 콘셉시온으로 갔다. 두 시가지의 모습은 지금껏 보아온 것 중에서 가장 무섭고 놀라웠다. 무너진 집들이 한꺼번에 뒤섞여서 사람이 살던 곳이라는 생각이 들지 않았다. 오전 11시 반에 시작된 지진이 한밤중에 시작됐더라면, 수 천 명이 사는 이곳에서 최소한 100명, 아니 훨씬 더 많은 사람이 죽었을 것이다. 사람들은 땅이 흔들리자마자 문밖으로 달아나서 살 수 있었다. 콘셉시온에는 제각각 서 있던 집이나 줄지어 늘어선 집들이 쓰레기 더미를 이루고 있거나 혼자 서 있었다. 탈카와노에서는 큰 파도에 씻기어 벽돌 한 층, 타일, 목재나 여기저기에 벽의 일부가 서 있는 것을 빼고는 아무것도 알아볼 수 없었다. 최초의 충격은 아주 갑작스러웠다. 키리키나 토지 관리인의 말로는, 최초의 신호는 타고 있던 말과 함께 땅바닥으로 굴러 떨어진 것이었다. 바로 일어났으나 다시 쓰러졌다. 비탈에 있다가 바닷속으로 굴러 떨어진 소들도 있었다. 큰 파도가 들이닥쳐 많은 소가 죽었는데, 만의 입구 부근 낮은 섬에서는 소 70마리가 파도에 휩쓸려 죽었다. 이 지진은 지금껏 칠레에서 일어났던 지진 가운데 가장 비참한 지진으로 생각된다. 하지만 정말 심한 지진이란 긴 주기를 두고 일어나기 때문에 쉽게 알 수 없었다. 큰 지진 다음에는 수많은 작은 지진이 발생해, 12일 동안 300번 이상 일어났다.

❁ 지진으로 인해 생긴 쓰나미로 파괴되기 전, 콘셉시온 포구와 탈카와노의 전경.

콘셉시온의 영국 영사인 라우즈 씨는, 아침 식사를 하다가 첫 움직임을 알고 뛰쳐나왔다고 말했다. 그가 간신히 정원의 가운데쯤 왔을 때, 집 한쪽이 무너져 내렸다. 간신히 정신을 차려 "이미 무너진 부분의 꼭대기까지 갈 수만 있다면 안전할 텐데"라고 생각했다고 한다. 땅이 움직여서 서 있는 게 힘들어지자, 손과 무릎으로 기어 그 작은 더미 위에 올라간 순간 집의 다른 쪽이 무너져 내리며 커다란 들보들이 그의 머리 앞으로 스치듯 떨어졌다. 앞은 보이지 않았고, 하늘을 덮는 먼지 때문에 숨이 막혔으나 겨우 길거리로 나왔다. 몇 분마다 진동은 계속됐고 아무도 무너진 폐허에는 가까이 갈 수 없었다. 도둑놈들이 기웃거려 무슨 물건이라도 건진 사람들이 그 물건을 잘 지켜야 했다. 도둑놈들은 땅이 흔들릴 때마다 한 손으로는 가슴을 치고 "자비"를 외치면서도, 다른 손으로는 틈만 나면 폐허 속에서 훔칠 수 있는 것은 무엇이든지 훔쳤다. 이엉으로 엮은 지붕이 불 위에 떨어져 모든 곳에서 불길이 일어났다. 수백 명의 사람들이 집을 잃었고 그날 먹을 양식이 있는 사람은 몇 되지 않았다.

❁ 큰 지진으로 무너진 콘셉시온의 대성당. 다윈은 성당의 벽이 무너진 방향으로 지진이 온 방향을 옳게 유추했다.

어떤 나라의 번영도 지진 한 번이면 충분히 파괴될 수 있었다. 만약 영국에서 지진이 일어난다면 영국은 얼마나 철저하게 변할까? 높은 집들과 복잡한 도시들과 커다란 공장들과 멋있는 공공건물과 개인 건물들은 어떻게 될까? 만약 한밤중에 지진이 일어난다면 얼마나 처참할까! 영국은 금방 망하고, 모든 서류와 기록과 계산서는 그 순간 사라질 것이다. 정부는 세금을 거둘 수 없으며, 권위를 세우지 못하고, 폭력과 강도가 난무할 것이다. 사람들이 굶어 죽고, 흑사병과 죽음이 꼬리를 물 것이다.

지진이 일어난 직후 3~4마일 거리의 만 가운데로 미끈한 파도가 오는 것이 보였다. 파도가 해안을 따라 엄청난 힘으로 들이치며 초가집과 나무들을 휩쓸었다. 파도는 만의 입구에서 하얗게 부서지면서, 밀물이 최고로 높아질 때의 높이보다 수직으로 23피트나 더 솟구쳐 무시무시하게 돌진했다. 그 힘이 어마어마해서 요새에 있던 4톤 정도의 대포와 포좌가 15피트나 안쪽으로 밀려갔다. 파도가 두 번 더 따라왔는데, 그 파도가 물러갈 때 물에 떠 있던 많은 물건들이 함께 떠내려 갔다. 큰 파도의 속도는 느렸다. 그래서 탈카와노의 주민들이 동네 뒤에 있는 언덕 위로 달아날 수 있었다. 선원 가운데 몇 사람은 파도가 오기 전에 보트로 그 파도를 타고 넘을 수 있을 것이라고 믿고 바다 가운데로 달아났다. 한 할머니는 네댓 살 된 꼬마를 데리고 보트에 올라탔으나, 보트를 저을 만한 사람이 없었다. 결국, 보트는 닻에 부딪쳐 두 동강이 났다. 할머니는 물에 빠져 죽었고, 꼬마는 나무 조각을 붙들고 있다가 몇 시간 뒤에 구조되었다. 바닷물은 무너진 폐허 가운데 웅덩이를 만들었다. 천진한 아이들은 오래된 책상과 걸상으로 보트를 만들면서 놀았다. 부모의 속이 타는 만큼 아이들은 즐거워 보였다. 라우즈 씨와 그가 돌보던 많은 사람은 처음 일주일 동안은 정원에 있는 사과나무 아래에서 보냈다. 처음에는 모두 소풍을 나온 듯이 즐거웠으나, 얼마 뒤 큰비가 오자 피할 곳이 없어서 고생했다.

만에서 폭발이 두 번 있었는데 한 번은 연기 기둥 같았고 한 번은 거대한 고래가 물을 뿜는 것 같았다고 했다. 바닷물 역시 어디에서나 끓는 것처럼 보였고, 검게 변하며 아주 역겨운 유황 냄새가 났다. 나중의 현상은 1822년 발파라이소 만 지진에서도 보고된 것으로, 아마도 썩어가던 유기물이 들어있는 바다 밑의 진흙이 교란되어 일어난 것 같았다. 카야오 만에서 잔잔한 날, 배가 케이블로 바닥을 끌 때, 나는 케이블이 끌리는 곳을 따라 거품이 올라오는 것을 보았다. 탈카와노의 하층민들은, 이번 지진은 2년 전 안투코 화산을 멈추게 했던 몇 명의 인디오 할머니들이 화가 나서 일으켰다고 생각했다. 이 어리석은 믿음은 신기했는데, 왜냐하면 연기를 뿜는 화산이 멈춘 것과 땅이 진동하는 사이에 관계가 있다는 것을 그들이 경험으로 알고 있다는 사실을 보여주었기 때문이다.[2)]

콘셉시온 시가는 도로가 직각으로 만나는 스페인 식으로 건설되었다. 도로 한 곳은 남서쪽에서 서쪽으로, 다른 도로는 북서쪽에서 북쪽으로 나 있었는데, 전자의 방향을 가진 벽이 후자보다 확실히 덜 무너졌다. 벽돌로 쌓은 것은 북동쪽으로 더 많이 무너졌다. 이런 두 가지 현상은 진동이 남서방향에서 왔다는 보통의 생각과 완전히 일치했다. 남서쪽 지하에서도 무서운 소리가 들렸다. 남서쪽에서 북동쪽으로 지어진 벽은 양쪽 끝이 진동이 오는 방향을 가리키므로, 북서-남동 방향으로, 수직으로 서 있다가 흔들려서 한꺼번에 쓰러진 벽보다 덜 쓰러질 것이 확실했다. 이는 미첼이 제안한 대로 책의 가장자리를 잘 맞추어 양탄자 위에 세워놓은 다음, 지진의 진동을 흉내 내 보면 잘 알 수 있다. 책 방향이 진동의 선과 어느 정도 같으면 책들은 더 쉽게 쓰러졌다. 땅에 생긴 틈들도 한결같지는 않지만 대체로 남동 방향에서 북서 방향으로 넓어졌다. 그러므로 그 방향이 진동이나 주요한 기복의 선과 일치했다. 남서쪽을 교란의 중심지로 분명하게 보여주는 이 모든 현상에 유의하면, 섬의 전체가 솟아오를 때, 그쪽에 있는 산타 마리아 섬이 해안의 어떤 곳보다 세 배나 더 높게 솟은 것이 아주 흥미롭다.

벽의 방향에 따라 지진에 견딘 정도가 다르다는 것은 큰 성

☸ 분화가 시작된 안투코 화산.

당에서도 잘 나타났다. 북동쪽에는 벽돌이 수북이 쌓였고, 가운데에는 문틀과 목재 뭉치가 마치 강물에 떠가는 섬처럼 솟아 있었다. 벽돌 구조물 가운데에는 아주 큰 것도 있어서, 마치 높은 산의 기슭에 있는 바위처럼, 평탄한 광장을 상당한 거리까지 굴러갔다. (남서 방향에서 북동 방향으로 서 있는) 옆의 벽들은 엄청나게 부서졌어도 제자리에 서 있었다. 그러나 (그런 벽에 수직이므로 무너진 벽과는 평행한) 거대한 지지물들은 대부분 마치 끌로 떼어낸 듯이 깨끗하게 떨어져서 땅바닥에 내동댕이쳐졌다. 벽들의 갓돌 위에 있던 네모난 장식물들은 지진으로 인해 대각선 방향으로 옮겨졌다. 전체를 이야기하면, 아치형의 출입구나 창문은 건물의 다른 부분보다 잘 견뎠다.

나는 내가 콘셉시온에서 경험한 뒤엉킨 감정을 그대로 전달하는 것이 불가능했다. 인간이 엄청난 시간과 노력을 들여 이룩한 것들이 한순간에 무너진다는 것은 비통했다. 그것을 지켜보는 일 역시 그러했다. 영국을 떠나온 이후 그렇게 마음속 깊이 흥미가 생기는 일은 거의 보지 못했다.

큰 지진에는 근처의 바닷물도 크게 요동친다고 했다. 바다가 교란되면 콘셉시온의 경우처럼 두 가지 양상을 보였다. 첫째, 충격이 일어나는 그 순간에 물이 해변에서 얌전하게 올라왔다 조용히 물러가는 것이다. 둘째, 바닷물 전체가 해안에서 물러갔다가 얼마 후 엄청난 힘으로 들이닥치는 것이다. 처음의 움직임은 지진이 액체와 고체에 다르게 영향을 미치면서, 즉시 나타나는 지진의 결과로 보인다. 그러나 두 번째 움직임이 훨씬 더 중요했다. 파도가 어떻게 생기든, 처음에는 바닷물이 해안에서 낮아졌다가 다음에 높은 파도가 되어 들이치는 것으로 보였다. 크고 얕은 만의 입구에 있는 탈카와노와 리마에 가까운 카야오는 큰 지진이 일어날 때마다 큰 파도에 피해를 입는 반면, 아주 깊은 물가 가까운 곳에 있는 발파라이소는 심한 지진으로 자주 흔들려도 파도의 피해는 입지 않았다.[3]

이 지진의 가장 큰 결과는 육지가 영구히 융기했다는 점이다. 콘셉시온 만 둘레의 육지가 2~3피트 정도 상승한 것은 틀림없었다. 그러나 파도가 모래로 된 해안의 오래된 조수의 흔적을 다 지우는 바람에, 지금은 물 밖으로 나온 바위가 전에는 물속에 있었다는 주민들의 말 외에는 증거가 없었다. 약 30마일 떨어진 산타마리아 섬에는 융기한 흔적이 더 크다. 피츠로이 함장은 만조선 3m 위에서 아직도 바위에 붙어있는 썩어가는 홍합의 밭을 발견했다. 이전에 주민들은 홍합을 따러 썰물에서도 물속으로 들어갔다. 이 지역의 융기 현상은 유난히 흥미로운데, 여러 번 일어난 격렬한 지진으로 인해 이곳에서는 600피트까지는 물론 1천 피트 높이에서도 바다에서 사는 많은 종의 조개의 껍데기를 볼 수 있었다. 이 해안 어디에선가 일어나는 것처럼, 알지 못하는 사이 아주 천천히 상승한 결과라는 것은 거의 확실했다.

북서쪽으로 360마일 떨어진 후안 페르난데스 섬은 20일의 큰 지진에 흔들려 나무들이 서로 부딪치고 해안 가까이 물속에서 화산이 터졌다. 이 섬은 1751년 지진에서도 콘셉시온에서 같은 거리에 있는 다른 곳보다 피해를 더 크게 입었다는 점에서 놀랍다. 이는 두 지점이 지하로 통한다는 것을 보여주는 것이기 때문이다. 발디비아 부근에 있는 비야리카 화산은 영향을 받지 않았지만 콘셉시온 남쪽으로 약 340마일 거리에 있는 칠로에 섬은 발디비아 부근보다 더 심하게 흔들렸던 것으로 보였다. 한편 칠로에 섬 앞에 있는 안데스 산맥에서는 화산 두 개가 지진이 일어나는 순간에 터졌다. 이 화산 두 개와 그 부근에 있는 화산 몇 개는 오랫동안 연기를 내뿜었다. 열 달 후, 콘셉시온에서 일어난 지진에도 영향을 받았다. 2년 9개월이 지난 후, 발디비아에서는 20일 지진보다 더 강한 지진이 다시 일어났고, 초노스 군도에 있는 섬 하나가 8피트 이상 영구히 융기했다.[4] 여러 가지를 따져 보았을 때, 이 지역 해안이 자주 흔들리는 것은 육지가 융기할 때 반드시 생기는 육지의 장력과 육지가 액체가 된 바위로 관입당하기 때문이었다. 이렇게 융기하고 관입되는 것이 반복되면서 산맥이 만들어졌다. 게다가 안데스 산맥의 구조, 즉 심성암이 반복되어 관입된 축을 덮고 있는 지층들이 평행하고 가까이 있는 융기선들을 따라 융기된 사실은, 관입된 부분이 굳어질 만큼 오랜 시간이 흐른 다음에 심성암이 반복해서 관입되었다는 설명 외에는 다른 설명이 불가능했다. 왜냐하면 만약 지층이 현재의 급경사라거나 수직이거나 심지어 뒤집어진 위치로 단 한 번에 왔다면, 지구 내부의 물질이 갑자기 솟아 나왔어야 하며, 고압을 받아 굳어진 산맥의 축을 만든 바위 대신 용암이 능선 위에 있는 무수한 점에서 솟아 나왔어야 하기 때문이다.

축약자 주석

1) 이들이 제4장에서 이야기한 아라우코 족이다. 그들은 다윈이 갔을 때 백인과 이미 상당한 교류가 있었으나, 백인에게 정복되지 않았다는 데에 대한 자부심이 상당했다.

2) 피츠로이 함장은 큰 파도가 들이칠 때, 탈카와노의 광경을 자세히 이야기했다.

"지진이 일어난 지 약 30분이 지나 주민 대부분이 높은 곳에 왔을 때에는 바다가 너무 밀려나, 정박 중인 모든 배, 심지어 수심 6패덤에 정박하던 배까지 뭍에 걸렸다. 또 만에 있는 바위와 얕은 곳이 모두 보였다. 거대한 파도가 키리키나 섬과 본토 사이에 있는 서쪽 수로로 가까이 오는 것이 보였다. 그 무서운 파도가 콘셉시온 만의 서쪽을 빠르게 지나가면서 만조선에서 (수직으로) 30피트 높이의 파도로 움직일 수 있는 것을 모두 쓸어갔다. 그 큰 파도가 배들을 작은 보트 정도나 되듯이 덮치고 때려 부수고 빙빙 돌렸다. 대부분의 마을이 물에 휩쓸렸고, 지진에 묻히지 않은 움직일 만한 물체는 모두 파도에 떠갔다. 몇 분 있다가 배들이 다시 뭍에 걸렸고, 두 번째 파도가 처음보다 더 큰 소리를 내고 더 세찬 기세로 몰려오는 것이 보였다. 그 파도가 더 거셌으나 더 이상 파괴될 것이 없어 피해는 대단하지 않았다. 바다는 다시 물러났고, 나무로 만든 물건들과 집에 있는 물건 가운데 가벼운 물건들이 떠갔고 배들이 다시 뭍에 걸렸다.

몇 분 있다가 키리키나 섬과 본토 사이에 세 번째 파도가 보였는데, 앞의 두 파도보다 더 커 보였다. 엄청난 위력으로 모든 장애물을 휩쓸면서—파괴하고 제압하면서—해안을 따라 돌진했다. 밀려나가는 파도가, 산기슭에 차인 듯, 빨리 밀려나면서 엄청난 양의 집안 잡동사니와 울타리와 가재도구와 다른 움직일 만한 물체들을 끌고 나가, 바다가 물체들로 뒤덮였다. 그 거대한 힘 다음에는 모든 게 다 없어진 것 같았다.

설명할 필요도 없이 배들이 부서지지 않은 게 놀랍다. 큰 고래잡이 배 3척과 돛대가 세 개인 범선 한 척과 쌍돛대 범선 두 척과 쌍돛대 종범식 범선 한 척이 마을과 아주 가깝게, 수심 4패덤에서 7패덤 사이의 깊이에 정박했다. 그것들은 한 개의 닻으로 상당히 여유를 준 채 떠 있었는데, 단 한 척만이 잘 정박했다.

지진이 일어났을 때, 남풍이 살살 불었는데 그 배들이 바다 쪽의 닻을 내려 선미가 바다를 향했고 모두 그 위치에서 뭍에 걸렸다. 부두 책임자인 D. 파블로 데라노는 그때 고래잡이배에 있었는데, 그 배가 승강구 뚜껑을 받침나무로 막았고 선창 뚜껑을 달았던 배였다. 모두가 안전한 곳을 찾아 색구에 매달렸다. 첫 파도가 부서지지 않고 선미를 덮치고 배를 부서뜨리지 않고 띄워서 끌고 갔다. 여유로 주었던 닻줄이 진흙 위로 끌려갔고 파도의 힘이 줄면서 배가 천천히 멈추었다. 배를 감돌던 물이 급하게 바다 쪽으로 밀려 나가면서 배는 거의 처음 위치에서 뭍에 걸렸다. 배가 뭍에 걸렸을 때, 물이 마지막으로 들어오면서 가장 높아지자 뱃전의 깊이가 2패덤에서 10패덤으로 커졌다. 다음에 파도가 두 번 더 왔으며, 배에는 처음과 비슷한 영향을 끼쳤다. 가벼운 닻이 끌렸으나 배는 잘 견뎠다. 배 가운데 부딪친 배도 있었고 소용돌이 속으로 들어간 것처럼 빙빙 도는 배들도 있었다. 파도가 들이치기 전에 상선 두 척, 곧 파울리나 호와 오리온 호는 1케이블(0.1해리)이 될 만큼 충분히 거리를 두고 떨어졌는데, 파도가 지나가자 두 척이 나란히 놓였고, 그 배의 줄로 세 번이나 감겼다. 파도가 들이칠 때마다 각각의 배가 상대방을 감았던 것이다. 한 척의 뱃머리가 부서졌으나 다른 배에 큰 피해를 입히지는 않았다. 진수 준비를 하던 작은 배 한 척이 1케이블이나 육지 쪽으로 옮겨졌지만 아무 피해 없이 그곳에 있었다. 동네 앞에 정박시켰던 작은 종범식 범선 한 척이 줄이 풀려 썰물에 먼바다로 떠나갔다. 파도에 부딪혔으나 부서지지 않고 보통 너울처럼 그 위에 떠 있었다. 콜로콜로 호가 만의 동쪽 입구에서 돛을 올리고 있다가 파도를 만났으나, 큰 너울처럼 문제없이 파도를 넘어갔다."

3) 다윈이 이야기하는 파도는 이른바 지진 해일(또는 쓰나미)이다. 지진이 일어난다고 모두 지진 해일이 일어나지는 않는다. 바다 바닥이 갑자기 높아지거나 낮아지는 경우 지진 해일이 일어난다. 지진 해일은 파장이 아주 길고 파고가 낮으며 주기가 긴 장파이다. 그러나 지진 해일은 바다가 얕아지면 속도가 느려지고 파고가 높아지는 반면, 깊은 바다에서는 속도가 빨라지고 파고가 높아지지 않는다. 그러므로 큰 지진이 자주 일어나도 앞바다의 수심이 깊은 발파라이소는 큰 피해를 입지 않는다.

4) 더 강한 지진이란 1837년 11월 7일, 일어난 진도 8.0의 지진을 말한다. 상당한 크기의 지진 해일이 일어났다. 1835년 2월 20일 발디비아의 지진은 진도 8.2~8.5이다. 다윈이 1837년 11월 7일 일어난 지진이 더 크다고 말한 이유는 당시 지진의 규모를 측정하는 방법이나 다른 이유 때문인 것으로 생각된다.

제15장 안데스 산맥을 넘어갔다 와

발파라이소-포르티요 통로-똑똑한 노새-산간급류-광체를 찾는 법-안데스 산맥이 서서히 융기했다는 증거-바위가 눈에 덮인 결과-큰 능선 두 개의 지질구조와 뚜렷이 다른 기원과 융기작용-거대한 침강작용-붉은 눈-바람-눈으로 된 첨탑-건조하고 맑은 공기-전기-팜파스-안데스 산맥 양쪽의 동물-메뚜기-큰 빈대-멘도사-우스파야타 고개-생장한 대로 이산화규소로 바뀐 나무-잉카 다리-위험하다고 과장된 좁은 길들-쿰브레 분수령-카수차 비상탑-발파라이소

1835년 3월 7일_ 우리는 콘셉시온에서 사흘을 있다가 발파라이소로 떠났다. 북풍이 부는 가운데 어두워지기 전에 겨우 콘셉시온 항의 입구에 왔다. 육지에 가까이 다가가는데 안개가 일어 닻을 내렸다. 11일, 발파라이소에 정박했다.

이틀 뒤, 나는 안데스 산맥을 넘어갔다 오는 여행에 나섰다. 이 부근에는 안데스 산맥을 넘어 멘도사로 가는 고개가 두 군데 있는데, 가장 흔히 이용되는 고개가 아콩카과 또는 우스파야타였다. 약간 북쪽에 있었다. 다른 한 곳은 포르티요라고 불리며 남쪽에 있었다. 더 가깝지만 더 높고 험했다.

3월 18일_ 우리는 포르티요 고개로 떠났다. 산티아고를 떠나 오후에는 칠레에서 가장 중요한 강의 하나인 마이푸 강에 왔다. 안데스 산맥으로 들어가는 골짜기 양쪽은 높고 메마른 산으

로, 골짜기가 넓지는 않았어도 아주 비옥했다. 저녁때 세관에 도착하자 세관원이 우리의 짐을 검사했다. 바닷물보다 안데스 산맥이 칠레의 국경을 더 잘 보호했다. 그 산맥까지 들어오는 골짜기도 몇 개 없지만, 산맥 자체도 골짜기를 빼고는 짐을 운반하는 짐승조차 지나가는 것이 힘들었다. 세관원은 아주 공손했는데, 그렇게 공손한 건 아마도 공화국 대통령이 나에게 준 여행증명서 때문일 것이다.

우리는 여행할 때, 다른 사람의 신세를 지지 않았다. 사람이 사는 곳에서 땔나무와 목초를 사고, 짐승들과 함께 노숙했다. 가지고 다니는 쇠 냄비로 음식을 만들고 맑은 하늘 아래에서 먹으니 어려운 일이 아니었다. 칠레에서 나와 동행하게 된 안내인 마리아노 곤잘레스는 노새 열 마리와 '마드리나'를 데리고 다녔다. 대모인 마드리나는 대단히 중요한 존재로서, 목에 작은 방울을 달고 다니는 늙고 충실한 암말이었다. 노새들은 그 암말이 가는 곳이라면 어디라도 착한 어린애들처럼 따라다녔다. 풀을 뜯어먹으라고 여러 무리의 큰 노새 무리들을 풀밭에 풀어놓은 뒤, 아침에 노새몰이꾼은 마드리나를 데리고 근처로 가서 종을 울렸다. 그러면 200~300마리의 노새가 있어도, 우리 노새들은 마드리나의 방울 소리를 알아듣고 마드리나에게 모여들었다. 늙은 노새 한 마리도 잃어버릴 일이 없었다. 몇 시간이고 억지로 붙잡아두어도 개처럼 냄새를 맡아 친구들을 찾아오거나 마드리나를 찾아오기 때문이다. 노새 한 마리는 평지에서 416파운드를 옮기지만, 산길에서는 100파운드를 줄였다. 근육도 없이 가늘고 긴 다리를 가진 노새가 그렇게 큰 짐을 옮겨 언제나 놀라웠다. 혼혈이

지만 부모보다 사고력과 기억력이 더 좋았다. 근육의 인내력도 더 크고 수명도 더 길었다.[1)]

3월 19일_ 우리는 오늘 골짜기에서 가장 높은 곳에 있는 집까지 올라갔다. 주민들의 숫자는 적어졌으나 물이 있는 곳은 아주 비옥했다. 안데스 산맥의 주요한 골짜기들의 특징은 골짜기 양쪽에 자갈과 모래로 된 층리가 희미하고, 상당한 두께의 가장자리가 있거나 단구가 있다는 점이다. 이 가장자리는 한때 계곡을 가로질러 연결되었던 게 분명했다. 실제로 지금도 강이 없는 북부 칠레의 골짜기에서는 바닥이 미끈하게 차 있었다. 이 평평한 가장자리 위로 보통 길이 나는데, 그런 가장자리가 7,000~9,000피트 높이까지 있었다. 그 위는 아무렇게나 쌓인 바위로 덮였다. 골짜기의 낮은 끝, 즉 입구에서는 골짜기들이 안데스 산맥의 기슭에서 끊어지지 않고 계속 자갈로 된 육지로 둘러싸인 평지로 연결된다. 그것은 여기보다 더 남쪽 해안처럼, 의심할 여지없이 바다가 칠레를 파고들어 왔을 때 쌓인 것이다. 나는 그 자갈 가장자리가 안데스 산맥이 천천히 융기하는 동안 급류의 운반으로 인해 퇴적되었다고 확신했다.

이 골짜기를 흐르는 강들을 산간 급류라고 불러야 한다. 강의 경사가 아주 급하고 물은 진흙색이었다. 마이푸 강이 크고 둥근 바위 위를 세차게 흐르면서 내는 소리는 바다에서 들을 수 있는 소리와 같았다. 귀가 먹먹할 정도의 시끄러운 물소리 속에서도 돌들이 부딪치는 소리가 먼 곳에서도 뚜렷하게 들렸다. 그 소리는 지질학자에게 한 가지 사실을 분명하게 말했다. 바로 자갈들이 부딪쳐 단조로운 소리를 내어도 모두가 그 돌의 영원한 목적지로 가까이 가고 있다는 것을 말하고 있었다.

수천 피트 두께로 쌓인 진흙, 모래, 자갈층을 자주 볼 때마다 나는 지금의 강이나 해변 같은 것들이 아무리 많이 침식해도, 그렇게 많은 물질을 만들었을 리 없다고 소리치고 싶은 기분을 느꼈다. 반면, 급류에서 나는 덜그럭거리는 소리를 듣고 지구에서 사라져 버린 동물들을 마음에 떠올리면서, 그 모든 시간 동안 밤낮없이 이 돌멩이들이 덜걱거리면서 자기의 길을 간다고 생각하면, 과연 어떤 산맥과 어떤 대륙이 그런 침식을 견딜 수 있을까?

계곡 양 옆의 산 높이가 3,000~8,000피트에 이르며, 윤곽이 둥그스름하고 급경사에 아무것도 없었다. 바위 색깔은 보통 침침한 자주색으로 층리가 아주 뚜렷했다. 우리는 그날, 안데스 산맥의 위쪽 계곡에서 사람이 몰고 내려오는 여러 무리의 소를 만났다. 겨울이 온다는 이 신호에, 우리는 지질조사를 하기 좋은 속도 이상으로 발걸음을 재촉했다. 우리가 잤던 집은 산기슭에 있었는데, 그 산꼭대기에 산 페드로 데 노라스코 광산이 있었다. 그 산꼭대기처럼 황량한 환경에서 광체들이 두 가지 방법으로 발견되었다. 첫째, 이 지역의 금속 광맥은 보통 주변의 지층보다 더 굳어서 땅 위로 솟아났다. 둘째, 칠레 북쪽에 있는 거의 모든 노동자들은 광석의 모양을 알고 있었다. 그 지역의 좋은 광체들 대다수가 이런 방식으로 발견되었다. 수년 만에 수십만 파운드의 은을 생산한 차눈시요 은광은 당나귀에게 돌멩이를 던졌던 농부가 발견했다. 돌멩이가 특별히 무겁다고 생각해 그 돌멩이를 다시 집어 들었는데, 바로 순은 덩어리였다! 은 광맥은 그곳에서 멀지 않은 곳에 금속 쐐기처럼 솟아 있었다.

3월 20일_ 계곡을 올라가면서 몇몇 아름다운 고산식물을 빼고는 식물이 드물어졌다. 네발 동물과 새와 곤충들도 얼마 되지 않았다. 군데군데 눈이 남아있는 높은 산들의 꼭대기는 제각각 우뚝 서 있었다. 골짜기들은 층리가 있는 아주 두꺼운 충적층으로 메워졌다. 안데스 산맥 경치에서 가장 충격적인 광경은 때로는 골짜기 양쪽으로 계속되는 평평한 가장자리와 밝은 붉은색과 자주색의 아무것도 없는 반암 수직 절벽과 장대하고 끊어지지 않는 벽 같은 암맥과 거의 수직에 그림처럼 아름답고 높은 거대한 벽 같은 지층들이었다. 또 가운데 봉우리가 덜 수직이면 멀리에서 거대한 산맥을 이루는 광경과 밝고 환한 색깔의 작은 바위 조각들이 산기슭부터 때로는 미끈한 원추형의 높이 2,000피트가 넘는 급경사에 쌓여 있는 장면들이었다.

나는 티에라델푸에고 섬과 이곳에서 연중 대부분이 눈으로 덮여 있는 바위들을 자주 보았다. 그런 바위들은 이상하게 아주 날카롭게 산산조각이 났다. 스코레스비도 같은 현상을 스피츠베르겐 섬에서 보았다.[2)]

저녁이 다 되어 석고 계곡이라고 불리는 분지처럼 생긴 이상한 평지에 왔다. 그곳에는 약간의 마른 풀이 있어, 바위로 둘러싸인 황량한 곳에서 소 떼를 보니 기분이 좋았다. 석고는 포도주를 만드는 데 들어가며 석고를 노새에 싣는 사람들과 함께 잠을 잤다. 21일, 아침 일찍 강줄기를 따라 올라갔다. 강줄기가 아주 가늘어지더니, 마침내 태평양과 대서양으로 나누어지는 분수령의 기슭에 도착했다. 지금까지 서서히 높아지던 길이 갑자기 급

한 갈지자로 바뀌면서 능선이 엄청나게 높아져 칠레공화국과 멘도사공화국을 나누었다.[3)]

안데스 산맥을 만드는 평행한 능선 몇 개의 지질을 아주 간단히 이야기하겠다. 이 능선 가운데 두 개는 다른 능선보다 훨씬 더 높았다. 칠레 쪽에 있는 페우케네스 능선은 길이 지나가는 곳의 높이가 해발 13,210피트이고, 멘도사 쪽에 있는 포르티요 능선은 길이 지나가는 곳의 높이가 해발 14,305피트였다. 페우케네스 능선의 아래쪽 지층들과 그 서쪽에 있는 능선 몇 개는 해저 분화구에서 흘러나온 수천 피트 두께의 엄청난 양의 반암이 분화구에서 터져 나와서 생긴 모가 난 조각들과 둥근 조각들로 된 같은 바위와 번갈아 나왔다. 번갈아 나오는 물질의 가운데 부분을 덮고 있는 건 두꺼운 붉은 사암과 역암과 석회질 점토 판암으로, 이 지층들이 석고와 섞이다가 거대한 석고층으로 바뀐다. 이 윗부분 지층에서는 대략 유럽의 백악기 전기에 해당하는 조개의 껍데기가 상당히 많이 나왔다. 조개의 껍데기가 지금 거의 해발 14,000피트에서 발견된다는 것은, 오래된 이야기이지만 그래도 놀랍다. 이 거대한 지층의 하부는 엄청난 양의 특이한 하얀색 소다화강암의 작용으로 끊겼고, 열을 받아 단단해졌고, 결정이 되었고 거의 뒤섞여버렸다.[4)]

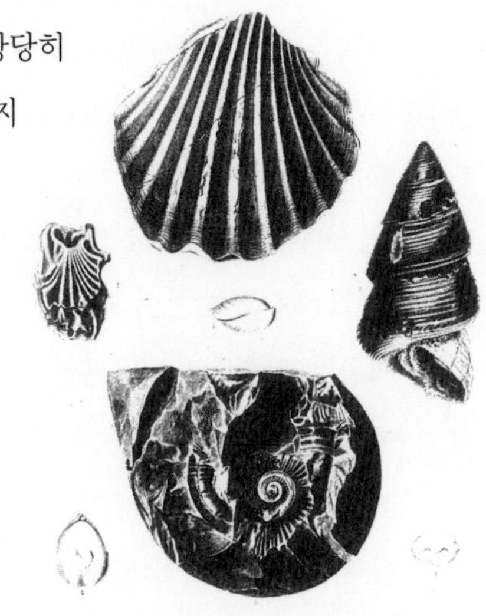

❀ 안데스 산맥에서 발견된 조개 화석.

포르티요 능선은 전혀 다른 지층이었다. 이 지층은 주로 붉은 칼륨화강암으로 된 거대한 첨봉으로, 서쪽 측면은 사암으로 덮여 있었으나 열을 받아 규암으로 바뀌었다. 규암층 안에는 수천 피트 두께의 역암층이 남아 있는데, 붉은 화강암 때문에 융기되어 페우케네스 능선 쪽으로 45도 기울어졌다. 이 역암층의 일부는 조개 화석이 나오는 페우케네스 능선의 암석에서 떨어져 나온 동글동글한 자갈로 이루어졌고, 일부는 놀랍게도 포르티요 능선처럼 붉은 칼륨화강암으로 이루어져 있다. 이런 것을 보면 페우케네스 능선과 포르티요 능선 모두 역암층이 만들어질 때, 일부가 융기되어 침식당한 것임을 알 수 있었다. 하지만 (아래의 사암은 열을 받아 변질되었고) 역암층이 붉은 포르티요 화강암에 45도 각도로 접촉하므로, 이미 일부 형성되어 있던 포르티요 능선의 융기와 관입 작용은 대부분 역암이 퇴적된 다음에 일어났으며, 페우케네스 능선이 융기된 오랜 이후라고 확신했다. 그러므로 안데스 산맥의 이 부분에서는 가장 높은 포르티요 능선이 그보다 덜 높은 페우케네스 능선보다 오래되지 않았다. 포르티요 능선의 동쪽 바닥에서 경사진 용암류에서 얻은 증거로 볼 때, 상당한 시간이 흐른 뒤에 그렇게 높이 융기했다. 포르티요의 기원으로 볼 때, 붉은 화강암이 백색 화강암과 운모판암으로 된 아주 오래된 선을 따라 관입한 것으로 보였다. 안데스 산맥의 대부분의 능선이 융기와 관입이 반복되면서 완결된 것으로, 몇몇 평행한 능선들은 지질시대가 다르다고 결론지을 수 있었다. 그래야만 거대하고 다른 산맥에 견주어 상당히 젊은 이 산맥이 당한 놀라운 양의 침식을 설명할 수 있는 충분한 시간이 생긴다.

마지막으로 가장 오래된 페우케네스 능선에 있는 조개껍데기는 앞에서 이야기했듯이, 유럽에서는 옛날이라고 생각하지 않는 제2기 이후 14,000피트나 융기했다는 것을 증명했다.[5] 그러나 이 조개들은 상당히 깊은 바다에서 살았으므로, 안데스 산맥이 차지한 지역이 조개들이 살 정도의 깊이에서 수천 피트(칠레 북부에서는 6,000피트) 침강한 것이 틀림없었다. 이런 증거는 파타고니아가 조개가 살았던 제3기 훨씬 뒤에 수백 피트 침강했다가 그 정도를 융기한 것과 같은 것이다. 나 같은 지질학자는 어떤 것도, 심지어 부는 바람마저도 이 지구의 껍데기만큼 불안정하지는 않다는 생각을 어쩔 수 없이 하게 되었다.

지질 이야기를 딱 한 가지만 더 하겠다. 포르티요 능선은 페우케네스 능선보다 높은데도 가운데 골짜기로 흐르는 물은 포르티요 능선을 가로질러 흘렀다. 이 같은 현상은 규모가 더 큰 볼리비아 안데스 산맥 동쪽 가장 높은 능선에서 시작해서 그 능선을 가로질러 흘렀다. 포르티요 능선이 나중에 천천히 융기한 것이라고 가정하면 그 사실을 쉽게 이해할 수 있었다. 먼저 섬들이 사슬처럼 연결되고, 이들이 융기하면서 조수가 언제나 섬 사이의 수로를 깊고 넓게 침식하기 때문이었다. 현재 티에라델푸에고 섬 해안의 가장 구석진 해협에서도 긴 수로가 만나는 교차점들의 해류는 엄청나게 강했다. 작은 범선들이 그 수로에 들어서면, 돛을 아무리 올려도 빙글빙글 돌기만 했다.

정오쯤 페우케네스 능선을 힘겹게 오르기 시작했다. 그때 처음으로 숨 쉬기가 약간 고통스러웠다. 노새들도 50야드 정도마다 몇 초 쉬었다가 다시 걷곤 했다. 공기가 희박해서 숨이 가쁜 것을 칠레 사람들은 "푸나" 라고 하면서 "물에는 푸나가 있다" 고 아주 터무니없는 말을 했다. 반면 어떤 사람들은 "눈이 있는 곳은 어디든 푸나가 있다"고 말하는데, 이것은 틀림없는 사실이었다. 내 경험으로는 서리 내린 날 따뜻한 방을 나와서 빨리 달릴 때처럼 머리와 가슴이 약간 조이는 느낌이었다. 걷는 것도 확실히 힘들어서 호흡이 깊어지고 힘겨웠다. 해발 약 13,000피트 정도인 포토시에서는 외지인들은 1년이 지나야 이곳 공기에 완전히 적응한다는 말을 들었다.[6] 주민들 모두 푸나에는 양파를 권했는데, 유럽에서도 가슴이 아픈 사람에게 때로 이 식물을 먹게 하는 것을 보면 양파가 정말로 효과가 있는 것 같았다. 그러나 나한테는 조개 화석보다 더 나은 게 없었다.

반쯤 올라가서 짐을 실은 70마리의 큰 노새 무리를 만났다. 노새 몰이꾼이 내는 큰 고함소리를 들으며 동물들이 기다란 끈처럼 내려가는 모습을 재미있게 구경했다. 황량한 산을 빼고는 견줄 것이 아무것도 없어 노새들이 아주 작아 보였다. 능선 꼭대기에서 뒤를 돌아보니 장관이었다. 눈부시게 맑은 공기와 새파란 하늘, 깊은 골짜기와 험준한 지형, 시간이 가면서 높게 쌓인 바위들과 눈 덮인 조용한 산과 대조되는 새빨간 바위들, 이 모든 것이 얽히어 누구도 상상하지 못할 장관을 연출했다. 더 높은 바위 끝을 맴도는 콘도르 몇 마리를 빼고는 어떤 식물과 새도 이 생명 없는 물질한테서 내 관심을 뺏어가지 못했다. 혼자 있는 것이 기쁘게 느껴졌다. 번쩍거리는 뇌우를 보거나 한 사람도 빠지지 않은 관현악단에 맞추어 부르는 메시아 합창을 듣는 것 같았다.

나는 눈이 쌓인 곳에서 북극을 향해한 사람들의 이야기에서 잘 알려진 붉은 눈을 발견했다. 마치 발굽에서 피가 약간 나듯이 노새 발자국이 희미하게 붉은색으로 물들어 내 시선을 끌었다. 처음엔 붉은 반암으로 된 산에서 날아온 먼지라고 생각했다. 이런 눈은 아주 빨리 녹거나 우연히 부스러져 붉게 물들었다. 종이 위에 올려놓고 살짝 비비면 연한 벽돌색이 섞인 희미한 분홍색이 드러났다. 그것은 색깔이 없는 케이스에 들어 있는 작은 구球들의 덩어리라는 것을 알았다. 구의 지름은 1/1,000인치였다.

페우케네스 꼭대기의 바람은 몹시 강하고 차가웠다. 바람은 서쪽, 즉 태평양 쪽에서 쉬지 않고 불어온다고 했다. 주로 여름에 관찰했으므로, 이 바람은 상층부에서 되돌아가는 바람이었다. 북위 28도 조금 덜 높은 테네리페 봉에서도 마찬가지로 상층부에서 돌아가는 바람이 불었다. 처음에는 칠레의 북쪽 지방과 페루 해안을 따라 부는 무역풍이 지금처럼 정남쪽에서 불어온다는 사실에 상당히 놀라웠다. 그러나 남북 방향으로 달리는 안데스 산맥이 거대한 장벽처럼 하층부 기류를 모두 가로막는 것을 생각할 때, 무역풍이 산맥을 따라 북쪽, 즉 적도지방 쪽으로 끌려 올라간다는 것을 쉽게 알 수 있었다. 북쪽으로 끌려 올라가지 않는다면 지구의 자전으로 동쪽에서 서쪽으로 가는 운동의 일부를 잃어버린다.

우리는 페우케네스를 지나 두 개의 큰 능선 사이에 있는 산악지방으로 내려가서 잘 준비를 했다. 고도는 11,000피트가 넘는 것 같았다. 우리가 잔 곳은 기압이 낮아서, 당연히 물이 낮은 온도에서 끓었다. 따라서 감자가 끓는 물속에 몇 시간이나 있었지만 거의 익지 않았다. 나와 함께 가는 두 사람이 이야기하는

소리를 듣고서야 그 사실을 알게 되었다.[7)]

3월 22일_ 감자가 빠진 아침을 먹고 포르티요 능선 기슭까지 중간지대를 가로질러 갔다. 한여름에 와서 풀을 뜯던 소들은 이미 떠났고, 훨씬 많은 숫자의 과나코마저 눈보라에 갇힐까 무서워 떠났다. 투풍가토라 불리는, 멋지게 눈으로 덮인 높은 산을 보았다. 가운데 있는 시퍼런 부분은 이 부근 산에서는 보기 힘든 빙하였다. 페우케네스 능선을 올라가듯이 힘겹게 먼 길을 올라가기 시작했다. 양쪽에 커다란 원추형의 붉은 화강암 봉우리들이 서 있고 사이의 골짜기에는 언제나 녹지 않는 흰 눈이 넓게 펼쳐졌다. 어떤 곳에서는 이 얼었던 눈이 녹으면서 뾰족한 봉우리나 기둥처럼 되는데,* 너무 높고 빽빽하게 붙어 있어서 짐을 실은 노새가 지나가기 어려울 정도였다. 이 얼음 기둥 하나에서 말 한 마리가 받침대 위에 있듯이 얼어 죽었는데, 뒷다리를 하늘로 쭉 뻗고 있었다. 나는 그 말이 눈밭을 지나가다가 고꾸라져서 머리가 구멍으로 빠졌고, 한참 뒤에 주변의 눈이 녹아 없어지면서 그런 모양을 하게 된 것이라고 상상했다.

포르티요 능선에 거의 다 갔을 때, 수분이 작은 바늘 같이 언 구름이 내려와서 우리를 둘러쌌다.[9)] 이런 상태가 종일 계속 되

* 얼어붙은 눈에 생기는 이런 구조는 스피츠베르겐 섬 부근의 빙산에서 스코레스비가 오래전에 관찰했으며, 최근에는 잭슨 대령이 네바 강에서 더 큰 관심을 가지고 관찰했다 (『지리학회지』 5권 12쪽). 라이엘 씨는 (『지질학 원리들』, 4권 360쪽) 주상 구조를 결정하는 것으로 보이는, 갈라진 틈들을 거의 모든 바위를 지나가는 절리에 비교했는데, 절리는 층리가 없는 바위에서 가장 잘 보인다. 얼어붙은 눈의 경우에는 주상 구조가 눈이 쌓이는 동안 일어난 과정보다는 '변성' 과정 때문이라 생각된다.[8)]

며 우리의 시야를 상당히 방해했다. 이 고개는 가장 높은 능선의 좁은 틈으로 길이 나 있었다. 그 지점에서 맑은 날에는 대서양까지 뻗은 광대한 평원이 보였다. 우리는 식물생장 한계선까지 내려가 큰 바위 아래에서 잘 곳을 찾아냈다. 이곳에서 몇 사람을 만났는데, 모두 길이 어떤지 초조하게 물었다. 어두워진 직후 구름이 갑자기 걷혔는데, 그 광경은 가히 마술 같았다. 보름달로 밝아진 거대한 산들이 마치 깊은 동굴 속처럼 사방에서 우리를 향해 드리워졌다. 구름이 걷히자 심하게 얼어붙었지만 바람이 없어 편안하게 잘 수 있었다.

대기가 투명해서 달이 밝았고, 별이 반짝거리는 게 굉장했다. 공기가 극도로 맑으면 풍경이 특이해지는데, 모든 물체가 그림이나 파노라마처럼 하나의 평면으로 모이는 것처럼 보이기 때문이었다. 투명한 공기는 균일하고 건조하기 때문에 나무로 만든 것들은 줄어들었다. 정전기가 이상할 정도로 쉽게 생기는 것도 공기가 아주 건조하기 때문이었다. 내 플란넬코트를 어두운 곳에서 비비면, 마치 인으로 세탁하는 것과 같았다. 개 등의 털들은 탁탁 소리를 내었다. 리넨시트와 말안장의 가죽 끈마저 손을 대면 번쩍거렸다.

3월 23일_ 안데스 산맥 동쪽 사면으로 내려오는 길은 태평양 쪽보다 훨씬 짧고 경사가 급했다. 곧 이쪽이 칠레 쪽 산악지방에서 솟아오른 것보다 평지에서 더 불쑥 솟아올랐다. 점심쯤 로스 아레날레스에서 짐승에게 줄 목초와 땔감으로 쓸 덤불을 발견했다. 잠을 자기 위해 그곳에 멈추었다. 그곳은 덤불이 자라는 최고 한계선에 가까운 곳으로, 높이는 7,000~8,000피트였다.

동쪽 계곡과 칠레 쪽 계곡 사이에 있는 식물이 아주 달라서 큰 충격을 받았다. 그런데 기후나 흙은 거의 같았고, 경도 차이는 미미했다. 네발 동물은 차이가 뚜렷했으나 새와 곤충들은 덜했다. 생쥐를 예로 들면, 대서양 쪽에서는 13종을 잡았고 태평양 쪽에서는 5종을 잡았는데, 한 종도 같지 않았다. 이 사실은 안데스 산맥 지질의 역사와 똑같았다. 지금 있는 동물들이 나타난 이래, 이 산맥이 큰 장애가 되었다. 따라서 같은 종이 양쪽에서 생겨났다고 가정하지 않는다면, 대양의 양쪽에 있는 생물들이 같다고 기대하지 못하는 것처럼 안데스 산맥 양쪽의 생물들이 같다고 기대할 수 없었다. 두 경우 단단한 바위든 소금물이든 장애물을 건너갈 수 있는 종은 논외로 해야 했다.*

많은 종의 식물과 동물이 파타고니아에 있는 종과 완벽하게 같거나 아주 비슷했다. 이곳에도 아구티와 비스카차, 3종의 아르마딜로와 타조, 몇 종의 자고와 다른 새들이 있는데, 이것들은 칠레에서는 전혀 보지 못한 파타고니아 사막의 특징인 동물들이었다. 또한 식물학자가 아닌 사람의 눈에도 가시가 난 키 작은 덤불과 시든 풀과 작은 식물들도 마찬가지였다. 천천히 기어가는 검은색의 갑충도 아주 비슷하며, 엄격하게 조사해도 몇 종은 분명히 같은 종이었다. 산맥에 닿기 전, 산타크루스 강을 올라가는 것을 포기했던 것이 나에게는 두고두고 후회할 일이 되었다.

* 이런 사실은 라이엘 씨가 처음으로 수립한 동물의 지리 분포가 지질 변화에 영향을 받는다는 훌륭한 법칙을 증명하는 좋은 예일뿐이다. 물론 전체 이론은 동물의 종은 변할 수 없다는 가정에 바탕을 둔다. 그렇지 않으면 두 지역에 있는 동물의 차이를, 시간이 오래 지나는 동안 새로 생겨난 것이라고도 볼 수 있기 때문이다.

3월 24일_ 아침 일찍 골짜기 한쪽 산을 올라가 팜파스 위로 넓게 펼쳐진 경치를 보았다. 처음에는 멀리서 대양을 보는 것과 아주 비슷한 광경이었지만, 이내 북쪽으로 불규칙한 것이 많이 보였다. 가장 뚜렷한 게 강이었다. 태양이 떠오르자 은실처럼 반짝거렸다. 한낮에 계곡을 내려와 초라한 건물에 도착하자 장교 한 사람과 사병 세 사람이 여행허가증을 검사했다. 그중 한 사람은 골수 팜파스 인디오로, 걸어가거나 말을 타고 몰래 지나가는 사람을 추적하는 경찰견 구실을 했다. 우리가 높고 밝은 곳에서 경탄했던 은빛 구름이 엄청난 비를 내렸다는 말을 들었다. 이 부근에서는 유일한 집인 차콰이오 농장을 지난 뒤, 해거름에 처음으로 만난 아늑한 곳에서 노숙을 했다.

3월 25일_ 지평선에 걸린 둥근 태양을 보니 팜파스가 생각났다. 밤에는 이슬이 심하게 내렸는데, 안데스 산맥에서는 경험하지 못했다. 길은 낮은 습지를 지나 어느 정도 정 동쪽으로 가다가 마른 평지를 만나 멘도사를 향해 북쪽으로 굽었다. 첫날 에스타카도까지 14리그를 갔고, 둘째 날엔 멘도사 부근인 룩산까지 17리그를 갔다. 전체가 아주 평탄한 메마른 평지로 집이 두세 채 있었다. 길에는 물이 없어, 둘째 날 작은 웅덩이를 발견했을 뿐이었다. 산에서 물이 조금 흘렀지만 곧 빈틈이 많은 마른땅으로 스며들었다.

이틀 동안을 지루하게 와서 룩산의 마을과 강에 줄을 맞추어 심어놓은 버드나무를 멀리에서 보니 새로운 힘이 솟았다. 이곳에 오기 조금 전 남쪽 하늘에 있는 어두운 붉은 갈색의 들쭉날쭉한 구름을 보았다. 처음에는 평원에서 나는 연기라고 생각했으나 곧 메뚜기 떼라는 것을 알았다. 메뚜기는 북쪽으로 날아갔는데, 미풍 덕에 시간당 10~15마일 속도로 우리를 따라왔다. 메뚜기는 지면 위 20피트부터 2,000~3,000피트까지 하늘을 꽉 채웠다. '날개 소리는 전쟁터로 달려가는 말이 끄는 마차 소리' 같았는데, 오히려 배의 색구를 지나가는 강한 바람 소리 같았다. 선발대가 날아갈 때는 하늘이 동요판銅凹版에 조각한 것처럼 보였으나, 중심부가 통과할 때는 아예 하늘이 보이지 않았다. 메뚜기 떼가 내려앉자, 들판이 초록색 대신 검붉어졌다. 불쌍한 농민들이 메뚜기 떼의 공격을 막으려고 불을 놓고 소리를 지르고 나뭇가지를 휘둘러도 헛일이다.

우리가 묵은 마을은 멘도사 주에서는 가장 남쪽의 경작지로 수도에서 5리그 떨어져 있었다. 팜파스의 밤에는 크고 검은 빈대인 레두비우스의 한 종인 벤추카의 공격을 받았다. 약 1인치 길이의 이 벌레가 몸 위를 기어 다니는 느낌은 정말이지 싫었다. 피를 빨기 전에는 아주 납작하지만, 피를 빨고 나면 둥글고 통통해져 쉽게 터뜨려 죽일 수 있었다. 내가 이키케에서 잡은 한 마리는 매우 굶주려 있었다(이 곤충은 칠레와 페루에도 있다). 테이블 위에 올려놓고 손가락을 내놓자, 사람들이 둘러싸고 있어도 이 곤충은 즉시 빨판을 내밀고 덤벼들었다. 납작한 놈이 피를 빤 지 10분도 되지 않아 공처럼 둥글게 되는 게 신기했다. 사관 한 사람의 피를 빨아먹은 놈은 만 넉 달을 통통하게 견뎠으나, 피를 빤 지 2주 후에도 또 피를 빨려고 덤벼들었다.[10)]

3월 27일_ 우리는 멘도사까지 노새를 타고 갔다. 땅이 잘 경작되어 있는 게 칠레를 닮았다. 이 부근에서는 과일이 많이 나오는데, 개당 반 페니로 사람 머리의 거의 두 배나 되는 아주 시원한 수박과 3펜스로는 외바퀴 수레의 반이 될 정도의 복숭아를 샀다. 땅이 비옥한 것은 사람이 물을 대기 때문이었다. 황량한 땅이 그토록 많은 자연물을 생산하는 게 정말 놀라웠다.

다음 날 우리는 멘도사에 머물렀다. 주민들은 "살기에는 좋으나 부자가 되기에는 아주 나쁘다" 라고 말했다. 하층민들은 팜파스의 가우초처럼 빈둥거리며 살아, 그들의 옷과 마구와 생활습관이 거의 가우초 같았다. 동네 분위기는 버림받은 것처럼 보였다. 아주 큰길이나 풍경이 산티아고와는 전혀 비교가 되지 않았다. F. 헤드 경은 멘도사 주민 이야기를 하면서, "그들은 밥을 먹고 날이 아주 더워서 잠을 잡니다. 더 이상 어떻게 하겠소?" 라고 말했다. 나 역시 그의 말에 아주 동감했다.

3월 29일_ 우리는 멘도사를 떠나 북쪽에 있는 우스파야타 고개를 지나 칠레로 돌아오기 시작했다. 메마른 길을 15리그나 가야 했다. 곳곳에 주민들이 "작은 사자" 라고 부르고 무서운 가시로 무장한 작은 선인장이 무수하게 있을 뿐이었다. 그 평지는 해발 3,000피트 정도 되었어도 해가 아주 뜨거웠고, 덥고 손에 잡히지 않는 작은 먼지 때문에 길이 아주 따분했다. 해지기 전 우리는 평지로 열린 만으로 들어왔다. 이 계곡이 좁아지는 위쪽에 비야 비센시오가 있었다. 평원에서는 수로가 말라붙었으나 점점 축축해지더니, 웅덩이가 나왔고, 이들이 연결되면서 비야 비센시오에서는 마침내 작은 물줄기가 되었다.

3월 30일_ 안데스 산맥을 넘은 여행자들이 많이 이야기하는 비야 비센시오와 부근 광산에서 이틀을 머물렀다. 그 부근의 지질에 큰 호기심이 생겼다. 우스파야타 능선은 안데스 산맥에서 거대한 포르티요 능선이 차지한 것과 거의 같은 위치를 차지했다. 그러나 기원은 아주 달랐다. 우스파야타 능선은 해저에서 흐른 여러 용암이 화산 폭발로 생긴 사암과 다른 퇴적암이 번갈아 쌓여서 만들어졌는데, 전체는 태평양 해안의 제3기 퇴적층 일

❈ 물이 있어 안데스 산맥을 넘는 사람들이 쉬어가는 비야 비센시오.

부와 아주 비슷했다. 그러므로 그 퇴적층의 특징인 규산질로 변한 나무를 발견하리라 예상했는데, 약 7,000피트 높이의 능선 사면에 솟아 있는 눈처럼 하얀 돌로 변한 나무를 발견했다. 11개는 규산질로 변했고, 30~40개는 큼직한 결정의 하얀 방해석으로 치환되었다. 서양전나무 계통이며, 남양삼목의 특징이 있으나 신기하게도 서양주목과 비슷한 점도 있다고 했다. 나무가 솟아난 아래 부분을 보면 화산 폭발로 생긴 물질들이 쌓여 사암이 되었고, 그 사암에는 아직도 나무껍데기 흔적이 있었다.[11)]

이 장면에서는 지질학을 많이 몰라도 되었다. 지금 700마일이나 밀려간 대양이 안데스 산맥 기슭에 있었을 때, 해수면 위로 융기한 화산 흙에서 솟아난 그 나무들이 대양의 깊이만큼 침강했다. 이 깊이에서 과거에 건조했던 땅이 퇴적층으로 덮이고, 이 층이 다시 바다 아래에서 흐른 거대한 용암으로 덮였다. 그런 지층의 두께가 1,000피트나 되었다. 그렇게 두꺼운 물질이 쌓인 대양은 당연히 깊었으나 다시 지하의 힘이 꿈틀거렸고, 지금은 높이 7,000피트가 넘는 거대한 산맥으로 변했다. 지구 표면을 언제나 침식하는 반대 힘도 존재한다. 그래서 거대한 지층에는 넓은 계곡이 몇 개나 가로질러 생겼으며, 지금은 석영으로 바뀐 나무들이 바위로 변한 화산 흙에서 솟아나 있었다. 그 화산 흙에서 초록색 싹이 처음 돋았을 때는 우뚝 솟은 머리를 쳐들었을 것이다. 지금은 지의류마저 과거에 나무였던 돌 위에 붙지 못하는 완전한 불모의 땅이 되었다. 방대하고 거의 믿기 힘든 변화가 일어난 것이 분명했다. 그 모두가 안데스 산맥의 역사에 견주면 상당히 최근에 일어났으며, 안데스 산맥 자체가 유럽과 아메리카의 많은 지층과 비교하면 대단히 최근이다.

4월 1일_ 우리는 우스파야타 능선을 지나서 그 지역에서 유일하게 사람이 사는 세관에서 잠을 잤다. 산을 떠나기 전에 우리는 붉은색과 자주색, 초록색과 새하얀 퇴적암이 흑색 용암과 번갈아 쌓여 암갈색부터 라일락 색까지 다양한 색을 구경할 수 있었다. 또 이것이 반암 덩어리와 뒤섞이고 부서져 상상할 수 있는 모든 모양의 불규칙한 형상을 보았다. 한 번도 보지 못한 광경으로, 지질학자들이 그리는 아름다운 지구 단면과 너무나 닮아 있었다.

다음 날, 룩산 옆을 흐르는 큰 산간 하천을 따라갔다. 그리고 그 다음날 저녁에 안데스 산맥에서 건너가기 가장 힘들다고 알려진 라스 바카스 강에 도착했다. 강들이 급류여서 유로도 짧았고, 저녁에는 진흙 빛이었고 물이 많이 흐르지만, 새벽에는 더 맑았고 덜 세찼다. 라스 바카스 강도 마찬가지여서 아침에 어렵지 않게 건넜다.

경치는 바닥이 평평한 거대한 계곡의 절벽을 빼고는 거의 볼 것이 없었다. 그 계곡과 바위산은 극도로 메말라서, 즙이 나오는 키 작은 덤불 외에는 어떤 식물도 없었다. 지난 이틀 밤 불쌍한 노새들이 먹을 게 정말이지 하나도 없었다. 오늘 우리는 안데스 산맥에서 가장 나쁘다고 알려진 몇 곳을 지나갔다. 그러나 그런 위험은 심하게 과장된 것이었다. 가장 나쁜 길 가운데 하나인, 라스 아니마스라고 부르는 곳을 건넜는데, 그보다 나쁜 곳도 많았다. 짐을 실은 노새는 노새끼리 부딪히거나 삐죽이 나온 짐이 어쩌다 바위 끝에 부딪히면 균형을 잃고 벼랑 아래로 떨어졌다.

강들을 건널 때에는 대단히 위험하다는 것을 알 수 있는데, 이 계절에는 위험하지 않으나 여름에는 정말 위험할 것이다. F. 헤드 경이 말한 대로 강을 건너간 사람과 건너가는 사람이 말한 내용이 다르다는 게 충분히 이해되었다. 마부가 노새에게 가장 좋은 길을 가르쳐 주고 알아서 건너가게 하지만, 가끔씩 짐을 진 노새가 나쁜 길로 들어서서 죽는 경우도 있었다.

4월 4일_ 라스 바카스 강에서 잉카 다리까지는 반나절 거리였다. 노새가 먹을 풀이 있고, 지질이 중요해 이곳에서 노숙했다. 보통 다리는 깊고 좁은 계곡에 가로질러 놓인 거대한 바위나 동굴의 궁륭천장처럼 파진 거대한 아치가 상상이 되었다. 그러나 잉카 다리는 층리가 있는 바위 조각으로, 부근에 있는 온천의 퇴적물로 교결膠結(물에 녹아 있는 광물들이 퇴적물을 통과하면서 화학적 반응으로 다른 부스러기들을 엉겨 붙게 하여 퇴적암화하는 작용)되어 있었다. 물이 한쪽을 침식해 수로를 낸 것처럼 보였는데, 그 부분은 위에 걸려 있는 불쑥 나온 바위가 맞은편 절벽에서 떨어지는 흙과 바위로 덮였다.

4월 5일_ 하루 종일 잉카 다리에서 가운데 능선을 가로질러 칠레 쪽에서는 가장 낮은 카수차 근처에 있는 오호스 델 아과까지 갔다. 카수차들은 둥글고 작은 탑으로, 바닥까지 올라가는 계단이 밖에 있었다. 바닥은 눈 더미 때문에 지면에서 수 피트 위에 있었다. 탑은 여덟 개가 있었다. 스페인 정부 시절, 겨울에는 식량과 숯이 있었으며 문서연락인마다 열쇠를 가지고 있었다. 쿰브레, 즉 꼭대기까지 올라가는 갈지자 길이 대단히 급하고 힘들었다. 펜트란드 씨의 말로는 높이가 12,454피트였다. 정상에서는 바람이 굉장히 차가웠으나 하늘의 색깔과 맑은 공기에 몇 번이나 탄성을 지르느라 얼마간 멈추었다. 경치가 굉장했다. 서쪽으로는 깊은 골짜기로 나누어진 산들이 첩첩이 겹쳐져 있었다.

4월 6일_ 아침에 노새 한 마리와 마드리나 종을 도둑맞은 것을 알고 골짜기를 2~3마일만 내려가면 노새를 찾을 수 있을 것이라는 희망을 갖고 다음 날까지 머물렀다. 이곳 풍경에는 칠레쪽 특징이 있어 산 아래쪽에는 연한 색깔의 상록수인 칠레 산 장미과 나무가 점점이 흩어져 있고, 커다란 샹들리에 같은 선인장이 있었다. 확실히 벌거벗은 동쪽 계곡보다는 나았으나 몇몇 여행객이 말하는 칭찬에는 찬성할 수 없었다.

4월 8일_ 우리는 내려왔던 아콩카과 계곡을 떠나 저녁때 비야 데 산타 로사 근처의 오두막에 도착했다. 평지의 비옥함은 대단했다. 가을이라 많은 과일나무의 잎들이 떨어졌고, 농부들은 자신의 집 지붕 위에 무화과와 복숭아를 널어 말렸다. 포도밭에서 포도를 따느라 바빴다. 일 년을 끝맺는, 깊은 생각에 잠기게 하는 영국 가을의 고요함이 그리웠다. 10일 산티아고에 왔다. 이번 답사는 겨우 24일 밖에 걸리지 않았으나 아주 재미있었다. 그리고 며칠 뒤, 발파라이소의 코필드 씨 집으로 돌아왔다.

축약자 주석

1) 노새는 암말과 수탕나귀 사이에서 태어난다. 크기는 말만 하나 생김새가 말과 당나귀 중간이며 식성도 좋고 체질이 강해 급변하는 기후에도 잘 견디고 병에도 강하다. 사지는 말랐으나 지구력이 강하고 힘이 세어 무거운 짐을

지고도 멀고 험한 길을 잘 간다. 노새는 잡종으로 정자가 미숙해 생식 능력이 없거나 아주 작다. 남아메리카에서는 아르헨티나와 콜롬비아와 볼리비아에 많다. 반면 암탕나귀와 수말 사이의 버새는 아주 약해 쓸모가 없다.

2) 눈으로 덮여있는 곳의 바위가 날카롭게 깨어진 것은 바위틈으로 스며든 물이 얼었기 때문이라고 보아야 한다. 이른바 기계적 풍화이다. 이 말고도 바위를 깨뜨리는 데에는 광물의 성분이 변하는 화학적 풍화가 있다.

3) 지금은 아르헨티나의 한 주인 멘도사는 한때 부에노스아이레스의 힘이 미치지 못해 실제로는 독립된 나라나 마찬가지였다. 그래서 다윈은 '멘도사 공화국'이라는 표현을 썼다.

4) '소다 화강암의 작용'이란 소다 화강암이 거대한 지층의 하부를 관입(貫入)한 것을 말한다. 곧 주위에 있는 더 약한 지층을 뚫고 들어갔다. 그 과정에서 거대한 지층의 하부가 단층으로 끊기고 열을 받아 광물의 조성과 바위의 조직이 바뀌었고, 관입한 바위(소다 화강암)와 관입당한 바위(거대한 지층의 하부)가 뒤섞이기까지 했다.

5) 제2기란 지금은 쓰지 않는 용어로 중생대를 말하며, 지금부터 2억 5,200만 년 전부터 6,600만 년 전까지이다.

6) 다윈이 이야기하는 현상이 고산증이다. 고산증이란 기압이 낮아지면서 산소가 희박해져 생기는 증상으로, 어지럽거나 가슴이 뛰고 얼굴이 붉어지며, 코피나 구토가 나며 머리가 아프고 귀에서 소리가 나거나 잘 들리지 않는 증상을 말한다. 실제로 3,600m 높이의 공기에는 해면에 있는 산소의 40% 밖에 없다. 고산증은 동물에게도 나타난다.
포토시(Potosi)는 볼리비아 남서쪽 높이 4,829m의 포토시봉 기슭 4,000m 정도에 있는 도시이다. 1545년 커다란 은광이 발견되면서 발전하기 시작해, 18세기 중반까지 엄청난 양의 은을 생산해, '가격혁명'을 일으켜 세계 은값을 떨어뜨렸다. 은값이 떨어지기 전에는 은값이 금값과 비슷했다. 그러나 지금은 금값의 1/80~1/90 정도이다.

7) 물은 1기압에서 잘 알다시피 100℃에서 끓는다. 그러나 높이 올라가면 올라갈수록 기압이 낮아지고 물이 끓는 온도도 낮아진다. 예를 들면, 3,000m 높이에서는 기압이 0.7기압 정도여서 물은 90℃에서 끓으며, 5,400m 높이에서는 0.5기압으로 물은 80℃에서 끓는다. 그러므로 물이 낮은 온도에서 끓으면서 감자는 익지 않는다.

8) 층리(層理)는 퇴적물 입자의 크기나 색깔이나 종류에 따라 나타나는 평행한 구조를 말한다. 절리(節理)는 바위가 평행하게 깨어지거나 갈라지는 선이나 면을 말한다. 얼음에 생기는 주상구조(柱狀構造)란 기둥처럼 수직으로 갈라지는 구조를 말한다. 다윈은 얼어붙은 눈이 뾰족한 봉우리나 기둥처럼 되는

것이 눈이 쌓이는 동안 생기기보다는 쌓인 뒤에 무게나 압력이나 온도의 변화로 생긴다고 생각했다.

9) 자연에서 물이 언 얼음은 광물이다. 얼음 결정은 수평축이 3개이고 수직축이 있는 긴 육각기둥으로, 광물학에서 말하는 소위 육방정계(六方晶系)이다. 항해기에서 "(수분이 언) 작은 바늘 같은 결정으로 된 구름이 내려오면서…" 라고 한 이유는 바로 이 때문이다.

10) 다윈은 여기에서 남아메리카-중앙아메리카 풍토병인 '샤가스 병'에 걸린 것으로 보인다. 이 병의 증상은 소화가 잘 되지 않고 심장에 이상이 생겨 기운이 없어 나른하고, 경우에 따라서는 장의 연동운동이 중지되어 변을 보지 못한다. 어린이는 죽을 수 있지만 어른은 잘 죽지 않는 대신 일생을 폐인으로 살아야 한다(이 병은 옛날에도 있어 남아메리카에서 발견된 미라에서 장이 변으로 가득 찬 것을 알 수 있다). 브라질 내과의 카를로스 샤가스(Carlos Chagas 1879~1934)가 1909년에 원충을 발견해, '샤가스 병'이라고 불린다. 현재도 치료약이 없는 이 병은 학명이 트리아토마 인페스탄스 *(Triatoma infestans)*인 침노린재 과에 속하는 곤충인 벤추카가 원충을 전염시킨다. 침노린재는 약 1천 속에 5천 종이 있는 것으로 알려졌다. 일설로는 다윈이 룩산에서 이 병에 걸린 것이 아니라 이미 1834년 9월, 칠레에서 걸렸다는 주장도 있다. 그 이유가, 다윈이 룩산에서 벤추카에게 물리기는 했으나 발열 같은 특별한 증상이 나타나지 않아 누워 있지는 않았기 때문이다. 반면 12장에서 보았듯이 칠레 발파라이소에서는 한 달 이상을 자리에 누워 있었다(칠레에서 걸렸던 병은 장티푸스라는 의견도 있다). 벤추카는 허름한 농가나 마굿간에도 있지만, 밤에 나무에서도 떨어진다. 샤가스 병은 북부 멕시코에도 있는 것으로도 알려져 있으므로 멕시코에 가까운 미국에서도 조심해야 한다. '샤가스 병'을 체체파리가 전염시키는 '아프리카 수면병'에 견주어, 일명 '브라질 수면병'이라고 한다. 이 병은 트리파노소마 크루시*(Trypanosoma cruzi)*라는 원생동물이 옮긴다. 아프리카 수면병을 옮기는 원생동물은 트리파노소마 감비엔스*(Trypanosoma gambiens)*이다.

11) 지금은 훗날 그곳을 지나갔던 사람들이 돌로 변한 나무들을 다 집어가 하나도 없다. 그러나 가끔은 사암에 남아 있는 나무껍데기의 흔적 화석들을 찾을 수 있다고 한다. 아르헨티나 정부는 1959년 그곳에 '다윈이 돌로 변한 나무를 발견했다'고 적은 표지를 세웠다.

제16장 북부 칠레와 페루

코큄보까지 가는 해안 도로-광부가 옮기는 매우 무거운 짐-코큄보-지진-계단 같은 단구들-최근에 쌓인 지층이 없어-제3기층과 같은 시기에 쌓인 지층-계곡 상류까지 갔다 와-과스코로 가는 길-사막-코피아포 계곡-비와 지진-공수병-데스포블라도 계곡-인디오 유적-있음직한 기후 변화-지진 때문에 아치 모양으로 휜 하천 바닥-차가운 강풍-산에서 나는 소리-이키케-염류충적층-질산소다-리마-건강에 나쁜 지역-지진으로 생긴 카야오의 흔적-최근에 있었던 침강 현상-산 로렌조 섬의 융기한 조개껍데기와 그의 분해-조개껍데기와 도기 조각들이 묻힌 평지-오래전에 온 인디오

4월 27일_ 나는 피츠로이 함장이 태워주기로 한 코피아포까지 육로로 가기로 했다.[1] 코피아포까지는 해안을 따라 일직선으로 북쪽 420마일이지만, 내가 가는 식으로 가면 대단히 먼 거리였다. 말을 타고 비냐 델 마르로 가면서 발파라이소를 마지막으로 보았고 그림 같은 경치에 감탄했다. 지질을 알려고 벨 산기슭으로 돌아갔다. 사금이 많이 나는 충적층을 지나, 리마체 부근에서 잤다.

4월 28일_ 오후에 우리는 벨 산기슭에 있는 초가집에 왔다. 그 집 사람들은 칠레에서는 아주 보기 드문 자유 토지소유자들이었다. 그들은 자신의 소유인 밭과 작은 땅에서 나는 것으로 살아가지만 대단히 가난했다. 다음 날 우리는 코큄보로 가는 큰길

로 나섰다. 밤에 소나기가 잠깐 왔는데, 이 비는 작년 9월 11일과 12일 카우케네스 광천에서 우리를 붙잡아두었던 폭우 다음에 처음으로 오는 비였다. 멀리 있는 안데스 산맥이 눈으로 덮여 있어 아주 장관을 이루었다.

5월 2일_ 길이 해안을 따라 계속되었다. 중부 칠레에서 볼 수 있는 나무와 덤불의 숫자가 급하게 줄어든 대신, 유칼리나무처럼 보이는 큰 나무가 많았다. 지면이 이상하게 조금씩 울퉁불퉁하고 불규칙했다. 들쭉날쭉한 해안과 흰 파도가 치는 근처 바다의 바닥이 마른땅으로 변하면 비슷한 모양이 될 것이다.

5월 3일_ 킬리마리에서 콘찰레까지 갔다. 땅이 점점 메말라 갔다. 중간 지역은 너무 메말라 염소도 살지 못했다. 해안의 여러 지역에 내리는 비의 양에 따라 풀이 돋아나는 게 아주 신기했다. 북쪽 코피아포에서 소나기가 한 번 오는 것이 과스코에서는 두 번, 여기에서는 서너 번 오는 것만큼 식물에게 큰 효과를 일으킨다고 했다.

5월 4일_ 해안 도로에는 흥미로운 것이 없어서 우리는 내륙에 있는 광산지대와 이야펠 계곡으로 방향을 돌렸다. 이야펠 계곡은 넓고 평탄하며 아주 비옥한 양쪽은 층리가 있는 자갈층 절벽이거나 벌거벗은 바위산이었다. 광산지대인 로스 오르노스에 있는 큰 산은 커다란 개미집처럼 온통 구멍이 뚫려 있었다. 칠레 광부들은 몇 주 동안 가장 메마른 곳에서 모여 살다가 축제일에 계곡을 내려가면, 무절제해지고 사치를 마다하지 않는다. 그들은 가끔 상당한 돈을 벌지만, 지나치게 술을 마시고, 옷도 여러 벌 사, 며칠 만에 무일푼이 되어 초라한 숙소로 돌아와 다시 짐을 나르는 짐승보다 더 고달프게 일을 했다.

칠레 광부들은 진한 색 나사로 된, 소매가 긴 셔츠를 입고 가죽 앞치마를 두른 뒤 진한 색깔의 허리띠로 허리를 돌려 묶었다. 바지는 대단히 넓고, 새빨간 천으로 만든 작은 모자는 머리에 꼭 맞았다. 우리는 이런 복장으로 죽은 동료의 시신을 묻으러 가는 광부들을 만났다. 네 사람이 시신을 들고 큰 소리로 부르짖으면서 약 200야드를 최대한 빨리 간 뒤, 말을 타고 먼저 온 사람과 교대했다.

우리는 갈지자로 북쪽을 향해 올라갔다. 그 지역에서는 사람이 거의 살지 않아서 길을 찾느라 고생했다. 12일은 광산에서 묵었다. 이곳의 광석이 특별히 좋은 것은 아니지만, 매장량이 워낙 커 광산의 가격은 6,000~8,000파운드는 예상되었다. 그러나 겨우 금 1온스 값(3파운드 8실링)에 영국 광산연합에 속한 광산에 팔렸다. 광석은 노란 구리 황철석인데 이미 이야기했듯이, 영국인이 오기 전에는 구리는 조금도 들어 있지 않다고 생각했다. 그 회사는 위의 경우처럼 엄청난 이익을 보았고 또 작은 구리 방울이 많이 들어 있는 산더미 같은 제련찌꺼기도 사들였다. 그러나 큰 손해를 보았다. 믿음직한 사업가와 진정한 광산 기술자이자 시금 분석가야말로 가장 필요한 사람들이었다.

헤드 함장이 '광부', 정확하게 말하면 짐을 옮기는 짐승이라고 해야 할 사람들이 깊은 채광장에서 져 올리는 놀라운 짐에 관한 이야기를 했다. 처음에는 그 양이 과장되었다고 생각했다. 그래서 그들이 져 올린 짐을 아무거나 골라서 그 무게를 재니 197파운드였다. 광부들은 수직으로 80야드나 되는 곳에서 짐을 지고 올라왔다. 채광장의 깊이가 600피트가 아니면 숨을 쉬려고 멈추어서는 안 된다. 광부들은 광석을 하루에 12회 져 올렸다.

이 사람들은 사고를 빼고는 건강하며 명랑하게 보였다. 그들의 몸은 그렇게 근육질이 아니었다. 그들은 어쩌다 일주일에 한 번 정도 신선한 고기를 먹으며 나머지는 말라서 뻣뻣해진 차르키만 먹었다. 그들이 채광장 입구에 왔을 때는 보기가 안쓰러웠다. 몸은 앞으로 숙여졌고, 두 팔은 계단 위로 늘어뜨렸고, 다리는 활처럼 휘어 있었다. 또한 근육은 떨리고, 땀은 얼굴에서 가슴으로 흘러내리면서 김이 나고, 콧구멍은 벌름거리고, 입 양쪽은 일그러지고 호흡은 힘겨웠다. 그들이 숨을 들이쉴 때마다 "아이, 아이" 하는 비명 소리를 냈다. 광석을 쌓아놓은 곳까지 비틀거리고 와서 짐을 쏟아놓고는, 2~3초 후에 숨을 회복하고, 이마에 흐르는 땀을 훔친 다음, 새로운 힘이 난 듯 채광장으로 다시 빨리 내려갔다.

광산 소장은 아주 젊은 편이었는데, 코킴보에서 학교를 다녔을 때, 영국 배의 선장을 보았다고 했다. 그의 기억으로는 그런 사람과 접촉하면 생길 죄악 때문에 아무도 그 선장 가까이 가지 않았다. 지금도 그들은 어느 해적이 성모 마리아 그림을 가져간 1년 뒤에 다시 성 요셉 그림을 가지러 와서는, 그 여자가 남편이 없어 불쌍하다고 말한 것을 기억했다. 나도 역시 코킴보에 있는 식당에서 밥을 먹을 때, 한 할머니가 "인생을 살면서 영국 사람과 같은 방에서 밥을 먹는 게 얼마나 기이하냐"고 말하는 것을 들었다. 그 할머니는 아주 어렸을 때, "영국 놈"이라고 하는 소리에 온 동네 사람이 귀중품을 싸들고 산속으로 달아났던 일이 두 번씩이나 있었던 것을 기억했다.

5월 14일_ 우리는 코킴보에 와서 며칠을 묵었다. 조용한 이 동네의 주민은 6,000~8,000명 정도라고 했다. 17일 아침, 약한 비가 5시간 정도 왔다. 올 들어 처음 오는 비였다. 밀을 심는 농부들은 이 비를 이용해 땅을 갈 것이다. 얼마 되지 않은 이 수분의 효과는 신기할 정도였다. 12시간 후에도 땅은 예전처럼 말라 있었으나, 열흘 정도가 지나자 모든 언덕의 곳곳에서 천 조각들처럼 희미한 연둣빛들이 나타나기 시작했다.

피츠로이 함장과 내가 코킴보를 찾아오는 모든 사람을 잘 대접하기로 유명한 영국인 에드워드 씨와 저녁을 먹을 때,[2] 갑자기 지진이 일어났다. 먼저 땅이 우르릉 울리는 소리가 들렸다. 여자들이 부르짖고 하인들과 신사 몇 사람이 출입구로 달려가는 바람에 움직임을 알 수 없었다. 어느 신사는 1822년 발파라이소에서 지진이 일어나 지붕이 무너질 때, 몸을 피해 간신히 목숨을 구

❀ 비가 거의 오지 않는 코킴보. 다윈은 이곳에서 그렇게 강하지 않은 지진을 경험했다.

했다고 말했다. 그때 그는 카드놀이를 하던 독일 사람이 일어나면서, 코피아포에서 방문을 닫아놓았다가 거의 죽을 뻔했다며, 이 나라에서는 문을 닫아놓고는 방 안에 절대로 앉아 있을 수 없다고 말했다고 한다. 그리고 방문을 열었는데, 그 순간 "지진이다!" 라고 큰 소리를 쳤고, 그 유명한 지진이 시작되었고 모두 살아났다. 지진이 위험한 것은 문을 열 시간이 없어서가 아니라, 벽이 흔들리면서 문틀이 비틀려 문이 열리지 않기 때문이었다.

나는 자갈로 된 단구를 살피면서 며칠을 보냈다. 다섯 개의 손가락처럼 생긴 좁은 단구는 약간 기울어져 차례로 솟았는데, 가장 잘 발달된 단구는 자갈로 되어 있었다. 단구들은 만을 향했고, 골짜기 양쪽을 따라 위로 올라왔다. 단구는 과스코에서는 훨씬 더 넓어져서 평야라고 불러야 할 정도였다. 곳에 따라서는 6단도 있지만 보통은 5단으로, 해안에서 골짜기를 따라 37마일이나 계속되었다. 이 층계 모양의 단구는, 산타크루스 강의 골짜기에 있는 단구들을 아주 닮았고, 작다는 것을 빼고는, 파타고니아 해안 전체를 따라 있는 거대한 단구들과 아주 비슷했다.

현재 살아 있는 조개의 껍데기는 코킴보에 있는 단구(높이 250피트) 표면뿐만 아니라 잘 부스러지는 석회질 바위 속에서도 찾아볼 수 있었다. 장소에 따라서는 지층의 두께가 20~30피트는 되지만, 옆으로 길게 계속되지는 않았다. 근래 들어서 쌓인 이 지층은, 모두 멸종된 것으로 보이는 조개의 껍데기가 들어 있는 오래된 제3기층 위에 놓여 있었다. 나는 수백 마일에 이르는 태평양 쪽 해안과 대서양 쪽 해안을 살펴보았지만, 이곳과 과스코로 가는 북쪽 몇 곳을 빼고는 현재 살아있는 조개의 껍데기가 들어 있는 지층이 그렇게 규칙적으로 쌓인 것을 본 적이 없었다. 위의 사실은 아주 큰 의미가 있었다. 어느 곳에 화석이 없을 때, 지질학자들이 보통 하는 설명, 즉 그때는 그곳이 육지라는 설명이 여기에서는 적용될 수 없기 때문이었다. 왜냐하면 표면에 흩어지고 모래와 흙 속에 파묻힌 조개껍데기로 보아, 수천 마일 되는 양쪽 해안은 최근까지도 물속에 있었기 때문이었다.

코킴보에서 아래쪽에 있는 오래된 제3기층은, 칠레 해안 곳곳에 있는 나베다드 지층과 파타고니아의 거대한 지층과 같은 시대에 형성된 것으로 보였다. 나베다드와 파타고니아의 조개껍데기들에게는 그 조개들이 살던 곳에 매몰되어 그대로 수백 피트 침강했고, 다음에 융기했다는 증거가 있었다. 화석이 들어 있는 이 오래된 제3기층이 태평양 쪽 해안에서는 1,100마일, 대서양 쪽 해안에서는 적어도 1,350마일이나 떨어진 남북 여러 지점과 남아메리카 대륙 가장 넓은 곳을 가로지르는 동서 700마일이나 떨어진 곳에 어떻게 퇴적되었고 보존되었는지에 관한 의문은 자연스러운 일이었다. 내 생각으로는 그에 대한 설명은 어렵지 않으며, 그 설명을 지구 여러 곳에서 관찰되는 비슷한 사실에게 적용할 수 있었다. 이러한 사실에서 보듯이 바닷물의 엄청난 삭박력削剝力을 고려할 때, 퇴적층이 융기하면서 파도를 견디고 상당한 기간 계속될 정도로 보존되려면 애초에 넓지 않고 상당히 두껍지 않다면 어려운 일이었다. 대부분의 생물이 살기에 좋은 꽤 얕은 바닥에서는 바닥이 가라앉아 퇴적층이 계속해서 쌓이지 않는다면, 상당한 지역을 덮는 게 불가능했다. 이런 일이 남부 파타고니아와 칠레가 1,000마일이나 떨어져 있어도, 거의 같은 시기에 실제로 일어났던 것으로 보였다. 페루, 칠레, 티에라델푸에고 섬, 파타고니아, 라플라타 해안도 융기되었다.

5월 21일_ 돈 호세 에드워드 씨와 함께 아르케로스 은광으로 갔다가 코킴보 계곡을 올라갔다. 밤에 그의 광산에 도착했다. 여기에는 벼룩이 없어서 잘 잤다. 예전에 이 광산은 1년에 약 2,000파운드의 은을 생산했으나 요즘은 상태가 좋지 않았다. "구리 광산을 가진 사람은 돈을 벌고, 은 광산을 가진 사람은 돈을 벌 수 있고, 금 광산을 가진 사람은 확실히 손해를 본다" 라는 말이 있었다. 이 말이 사실이 아닌 것이, 칠레의 큰 부자들은 귀금속 광산으로 돈을 벌었기 때문이다. 얼마 전 한 영국 내과의사가 코피아포의 은광에 투자해 24,000파운드를 가지고 귀국했다. 조심하면 구리 광산은 확실히 벌고, 다른 광산들은 도박을 하거나 복권 한 장을 사는 격이었다. 광산주가 아무리 조심을 한다고 해도 도둑을 막지 못해 좋은 귀금속을 많이 도둑맞았다.

❀ 은과 구리 광산에서 일하는 안데스 사람들. 남아메리카 원주민은 금과 은과 구리는 알았지만 철은 몰랐다.

5월 23일_ 우리는 비옥한 코큄보 골짜기를 따라 내려가 돈 호세의 친척이 소유한 농장에 도착하여 다음 날까지 묵었다. 그 다음에는 돌이 된 조개껍데기와 콩이라고 알려진 것을 보려고 말을 타고 하루를 더 갔다. 가서 보니 작은 석영 자갈들이었다. 작은 마을 몇 개를 지나갔는데, 골짜기가 잘 개간되어 전체 풍경이 무척 아름다웠다. 우리가 있는 곳은 안데스 산맥 주능선에서 가까워 부근의 산들이 매우 높았다. 북부 칠레 전체에 걸쳐, 낮은 곳보다 안데스 산맥 가까운 높은 곳에서 과일이 훨씬 더 많이 나, 무화과와 포도는 아주 많이 재배되며 질이 좋기로 유명했다. 다음 날 농장으로 돌아와 돈 호세와 함께 코큄보로 갔다.

6월 2일_ 덜 메마르다는 해안 도로를 따라 과스코 계곡으로 갔다. 첫날 예르바 부에나라는 집이 한 채 있는 곳에 왔는데, 말들에게 먹일 풀이 있었다. 앞에서 이야기한 대로 2주 전에 비가 내렸으나 과스코로 가는 길의 반 정도까지만 내려, 처음에는 초록색 기운이 있다가 금세 사라졌다. 이 사막을 지나가면서 우중충한 법정에 갇혀서 푸른 것을 보고 싶어 하고 촉촉한 것을 냄새 맡고 싶어 하는 죄수가 된 것 같은 느낌이 들었다.

6월 3일_ 예르바 부에나에서 카리잘로 갔다. 처음은 바위로 된 산악 같은 사막을 지나갔다. 다음에는 모래로 된 깊고 긴 평지를 지나갔는데, 바다조개들의 껍데기가 여기저기 흩어져 있었다. 물이 아주 조금 있었는데 약간 짰다. 생명의 흔적이라고는 수많은 불리무스 달팽이의 껍데기뿐이었는데, 아주 건조한 곳에서 그 달팽이 껍데기를 엄청나게 많이 채집했다. 카리잘에는 초가가 몇 채 있었고, 약간 찝찔한 물도 있었으며, 조금 개간되었다. 말에게 먹일 옥수수와 풀을 어렵게 조금 살 수 있었다.

6월 4일_ 우리는 말을 타고 과나코가 많이 사는 사막 같은 평지를 지나 차네랄 계곡을 가로질러 사우세로 갔다. 사우세에서 우리는 용광로를 돌보는 친절한 노인 한 분을 만났다. 그가 특별한 호의로 짚 한 아름을 사게 해 주어, 하루 종일 고달프게 고생한 말들에게 먹일 수 있었다. 칠레에는 제련용으로 쓰이는 용광로가 거의 없었다. 그 이유는 칠레 식으로 제련하는 것보다 광석을 배로 스완지로 보내는 게 더 이익이기 때문이었다. 다음 날, 우리는 과스코 계곡에 있는 프레이리나로 가느라 산을 넘어 갔다. 북쪽으로 갈수록 식물이 점점 더 적어졌다. 산에서 우리는 하얗고 눈부신 구름바다가 골짜기를 따라 솟아오르면서 초노스 군도와 티에라델푸에고 섬에서 만드는 것과 똑같은 방식으로 섬과 돌출 부분을 만드는 놀라운 장면을 보았다.

과스코 계곡에는 작은 마을이 네 곳 있었다. 입구에 있는 포구는 완전히 메말라 부근에는 물이 한 방울도 없었다. 5리그 위쪽으로 프레이리나가 있는데, 하얀 회벽의 깨끗한 집들이 길게 들어선 동네였다. 10리그를 더 올라가면 바제나르가 있고, 그 위에 과스코 알토가 있었다. 말린 과일로 유명한 원예마을이었다. 날씨가 좋은 날 골짜기를 올려다보면 경치가 아주 좋았다. 몇 개의 평행한 층계처럼 생긴 단구 때문에 앞쪽이 아주 특이하게 보였다. 골짜기 안, 버드나무가 있는 곳이 양쪽의 헐벗은 산들과 묘하게 대조되었다. 주민들은 코킴보에 비가 왔다는 말을 아주 샘내는 표정으로 들었다. 하늘의 모양으로 보아 비가 오리라 생각된 보름 후, 내가 코피아포에 있을 때 정말 비가 왔다.

6월 8일_ 말을 타고 바제나르까지 갔다. 양쪽에 있는 산들이 구름에 가려져 층계 같은 평원이 파타고니아 산타크루스 강의 단구처럼 보였다. 바제나르에서 하루를 묵은 뒤, 10일 코피아포 계곡 위로 출발했다. 황량하고 메마른 걸로만 치면 파타고니아 평원이 대표적인 곳이었다. 하지만 파타고니아 평원에는 가시 같은 덤불과 풀 몇 포기도 있어, 북부 칠레에 견주면 훨씬 비옥했다. 그래도 북부 칠레도 잘 들여다보면 작은 덤불과 선인장이나 이끼가 있고 흙속에는 비가 오면 싹을 틔우려고 준비하는 씨앗들이 있었다. 저녁때 우리는 계곡에 왔다. 바닥이 시냇물로 축축해서 그 바닥을 따라 올라가 상당히 좋은 물을 찾아냈다. 밤에는 시냇물이 빨리 증발되지 않고 흡수되지 않아 낮보다 1리그 아래까지 흘렀다. 땔감으로 쓸 마른 줄기가 많아 노숙하기에는 좋은 곳이었다. 그러나 동물들에게 먹일 것이 하나도 없었다.

6월 11일_ 12시간을 쉬지 않고 가서 낡은 용광로가 있는 곳까지 갔다. 이곳에는 물과 땔감은 있었으나 말이 먹을 게 없었다. 다음 날, 우리는 코피아포 계곡에 도착했다. 우리가 저녁을 먹는 동안 말들이 자기가 묶인 나무 기둥을 갉는 소리가 귀에 아주 거슬렸으나, 그들에게 먹일 것이 하나도 없었다. 그러나 겉으로 보기에는 아주 생기가 있었다. 누구라도 지난 55시간 동안 아무것도 먹지 못했다는 말을 하지 않을 것 같았다.

나한테 빙글리 씨에게 주는 소개장이 있어서, 그는 우리를 포트레로 세코 농장에서 친절하게 맞아 주었다. 그 농장의 길이는 20~30마일이며, 보통 밭 두 개 정도의 폭으로 아주 좁고 강 양쪽에 펼쳐져 있었다. 계곡 전체에 개간된 땅이 작은 것은 높이가 달라 물이 부족하기 때문이었다. 강에 물이 많아서 계곡 상류에서는 말의 배까지 찼고, 폭이 약 15야드 정도에 물살도 빨랐다. 내려가면서 물이 점점 적어지다가 사라졌다. 눈이 한 번이라도 많이 오면 다음 해에 쓸 물이 풍족하므로 주민들은 안데스 산맥의 눈을 유심히 지켜봤다. 계곡 전체가 메말라 거의 모든 주민이 남쪽으로 세 번씩이나 이주했다. 올해는 물이 많아 모든 사람이 원하는 만큼 물을 댔으나, 다른 해에는 각 농장에서 할당된 물만을 대는지 확인하느라 한 주일에 상당 시간 동안 군인을 수문에 배치했다. 유명한 차눈시요 은광이 발견되기 전까지 코피아포는 아주 형편없는 곳이었지만 지금은 매우 활기차다. 지진으로 완전히 폐허가 되었던 동네도 재건되었다.

과스코 계곡과 코피아포 계곡은 바닷물이 아닌 바위 사막으로 칠레의 다른 곳과 분리되어 길고 좁은 섬처럼 보였다. 북쪽으로 있는 파포소라는, 아주 초라한 계곡에서는 200명 정도의 사람이 살았다. 그 위로 가장 험한 대양보다도 더 무서운, 장벽 같은 아타카마라는 진정한 사막이 시작되었다. 포트레로 세코에서 며칠을 머문 다음 계곡을 따라 돈 베니토 크루스의 집까지 올라갔다. 그가 호의를 베풀어 정말이지 남아메리카 거의 모든 지역을 통틀어 가장 친절한 대접을 받았다. 다음 날 노새 몇 마리를 빌려서 홀케라 계류를 지나 안데스 산맥 한가운데로 들어가려고 했다. 둘째 날 밤, 날씨를 보니 눈보라나 비가 올 것 같았다. 잠자리에 들었을 때, 땅이 약하게 움직이는 것을 느꼈다.

이곳 주민들은 대기의 상태와 지진 사이에는 무슨 관련이 있다고 굳게 믿고 있었다. 실제 내가 코큄보에서 갑자기 지진이 일어났다는 말을 코피아포에서 하자, 주민들이 금방 "얼마나 다행이냐! 올해는 거기에 풀이 충분하겠구나" 하고 탄성을 질렀다. 나는 큰 충격을 받았다. 그들에게 지진이란 비를 예고했고, 비는 풀이 자랄 것을 예고했던 것이다. 코세기나처럼 큰 화산이 폭발한 다음 '중앙아메리카에서 거의 전례가 없을 정도로' 폭우가 내린 경우에는, 엄청난 양의 수증기와 화산재가 대기의 평형을 깨뜨렸기 때문이라고 이해하는 것은 어려운 일이 아니었다.

그 좁은 골짜기에서는 흥미로운 것이 없어서 돈 베니토의 집으로 돌아가 이틀 동안 조개 화석과 규화목을 채집하면서 보냈다. 역암 속 깊숙이 큰 나무의 동체 화석이 아주 많았다. 규화목 하나의 둘레가 15피트나 되었다. 이 나무들은 모두 전나무 계통으로, 우리나라 백악기 전기 정도에 번성했다. 내가 그 지역의 지질을 조사하는 것이 칠레인들을 크게 놀라게 했다. 내가 광석을 찾아 헤매는 사람이 아니라는 것을 설득시키는 데 오랜 시간이 걸렸다. 내가 하는 일을 가장 빨리 설명하는 방법은 바로 그들에게, "지진이나 화산이 신기하지 않느냐? 왜 어떤 샘은 뜨겁고 어떤 샘은 차가운가?" 라고 묻는 것이었다. 대부분은 조용해졌으나, (마치 지금 영국에 있는, 1세기나 뒤떨어진 몇몇 사람들처럼) "그 모든 것은 신앙심이 없기 때문이며, 하느님이 그렇게 만들면 되는 것"이라고 생각하는 사람들도 있었다.

집 없이 돌아다니는 모든 개를 죽이라는 명령이 최근에 내려졌다. 많은 개가 최근에 미쳤고 몇 사람이 물려 죽었기 때문이었다. 우라누에 박사의 말로는 공수병은 중앙아메리카에서 생겨 천천히 남쪽으로 내려왔다. 1807년에는 아레키파에 퍼졌는데,

몇 사람이 개에게 물리지 않았지만, 그 병으로 죽은 황소 고기를 먹고 병에 걸렸다. 흑인 몇 사람도 마찬가지였다. 이카에서는 42명이 비참하게 죽었다. 이 병은 물린 지 12~90일 사이에 발병하며, 발병 닷새 안에 어김없이 죽었다. 1808년 이후 오랜 기간 동안 이 병은 발병하지 않았다. 반 디멘스 랜드나 오스트레일리아에서는 공수병을 몰랐다. 버첼의 말로는 그가 희망봉에 있던 5년 동안 그런 이야기를 전혀 들어보지 못했다. 웹스터는 아조레스 군도에서는 결코 발병한 적이 없다고 단언했다. 이 병이 멀리 떨어진 지역에서 처음 일어났을 때의 조건들을 연구해야 했다. 병에 감염된 개가 이렇게 먼 지역까지 와서 병을 퍼뜨리지는 않았기 때문이었다.

밤에 낯선 사람이 돈 베니토의 집에 와서 하룻밤 재워주기를 간청했다. 그는 길을 잃고 17일 동안이나 산속을 헤맸다고 한다. 안데스 산맥을 많이 돌아다녀서, 과스코에서 코피아포로 가는 길을 찾는 데는 어려움이 없었지만 미로 같은 산속에서 길을 잃어 빠져나올 수가 없었다고 했다. 가장 큰 어려움은 낮은 곳에서는 물이 있는 곳을 몰라, 가운데 능선을 따라가야만 했던 것이었다.

우리는 골짜기를 내려와 22일 코피아포로 왔다. 골짜기 아래쪽이 넓어지더니, 키요타처럼 평지가 되었다. 동네가 상당히 넓어 집마다 텃밭이 있었다. 주민 모두가 어느 정도는 광산과 관련되어 있었다. 동네에서 항구까지는 18리그로, 육상 운임이 대단히 비싸 모든 생필품이 아주 비쌌다.

6월 26일_ 나는 지난번 안데스 산맥으로 들어갔던 길과는 다른 길로 들어가려고 안내인 한 사람을 구하고 노새 여덟 마리를 빌렸다. 그곳은 완전한 사막이라 보리와 자른 짚을 반반 섞은 짐을 한 짐 반 가지고 갔다. 동네에서 2리그 정도 올라가니 '데스포블라도', 즉 '사람이 살지 않는'이란 이름을 가진 넓은 계곡이 우리가 왔던 골짜기에서 갈라져 나갔다. 안데스 산맥을 넘어가는 통로를 이어주는 큰 계곡이었는데 대단히 건조했다. 비가 아주 많이 오는 겨울 며칠을 빼고는 늘 그럴 것이다.

우리는 어두워진 뒤에도 말을 타고 가, '아과 아마르가' 라는 샘이 있는 작은 골짜기에 도착했다. 이곳의 물은 이름처럼, 찝찔할 뿐만 아니라 아주 더럽고 써서 차나 마테를 만들 물로도 쓸 수 없었다. 코피아포 강에서 여기까지는 적어도 25~30영국 마일, 그 사이에 정말이지 물이 한 방울도 없었다. 가장 엄밀한 의미에서도 사막이라는 이름을 얻을 만했다.

안데스 산맥 여러 곳에서 인디오 유적을 보았다. 내가 본 것 가운데 가장 완전한 것은 우스파야타 고개에 있는 탐비요스 유적이었다. 네모난 작은 방들이 여러 개씩 모여 있었다. 이 집들이 완전했을 때에는 분명히 상당한 숫자의 사람들이 살았을 것이다. 잉카족들이 산맥을 넘어갔을 때 쉬어갔던 곳이라는 전설이 있었다. 탐비요스 부근이나 잉카 다리 근처나 포르티요 고개처럼 전혀 경작을 할 수 없는 곳에도 흔적들이 있었다. 길이 없는 아콩카과 근처에 있는 하우엘 계곡의 아주 높은 곳에도 인디오들의 집터가 있다는 말을 들었다. 처음에 나는 이 집들이 스페인 사람들에게 쫓겼던 인디오들이 지었다고 상상했으나, 다음에는 기후가 약간 바뀌었을 가능성을 생각하기 시작했다.

칠레의 이쪽 북부, 안데스 산맥에는 오래된 인디오들의 집들이 아주 많다고 한다. 현재 가장 높고 메마른 곳에서 사는 사람들은 페루 인디오들이었다. 그러나 코피아포에서 평생 안데스 산맥을 돌아다닌 사람들이 장담하는 것을 들었는데, 인디오들의 집은 만년설 가까운 높이에도 많고, 길이 없는 곳에도 있고, 정말 아무것도 나지 않는 곳에도 있고, 더욱 놀라운 것은 물이 없는 곳에도 있다고 했다. 3~4리그 안에는 물이 없고, 있어도 아주 조금밖에 없었다. 수질도 나쁘고 땅에서는 아무것도 자랄 수 없었다. 그런데도 인디오들은 옛날에 여기에서 살았다.

남아메리카 대륙의 이 부분이 현재 살아 있는 조개들이 나타나기 시작한 이후, 해안 근처에서는 400~500피트, 지역에 따라 1,000~1,300피트 까지 융기했다는 설득력 있는 증거들이 있었다. 내륙으로 들어가면 아마도 융기량이 더 클 것이다. 기후가 유난히 건조한 것도 분명히 안데스 산맥이 높기 때문이며, 융기하기 전에는 공기가 지금처럼 건조하지는 않았을 것이라고 확신할 수 있었다. 또 쉬엄쉬엄 융기하므로 기후도 그렇게 변했을 것이다. 이런 생각을 바탕으로 땅이 융기하면서 기후가 아주 천천히 변했기 때문에 인간이 오래전부터 남아메리카 대륙에서 살았다는 것을 받아들여야 했다.[3)]

이 문제를 리마에서 길 씨와 이야기했다.* 내륙을 많이 본 토

* 템플은 상부 페루, 곧 볼리비아의 포토시에서 오루로로 지나간 여행기에서, "나는 폐허가 된 인디오 마을이나 집을 많이 보았는데, 그런 폐허가 높은 산꼭대기에도 있어서 지금은 아주 메마른 곳에서도 사람들이 살았다는 것을 증명한다" 라고 말한다. 그는 비슷한 이야기를 다른 곳에서도 하지만, 그렇게 황량하게 된 것이 사람들이 떠났기 때문인지 땅의 환경이 바뀌었기 때문인지는 모르겠다.

목기술자 길 씨에 따르면, 인디오 유적지 대부분에서 지금은 농작물을 재배할 수 없게 된 원인은 과거 인디오들이 수로를 멋지게 건설해놓았지만 제대로 관리를 못한 데다 지하의 움직임으로 수로가 망가졌기 때문이었다. 실제로 페루 인디오들은 관개에 필요한 물을 바위를 뚫어서 수로로 보냈다. 길 씨는 그런 수로 하나를 조사한 적이 있는데, 그 수로의 천장은 낮고 폭은 좁고 구부러졌으며 일정하지 않아도 상당히 긴 것을 발견했다고 했다. 인간이 강철이나 화약을 쓰지 않고도 그런 일을 했다는 것이 정말로 놀랍지 않은가? 길 씨는 또 지하가 움직여서 한 지역의 배수 상태를 바꾼, 아주 흥미롭지만 내가 알기로는 비슷한 사례가 없는 이야기를 들려주었다. 사람이 시내의 상류를 따라가다 보면 어느 정도 경사진 곳을 올라가는 것은 자명한 일이었다. 그러므로 길 씨는 그 옛날 시내의 상류로 올라가다가, 갑자기 자신이 아래로 내려가는 것을 발견하고는 깜짝 놀랐다고 했다. 그의 상상에 의하면 아래로 내려간 길이가 수직으로 40~50피트는 되었다. 바로 그곳이 옛날에 하천 바닥을 가로질러 땅이 융기한 명명백백한 증거였다. 수로가 그렇게 아치 모양으로 휘어지는 순간부터 물이 흘러가지 못하고 새로운 수로가 만들어진 것이 확실했다. 그 순간부터 그 둘레 평지에 물이 끊기면서 사막이 되었다.[4)]

6월 27일_ 아침 일찍 떠나 정오에 파이포테 계곡에 왔다. 작은 실개천과 식물, 미모사 계통인 쥐엄나무도 몇 그루 있었다. 땔나무가 있어서 이곳에 용광로가 건설되었다. 밤에는 물이 얼 정도였지만, 땔나무가 충분해서 따뜻하게 잤다.

6월 28일_ 계속해서 위쪽으로 올라가자 계곡이 좁다란 골짜기로 변했다. 낮에 우리는 과나코 몇 마리를 보았고, 과나코와 아주 가까운 종인 비큐냐의 발자국도 발견했다. 비큐냐는 아주 높은 산악지역에서만 살아서, 설선雪線 아래로는 여간해서 내려오지 않았다.[5] 그 다음 많이 본 단 하나의 동물이 작은 여우였다. 이 동물은 생쥐나 작은 설치류를 먹고 살 것이다. 이 동물들은 식물이 조금이라도 있는 한, 사막에서도 상당한 수가 살았다. 생쥐는 도마뱀 다음으로 지구상에서 가장 작고 건조한 곳, 심지어 대양 한가운데에 있는 작은 섬에서도 살 수 있었다.

주변은 아주 황량했지만 하늘은 구름 한 점 없이 맑아서 묘한 대조를 이루었다. 우리는 물이 처음 나누어지는 분수령인 제1선의 기슭에서 노숙했다. 그런데 건너편 시냇물은 대서양까지 흘러가는 게 아니라 높은 지대로 흘러들었다. 그중 일부는 10,000피트가 되는 높은 곳에 작은 카스피 해와 같은 모양의 큰 살리나, 즉 소금호수를 만들었다. 우리가 잤던 곳 주변에는 눈더미가 널찍널찍하게 펴져 있었다. 그러나 일 년 내내 그런 것은 아니었다. 이렇게 높은 곳에서는 바람이 규칙적으로 불어서 낮에는 신선한 바람이 골짜기로 올라오며, 해가 지고 한두 시간 뒤면 위쪽 찬 곳에서 공기가 깔때기를 지나가듯이 내려갔다. 밤에 폭풍이 불고 기온이 결빙점보다 훨씬 낮아, 그릇에 있는 물이 금방 얼음이 되었다. 공기가 차가워서 옷을 많이 껴입었지만 추웠다. 밤에는 너무 추워서 잠을 거의 자지 못했다. 아침에 일어났을 때는 기운도 없었고, 몸이 제대로 펴지지 않았다.

남쪽 안데스 산맥에서는 사람들이 눈보라로 목숨을 잃지만, 여기에서는 가끔 다른 이유로 목숨을 잃었다. 내 안내인은 열네

살 되던 해 5월, 한 무리의 사람들과 함께 안데스 산맥을 넘어갔는데 중간쯤에서 강한 바람이 불어 사람들이 노새를 붙들고 있지도 못했고, 돌멩이가 바람에 날렸다고 했다. 그날은 구름도 없었고 눈도 내리지 않았으나 온도는 낮았는데, 결빙점 아래로 많이 내려가지는 않았다고 했다. 옷을 제대로 입고 있지 않아 몸의 반응이 풍속에 비례해서 커진 것이 분명했다. 폭풍이 하루 이상 불자 사람들은 힘이 빠졌고, 노새들 역시 앞으로 가려고 하지 않았다. 안내인의 형은 지쳐서 돌아가려고 했으나 결국 죽었는데, 2년 후 길가에서 자신이 몰고 가던 노새 옆에 누워 고삐를 손에 꼭 쥔 채 발견되었다. 함께 갔던 두 사람은 손가락과 발가락을 동상으로 잃었고, 노새 200마리와 암소 30마리 중에 노새 14마리만 살았다.[6)]

6월 29일_ 골짜기를 내려와 전날 잤던 곳으로 왔다. 그곳에서 아과 아마르가 근처까지 갔다. 7월 1일, 우리는 코피아포 계곡에 도착했다. 데스포블라도 계곡의 메마르고 건조하며 아무런 냄새도 없는 공기를 맡다가 신선한 클로버 냄새를 맡자 아주 싱그러웠다. 주민한테서 근처에 있는 '엘 브라마도르', 호통 치는 자 또는 부르짖는 자라는 이름의 산 이야기를 들었다. 나와 이야기한 사람은 이유는 알 수 없지만 모래가 산을 굴러 내려가게 해야 소리가 난다고 분명히 말했다. 말이 건조하고 굵은 모래 위를 걸을 때에도, 아주 작은 알갱이가 마찰을 일으켜서 특이한 소리를 냈는데, 나는 브라질 해안에서 그런 소리를 몇 번 들었다.

사흘 후, 비글호가 동네에서 18리그 떨어진 포구에 온다는 말을 들었다. 포구의 건조한 평원 기슭에는 누옥들이 있었다. 현재는 강물이 바다로 들어가면서 주민들은 1.5마일만 가도 신선한 물을 구할 수 있었다. 해변에는 커다란 상점들이 있었고, 거래가 활발했다. 저녁때 함께 칠레를 돌아다녔던 마리아노 곤잘레스와 작별했다. 다음 날 아침 비글호는 이키케로 떠났다.

7월 12일_ 비글호는 페루 해안의 이키케 항구에 정박했다.[7] 1,000명 정도의 주민이 살고 있는 동네가 2,000피트 높이에 있는 거대한 바위 절벽 아래 해안인, 좁은 모래 평지에 있었고 아주 메말라 보였다. 전체 풍경은 음울했고, 포구도 작고 배도 몇 척 없어 초라했다. 주민들은 뱃사람처럼 살았다. 모든 생필품은 먼 곳에서 오는데, 물은 북쪽으로 약 40마일 떨어져 있는 피사과에서 왔다. 18갤런 물통 하나에 (4파운드 6실링인) 9레알에 팔렸다. 마찬가지로 땔나무와 모든 식품도 수입되었다. 다음 날 아침 질산염 광산으로 가려고 4파운드에 노새 두 마리와 안내인을 어렵게 구했다. 이 질산염은 1830년 처음으로 수출되어, 한 해에 100,000파운드어치가 프랑스와 영국으로 갔다. 질산염은 주로 비료로 쓰이고, 질산을 만드는 데도 쓰이지만 공기 속에서 물을 흡수하고 녹아서 화약으로는 쓰이지 못했다.[8]

우리가 도착했을 때 페루는 무정부 상태여서 각 당이 국민들에게 돈을 요구했다. 주민들은 그들대로 내부의 문제가 있었다. 얼마 전에는 세 사람의 프랑스인 목수가 하룻밤에 성당 두 곳에서 제기를 훔쳐갔다. 그러나 한 사람이 자수했고 제기들을 돌려받았다. 범인들은 이 주의 수도인 아레키파로 보내졌으나, 그곳에서는 가구를 만들 수 있는 쓸모 있는 일꾼들을 처벌하는 것은 애석한 일이라고 생각해서 풀어주었다. 이렇게 되자 그 성당에 다시 도둑이 들어 제기들을 훔쳐갔으며 이번에는 제기들이 돌아오지 않았다. 이에 격노한 주민들이 이교도들만이 "전지전능한 하느님을 잡아먹을 것" 이라고 주장하면서, 영국인 몇 명을 고문했다. 나중에는 쏘아 죽이려고까지 했다. 그러나 다행히 정부가 개입해 평화가 다시 찾아왔다.

7월 13일_ 아침에 14리그 떨어진 초석광산으로 떠났다. 지그재그로 난 모래 길을 따라 경사가 급한 산맥을 올라가자 관타하야 광산과 산타 로사 광산이 눈에 들어왔다. 하루 종일 말을 타고 사막인 곳을 거쳐서 해가 진 뒤에야 초석광산에 왔다. 사체를 먹는 칠면조수리를 빼고는 새나 네발 동물이나 파충류를 보지 못했다. 곤충마저도 없었다. 푸석푸석한 모래는 온통 지의류로 뒤덮여 있었다. 이곳은 내가 본 최초의 진짜 사막이었다. 소금이 함유된 이곳의 충적층은 땅이 해면 위로 솟아오르면서 퇴적된 것으로 보였다. 여기서 우물을 파면 쓰고 찝찔하긴 해도 물을 조금 얻을 수 있을 것 같았다. 비록 안데스 산맥이 엄청나게 멀리 있지만 거기에서 지하로 스며들어온 물이 우물물이 되는 것이 틀림없었다. 그쪽 방향으로 작은 마을 몇 개가 있고 물도 더 있었다. 주민들은 땅에 물을 대어 풀을 심은 후 건초를 만들어 질산염을 옮기는 노새나 당나귀의 먹이로 썼다. 초석은 부두배 옆에서 100파운드에 14실링에 팔렸다. 초석은 2~3피트 두께의 단단한 지층이며 약간의 황산소다와 상당한 양의 소금이 섞여 있었다. 초석은 지면 바로 아래에 있는데, 거대한 분지나 평지의 변두리를 따라 150마일 정도 계속되었다. 이곳은 윤곽으로 보면 호수가 분명하지만 소금 층에 요오드염이 있는 것으로 보아, 아마도 그보다는 내륙으로 파고들어 온 바다일 것이다. 그 평지의 높이는 태평양 수면에서 3,300피트였다.

7월 19일_ 우리는 페루의 수도 리마 앞에 있는 카야오 항에 정박했다. 이곳에서 6주 동안 머물렀다. 정정이 불안해서 많이 보지는 못했다. 우리가 있는 동안 날씨는 내내 좋지 않았다. 페루의 낮은 지역에는 결코 비가 오지 않는다는 것이 거의 기정사실처럼 되어 있었다. 하지만 그 말도 맞지 않는 게, 우리가 있는 동안 거의 매일 이슬비 같은 안개가 끼어 길과 옷이 축축해졌기 때문이었다.

해안 지방의 주민들과 외지인들은 연중 내내 심한 열병으로 고생했다. 이 병은 페루의 내륙지방에는 없었다. 독기毒氣로 인해 병에 걸리는 게 아주 신기했다. 독기는 아마도 물웅덩이에서 생기는 것 같았다. 아리카 동네도 카야오와 비슷했는데, 작은 웅덩이 몇 개의 물을 빼어 버린 다음 상당히 나아졌기 때문이었다.

케이프 데 베르데 제도의 생자고 섬은 건강에 좋을 것으로 생각하지만, 실제는 정반대였다. 그 섬에서는 우기가 지난 몇 주 후부터 풀이 돋아나자마자 금세 시들어 말라버렸다. 바로 이때 공기가 유독해져 원주민과 외지인이 심한 열병에 걸렸다. 반면에 갈라파고스 제도는 생자고 섬과 흙이 비슷하고 일정한 주기로 비가 와서 식물이 번성해서인지 건강에 전혀 문제가 없었다.[9]

남아메리카에 있는 어느 나라도 독립을 선포한 후 페루만큼 고생하지는 않았다. 우리가 찾아갔을 때도 정부에서 네 명의 강력한 사령관들이 주도권 싸움을 벌이고 있었다.[10] 일전에, 대통령이 참석한 독립기념식에서 찬미송가를 부르는 장엄한 미사 도

중 각 연대가 페루 국기를 올리는 대신, 죽음을 상징하는 해골기를 흔들었다. 그런 자리에서 죽을 때까지 싸우겠다는 결의를 보이는 짓을 명령할 수 있는 정부를 상상해보라! 내가 갔을 때, 불행하게도 그런 이유로 동네를 벗어나 돌아다니지 말라는 말을 들었다. 포구를 만드는 불모의 섬인 산 로렌조 섬만이 안전하게 다닐 수 있는 유일한 곳이었다.

리마는 바다가 물러가면서 생긴 계곡 안에 있는 평지에 건설되었다. 카야오에서 7마일 떨어져 있으며, 카야오보다 500피트 높았다. 그러나 길이 완전히 평탄한 것처럼 경사가 워낙 완만해 보여서, 리마에서는 100피트를 올라왔다고 해도 믿기 힘들 정도였다. 경사가 급하고 아무것도 없는 언덕들이 평지에서 섬처럼 솟아 있는데, 그 언덕들의 널따란 녹색 밭에는 버드나무 몇 그루 말고는 나무가 없었으며, 가끔씩 바나나 나무와 오렌지 나무가 눈에 띄었다. 리마에는 포장된 길은 거의 없었고, 쓰레기가 여기저기에 쌓였고, 가금家禽처럼 온순한 검은 갈리나조가 썩은 고기 조각을 쪼아 먹고 있었다. 집들은 보통 2층인데, 지진 때문에 회칠한 나무로 지어졌다. 그러나 어느 곳에는 호화스러운 집에 견주어도 손색이 없을 정도로 잘 지은 집도 있었다. 왕들의 도시가 예전에는 호화로웠던 게 분명했다.

어느 날, 나는 상인 몇 사람과 도시 근처로 사냥을 갔다. 수확은 초라했지만, 자연스럽게 생긴 것처럼 보이는, 둥근언덕에 폐허가 된 옛 인디오들의 마을을 봤다. 평지에 흩어져 있는 집과 울타리와 관개시설과 둥글고 높은 매장지 흔적들이 옛날 그곳에 살았던 사람들의 상태와 숫자를 짐작케 하는 데 부족하지 않았다. 그들의 도기들과 양털 옷들, 단단한 바위를 파내어 만든 우아한 모양의 생활 용구들, 구리 도구와 보석 장식품들과 궁전과 수력 시설들을 생각하면, 그들이 이룬 상당한 수준의 문명을 존경하지 않을 수 없었다.

또 위의 폐허와는 대단히 다르게 생긴 아주 흥미로운 폐허가 있었는데, 바로 1746년의 거대한 지진과 그에 따른 파도로 파괴된 옛 카야오였다. 수많은 돌덩이들이 벽의 토대를 거의 다 덮었는데, 큼직한 벽돌 덩어리들이 파도에 조약돌처럼 쓸려 다녔던 것처럼 보였다. 이 지진으로 땅이 가라앉았다고 했다. 나는 그 증거를 찾을 수 없었으나, 해안선의 형태가 옛날 도시가 건설된 뒤로 어느 정도 분명히 변해 있었기 때문에 충분히 가능했을 것이라고 생각되었다. 누구도 지금은 폐허로 남아 있는 자갈 투성이의 좁다란 사취를 일부러 그들의 집터로 고르지는 않았을 것이기 때문이었다.

산 로렌조 섬에는 최근에 융기한 것을 증명할 만한 만족스러운 증거들이 있었다. 카야오 만을 향하는 이 섬 쪽으로는 세 개의 불분명한 단구가 있었다. 아래 단구는 길이 1마일 정도의 지층으로 덮였는데, 이 지층 대부분이 부근 바다에서 지금도 살아 있는 조개 18종의 껍데기들로 되어 있었다. 이 지층의 높이는 85피트였다. 심하게 용식[溶蝕]된 이 조개껍데기에서는 많은 양의 소금과 약간의 황산칼슘이 함께 나왔는데, 여기에는 황산소다와 염화칼슘도 섞여 있었다. 이 단구 높은 데에 있는 조개껍데기들은 작은 비늘 조각으로 부서지면서 손에 집히지 않는 가루가 되었다. 가장 위에 있는 170피트 높이의 단구와 상당히 더 높은 곳에서도 똑같은 모양의 염류가루 층을 발견했으며, 두 곳을 비교할 때 위치도 같았다. 이 위의 층이 원래는 85피트 높이의 단구에 있는 층처럼, 같은 조개껍데기 층이었다는 것은 확실한 것 같지만 생물체 구조의 흔적은 없었다. 소금과 탄산칼슘을 같이 두면 서로를 약간 녹인다는 것은 잘 알려진 사실이다. 아래 부분에 있는 반쯤 용해된 조개껍데기는 많은 양의 보통 소금과 위층의 염분을 만드는 물질 일부가 섞여 있고, 그 조개껍데기들이 눈에 띄게 부식되고 풍화되므로 이 두 성분이 서로를 용해시켰기 때문이라는 생각이 강하게 들었다. 그 결과로써 생기는 염류는 탄산소다와 염화칼슘이어야 하는데, 후자는 있지만 탄산소다가 없었다. 내 생각으로는 어떤 설명하기 힘든 방식으로 탄산소다가 황산염으로 바뀐 것으로 보였다.

85피트 높이의 단구에서 조개껍데기들과 바다에서 밀려온 물체 속에 묻힌 목화실과 길게 딴 골풀과 옥수수 줄기 끝은 페루 무덤에서 나온 것과 모양이 같았다. 산 로렌조 섬 맞은편 페루 본토의 베야비스타 근처에는 높이 약 100피트의 넓고 평탄한 평지가 있는데, 아래 부분에는 모래와 불순물이 섞인 점토층이 약간의 자갈과 함께 번갈아 쌓이고, 표면에서 3~6피트 깊이까지는 불그스름한 석회질 흙이었다. 처음에 나는 이 표면층이 넓고 미끈해서 바다 아래에서 쌓인 것으로 생각했지만 후일 한 곳에서 사람이 만든 자갈 바닥 위에 쌓인 것을 알았다. 그러므로 육지가 지금보다 더 낮았을 때, 지금 카야오를 감싸고 있는 평지와 아주 비슷한 평지가 있었다. 아래가 붉은 점토층인 이 평지 위에서 인디오들은 그들의 질그릇을 만들었으나, 강한 지진이 일어나 바닷물이 해변으로 들이치면서 그 평지를 일순간 호수로 만들었다고 상상했다. 실제 1713년부터 1746년까지 카야오 부근은 호수였다. 가마에서 만든 질그릇 조각들이 물에 휩쓸려 그 호수를 덮었다. 어떤 곳에서는 그릇 조각들이 진흙 속에 더 많고, 바다조개의 껍데기도 들어왔다. 이 화석 그릇 조각들이 들어 있는 층은 목화실과 다른 물건들이 묻힌 산 로렌조 섬의 더 낮은 단구에 있는 조개껍데기와 거의 같은 높이였다. 그러므로 인디오가 살기 시작한 이래, 앞서 이야기했듯이 85피트 이상을 융기했다고 자신 있게 결론을 내릴 수 있었다. 그러나 옛날 지도를 그린 이후 해안이 몇 피트 정도 가라앉았으므로 몇 피트를 잃어버린 셈이었다. 발파라이소에서는 우리가 찾아가기 전 220년 동안 융기한 높이가 19피트도 되지 않는데, 1817년 이후에는 1822년에 일어난 지진으로 일부가 알아볼 수 없을 정도로 융기했고, 일부는 10~11피트나 융기했다. 인디오 유물들이 묻힌 뒤 85피트를 융기했다는 사실을 바탕으로 판단하면, 그 인디오들의 유물이 오래되었다는 점이 더 중요한데, 파타고니아 해안에서 육지가 그만큼 낮았을 때는 마크라우케니아가 살았기 때문이었다. 그러나 파타고니아 해안이 안데스 산맥에서 상당히 멀리 떨어져 있으므로 그곳의 융기 속도가 여기보다 느렸을 수도 있었다. 바이아블랑카에서는 많은 네발 동물들이 매몰된 다음 겨우 수 피트를 융기했는데, 보통 받아들여지는 의견으로는 이 멸종된 생물들이 살았을 때에는 인간이 없었다. 그러나 어쩌면 파타고니아 해안이 융기한 것은 안데스 산맥과는 관계가 없고, 오히려 반다 오리엔탈의 오래된 화산암들이 직선直線으로 나오는 것과 관련이 있을 수도 있었다. 따라서 파타고니아 해안은 페루 해안보다 엄청나게 느린 속도로 융기했을 수도 있었다. 그러나 이 모든 추측이 분명하지 않았다. 융기를 하다가 몇 번 침강했을 수도 있기 때문이다. 즉 파타고니아 해안 전체가 융기하다가 몇 번이나 오래도록 정지했다는 것을 우리가 확실히 알기 때문이었다.[11]

축약자 주석

1) 1835년 4월 23일 피츠로이 함장은 발파라이소를 떠나 그 북쪽 해안을 한 달 이상 조사한 다음, 식품을 사려고 발파라이소 항구에 갔다가 영국 해군 챌린저호가 남위 37도 15분경의 칠레 아라우코의 근해에서 사라졌다는 소식을 들었다. 이 소식을 듣자, 그는 전에 만났던 스웨덴 배의 사관들이 사람이 살지 않는 칠레의 남쪽 해안에서 조난된 미국 배를 보았다는 말을 상기했다. 그는 두 이야기를 결합해, 스웨덴 배의 사관들이 본 배가 바로 챌린저호라고 생각했다. 챌린저호의 돛대가 하나 없어지고 붉은색과 흰색 깃발만 보이면, 마치 미국 기처럼 보인다고 생각했기 때문이다. 그는 우체국으로 급히 가서, 챌린저호의 승무원 가운데 두 사람을 빼고 모두가 해안에 상륙해서 구조를 기다린다는 연락을 받았다. 피츠로이 함장은 부근에 있던 영국 전함 블론드호의 나이 많은 해군 준장과 크게 싸우면서 구조에 나서 조난되었던 모든 사람을 구조했다. 그동안 비글호는 부함장인 존 위크햄의 지휘로 발파라이소 북쪽 해안의 수로를 조사했다. 다윈은 위크햄이 지휘한 비글호를 코피아포에서 7월 5일에 만나 북쪽으로 올라갔다. 한편 함장은 블론드호를 타고 와서 8월 9일에야 페루 카야오에서 비글호에 올라왔다.
2) 항해기에서는 다윈이 피츠로이 함장과 에드워드 씨와 함께 저녁을 먹었다고 했으나 함장은 챌린저호를 구조하느라 그 자리에 없었다. 다윈의 일기를 보면 그가 에드워드 씨와 저녁을 먹은 날은 1835년 5월 17일이다.
3) 남아메리카 대륙에서 인간이 살기 시작한 것은 적어도 12,000년 전으로 생각된다. 마젤란 해협과 티에라델푸에고 섬에 인디오들이 도착한 것은 지금부터 11,000년 전에서 8천 년 전이라는 주장이 있는 바, 칠레 중부지방으로는 그 전에 왔다고 봐야 한다.

4) 위 문장들에서 보듯이, 지금 황량한 안데스 산맥에 흩어진 인디오 유적들로 보아, 인디오들이 지금처럼 메마른 곳에서 살았다고 생각해서는 안 된다. 그들이 살았을 때에는 그곳에도 물이 있었고 농작물도 재배할 수 있어서 사람이 살만했다고 보아야 한다. 또 춥고 물이 없는 겨울에는 인디오들이 그곳을 떠나 다른 곳에서 살았을 수도 있다. 그 후 어떤 일, 예컨대 땅이 융기하거나 기후가 건조해지면서 식물이 잘 자라지 못하게 되었다고 상상할 수 있다. 그러므로 인디오들도 떠났고 집과 수로가 폐허가 되었다고 생각된다. 실제 본문에서 보듯이 지각이 융기해 수로가 바뀐 것도 과거에 농작물이 재배되던 곳이 황량하게 된 이유 중 하나이다. 그 관개수로가 서기 600년경부터 1400년경까지 발전했던 치무족이 건설했던 것이라고 한다. 그들은 페루의 리마 북쪽 해안을 따라 안데스 산맥에서 흘러내리는 물을 받아 수로를 건설해, 오늘날의 그 지역보다 더 넓은 땅을 관개했다. 그러나 치무족은 1476년 잉카제국에게 정복당했다. 또 심한 한발도 상상할 수 있다. 이런 것을 보면 지구 환경이 지질학에서 이야기하는 아주 긴 시간에 걸쳐 변하기도 하지만, 아주 짧은 시간, 예컨대, 수백 년이나 1천~2천 년 또는 3천~4천 년에도 상당히 변한다는 것을 알 수 있다. 안데스 산맥에서 발견되는 인디오 유적들은 지면과 지각과 기후와 대기와 생물을 포함한 자연현상들의 최근 변화와 그에 따른 인간의 활동이 복합되었다고 보아야 한다. 잉카제국은 스페인 사람들에게 1572년에 정복당했지만, 그 전에는 콜롬비아에서 칠레까지 안데스 산맥의 능선을 따라 16,000km 도로를 건설하여 곡물과 섬유와 양털과 보석과 금은 세공품을 날랐다. 위에서 말하는 탐비요스는 잉카제국의 남쪽 경계선에 가까운 곳이다. 다윈이 항해기에서 이야기하는 인디오 유적들은 치무족과 잉카족의 유적과, 그 앞에 그 지역에 살았던 사람들의 모든 유적을 이야기하는 것이라고 생각된다. 1980년대에 고고학자들은 탐비요스에서 잉카초소 세 곳을 발굴했다.

5) 과나코와 비큐냐는 낙타 계통이다. 남아메리카에는 낙타 계통으로 이들 말고도 알파카와 야마가 있다. 이들은 몸집과 사는 곳과 습성과 털을 포함한 생물학적 특징이 다르다. 3종이 300만~250만 년 전 북아메리카에서 파나마 육교를 지나 내려온 비큐냐에서 생겨났다.

6) 기온과 사람이 몸으로 느끼는 온도, 즉 체감 온도는 다르다. 체감 온도는 어느 정도까지는 풍속에 따라 심해져서, 예를 들면, -1.1℃에 바람이 초속 18m로 불면 체감 온도는 -20℃가 되어 사람이 그 온도의 추위를 느끼게 된다. 이 추위가 체감 추위이며, 체감 추위가 심해지면 얼어 죽는 병, 이른바 저체온증(低體溫症)에 걸린다. "사람들의 힘이 빠졌고…"는 이미 저체온증

이 시작되었음을 말한다. 동물도 사람과 마찬가지이다.

7) 이키케는 산티아고에서 북쪽으로 1,843km 떨어져 있으며 현재는 칠레 땅이다. 칠레가 1838~1839년과 1879~1883년에 걸쳐 페루와 볼리비아 연합군과 싸워 현재의 북쪽을 빼앗았다. 여기에 세계에서 가장 건조한 곳 가운데 하나인 아타카마 사막이 있으며, 질산염과 구리광석이 많이 부존한다.

8) 여기에서 말하는 질산염의 주성분은 질산나트륨($NaNO_3$)이다. 흰색에 조개껍데기처럼 깨어지고 유리 같은 광택을 내면서 물에 잘 녹는다. 질산나트륨은 이른바 '칠레 초석'으로도 불리는데, 1830년부터 유럽에 수출되기 시작해, 1865년부터는 엄청난 양이 수출되어 칠레에게 부를 안겨주었다. 그러나 제1차 세계대전 중 독일 화학자 프리츠 하버(1868~1934)가 공중질소고정법을 개발하고 질산나트륨을 합성하는 기술이 확립되어 수요가 갑자기 줄었다. 다윈이 이 항해기를 쓸 때에는 칠레 초석으로 화약을 만들지 못했으나 후에는 질산칼륨으로 변화시켜 화약을 만들었다.

9) 다윈이 말하는 병은 말라리아이다. 그가 이야기하는 내용들은, 더운 지방에서는 비가 온 다음 늪에서 모기가 번식한다는 것으로 쉽게 설명된다. 말라리아모기가 말라리아를 전염시킨다는 사실은 20세기 초에야 밝혀졌다.

10) 스페인이 남아메리카 서해안을 개척할 때, 리마가 본부가 되면서 페루는 상당히 늦게 독립했다. 그것도 페루 국민의 노력보다는 외부에서 도와주었다. 페루가 독립한 1825년부터 시작된 권력 암투가 끊임없이 계속되었다.

11) 남아메리카 대륙의 동해안과 서해안이 똑같이 움직였을 것이라고 상상할 수도 있지만, 서해안과 동해안의 지질이 다르기 때문에 그렇지 않다고 보아야 한다. 곧 서해안은 지질학에서 말하는 '수렴형 대륙연변부'이다. '수렴형 대륙연변부'란 무거운 해양 지각이 가벼운 대륙지각 아래로 밀려들어가는 대륙 연변부를 말한다. 페루-칠레해구는 해양지각이 아래로 들어가면서 깊어졌다. 이 영향으로 안데스 산맥은 높아졌으며 지진과 활화산이 많다. 반면 동해안은 '발산형 대륙연변부'이다. '발산형 대륙연변부'란 대륙 지각이 나뉘면서 생기는 연변부를 말하며, 남아메리카 동해안과 아프리카 서해안이 대표이다. 곧 약 1억 년 전 대륙이동으로 대서양이 생기면서 아프리카와 남아메리카 대륙이 생겼다. 이런 해안에는 지진이나 화산이 없어, 이들의 영향으로 땅이 융기하거나 가라앉는 것을 기대하기 힘들다. 대신 지각 자체의 운동으로 땅이 융기하거나 가라앉을 수 있다. 그 결과가 파타고니아에 있는 해안 단구들이다.

제17장 갈라파고스 제도

갈라파고스 제도-전체가 화산섬-분화구의 숫자-잎이 없는 덤불-제임스 섬-분화구에 있는 소금호수-박물학 관점에서 본 그 제도-새 가운데 신기한 핀치새-파충류-큰 거북의 습성-해초를 먹는 도마뱀-굴속에서 살며 초식성인 육지 도마뱀-그 제도에서 중요한 파충류-물고기와 조개와 곤충-식물-생물들이 아메리카에 있는 생물들을 닮아-섬에 따라 종과 부류가 달라-온순한 새-사람을 무서워하는 습득한 직감력

9월 15일_ 갈라파고스 제도는 열 개의 주요한 섬들로 이루어져 있었다. 그중 다섯 개는 나머지 섬보다 크다. 적도에 있는 이 제도는 아메리카 해안에서 500~600마일 떨어져 있다. 큰 섬에는 아주 큰 분화구들이 있으며, 높이도 3,000~4,000피트나 된다. 분화구 측면에는 작은 분기공들이 무수하게 흩어져 있었다. 분화구들은 용암과 스코리아로 되었거나 아주 미세한 층리가 있는 사암 같은 응회암으로 되어 있었다. 후자 대부분은 용암과 함께 부드러운 화산재가 밖으로 나오면서 만들어졌다. 내가 살펴본 28개의 응회암 분화구 모두 남쪽이 다른 쪽보다 아주 낮거나 부서져서 없어졌다. 무역풍에서 일어난 파도와 태평양에서 오는 물결이 남쪽 해안을 때려서, 바다 한가운데에서 만들어진 분화구들이 특이하고도 일정한 모양이 되었다.

이 섬들이 바로 적도에 있는 것을 생각하면 날씨가 특별히

더운 건 아니었다. 이것은 이 제도를 감싼 남쪽 극지에서 올라온 바닷물의 수온이 유난히 낮기 때문이다.[1] 비는 아주 조금밖에 오지 않으며, 그나마 불규칙했다. 낮은 곳은 아주 건조하지만, 1,000피트보다 높은 곳은 축축하고 식물도 상당히 많았다. 이런 현상은 갈라파고스 제도에서도 바람이 불어오는 쪽에서 수분이 먼저 응축되기 때문에 유난히 뚜렷했다.

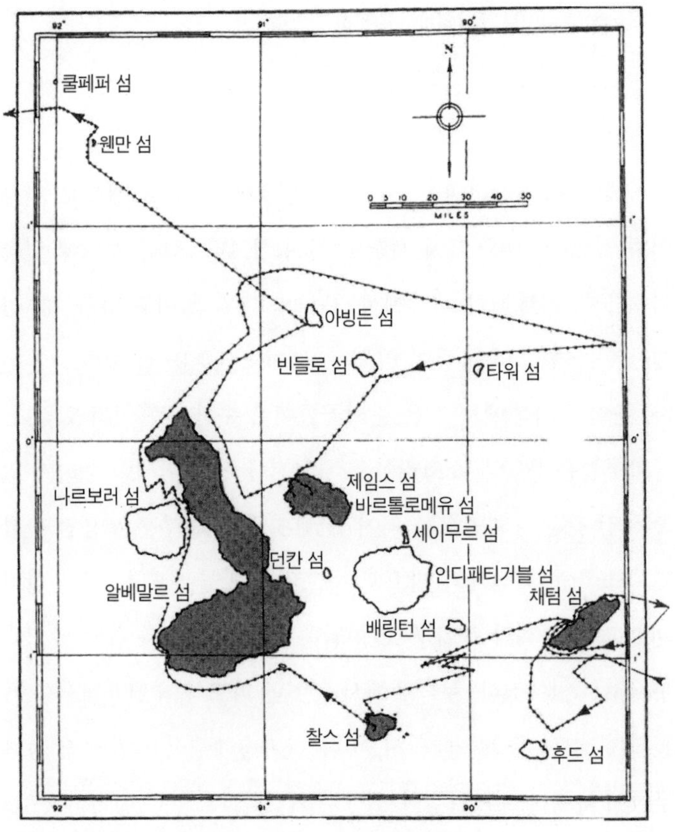

갈라파고스 제도. 검게 칠한 섬은 다윈이 상륙한 섬이다.

17일 아침, 채텀 섬에 상륙했다. 그 섬도 다른 섬들처럼 단조롭고 둥글게 솟았고 분화구 흔적인 작은 언덕들이 울퉁불퉁하게 흩어져 있었다. 검은 현무암 용암으로 된 땅 여기저기에 커다란 틈들이 나 있고, 어디에나 태양에 시든 작은 덤불들이 있지만 그 덤불에 생명의 그림자라고는 거의 없는 것 같았다. 지면에서는 난로처럼 무더운 열기가 훅훅 났다. 많은 식물을 채집하려고 부지런히 노력했으나 몇 종밖에 채집하지 못했다. 덤불은 가까운 데서 보아도 영국의 겨울철 나무처럼 잎이 없는 것처럼 보였으나, 거의 모든 식물에 잎이 나 있었고 대부분 꽃도 활짝 피었다. 가장 흔한 덤불이 등대풀 속의 식물이었다. 엄청나게 비가 오는 우기가 지나면 섬들의 일부가 아주 잠깐 푸르게 된다고 했다.

비글호는 채텀 섬을 돌면서 여러 만에 정박했다. 어느 날 꼭대기가 잘린 검은 원추형 분화구들이 유난히 많은 섬 해안에서 자게 되었다. 작은 언덕에서 60개를 세었는데, 모두 그런대로 완전했다. 대부분이 단지 엉켜 붙은 붉은 용암 찌꺼기로 된 환環으로 되어있었다. 높이는 용암으로 된 평지에서 50~100피트를 넘지 않았다. 그 섬의 지면 전체는 지하의 수증기로 마치 체처럼 뚫려 있었다. 낮은 계속 뜨거워져서, 울퉁불퉁한 지면을 걷고 복잡한 덤불을 헤치는 게 대단히 피곤했다. 큰 거북 두 마리를 만났는데, 적어도 200파운드는 나갔을 것이다. 한 마리는 선인장 조각을 먹다가 가까이 가자, 나를 응시하면서 천천히 다른 곳으로 갔다. 다른 한 마리는 깊게 쉿! 소리를 내며 머리를 집어넣었다. 우중충한 색깔의 새 몇 마리는 그 거북들과 나를 완전히 무시했다.

23일_ 비글호는 찰스 섬으로 갔다. 이 제도로는 오래전부터 사람들이 왔다. 해적에 이어 고래잡이가 왔으나, 작은 주거지는 6년 전에 생겼다. 주민들은 200~300명으로 거의 모두 유색인으로 에콰도르 공화국의 정치범들이었다. 주거지는 해안에서 내륙으로 4.5마일을 들어가서 약 1,000피트 높이에 있었다. 처음에는 채텀 섬처럼 잎이 없는 덤불지대가 있는 길을 지나갔다. 높은 곳에서는 나무가 점점 푸르러졌고, 능선을 지나자마자 시원한 남풍이 불어왔고, 초록색의 싱그러운 숲이 눈을 기분 좋게 만들었다. 집들은 평지에 흩어져 있고, 평지에서는 고구마와 바나나가 재배되었다. 주민들은 가난하다고 불평해도 어렵지 않게 먹을 것을 구했다. 멧돼지와 야생 염소가 많아도 동물성 식품은 주로 거북 고기였다. 과거에는 배 한 척이 거북을 700마리씩이나 잡아간 적이 있었으며, 몇 년 전엔 프리깃 범선이 하루에 거북 200마리를 잡았다고 했다.

9월 29일_ 알베말르 섬의 남서쪽 끝을 돌아갔다. 다음 날 바람이 없어 그 섬과 나르보러 섬 사이에서 거의 움직이지 못했다. 두 섬 모두 엄청난 양의 검은 용암으로 덮여 있었다. 알베말르 섬에 있는 커다란 분화구 꼭대기에서 연기가 조금씩 뿜어져 나오는 것이 보였다. 저녁때 알베말르 섬의 뱅크스 만에 정박했다. 다음 날 아침, 나는 섬에 올라갔다. 비글호가 정박한 곳의 남쪽으로 타원형의 대칭이 잘 된 분화구가 있는데, 장축은 1마일이 조금 안 되었고 깊이는 500피트 정도였다. 바닥에는 얕은 호수가 있고 가운데는 작은 섬 같은 분화구가 있었다. 날씨가 아주 더웠고, 호수는 맑고 파랗게 보였다. 나는 먼지를 뒤집어쓰고 분화구 벽을 숨차게 달려 내려가 물맛을 보니 안타깝게도 짠 소금물이었다.

해안 바위에는 길이 3~4피트의 크고 검은 도마뱀이 많았다. 언덕 위에는 노란색이 감도는 보기 흉한 도마뱀이 많았다. 어떤 것은 느리게 달아나거나 구멍 속으로 재빠르게 들어갔다.

10월 8일_ 비글호가 바다를 조사하는 동안, 바이노 씨와 나와 우리 조수들은 제임스 섬에서 식량과 텐트를 가지고 한 주일을 묵었다. 여기에서 찰스 섬에서 온 스페인 사람들을 만났다. 이들은 물고기를 잡고 거북 고기를 소금에 절였다. 육지 안쪽으로 6마일쯤 들어가니 높이 2,000피트 정도에 사람이 사는 곳이 있었다. 거기에 있는 남자 둘은 거북을 잡았다. 나는 그 사람들을 두 번 찾아갔고 그들과 하룻밤을 잤다. 낮은 곳은 다른 섬처럼 잎이 거의 없는 덤불로 덮였으나, 나무는 어느 곳보다도 커서 지름이 약 2~2.75피트나 되는 큰 나무들도 있었다. 섬의 위쪽은 구름 덕분에 축축했으며 초록색 숲은 싱그러웠다. 축축한 땅에는 커다란 거친 방동사니의 밭이 있고, 작은 흰눈썹뜸부기가 아주 많았다. 이 높은 지대에 머물면서 우리는 오직 거북 고기만 먹었다. (가우초들의 가죽이 붙어 있는 쇠고기처럼) 고기가 붙은 가슴판을 아래로 해서 그대로 구운 거북 고기는 아주 맛있다. 새끼 거북은 국거리로는 최고였다. 그 외의 고기는 내 입맛에 맞지 않았다.

어느 날, 우리는 스페인 사람들과 함께 고래잡이 보트를 타고 그들이 소금을 얻는 소금호수로 갔다. 용암이 응회암 분화구를 거의 둘러쌌고, 분화구 바닥에 소금호수가 있었다. 호수의 깊

갈라파고스 제도를 이루는 여러 섬들. 위로부터 찰스 섬, 채텀 섬, 물이 있는 곳, 알베말르 섬.

이는 겨우 3~4인치이고, 아래에는 아름다운 결정의 하얀 소금이 있었다. 연두색의 즙이 많은 식물들이 둥근 호수의 둘레를 따라 생장한다. 거의 절벽인 분화구 벽에는 나무가 무성해서 경치가 그림 같았고 신기했다. 몇 년 전, 물개잡이들이 죽였다는 그들 선장의 해골이 덤불 속에서 뒹굴고 있었다.

우리가 머문 일주일의 대부분은 하늘에 구름 한 점 없었으며, 무역풍이 한 시간만 불지 않아도 숨이 막힐 정도로 더위가 대단했다. 이틀은 천막 안 온도가 몇 시간 동안 33.9℃나 되었으나 바람이 불고 해가 비치는 천막 바깥은 겨우 29.4℃ 밖에 되지 않았다. 갈색 모래에 온도계를 갖다 대자 금방 58.3℃까지 올라갔는데, 그 이상은 눈금이 없었다. 검은 모래가 훨씬 더 뜨거워 두꺼운 장화를 신고도 걷기가 매우 힘들 정도였다.

박물학 관점에서 보면 이 제도가 대단히 신기해 큰 관심을 가질 가치가 있었다. 생물의 대부분이 다른 곳에서는 발견할 수 없는 토착종들로서, 같은 부류라도 섬에 따라 차이가 있었다. 그런데도 모든 생물은 대양을 사이에 두고 500~600마일 정도 떨어져 있어도 아메리카 생물들과 큰 관계가 있었다. 이 제도는 그 자체로 작은 세계였다. 길 잃은 외래 동식물 몇 종이 있고 그 제도에 있는 생물들의 일반 특징들로 미루어볼 때, 오히려 아메리카에 붙어 있는 위성이라고 불러야 할 정도였다. 지질학에서 보면 아주 최근까지도 이곳은 대양이었다.[2] 그러므로 공간으로나 시간으로나, 우리는 이 지구 위에 새로운 생물이 처음으로 나타났던 위대한 사실, 즉 신비스러운 일 가운데서도 가장 신비스러운 일에 어느 정도 가까이 온 것으로 보였다.

육상포유류 가운데 토종은 단 한 종, 바로 생쥐(갈라파고스 생쥐)였다. 내가 확인하기로는 이 생쥐는 가장 동쪽에 있는 채텀 섬에서만 살았다. 워터하우스 씨는 그 생쥐가 아메리카에만 있는 생쥐과科에 속한다고 알려주었다. 제임스 섬에는 그가 명명하고 기재한 보통의 종과는 완전히 다른 쥐가 있었다. 그러나 그 쥐는 구대륙에 속하는 쥐로, 이 섬에는 지난 150년 동안 배가 많이 들어왔으므로 이 쥐가 살게 된 새롭고 특이한 기후와 먹이와 토양으로 생긴 변종이 거의 확실하다. 채텀 섬 생쥐는 이곳으로 들어온 아메리카 생쥐일 수도 있다고 생각된다. 왜냐하면 나는 사람이 거의 오지 않았던 팜파스에서도, 새로 지은 집의 지붕에서 토종 생쥐가 사는 것을 보았기 때문이었다. 그러므로 그 생쥐가 배를 타고 들어왔을 가능성이 없는 것도 아니었다. 리차드슨 의사가 북아메리카에서도 비슷한 것을 보았다.

나는 땅에서 사는 새 26종을 채집했는데, 핀치 한 종을 빼면 다른 곳에서는 볼 수 없는 새들이었다. 25종의 새는 첫째, 매의 한 종으로 말똥가리와 아메리카에서 죽은 짐승 고기를 먹는 매 계통의 중간이었다. 후자와는 우는 소리를 포함해 모든 습성이 아주 비슷했다. 둘째, 두 종의 올빼미로 유럽의 짧은 귀 올빼미와 하얀 광 올빼미에 해당했다. 셋째, 굴뚝새 한 종과 파리잡이 딱새 세 종(두 종은 큰 파리잡이 딱새 계통으로, 조류학자에 따라서는 한 종이나 두 종을 변종으로도 볼 수 있다)과 비둘기 한 종으로 아메리카 종과 비슷하지만 분명히 달랐다. 넷째, 제비 한 종으로 남북 아메리카의 프로그네 푸르푸레아 제비와 다르지만, 색깔이 덜 선명하고 더 작고 더 가늘어 굴드 씨는 별도의 종이라

❁ 갈라파고스 제도의 매. 날카로운 눈빛과 부리와 발톱을 보면 맹금류임을 알 수 있다.

❁ 갈라파고스 비둘기.

고 생각했다. 다섯째, 세 종의 지빠귀로 흉내를 잘 내며 아메리카의 특징을 많이 보이는 새였다. 나머지들은 땅에서 사는 아주 특이한 새들로 부리 모양과 꼬리가 짧은 것과 몸 모양과 깃에서 관계가 있었다. 모두 13종으로 굴드 씨는 이를 네 그룹으로 나누었다. 모두 이 제도에만 있는 종으로서, 최근에 로 군도의 보 섬에서 들여온 아군亞群 칵토르니스에 속하는 한 종을 빼고는 모두 이 제도의 토종이었다. 칵토르니스의 두 종이 큰 선인장 꽃 근처를 오르내리는 것이 가끔 눈에 띄지만, 이 그룹에 속하는 다른 종의 핀치들은 모두 떼를 지어 낮은 지역의 건조한 들판에서 먹이를 찾았다. 수컷 대부분은 새까만 색깔이며, 암컷은 (한두 종을 빼고는) 갈색이었다. 가장 신기한 점은, 게오스피자속 핀치들의 부리 크기가 완전히 조금씩 커진다는 사실이었다. 가장 큰 것은 콩새 부리만 한 것부터 되새 부리만 한 것, (만약 아군 세르티데아를 주 그룹에 포함시킨 굴드 씨가 맞는다면) 휘파람새과의 작은 새인 명금의 부리만 한 것도 있었다. 게오스피자속에 속한 종

가운데 가장 큰 부리가 '큰 땅 핀치(1)'이며, 가장 작은 부리가 '작은 나무 핀치(3)'이다. 그 사이에는 '중간 땅 핀치(2)' 한 종만 있는 게 아니고, 부리가 알아보지 못할 정도로 변해서 적어도 6종이 있었다. 무화과나무에 잘 나타나는 아군 세르티데아의 부리가 위의 '개개비 핀치(4)'이다. 칵토르니스의 부리는 찌르레기 부리와 어느 정도 비슷하며, 네 번째 아군인 카마르힌쿠스의 부리

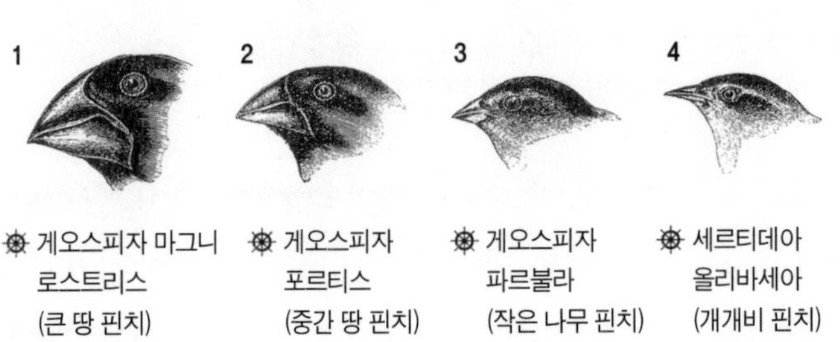

❀ 게오스피자 마그니로스트리스 (큰 땅 핀치)
❀ 게오스피자 포르티스 (중간 땅 핀치)
❀ 게오스피자 파르불라 (작은 나무 핀치)
❀ 세르티데아 올리바세아 (개개비 핀치)

는 앵무새 부리와 약간 비슷했다. 아주 밀접한 관계에 있는 작은 무리의 새들에서 이런 구조가 점차 변하는 것을 보면, 이 제도에는 원래 새가 없었으나 한 종이 들어와서 목적에 따라 여러 가지로 변했다는 것을 알 수 있었다.[3]

나는 겨우 11종의 섭금류와 물새를 채집했다. 이 가운데 (섬의 습기 많은 산꼭대기에서만 사는 뜸부기를 포함해) 단지 3종만이 신종新種이었다. 돌아다니는 것을 좋아하는 갈매기의 습성을 생각하면, 이 제도에서 특별하게 살아가는 종이 있다는 것이 놀라웠다. 땅에서 사는 새들은 훨씬 더 특이한데, 다시 말해 26종 가운데 25종이 신종이거나 적어도 새로운 부류로서 섭금류나 물갈퀴를 가진 새와 견주면, 후자가 전 세계에서 걸쳐 생활 범위

가 더 넓게 나타난다는 점이 일치했다. 바닷물에서 살든 민물에서 살든 수생동물은 같은 부류의 육상동물보다 지면의 어떤 한 지점에서 덜 고유하다는 사실이, 이 제도의 곤충에서는 정도가 덜하지만 조개에서는 눈에 띄게 나타났다.

두 종의 섭금류는 다른 지역의 종보다 상당히 작으며, 제비 역시 비슷한 종인지 다른 종인지는 분명하지 않지만 더 작았다. 두 종의 올빼미들과 두 종의 큰 파리잡이 딱새와 비둘기 역시 그 새들과 가장 관계있는 다른 새들과 비슷하지만 뚜렷이 작았다. 반면 갈매기는 오히려 더 컸다. 두 종의 올빼미들과 한 종의 제비와 흉내 내는 지빠귀 3종과 비둘기는 전체는 아니지만 각각의 색깔에 따라, 그리고 도요새와 갈매기는 모두 마찬가지로 비슷한 종보다 색깔이 더 거무스름했다. 적도지방에서는 밝은 색깔의 새를 기대하지만 가슴이 밝은 노란색 굴뚝새와 새빨간 술과 가슴의 큰 파리잡이 딱새를 빼고는, 밝은 색깔을 한 새가 한 종도 없었다. 그러므로 여기에 있는 몇몇 외부 종이 작아지는 이유들 때문에, 갈라파고스 제도의 토종 대부분도 역시 더 작아지고 색깔이 더 거무스름할지도 모른다고 생각되었다. 모든 식물은 아주 작고 잡초처럼 생겨 아름다운 꽃 한 송이도 보지 못했다. 곤충 역시 크기가 작고 색깔이 희미해서 워터하우스 씨는, 그 모양으로 보아서는 적도지방에서 왔다고 상상할 아무런 이유가 없다고 말했다. 새와 식물과 곤충들은 사막의 특성을 보이지만 남부 파타고니아에 있는 것보다 덜 화려했다. 그러므로 열대 지방 생물에서 볼 수 있는 화려한 색깔은 그 지역의 열이나 빛 때문이 아니라, 아마도 생물에게 좋은 환경 때문이라는 결론을 내릴 수 있었다.

이 섬들의 동물 가운데 가장 큰 특징인 파충류를 보자. 종은 많지 않으나 개체 수는 엄청나게 많았다. 남아메리카에만 있는 작은 도마뱀 한 종과 갈라파고스 제도에만 있는 이구아나 속의 도마뱀 두 종(또는 그 이상)이 있었다. 뱀은 한 종이 있고 개체수가 많았다. 이 뱀은 칠레에 있는 프삼모피스 템밍키와 같다고 비브롱 씨가 알려주었다. 바다에서 사는 거북은 한 종 이상이 있으며, 땅에서 사는 거북은 두세 종이 있었다. 두꺼비와 개구리는

❀ 갈라파고스 제도에만 있는 거북 테스투도 니그라.

없는데, 이 사실이 놀라웠다. 따뜻한 숲과 습기 찬 숲이 그 동물들에게 알맞기 때문이었다. 이 과科의 동물은 대양의 화산섬에는 전혀 없다는 보리 생 뱅쌍의 말이 생각났다. 몇몇 사람들이 연구한 것들을 읽어본 결과, 태평양과 샌드위치 군도의 큰 섬에는 없는 게 확실했다. 모리셔스 섬은 확실히 예외로 생각되는데, 내가 그곳에서 마스카렌 개구리를 많이 보았기 때문이며, 이 개구리는 세이셸 군도와 마다가스카르 섬과 부르봉 섬에도 있었다.[4] 그러나 뒤 브와가 그의 1699년 항해기에서 부르봉 섬에는 거북 외에 파충류는 없다고 말했고, 국왕 수행 장교도 1768년 이전에 개구리를 모리셔스 섬에 도입하려고 했으나 실패했다고 말했다. 식용이 목적이라고 상상되어 그 개구리가 이러한 섬들의 토착인지는 의심스러웠다. 개구리과가 대양의 섬들에 없다는 것은 아주 작은 섬에도 대단히 많은 도마뱀과 견주면 더 특이했다. 이런 차이는 도마뱀의 알이 탄산칼슘으로 된 껍데기로 보호되어, 점액질로 둘러싸인 개구리의 알보다 바닷물을 더 쉽게 지나갈 수 있었기 때문이 아닐까?

자주 이야기되는 거북의 습성을 먼저 이야기하겠다. 이 거북은 이 제도의 모든 섬에 다 있으며, 엄청나게 많았다. 높고 습한 곳에 더 잘 나타나지만 낮고 건조한 곳에서도 살았다. 거대한 크기까지 자라는 것들도 있는데, 영국인이며 그 마을의 부촌장인 로슨 씨는 땅에서 들어 올리는 데 6~8명이 필요했으며, 살코기만 200파운드나 나온 정말 큰 거북 몇 마리가 있었다고 말했다. 늙은 수컷은 아주 크지만 암컷은 그렇게 크지 않았다. 수컷의 꼬리가 더 길었다. 물이 없는 섬에서 사는 거북들과 낮고 건조한 곳에서 사는 거북들은 주로 즙이 많은 선인장을 먹고살았다. 높고 습한 곳에 나타나는 거북들이 여러 나뭇잎과 과야비타라는 시고 떫은 열매와 나뭇가지에 다발처럼 걸린 연두색의 실 같은 우스네라 플리카타 이끼를 먹고살았다.

거북은 물을 좋아해서 엄청난 양의 물을 마시고 진흙 속에서 뒹군다. 큰 섬에만 샘이 있고 샘들은 섬의 가운데 상당히 높은 곳에만 있으므로 낮은 곳에 있는 거북들은 갈증이 나면 큰 거리를 가야 했다. 그러므로 샘에서 해안 쪽으로 가는 길은 어디라도 넓고 잘 다져진 채 나뭇가지처럼 갈라져서, 스페인 사람들이 그 길을 따라 올라와 샘을 찾았다. 거북은 눈 위까지 머리를 물속에 넣고 1분에 열 번 정도 벌컥벌컥 들이켰다. 그곳 주민들은 거북이 샘에 사나흘 머물다가 낮은 곳으로 돌아간다고 말했다. 먹이의 질에 따라 거북이 샘을 찾는 횟수가 달라지는 것으로 보였다. 그러나 거북은 1년에 며칠만 내리는 비를 빼고는 물이 전혀 없는 섬에서도 확실히 살았다.

개구리의 방광이 사는 데 필요한 수분을 보존한다는 사실은 잘 알려져 있다. 거북도 같다고 생각된다. 샘을 찾아온 후 얼마 동안 거북의 방광은 액체로 불룩하지만, 크기가 점점 줄어들고 액체도 덜 순수해진다고 했다. 그러므로 주민들은 낮은 곳을 다니다가 갈증이 생기면 불룩한 방광 속에 들어 있는 액체를 마셨다. 어떤 사람이 잡은 거북의 방광에 들어 있는 액체는 꽤 투명했으며 약간 쓴 맛이 났다고 말했다. 그러나 주민들은 가장 좋다는 심낭에 있는 물을 언제나 제일 먼저 마셨다.

거북은 밤낮으로 기어가, 예상하던 것보다 훨씬 빨리 도착했다. 주민들의 관찰로는 2~3일에 8마일 정도 갔다. 내가 본 한 마리는 10분에 60야드를 갔으니까 한 시간에 360야드, 길에서 먹이를 먹는 시간을 조금 더하면 하루에 4마일을 가는 셈이었다. 암수가 함께 있는 번식 철에는 수컷이 목이 쉰 소리를 내거나 으르렁거리는데, 100야드가 넘는 곳에서도 들린다. 암컷은 결코 울지 않으며 수컷도 이때만 울기 때문에 사람들이 그 소리를 듣고 암수가 함께 있는 것을 알았다. 거북은 이즈음(10월) 알을 낳는다. 암컷은 모래가 섞인 흙 속에 알을 낳고 모래로 덮지만, 바닥이 바위이면 아무 구멍이나 알을 낳았다. 바이노 씨는 바위틈에서 알 일곱 개를 발견했다. 알은 하얗고 둥근데, 내가 잰 알은 둘레가 7과 3/8인치로 달걀보다 더 컸다. 새끼들은 알에서 나오자마자 고기를 먹는 말똥가리에게 많이 잡아먹혔다. 늙은 거북들은 벼랑에서 떨어지는 것 같은 사고로 죽는 것으로 보였다.

주민들은 거북이 소리를 절대 들을 수 없다고 믿었다. 확실히 사람이 거북을 바짝 따라가도 발소리를 듣지 못했다. 조용히 추월해서 지나가는 순간, 머리와 다리를 재빠르게 집어넣고 깊은 쉿! 소리를 내면서, 마치 번개에 맞은 것처럼 땅 위로 털썩 떨어졌다. 거북에 올라타 껍데기 뒤쪽을 가볍게 때리면 일어나서 기어갔다. 거북 등에서는 균형을 잡는 게 아주 힘들었다. 고기는 소금에 절이거나 날로 먹으며, 지방으로는 기름을 만드는데 기름이 대단히 맑았다. 거북을 잡아 꼬리 근처를 칼로 조금 찢어 속을 들여다보면, 등껍데기 아래의 지방이 얼마나 두꺼운지를 알 수 있었다. 두껍지 않으면 거북을 놓아주는데, 상처는 곧 회복된다고 했다. 이 거북을 잡기 위해 바다거북처럼 뒤집어놓는 것은 아무 효과가 없는데, 다리를 이용해 다시 똑바로 뒤집을 수 있기 때문이었다.

이 거북은 갈라파고스 제도의 모든 섬 또는 거의 모든 섬뿐만 아니라 물이 없는 더 작은 섬에도 있으므로, 이 제도의 토종이라는 사실을 의심해서는 안 되었다. 만약 외부에서 들어온 종이라면 사람이 아주 조금밖에 찾아오지 않은 섬에서 그렇게 넓게 퍼지지 못했을 것이다. 게다가 옛날 해적들은 거북이 지금보다 더 많다는 것을 알았고, 1708년에 스페인 사람들은, 우드와 로저스의 말로는, 이 거북이 여기 말고는 어디에도 없다고 말했다. 이 거북이 지금은 널리 퍼졌지만, 갈라파고스 제도가 아닌 다른 곳이 원산지라는 것은 의문스러웠다. 모리셔스 섬에서 멸종된 도도새 뼈와 함께 발견된 거북 뼈가 보통 이 거북과 같은 계열이라고 하는데, 만약 그렇다면 그곳 토종인 것이 확실했다. 그러나 비브롱 씨가 알려주기로는 그 거북은 현재 그곳에서 분명히 사는 종으로, 여기 거북과는 달랐다.

이구아나 도마뱀은 이 제도에만 있었다. 전체 모양이 비슷한 두 종이 있었다. 한 종은 땅에서 살고 다른 한 종은 바다에서 살았다. 바다이구아나의 특징을 처음 기재한 사람은 벨 씨로, 짧고 넓은 머리와 길이가 같은 강한 발톱으로 보아 그 습성이 아주 특이해서 가장 가까운 동종인 이구아나와도 다르다고 예상했고, 정확했다. 이 도마뱀은 이 제도의 모든 섬에 다 있었다. 주로 바위 해안에서만 살아서, 육지 쪽으로 적어도 10야드만 들어가도 한 마리도 볼 수 없었다. 더러운 검은 색깔에 바보 같고 행동은 느리지만 아주 무섭게 보이는 동물이었다. 다 큰 것의 길이는 보통 1야드이지만 4피트 되는 것도 있으며, 큰 것 한 마리의 무게는 20파운드 정도 되는데, 다른 섬보다 알베말르 섬에서 더 크게 자라는 것 같았다. 꼬리가 수직으로 납작하고 네 발에는 작은 물갈퀴가 있었다. 이들은 물속에서는 몸과 납작한 꼬리를 뱀처럼 움직여 아주 쉽고 빠르게 헤엄치며 다리는 움직이지 않고 몸 옆에 바짝 붙였다. 갑판에서 수병 한 명이 도마뱀 한 마리를 죽이려고 무거운 물체를 몸에 묶어 가라앉혔는데, 한 시간 후 줄을 올리자 그때까지도 상당히 움직였다고 했다. 네 다리와 강한 발톱은 울퉁불퉁하고 갈라진 틈이 많은 험한 용암해안 위를 기어 다니기에 적합하도록 멋지게 적응했다. 해안에서는 이 무섭게 보이는 파충류 6~7마리가 파도보다 몇 피트 높은 검은 바위 위에 모여 다리를 쭉 편 채 햇볕을 쬐는 것을 자주 볼 수 있었다.

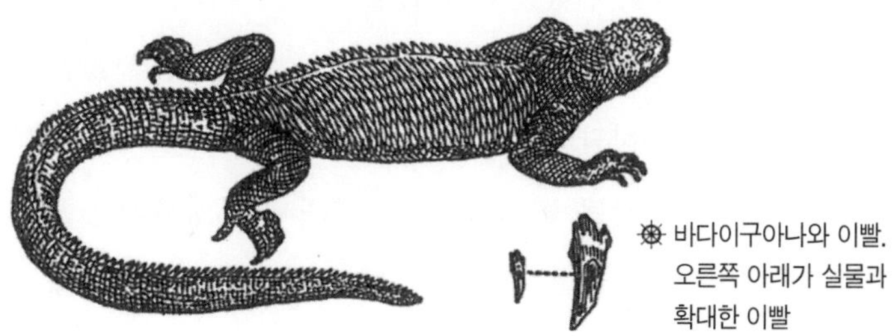

❀ 바다이구아나와 이빨. 오른쪽 아래가 실물과 확대한 이빨

도마뱀을 열어보면 주로 잘 갈린 해초(청태)를 먹어 밥통이 불룩했다. 청태는 연두색이나 검붉은 색으로 얇은 잎처럼 길게 자랐다. 물이 빠지면 드러나는 바위에는 이 해초가 전혀 없었다. 위 속에는 해초를 빼고 아무것도 없었다. 바이노 씨가 게 껍데기 조각 하나를 발견했으나, 이것은 우연히 들어갔을 수도 있었다. 창자는 다른 초식동물의 창자처럼 컸다. 이 도마뱀의 먹이와 꼬

리, 발의 구조, 바다로 헤엄쳐 나가는 것은 이 도마뱀의 습성이 물과 관계가 있다는 것을 증명했다. 이 도마뱀들은 물 줄 몰랐고 심하게 놀라면 각각의 콧구멍에서 액체 한 방울이 솟아났다. 이 도마뱀은 바다 밑바닥 가까운 곳에서 대단히 멋있고 재빠르게 헤엄치며, 간혹 울퉁불퉁한 바닥의 바위를 짚고 기었다. 물가에 가까이 와 물속에 있을 때는 해초 덤불 속으로 숨거나 바위틈으로 들어갔다. 위험이 지나갔다고 생각하면 마른 바위 위로 기어 나와 될 수 있는 한 빨리 달아났다. 내가 한 마리를 잡아서 물속으로 던질 때마다 되돌아왔다. 어리석게 보이는 이 습성이, 땅에는 이 파충류의 천적이 없으나 바다에는 상어가 많기 때문인 것으로 설명될 수 있을 것이다. 아마도 해안이 안전한 곳이라는 유전된 본능에 따라 언제라도 해안 쪽으로 달아나는 것으로 보였다.

우리가 이 제도에 있었을 때(10월), 아주 작은 바다 도마뱀 몇 마리밖에 보지 못했는데, 모두 1년이 되지 않은 것 같았다. 그러므로 번식기가 시작되지 않았던 것으로 보였다. 주민들에게 그 도마뱀이 알을 낳는 곳을 물었는데, 그들은 땅에서 사는 도마뱀의 알은 잘 알았지만, 그 도마뱀의 번식에는 아는 게 없었다.

이제는 꼬리가 둥글고 발가락에 물갈퀴가 없는, 땅에서 사는 이구아나를 이야기하자. 이 육지 도마뱀은 바다 도마뱀처럼 모든 섬에 다 있는 것이 아니라, 이 제도의 가운데, 즉 알베말르 섬, 제임스 섬, 배링턴 섬, 인디패티거블 섬에만 있었다. 남쪽으로 찰스 섬과 후드 섬과 채텀 섬과 북쪽으로 타워 섬과 빈들로 섬과 아빙든 섬에서는 보지도 듣지도 못했다. 마치 이 제도의 중앙에서 창조되어 일정한 거리까지만 전파된 것 같았다. 높고 습한 곳에서 사는 놈도 있으나, 해안 가까이 낮고 아무것도 없는 곳에 사는 놈이 훨씬 많았다. 우리가 제임스 섬에 남았을 때, 도마뱀 구멍이 하도 많아 텐트 칠 자리를 찾느라 한동안 헤맸다. 바다 도마뱀보다는 작아 보이지만 10~15파운드까지 나가는 놈들도 있었다. 움직일 때는 느릿느릿하면서 자는 것처럼 보였다. 놀라게 하지 않으면 꼬리와 배를 땅에 끌면서 천천히 기어 다녔다. 가끔 1~2분 조는데, 그때는 눈을 감고 뒷다리를 뜨거운 흙 위에 벌렸다.

❀ 주로 아카시아 잎과 시고 쓴 열매를 먹고 사는 육지 이구아나.

도마뱀들은 구멍에서 사는데, 가끔 용암 조각 사이에 구멍을 만들기도 하지만 주로 보드라운 모래 같은 응회암으로 된 평탄한 곳에 만들었다. 구멍은 그렇게 깊지 않으며, 아주 작은 각도로 땅속으로 들어가, 이 도마뱀 구멍 위를 걸을 때는 흙이 쉬지 않고 무너져서 그 위를 걷는 것 자체가 귀찮았다. 이 동물은 구멍을 만들 때, 몸을 양쪽으로 교대로 썼다. 앞다리 하나로 잠시 동안 흙을 긁어 뒷발 쪽으로 던지면, 뒷발이 그 흙을 받아 구멍 밖으로 버렸다. 몸 한쪽 부분이 피로해지면 다른 쪽이 일을 했다. 나는 몸이 반쯤 묻힐 때까지 보다가 꼬리를 잡아 끌어냈다. 그러자 대단히 놀라서 뒤를 홱 돌아보면서 내 얼굴을 빤히 쳐다보는 게, 마치 "왜 내 꼬리를 잡아당겼어?" 하고 묻는 것 같았다.

그 도마뱀들은 낮에는 먹이를 먹고 구멍에서 멀지 않은 곳을 돌아다녔다. 놀라게 하면, 아주 우스꽝스러운 걸음걸이로 구멍으로 달아났다. 언덕을 달려 내려갈 때를 빼고는, 확실히 다리를 바깥쪽으로 벌려서 빨리 움직이지 못했다. 유심히 들여다보면 조금도 겁을 내지 않아 꼬리를 감고 앞다리를 세우면서 머리를 수직으로 재빨리 끄덕거리며 대단히 무섭게 보이려고 했다. 하지만 사실은 하나도 무섭지 않았다. 발로 땅을 구르기만 해도 꼬리를 내리고 달아났다. 한번은 작은 파리를 잡아먹는 도마뱀들을 관찰했는데, 무엇이라도 보고 있을 때는 이유는 모르지만 머리를 똑같이 끄덕거렸다. 만약 막대기로 집적거리면 막대기를 꽉 물 것이다. 꼬리를 붙잡았지만 나를 물려고 하지는 않았다.

낮은 곳에서 사는 도마뱀들이 아주 많은데, 그 도마뱀들은 1년 내내 물 한 방울 마시지 못했다. 그러나 즙이 있는 선인장 가지가 바람에 부러져 떨어지면 그것을 먹었다. 도마뱀들이 모여 있을 때, 선인장 가지 두세 개를 던지면 마치 배고픈 개가 뼈를 물고 가듯이 입으로 가져가는 게 재미있었다. 도마뱀들은 먹이를 대단히 꼼꼼히 먹지만 씹지는 않았다.

도마뱀 몇 마리의 위를 열어보았다. 식물섬유와 여러 가지 나뭇잎, 그중에서도 아카시아 잎으로 위가 가득 차 있었다. 높은 곳에서는 주로 시고 매운 과야비타 열매를 먹고사는데, 그 나무 아래에서 이 도마뱀들과 거북들이 함께 먹이를 먹는 것을 보았다. 이 도마뱀을 요리하면 고기가 하얗게 되며, 식성이 좋은 사람은 좋아했다. 주민들의 말로는 높은 곳에서 사는 도마뱀들은 물을 마시지만, 낮은 곳에서 사는 도마뱀들은 거북처럼 물을 마시지 못해서 물을 찾아 올라갔다. 우리가 찾아갔을 때, 암컷에게는 크고 길쭉한 알들이 많았는데, 그들이 사는 구멍 속에 알을 낳았다. 주민들은 그 알들을 찾아 헤맸다.

이 두 종의 도마뱀은 앞서 말했듯이, 모양이나 여러 가지 습성이 같았다. 이 도마뱀 속과 이구아나 속의 행동은 재빠르지 않았다. 둘 다 초식성이지만 먹는 식물은 아주 달랐다. 벨 씨는 코가 짧다는 것에 주목해 속명屬名을 지었는데, 실제로는 주둥이가 땅에서 사는 거북과 아주 비슷하며, 이 사실은 두 종이 초식에 적응한 결과라고 추측되었다. 그래서 땅과 바다에서 사는 두 종이 아주 외딴곳에서 속의 특성을 아주 잘 나타냈다. 물에서 사는 종은 전 세계에서 해초를 먹고사는 단 한 종의 도마뱀이라 정말 특별했다. 수천 마리의 거대한 거북들이 잘 닦아놓은 길과 땅에서 사는 도마뱀들이 북적거리는 곳과 수많은 바다거북, 그리고 모든 섬의 바위 해안에서 일광욕을 하는 바다 도마뱀들을 기억하면, 이 파충류 목目이 이렇게 이상한 방식으로 초식동물을 대신하는 곳은 이 세상 어디에도 없다는 사실을 인정해야 했다. 지질학자들은 이런 말을 들으면 속으로 제2기를 생각할 것이다. 그때는 도마뱀들이 육식성도 있었고, 초식성도 있었으며, 크기도 요사이 볼 수 있는 고래 크기로 땅과 바다에서 떼를 지어 다녔다.

동물 이야기를 끝내자. 여기에서 채집한 바닷물고기 15종은 모두 신종이었다. 그 물고기들은 12속에 속하며 모두 널리 분포하지만, 4종의 성대류는 예외로 아메리카의 동쪽 바다에서도 서식했다. (아주 뚜렷한 변종 두 종을 빼고도) 땅에서 사는 달팽이 16종을 채집했는데, 이 가운데 타히티 섬에서 발견한 나선달팽이를 제외하고는 모두가 이 제도의 토종이었다. 팔루디나 민물달팽이속 한 종은 타히티 섬과 반 디멘스 랜드에도 흔했다. 컴밍 씨가 우리가 항해하기 전에 여기에서 90종의 바다조개를 채집했는데, 이 채집에는 아직 종까지 기재되지 않은 소라와 소라류, 외뿔고둥과 진흙달팽이 몇 종이 빠졌다. 그는 친절하게도 다음과 같은 흥미로운 결과를 알려주었다. 90종 가운데 적어도 47종이 다른 곳에서는 알려지지 않은 종으로, 바다조개들이 보통 아주 넓게 분포한다는 것을 생각할 때, 이 사실이 매우 놀라웠다. 다른 곳에도 있는 43종 가운데 25종은 아메리카 서해안에 있으며, 이 가운데 8종을 변종으로 취급할 수 있었다. 컴밍 씨가 (변종 한 종을 포함한) 나머지 18종을 로 군도에서 발견했는데, 그 가운데 몇 종은 필리핀에도 있었다. 태평양 한가운데 있는 섬에서 나오는 이 바다조개들은, 단 한 종도 태평양에 있는 섬들과 아메리카 서해안에서 같이 나오지 않기 때문에, 유심히 살펴보아야 했다. 아메리카 서해안에서 떨어져 남북으로 달리는 거대한 바다라는 공간이 아주 뚜렷한 두 개의 패류구貝類區를 나눈다. 그러나 갈라파고스 제도는 쉬어가는 곳으로 많은 새로운 종이 탄생하며, 거대한 두 패류구에 있는 몇 종이 갈라파고스 제도에도 있었다. 아메리카 패류구를 대표하는 종이 여기에도 있는데, 아메리카 서해안에서만 발견되는 외뿔고둥 속에 속하는 갈라파고스 토종과 아메리카 서해안에서는 흔하지만 (컴밍 씨가 알려주기로는) 태평양 가운데에 있는 섬에는 없는 삿갓조개와 올고둥의 갈라파고스 종이 있었다. 반면 서인도 제도와 중국해와 인도네시아 바다에는 있지만, 아메리카 서해안과 중부 태평양에는 없는 오니시아 속과 스타이리퍼 속의 갈라파고스 토종도 있었다. 여기에 덧붙이면, 컴밍 씨와 힌즈 씨가 아메리카의 동해안과 서해안에서 나오는 조개 약 2천 종을 대조한 결과, 단 한 종, 즉 푸르푸라 파튤라만이 서인도 제도와 파나마 해안과 갈라파고스 제도에서 살고 있었다. 그러므로 이곳에는 세 개의 커다란 패류구가 있으며, 그 패류구들이 놀랄 정도로 서로 가깝지만 아주 다르고, 남북 방향의 긴 땅이나 대양으로 나뉘어 있었다.

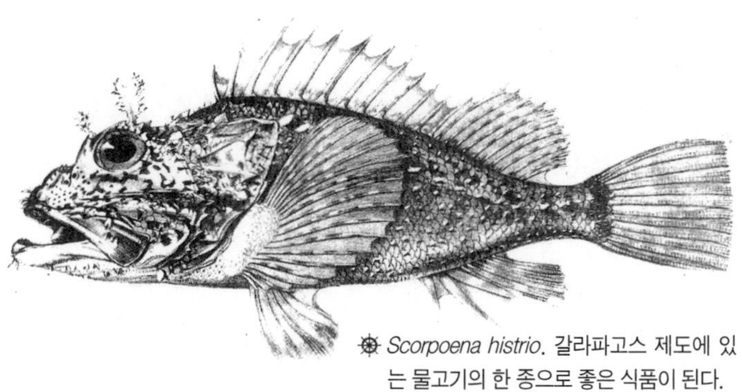

❁ *Scorpoena histrio*. 갈라파고스 제도에 있는 물고기의 한 종으로 좋은 식품이 된다.

❁ *Tetrodon angusticeps*. 갈라파고스 제도에 있는 물고기의 한 종으로 복어 계통이다.

나는 곤충을 채집하느라 크게 고생했으나, 티에라델푸에고 섬을 빼고는 곤충이 그렇게 적은 곳을 보지 못했다. 높고 습기가 많은 곳에서도 보통 모양의 작은 파리 목과 벌 목을 빼고는, 잡은 것이 몇 마리 되지 않았다. 갑충은 (배가 가는 곳이면 어디든지 가는 수시렁이와 개미붙이 과를 빼고도) 25종을 채집했는데, 이 가운데 두 종은 초식성 집게벌레, 두 종은 물땅땅이 과, 9종은 거저리상과上科의 세 과, 나머지 12종은 각각 12과에 속했다. (식물도 마찬가지이지만) 곤충의 개체 수는 적지만 12과에 속하는 것은, 내가 알기로는 아주 흔한 현상이었다. 워터하우스 씨가 이 제도의 곤충보고서를 발표했는데, 위의 상세한 내용은 그의 덕분이었다. 그에 따르면 몇 개의 새로운 속이 있는데, 아메리카에 있는 한두 종은 새로운 속이 아니며, 나머지는 전 세계에 분포했다. 나무를 먹는 아파테 나방과 아메리카 대륙에 있는 한 종 또는 아마도 물속에서 사는 두 종의 갑충을 빼고는 모든 종이 새로운 종 같았다.

이 제도의 식물도 동물만큼 흥미롭다. J. 후커 박사가 곧 린네 회보에 식물군 전체를 발표하는데, 다음의 상세한 내용은 거의 모두 그의 도움 덕분이었다. 이 제도에서 꽃피는 식물 가운데 지금까지 185종이 알려졌다. 은화식물 40종을 합하면 모두 225종이다. 이 가운데 193종을 영국으로 가지고 왔다. 꽃피는 식물 가운데 100종은 새로운 종으로, 이 제도의 토종으로 보였다. 후커 박사는 찰스 섬 개간지 근처에서 발견된 식물에서 적어도 10종은 외부에서 들어온 것으로 생각되었다. 더 많은 아메리카 식물이 자연히 들어오지 않은 것이 놀랍다. 대륙에서 겨우

500~600마일밖에 떨어져 있지 않아서, (콜네트 함장이 쓴 책의 58쪽을 보면) 부목浮木이나 대나무, 등나무, 야자열매가 가끔 남동쪽 해안으로 밀려오기 때문이었다. 185종 (또는 외지에서 온 잡초를 뺀 175종) 가운데 꽃피는 식물 100종은 새로운 종이라는 것이 갈라파고스 제도를 별도의 식물구植物區로 만드는 데 충분하다고 생각되었다. 그러나 이 식물군은, (내가 알기로는) 세인트 헬레나 섬이나 (후커 박사가 알려주기로는) 후안 페르난데스 섬만큼 특징이 크지는 않았다. 갈라파고스 제도의 특이한 식물군은 국화과科에서 유난히 아주 잘 나타나는데, 21종의 국화과 중에 20종이 이 제도에만 있으며, 이 20종이 12속에 속했다. 그리고 이 12속 가운데 적어도 10속은 이 제도의 토종이다! 식물군은 의심할 바 없이 아메리카 서부지방의 특징을 가지고 있다고 후커 박사가 나한테 알려주었다. 그의 말로는 태평양에 있는 식물과는 달랐다. 그러므로 만약 태평양 중부에 있는 섬에서 이곳으로 전파된 바다조개 18종, 민물달팽이 한 종, 땅에서 사는 달팽이 한 종이 제도에 있는 핀치 가운데 태평양에 있는 뚜렷한 한 종을 제외하면, 이 제도는 비록 태평양 한가운데에 있어도 동물에 관한 한, 아메리카 대륙의 일부였다.

만약 이 특징이 단순히 아메리카에서 들어온 생물 때문이라면 놀랍지 않았다. 그러나 우리는 육상동물의 거의 대부분과 꽃피는 식물의 반 이상이 토종이라는 것을 알고 있었다. 새로운 종인 새와 도마뱀과 조개와 곤충과 식물로 둘러싸였으면서도 무수한 사소한 것들, 심지어 새의 음색이나 깃털까지도 파타고니아의 따뜻한 평원이나 북부 칠레의 뜨겁고 건조한 사막이 연상되는 것이야말로 가장 큰 충격이었다. 왜 이 작은 땅은 최근에 대양으로 덮였고, 현무암질 용암으로 되었으며, 아메리카와 대륙과 지질이 다르면서 기묘한 기후 아래에 놓여 있는가? 왜 토착생물들은 대륙에 있는 생물들과 종과 수의 비율이 다른가? 왜 서로 다르게 영향을 주었는가? 왜 아메리카에 있는 생물들처럼 창조되었는가? 케이프 데 베르데 제도의 지형은 갈라파고스 제도가 아메리카 서해안을 닮은 것보다 훨씬 더 갈라파고스 제도를 닮았다. 그런데도 두 제도의 토착생물은 완전히 달라서, 케이프 데 베르데 제도의 토착생물에서는 아프리카의 특색이 나타나는 반면, 갈라파고스 제도의 토착생물에서는 아메리카의 특색이 나타났다.

나는 지금까지 이 제도의 박물학에서 가장 뚜렷한 현상을 이야기하지 않았다. 즉 각 섬마다 어느 정도 다른 생물들이 산다는 사실이었다. 내가 그 사실에 처음으로 관심을 갖게 된 것은, 바로 부총독인 로슨 씨가, 거북이 섬에 따라 달라서, 모양만 보고도 어느 섬에서 왔는지 알 수 있다는 말을 하고 난 뒤였다. 처음에는 이 말에 충분히 관심을 기울이지 않아서, 두 섬에서 나온 것들을 일부 섞어놓기도 했었다. 50~60마일 정도 떨어졌고, 거의 모든 섬이 건너다보이고, 똑같은 바위로 이루어졌으며, 기후도 아주 비슷하고, 높이도 거의 같은 섬에 있는 동물들이 다르리라고는 꿈도 꾸지 못했다. 그러나 곧 그렇다는 것을 알게 되었다.

주민들은 내가 벌써 말했듯이, 거북이 어느 섬에서 왔는지 알았다. 크기뿐만 아니라 다른 특징이 있기 때문이었다. 포터 선장은, 찰스 섬과 그 섬에서 가장 가까운 섬인 후드 섬에서 나온 거북은 껍데기 앞쪽이 두껍고 스페인 말안장처럼 위로 올라간 반면, 제임스 섬 거북은 껍데기가 더 둥글고 색깔이 더 검고 고기가 더 맛있다고 기록했다.[5] 또 비브롱 씨는 이 제도에서 전혀 다른 종으로 생각되는 거북 두 종을 보았지만, 어느 섬에서 온 거북인지는 모른다고 했다. 내가 세 개의 섬에서 가져온 거북 표본들은 새끼이고, 아마도 그 때문인지 특별한 차이가 없었다. 알베말르 섬의 바다 도마뱀은 다른 섬의 바다 도마뱀보다 더 크다고 이미 말했다. 비브롱 씨는 이 속에서 두 종을 분명히 보았다고 알려주었는데, 섬에 따라 대표가 되는 바다 도마뱀 종이나 부류가 있는 것 같고, 거북도 마찬가지였다. 내가 처음으로 그 사실에 큰 관심을 가지게 된 것은 나와 몇 사람이 쏘아 잡은, 흉내 내는 지빠귀 표본들을 대조할 때였다. 놀랍게도 찰스 섬에서 나온 표본들은 모두 한 종(플로레아나 지빠귀)이며, 제임스 섬과 채텀 섬 (그 두 섬 사이에 있는 섬 두 개가 이어준다)에서 나온 것들은 모두 산 크리스토발 지빠귀이기 때문이었다. 뒤의 두 종은 아주 비슷해서, 조류학자 가운데는 단지 뚜렷한 변종으로 보는 사람들도 있겠지만 플로레아나 지빠귀는 매우 달랐다. 불행히도 모든 핀치의 표본을 섞어놓긴 했지만, 게오스피자 핀치에 속하는 종 가운데 하위 그룹 몇 종은 특별한 섬에만 있다고 믿을 만한 뚜렷한 이유가 있었다. 만약 섬에 따라 가장 많은 핀치 속의 종이 있다면, 이 작은 섬에 하위 그룹의 종의 수가 많은 사실을 설명하는 데 도움이 될 것이다. 또 종이 많아서 생기는 결과로, 부리의 크기가 조금씩 변하는 것을 설명하는 데도 도움이 될 것이다. 여기에서 칵토르니스 속 하위 그룹 핀치 두 종과 카마르힌쿠스 속 핀치 두 종을 채집했다. 제임스 섬에서 네 사람이 잡은 두 하위 그룹에 속하는 새는 많아도 각각 한 종에 속하는 반면, 채텀 섬이나 찰스 섬에서 잡은 (이미 섞인) 두 그룹의 표본들은 제임스 섬에서 잡은 종과 각각 다른 종에 속했다. 그러므로 이 섬들에는 두 하위 그룹에 속하는 새들의 대표가 되는 종이 각각 있다고 믿을 수밖에 없었다. 땅에 사는 달팽이에게는 이런 분포 법칙이 통하지 않는 것으로 보였다. 내가 채집한 조금밖에 되지 않는 곤충에서, 워터하우스 씨는 채집 장소를 적어놓은 곤충 한 마리도 두 개의 섬에서는 나오지 않는다고 말했다.

식물을 보면, 우리는 토종식물이 섬에 따라 아주 다른 것을 알게 되었다. 가까운 친구인 J. 후커 박사를 믿고 다음 결과를 내놓는다. 미리 전제할 것은, 섬을 구별하지 않고 닥치는 대로 꽃을 채집했으며, 다행히도 채집한 것들은 따로따로 보관했다. 그러나 비율로 내놓은 결과를 너무 많이 기대해서는 안 되는 것이, 다른 박물학자들이 조금씩 채집한 결과가 어떤 점에서는 내 결과와 비슷하더라도 이 제도의 식물에는 연구할 것이 많기 때문이었다. 게다가 콩과 식물만 지금까지 대략 연구되었다.

섬	종의 전체 숫자	다른 지역에 있는 종의 숫자	갈라파고스 제도에만 있는 종의 숫자	한 섬에만 있는 종의 숫자	갈라파고스 제도 토종이지만 한 섬 이상에서 나오는 종의 숫자
제임스 섬	71	33	38	30	8
알베말르 섬[6]	46	18	26	22	4
채텀 섬	32	16	16	12	4
찰스 섬	68	39*	29	21	8
* 만약 외지에서 들어왔다고 생각되는 종을 뺀다면 29종.					

그러므로 제임스 섬에는 38종의 갈라파고스 식물이 있고, 세계 다른 곳에는 없는 식물 가운데 30종이 이 섬에만 있다는 정말로 놀라운 결과가 나왔다. 또 알베말르 섬에 있는 26종의 갈라파고스 토종식물 가운데 22종은 이 섬에만 있으며, 4종은 이 제도의 다른 섬에 있으며, 채텀 섬과 찰스 섬에 있는 식물들은 표와 같았다. 이 사실은 몇 가지 예를 들면 더욱 뚜렷해질 것이다. 국화과에서 나무 모양의 아주 큰 스칼레시아 속은 이 제도에만 있었다.[7] 모두 6종이 있는데, 채텀 섬에 한 종, 알베말르 섬에 한 종, 찰스 섬에 한 종, 제임스 섬에 두 종, 여섯 번째 종인 마지막 종은 뒤 쪽의 세 섬 가운데 한 섬에 있는데, 어느 섬인지는 모르겠다. 이 6종 가운데 어느 한 종도 두 섬에서 나오지 않았다. 전 세계에 널리 분포하는 등대풀 속은 이곳에 8종이 있었다. 그 가운데 7종은 이 제도의 토종이지만, 어느 한 종도 두 섬에서 나오지 않았다. 전 세계에 흔한 깨풀 속과 꼭두서니 속은 각각 6종, 7종이 있는데, 어느 한 종도 두 섬에서 나오지 않으며, 예외로 꼭두서니 속 한 종은 두 개의 섬에서 나왔다. 국화과 식물은 유난히 한 지역에 국한되어, 섬에 따라 있는 특유한 종에 관한 아주 놀라운 몇 가지 예를 후커 박사가 알려주었다. 각 섬에는 그 섬에 특유한 육상거북이 있고, 흉내 내는 지빠귀의 아메리카 속이 있었다. 갈라파고스 제도에 국한된 핀치의 하위 두 그룹도 그렇고, 거의 확실히 갈라파고스 제도에만 있는 도마뱀도 그렇다.

이 제도의 생물들에게 만약 아래와 같은 특징들, 예를 들어, 한 섬에 흉내 내는 지빠귀 한 종이 있는데 다른 섬에는 전혀 다른 속이 있거나, 만약 한 섬에는 도마뱀 한 속이 있고 두 번째 섬에는 아주 다른 속이 있거나, 아주 없거나, 또는 만약 여러 섬에 식물의 같은 속의 대표가 되는 종이 있는 게 아니라 완전히 다른 속이 있다면, 결코 놀랍지 않을 것이다. 마지막 내용은 어느 정도 사실인데, 제임스 섬에는 열매가 달리는 큰 나무가 있지만, 찰스 섬에는 그 계통의 나무가 한 종도 없었다. 그러나 실제로 섬 몇 개에는 그 섬에만 특유한 거북과 흉내 내는 지빠귀와 핀치와 수많은 식물들이 있었다. 이 생물들은 비슷한 환경에서 살아서 습성이 대개 거의 같으면서, 이 제도의 자연환경에서 분명하게 같은 자리를 차지한다는 사실이 진정 놀라웠다. 대표되는 이 종들 가운데 몇 종과 적어도 거북과 새 몇 종은 장차 아주 특별한 종이 될 것이라고 생각되었다. 찰스 섬에서 채텀 섬 가장 가까운 곳까지 50마일이고, 찰스 섬에서 알베말르 섬 가장 가까운 곳까지 33마일이었다. 채텀 섬에서 제임스 섬 가장 가까운 곳까지 60마일 떨어져 있으며 그 사이에는 섬 두 개가 있는데 가지는 못했다. 제임스 섬에서 알베말르 섬 가장 가까운 곳까지는 10마일 밖에 안 되지만, 내가 표본을 모은 곳은 32마일이나 떨어졌다. 반복하지만, 토질이나 육지의 높이와 기후와 연관된 생물들의 일반 특징과 그들 간의 영향력이 섬에 따라 크게 다를 수는 없었다. 만약 기후에서 차이를 느낀다면, 바람이 불어오는 쪽에 있는 섬들(찰스 섬과 채텀 섬)과 바람이 불어 가는 쪽에 있는 섬들 사이에 있는 차이일 것이다. 그러나 이 제도의 각각 반半에서 나오는 자연 산물에는 그런 차이가 없는 것으로 보였다.

이렇게 섬에 따라 토착생물들이 다른 것을 설명할 수 있는 게 하나 있다. 서쪽과 서북서 방향으로 흐르는 강한 해류 바닷물에 흘러 생물들이 운반되는 것을 남쪽의 섬들과 북쪽의 섬들로 나누고 있으며, 북쪽 섬들 사이에 강한 북서 해류가 제임스 섬과 알베말르 섬 사이를 아주 잘 분리시킨다는 것. 이 제도에서는 강한 바람이 거의 불지 않기 때문에 새나 곤충, 혹은 가벼운 씨앗들이 섬에서 섬으로 날아갈 수 없었다. 그리고 마지막으로, 이 섬들 사이에 있는 바다가 깊고, 이곳이 (지질학으로는) 외관상 최근에 터진 화산으로 생긴 지형이어서, 과거에 이 섬들이 붙어 있었을 가능성이 거의 없었다. 그리고 이런 점들은 어느 점보다 토착생물들의 지리 분포에서 아주 큰 의미가 있었다. 여기에서 이야기한 내용들을 살펴보면, 만약 창조력이라는 표현을 쓸 수 있다면, 이 작고 메마르고 바위로 된 섬에서 볼 수 있는 창조력이 놀라울 뿐이다. 게다가 다르면서도 비슷한 그 힘이 아주 가깝게 작용해서 한 번 더 놀랐다. 이미 갈라파고스 제도를 아메리카에 붙은 위성이라고 부를 수 있다고 말했다. 하지만 여러 섬들의 외부 조건이 비슷하고 생물은 확연히 다르지만 밀접하게 연결되어, 전체가 거대한 아메리카 대륙과 아주 약하지만 분명한 관계에 있어서 '위성'보다는 '위성 그룹'이라 부르는 편이 나을 것이다.

새의 극도로 유순한 습성은 땅에서 사는 모든 새, 즉 흉내 내는 지빠귀, 핀치, 굴뚝새, 큰 파리잡이 딱새, 비둘기, 고기 먹는 수리에게 다 있었다. 모든 새가 회초리로 충분히 때려잡을 수 있는 거리까지 가까이 오며, 때론 나도 모자로 잡으려고 했다. 여기에서는 총이 거의 사치품인 것이, 총끝으로 나뭇가지에서 매 한 마리를 밀어 떨어뜨렸기 때문이었다. 어느 날, 흉내 내는 지빠귀 한 마리가 손에 들고 있던 거북 껍데기로 만든 물주전자에 내려앉아 조용히 물을 마시기 시작했다. 새가 주전자에 앉아 있는 동안 나는 주전자를 땅에서 들어 올릴 수도 있었다. 가끔 나는 이 새의 다리를 거의 잡을 뻔했다. 전에는 이 새들이 지금보다 더 유순했던 것으로 보였다. 카울리는 (1684년에) "거북비둘기들이 무척 유순해 우리 모자나 팔 위에 내려앉아 그 새들을 산 채로 잡았다. 그 새들은 우리 동료 한 사람이 총을 쏠 때까지 사람을 무서워하지 않았고, 총을 쏘아서 새들은 겁이 더 많아졌다"라고 말한다. 이 새들은 지금도 유순하지만 사람의 팔 위에는 앉지 않았다. 새들의 야성이 더 많아지지 않은 게 신기한 것이, 이 제도에는 지난 150년 동안 해적과 고래잡이들이 찾아왔고, 거북을 찾아 숲 속을 헤매던 선원들이 작은 새들을 잔인하게 잡았기 때문이었다.

이 새들은 지금도 위협을 받고 있지만 야성이 쉽사리 생기지는 않았다. 6년 전부터 사람이 살기 시작한 찰스 섬에서는, 회초리를 든 소년이 샘 옆에 앉아 물을 마시러 오는 비둘기와 핀치를 잡는 것을 보았다. 그때 소년은 저녁거리로 상당수의 새를 잡은 뒤였는데, 매일 그 샘물 옆에서 새를 기다린다고 말했다. 이 제도에 있는 새들은 사람이 거북이나 도마뱀보다 더 무서운 동물이라는 것을 배우지 못해서, 마치 사람을 무서워하는 영국 까치가 들판에서 풀을 뜯는 암소나 말을 무시하는 것과 마찬가지로, 사람을 무시하는 것처럼 보일 것이다.

포클랜드 군도에 비슷한 습성을 가진 새들이 있었다. 작은 오페티오르힌쿠스 새는 유난히 사람을 무서워하지 않는다고 페르네티와 르송과 그 밖의 항해자들이 이야기했다. 그러나 그 새만 그런 것이 아니어서, 매와 도요새와 높은 지대에서 사는 거위와 낮은 지대에서 사는 거위와 멧새류와 참새와 매까지도 사람을 그렇게 무서워하지 않았다. 여우와 매와 올빼미가 있는 그 군도의 새들이 그렇게 유순한 것으로 보아, 갈라파고스 제도에 육식성 동물이 하나도 없어서 새들이 유순한 것은 아니라고 추정할 수 있었다. 포클랜드 군도에 있는 고지대 거위는 작은 섬에 둥지를 지어, 여우가 위험하다는 것을 알고 있다는 것을 보여줬다. 그러나 그렇다고 해도 사람에게 야성을 보이지는 않았다. 사람을 무서워하지 않은 새, 그 가운데서도 물새는, 티에라델푸에고 섬에 있는 물새와는 아주 달랐다. 티에라델푸에고 섬의 새들은 과거 오랫동안 원주민들에게 잡혀왔기 때문이었다. 포클랜드 군도에서는 사냥꾼이 하루에 가져가지 못할 만큼 많은 숫자의 고지대 거위를 잡을 수 있는 반면, 티에라델푸에고 섬에서 고지대 거위 한 마리를 잡는 것은 영국에 흔한 야생 거위 한 마리 잡는 것만큼이나 아주 어려웠다.

페르네티 시절(1763년)에는 모든 새들이 지금보다 사람을 훨씬 더 무서워하지 않았던 것으로 보였다. 오페티오르힌쿠스 새가 그의 손가락에 앉을 정도여서, 막대기로 30분 만에 열 마리를 잡았다고 그가 말했다. 그때에는 새들이 지금의 갈라파고스 제도의 새만큼이나 사람들이 무섭다는 걸 몰랐던 것으로 보인다. 새들은 포클랜드 군도보다 갈라파고스 제도에서 사람들을 조심하는 법을 더 천천히 배우는 것으로 보였다. 포클랜드 군도에서는 그만큼 경험이 많았던 것이, 배들이 자주 찾아왔을 뿐만 아니라 발견된 이후 이따금씩 사람이 살았기 때문이었다. 과거 모든 새들이 겁이 없었을 때에도 페르네티의 이야기를 보면, 검은 목 고니를 잡는 것은 불가능했다. 철새였기 때문에 아마도 다른 곳에서 사람이 무섭다는 것을 배웠다고 생각되었다.

뒤 브와의 이야기를 따르면, 1571~1572년의 부르봉 섬에 있는 모든 새들은, 홍학과 거위를 빼고는, 사람을 아주 무서워하지

❀ 환경에 따라 진화한 다윈 핀치새들(미국자연사박물관 제공).

않아서 손으로도 잡을 수 있었고, 막대기로도 얼마든지 죽일 수 있었다고 했다. 카르마이클은* 대서양에 있는 트리스탄 다 쿤하 섬에서는 땅에서 사는 새 지빠귀와 멧새가 "사람이 무서운 줄을 너무 몰라서 손 그물에도 잡혔다"고 말했다. 이런 사실들로 미루어, 다음과 같은 결론을 맺을 수 있었다. 첫째, 새들이 사람에게 야성을 보이는 것은 사람에게 저항하는 특별한 본능으로, 다른 위험인자에서 기인한 보통의 조심 정도와는 관계가 없었다. 둘째, 새들의 야성은 짧은 시간 내에 새 한 마리 한 마리가 습득하는 것이 아니라 세대를 거치면서 부모에게 물려받았다. 우리는 가축이 된 동물에게서 새로운 심리 습성이나 본능이 생기고 전해지는 것을 많이 보았다. 그러나 자연 상태에 있는 동물에게서는 습득된 지식이 전달되는 예를 발견하기가 지극히 어렵다. 새가 사람에게 야성을 보이는 것은 조상에게서 전달된 습성을 빼고는 설명할 길이 없었다. 영국에서는 평소 사람에게 피해를 입는 새가 많지 않아도, 거의 모든 새와 심지어 둥지에 있는 새끼까지도 사람을 무서워했다. 반면, 갈라파고스 제도와 포클랜드 군도에서는 많은 새들이 사람에게 쫓기고 다쳐도 사람을 무서워해야 한다는 유익한 교훈을 배우지 못했다. 이런 사실들에서, 한

* 『린네 학회지』 12권 496쪽. 이 주제와 관련된, 가장 이례적인 사실은 바로 (리차드슨이 쓴 『북극지방의 동물들』 2권 332쪽에 있는 대로) 북아메리카 북극지방에서 결코 수난을 당한 적이 없다는 작은 새들에게 있는 야성이다. 이 경우 그 새의 일부는 미국에 있는 월동지(越冬地)에서는 야성을 보이지 않는다는 자신 있는 의견이 더 이상하다. 의사 리차드슨이 말했듯이, 이 새는 사람을 겁내고 둥지를 감추고 조심하는 게 달라, 완전히 설명할 수 없는 것이 많다. 보통 무척이나 야성인 영국 산비둘기가 아주 흔히 인가들과 가까운 관목 숲 속에서 새끼들을 키운다는 것은 얼마나 신기한가![8)]

지역에 있는 토종생물들의 본능이 새로 들어온 맹수의 기술이나 힘에 적응하기 전에 맹수가 공격을 한다면 얼마나 큰 재앙을 초래할지 유추할 수 있다.

축약자 주석

1) 이 해류가 한류인 페루 해류이다. 이 해류는 남극 대륙을 둘러싸고 항상 동쪽으로 흐르는 서풍피류(西風皮流)의 일부가 칠레와 페루의 해안을 따라 올라와 남위 4도에서 남적도 해류와 합류해 서쪽으로 흘러간다. 폭은 약 900km이며, 해변 가까이를 천천히 흐른다. 독일 박물학자 알렉산더 폰 훔볼트(1769~1859)가 1802년 수온을 측정해, 그 수온이 해류 위의 공기나 해류 둘레의 수온보다 낮다는 것을 알아내어, 훔볼트 해류라고 불렸으나 이름이 바뀌었다.

2) 지질학에서는 갈라파고스 제도의 형성 시기를 지금부터 350만 년 전 정도인 신생대 신제3기 후기로 본다. 갈라파고스 제도는 남동쪽에서 북서쪽으로 갈수록 최근에 생겼다. 남동쪽에 있는 납작하고 작은 에스파뇰라(후드) 섬이 350만 년 정도로 가장 오래된 반면, 북서쪽 끝에 있는 둥글고 작은 바위섬 '로까 레돈다'가 5만 년 정도로 가장 젊다.

3) 다윈이 쓴 후기에서 보듯이, 그는 이 숫자를 23종 또는 21종으로 줄였다. 핀치는 코코 섬의 핀치까지 넣어서 14종이 있다. 코코 섬의 핀치는 개개비 핀치보다 부리가 약간 굵으며 코코 섬에서만 산다. 이 핀치들은 약 500만 년 전에서 100만 년 전 사이에 사는 곳의 환경에 맞추어 진화한 것으로 보인다. 핀치 13종은 '날카로운 부리 땅 핀치', '작은 땅 핀치', '중간 땅 핀치', '큰 땅 핀치', '작은 나무 핀치', '중간 나무 핀치', '큰 나무 핀치', '작은 선인장 핀치', '큰 선인장 핀치', '식물성 먹이 핀치', '맹그로브 핀치', '딱따구리 핀치', '개개비 핀치'이다. 다윈이 찾아가지 않은 북쪽에 있는 작은 섬인 늑대 섬과 다윈 섬에는 이 두 섬에만 있는 피를 빠는 '흡혈 땅 핀치'가 있다. '날카로운 부리 땅 핀치'의 변종이라 생각되는 이 핀치는 다른 먹이도 먹지만, 부비 새의 피를 빨아먹으며 사람에게도 덤벼들며 새알을 바위에 굴려서 깨뜨려 먹는다.

4) 샌드위치 군도는 하와이 군도이다. 부르봉 섬은 지금의 레위니옹 섬으로 마다가스카르 섬의 동쪽, 모리셔스 섬의 남서쪽에 있으며 프랑스 영토이다.
5) 거북 껍데기 앞쪽이 두껍고 말안장처럼 위로 올라간 거북은 높은 선인장을 뜯어먹으면서 목을 위로 빼기 때문에 껍데기가 위로 올라갔다. 반면 그렇지 않고 껍데기가 둥근 거북은 숲속을 헤치고 다니면서 지면 가까이 있는 먹이를 먹는다.
6) 둘째 란 18과 셋째 란 26을 더하면 첫째 란 46이 아니다. 편집 오류로 보인다.
7) 국화과는 수많은 작은 꽃이 피며 풀과 관목과 나무를 포함한 고등 식물의 대부분이 여기에 속한다.
8) 다윈은 마지막 부분에서 새의 야생성 습득과 잡히는 숫자를 이야기한다. 갈라파고스 제도로 사람이 온 다음 새의 숫자는 크게 달라지지 않았다고 생각된다. 그러나 갈라파고스 제도에 있는 토착 동물들은 시간이 흐르면서 부류에 따라 많이 줄었다. 예컨대, 코끼리거북은 과거에는 25만 마리가 있었다지만, 지금은 15,000마리 정도만 남았다. 그러나 갈라파고스 제도의 '다윈 연구소'가 거북을 늘이려고 힘쓰기 때문에 늘어나리라 생각된다. 바다 도마뱀은 최근 엘니뇨 같은 환경 변화에 크게 줄어들었다가 곧바로 늘어난 것으로 알려졌다. 나아가 최근 바다 도마뱀은 먹이가 적어지면 몸의 크기를 줄여 살아남는 것이 보고되었다. 그러나 줄이는 정도가 아주 커서 골격 자체가 줄어드는 것으로 보이며, 이런 현상은 척추동물에서 최초로 발견되었다. 다윈이 펭귄 이야기를 하지 않는 것으로 보아, 그가 펭귄을 보지 못했다고 생각된다. 펭귄이 남반구에만 있어 갈라파고스 제도는 펭귄의 북쪽 서식 한계이다. 한편 다윈이 위에서 말한 대로 거북 새끼 세 마리를 영국으로 가져왔다. 영국이 추워 거북들이 잠만 자자, 오스트레일리아로 보냈다. 그 가운데 암컷 한 마리는 176년 살아, 가장 늦게 2006년 6월 23일에 죽었다.

제18장 타히티 섬과 뉴질랜드

로 군도 사이를 지나가-타히티-경관-산의 식물-에이메오 풍경-안쪽을 답사-깊은 계곡-폭포의 연속-쓸 만한 야생식물 몇 가지-술을 끊은 원주민-원주민들의 품행-추장 회의-뉴질랜드-군도 만-히파-와이마테 답사-선교 본부-야생이 된 영국 풀-와이오미오-뉴질랜드 여자의 장례식-오스트레일리아로 떠나

10월 20일_ 갈라파고스 제도 조사를 끝내고, 타히티 섬을 향해 3,200마일의 긴 항해를 시작했다. 며칠 동안은 남아메리카 해안에서 겨울이면 멀리까지 음산한 구름이 낀 대양을 항해했다. 쉬지 않고 부는 무역풍을 받으며 하루에 150~160마일 속도로 기분 좋게 항해했다. 선미 선실의 온도계는 밤낮으로 26.7℃~28.3℃사이였다. 기분이 좋았다. 그러나 여기서 0.5~1.1℃만 높아져도 뜨거웠다. 로 군도, 즉 위험한 군도를 지나갔고, 초호도礁湖島라고 부르는, 물 바로 위로 살짝 솟아 있는 산호섬들이 아주 신기하게 둥글게 모인 것들을 보았다. 눈부시게 반짝이는 긴 해변 위로 녹음의 숲이 있었고, 어느 쪽으로 보아도 해변이 먼 곳에서 급하게 좁아져 수평선 아래로 사라졌다. 돛대 꼭대기에서는 둥글게 모인 산호섬 안에 넓고 고요한 물이 보였다. 아주 낮고 가운데가 빈 이 산호섬들은 광대하게 대양에서 솟아올랐다. 그런데 이런 연약한 침입자가 '태평양'이라고 하는, 잘못 이름 지어진 거대한 바다의 강력하고 쉬지 않는 파도에도 굴복하지 않는

것에 놀라웠다.[1)]

❋ 지형이 아주 험준하며 열대식물들이 우거진 타히티 섬의 전경.

11월 15일_ 남태평양을 항해하는 뱃사람들에게는 영원히 고전으로 남아 있는 타히티 섬이 보였다. 멀리서 보기에는 매력이 없었다. 낮은 곳은 보이지 않았지만, 구름이 걷히자 깎아지른 봉우리들이 나타났다. 우리는 마타바이 만에 정박하자마자 카누로 둘러싸였다. 저녁을 먹고 상륙했다. 많은 남자와 여자와 어린 아이들이 포인트 비너스에 모여서, 웃는 얼굴로 우리를 맞이했다.[2)] 그들은 우리를 선교사인 윌슨 씨 집으로 안내했고, 길에서 우리를 만난 그는 친절하게 대해주었다.

경작할 수 있는 땅이라고는 단지 산기슭 바닥, 즉 낮은 곳을 따라 쌓인 충적토로, 산호초가 전 해안을 돌아가면서 파도를 막아주었다. 산호초 안은 호수처럼 고요한 물이 넓게 펼쳐져 있어서, 원주민들이 카누로 다니거나 배가 정박할 수 있었다. 개간지에는 바나나, 오렌지, 코코넛, 빵 나무가 있고, 지역 한가운데에서는 얌, 고구마, 사탕수수, 파인애플을 재배했다. 작은 관목까지도 외지에서 들여온 과일나무, 즉 구아바 나무이며 너무 많아서 잡초처럼 취급되었다. 브라질에서는 바나나, 야자, 오렌지 나무가 대조를 이루어 그 아름다움에 감탄한 반면, 여기서는 잎이 크고 광택이 나며 둘레가 깊이 파인 빵나무까지 더해졌다.

타히티 사람들이 사는 모습.

주민들보다 나를 더 기쁘게 해준 것은 없었다. 표정이 부드러워서 그들이 야만인이라는 생각이 곧 사라졌다. 남자들은 일을 할 때 보통 상체를 완전히 내어놓았다. 그들은 키가 아주 크고 어깨도 넓고 근육이 발달해 체격이 보기 좋았다. 타히티 섬 사람 옆에서 목욕하는 백인은 들판에서 힘차게 자라는 진한 초록색 식물에 견주어, 정원사의 손길에 빛바랜 식물 같았다. 대부분의 남자들은 문신을 했으며, 문신의 무늬들이 몸의 곡선을 멋있게 따라가 우아했다.

많은 노인들의 발은 작은 문신들로 덮여 있어 마치 양말을 신은 것 같았다. 여자들도 남자와 같은 방식으로 문신을 했는데, 손가락에 유난히 많이 했다. 지금 거의 모든 사람들에게 유행하는 멋은 바로 머리 위 부분을 둥글게 깎아, 바깥 둘레 부분만 둥글게 남기는 것이다. 선교사들이 그 유행을 말리려고 원주민들을 설득해보았으나, 그것이 멋이라는 대답은, 파리와 마찬가지로 타히티 섬에서도 충분했다.

❋ 타히티 여자들. 다윈은 그 여자들이 상반신을 드러내어, 적당한 옷이 필요하다고 생각했다.

원주민들은 거의 모두 어느 정도 영어를 이해해 손짓과 발짓으로 의사소통을 할 수 있었다. 저녁에 보트로 돌아올 때, 우리는 아름다운 광경을 보느라 발길을 멈추었다. 아이들이 바닷가에 둥글게 모여 앉아 타히티 섬 노래를 불렀다. 우리도 모래 위에 앉아 그 잔치에 합류했다. 노래는 즉석에서 만들어졌다. 우리가 온 것과 관계가 있는 것 같았다. 작은 여자 아이가 한 줄을 부르면, 나머지 아이들이 그 구절을 나누어 불렀는데 화음이 잘 이루어졌다.

11월 17일_ 우리는 태양을 따라왔으므로, 오늘이 16일 월요일이 아니라 17일 화요일로 항해일지에 기록되었다. 아침을 먹기 전 배가 카누들로 둘러싸였다. 원주민들을 올라오게 하자, 최소한 200명은 올라왔다. 모두가 무엇인가 팔려고 가져왔는데, 조개껍데기가 주요한 품목이었다. 원주민들은 돈의 가치를 충분히 알아서, 헌 옷이나 다른 것보다 돈을 더 좋아했다. 그러나 영국과 스페인이 가치를 줄인 주화들이 그들을 어리둥절하게 해서, 작은 은화를 5실링짜리 은화로 바꾸기 전에는 절대로 믿지 않았다.

아침을 먹은 뒤 상륙해, 가장 가까운 언덕을 2,000~3,000피트까지 올라갔다. 미끈하고 원추형에 경사가 급하며 여러 갈래의 깊은 계곡들로 파였다. 나는 사람이 사는 비옥하고 좁은 곳을 가로질러, 깊은 계곡 사이의 미끈하지만 급경사인 능선을 따라갔다. 식물이 특이해서, 키가 작은 고사리들만 있었고 높은 곳에는 거친 풀도 섞여 있었다. 나무가 상당히 무성한 세 지대 가운데, 가장 낮은 곳은 평탄해서 습기가 많고 비옥했는데, 그곳은 해수면보다 약간 더 높아, 물이 높은 곳에서 천천히 흘러내려갔기 때문이었다. 가운데 지대는 높은 지대처럼, 축축하고 구름이 낀 대기에 닿지 않아 메말랐다. 높은 지대에 있는 숲은 대단히 아름답고 나무 같은 양치식물들이 해안 지대의 코코아나무들을 대신했다.

가장 높은 곳에 올라서니 멀리 떨어진 에이메오 섬이 잘 보였다. 높고 험한 봉우리에 하얀 뭉게구름이 층층이 쌓여, 마치 에이메오 섬이 파란 대양에 떠 있는 것처럼 파란 하늘에 하나의 섬이 만들어지는 것 같았다. 에이메오 섬은 작은 입구를 빼고는 산호초로 완전히 둘러싸여 있었다. 여기에서는 좁지만 분명하게 반짝거리는 하얀 선만이 보였는데, 바로 파도가 산호로 된 벽을 처음 만나는 곳이었다. 산들은 이 하얀 좁은 선 안에 있는 유리 같은 초호礁湖(산호초 때문에 섬 둘레에 바닷물이 얕게 괸 곳)에서 갑자기 솟아올랐으며, 하얀 선 바깥의 물 빛깔은 아주 진했다. 그 광경은 대단한 것이 마치 판화를 끼운 액자에 비교하면 액자 틀은 파도를 나타내고, 종이는 조용한 초호를 나타내고, 그 위의 그림은 섬을 나타냈다. 저녁에 산에서 내려오자, 내가 사소한 선물을 주었던 사람이 뜨겁게 구운 바나나와 파인애플과 코코아 열매를 가져왔다. 뜨거운 태양 아래를 걸어 다니다가 마시는 코코아 열매 즙보다 더 시원한 것은 없었다. 이곳에는 파인애플이 너무 많아, 우리가 순무를 먹듯 파인애플을 먹었다. 배에 오르기 전, 나에게 관심을 표했던 원주민 한 사람과 다른 한 사람에게 산으로 갈 때 동행해 달라고 윌슨 씨가 통역을 해주었다.

타히티와 마찬가지로 프랑스 땅인 에이메오(무레아) 섬의 풍경.

11월 18일_ 아침 일찍 가방에 먹을 것을 조금 넣고, 나와 조수가 덮을 담요 두 장을 가지고 상륙했다. 안내인들은 이 짐을 두 덩어리로 만들어 막대기 끝에 매달고 교대로 어깨에 메고 갔다. 그들에게 먹을 것과 옷을 준비하라고 하자, 먹을 것은 산속에 많고 옷은 그들의 피부면 충분하다고 대답했다. 우리는 티아-아우루 계곡을 따라갔다. 처음에 우리는 강 양옆으로 숲이 있는 길을 지나갔다. 여기저기 코코아나무들이 있는 골짜기를 통해 한쪽으로 보이는, 가운데 있는 높은 봉우리들은 정말이지 그림 같았다. 골짜기는 금방 좁아지기 시작했으며, 양옆이 높아지고 더 급해졌다. 서너 시간을 걷자 계곡의 폭이 냇물 바닥의 폭을 넘지 못했다. 양쪽 벽은 거의 수직이었다. 정오까지 태양이 바로 계곡 위에 수직으로 있어도, 공기가 시원하고 촉촉했으나 금방 대단히 후텁지근했다. 점심을 먹을 때 안내인들은 한 접시가 될 정도의 작은 물고기와 민물새우를 잡았다. 타히티 섬 원주민들은 물속에서도 양서류처럼 기술이 좋았다.

1817년 포마레 여왕이 탈 말을 내릴 때, 말을 내리는 장치가 부서져 말이 물속으로 떨어졌다. 원주민들이 즉시 물로 뛰어들어서 소리치고 힘썼지만 말은 거의 빠져 죽을 뻔했다. 그러나 말이 해안으로 올라오자마자 주민들이 '사람을 싣고 가는 돼지'가 무서워 달아났다.

조금 더 높은 곳에서 강은 세 갈래로 갈라졌다. 북쪽에 있는 두 곳은 가장 높은 산의 뾰족뾰족한 봉우리에서 흘러내리는 폭포가 잇달아 있어 도저히 올라갈 수 없었다. 다른 한 곳도 겉으로 보기에는 똑같이 험해서 도저히 올라가지 못할 것 같았으나, 우리는 용하게 아주 특이한 길로 올라갈 수 있었다. 처음 계곡을 올라갈 때는 정말 위험했는데, 아무것도 없는 절벽을 로프를 타고 올라갔기 때문이다. 다음에는 불쑥 나온 바위 하나를 조심스레 따라가 하천 세 군데 가운데 한 곳에 왔다. 바위는 평탄했고, 그 위로 수백 피트 높이의 아름다운 폭포가 걸려 있었다. 아래에는 또 다른 폭포가 있어서 골짜기 아래쪽 주 계곡으로 물이 떨어졌다. 이 시원하고 그늘진 곳에서 위의 폭포를 피하려고 돌아가야만 했다. 바위와 바위 사이에는 수직 절벽이 있었다. 동작이 민첩한 타히티 섬 원주민 한 사람이 절벽에 나무를 갖다 놓은 다음 기어 올라갔다. 그는 바위에 난 틈을 이용해 바위 꼭대기까지 올라갔다. 그가 뾰족한 곳에 로프를 묶어놓고 개와 짐을 끌어올렸고, 그 다음 우리도 그 로프를 타고 올라갔다. 죽은 나무를 걸쳐놓은 암벽의 바위 아래로는 500~600피트 깊이의 낭떠러지가 있었는데, 만약 그 낭떠러지가 고사리와 백합으로 가려지지 않았다면 나는 현기증을 일으켰을 것이고 내려다보지도 못했을 것이다. 우리는 계속해서 올라갔다. 안데스 산맥에서는 훨씬 더 큰 규모의 산들을 보았으나, 가파른 것으로는 이곳과 비교가 되지 않았다. 저녁에 우리가 따라 올라왔던 냇물의 둑에 있는 좁은 평지에 왔는데, 그 냇물은 폭포가 되어 아래로 떨어졌다. 우리는 그곳에서 야영했다. 계류 양쪽으로는 잘 익은 야생 바나나 밭이 있었다. 바나나 나무는 20~25피트 정도의 높이에, 둘레는 3~4피트 정도였다. 타히티 섬 사람들은 바나나 나무 껍질을 로프로 쓰고 대나무로 서까래를 하고 널따란 바나나 나뭇잎을 이엉으로 해, 몇 분 만에 훌륭한 집을 지었다. 마른 잎으로는 부드러운 잠자리를 만들었다.

다음에 그들은 불을 피워 저녁을 지었다. 끝이 뭉툭한 막대기를 다른 막대기에 만든 홈에 끼우고, 그 홈을 깊게 파듯이 비비면 나무가루가 생기고 마찰로 생긴 열로 나무가루에 불이 붙었다. 그들은 불을 몇 초 만에 피웠으나, 그 원리를 알지 못하는 사람에게는 아주 힘들 것이다. 마침내 나도 자랑스럽게 불을 피웠다. 팜파스에서 사는 가우초들은 다른 방법을 썼다. 그들은 약 18인치 길이의 탄력 있는 나무 막대기 한쪽 끝을 가슴으로 누르고 다른 끝을 나무 조각에 있는 구멍에 끼운 뒤, 휘어진 부분을 마치 목수가 돌리는 드릴처럼 빨리 돌렸다. 타히티 섬 원주민들은 20개 정도의 크리켓 공만 한 돌들을 불타는 나무 위에 올려놓았다. 10분 정도 지나면 나무가 다 타면서 돌이 뜨거워졌다. 그들은 미리 쇠고기와 물고기와 익은 바나나와 덜 익은 바나나와 어린 야생 아룸을 잎으로 싸놓았다. 이것을 뜨거운 돌 사이에 놓고 전체를 흙으로 덮었다. 15분 정도가 지나면 전체가 아주 맛있게 요리되었다. 요리된 것을 바나나 잎 위에 펼쳐놓고 야자열매 껍데기로 만든 그릇으로 개울물을 떠 마셨다. 소박한 저녁이었다.

어디에나 바나나 숲과 널따란 야생 사탕수수 덤불이 있었다. 냇물은 암록색에 옹이가 있는 중독 효과가 큰 아바 나무줄기로 그늘져 있었다. 한 조각을 씹어봤는데, 맵고 불쾌한 맛이어서 누구라도 금방 유독하다는 것을 알 수 있었다.[3] 바로 옆에 있는 야생 아룸의 뿌리를 잘 구우면 먹을 만하고, 어린잎들은 시금치보다 맛이 좋았다. 야생 얌도 있었고, 티라고 부르는 야생 백합도 많았다. 그 외에도 유용한 야생 과일과 야생 식물들이 있었다. 작은 시내는 물이 시원할 뿐 아니라 뱀장어와 가재가 많았다.

저녁이 가까워지자 냇물을 따라 어두운 바나나 그늘 아래를 걸었다. 그러나 200~300피트 높이의 폭포를 만나 멈추어야 했다. 그 폭포 위에는 또 다른 폭포가 있었다. 물이 떨어지는 후미진 곳에서는 바람이 조금도 부는 것 같지 않았다. 보통 수천 갈래로 찢어지는 물기로 젖은 바나나 잎의 얇은 가장자리가 조금도 상하지 않았기 때문이었다. 우리가 있는 곳이 산중턱이라, 이웃 골짜기의 깊은 곳이 흘낏 보였다. 경사가 60도로 솟아오른, 가운데 산의 높다란 봉우리들이 저녁 하늘의 반을 가렸다. 그런 곳에서 밤의 그림자가 마지막으로 가장 높은 봉우리를 서서히 덮는 광경은 아주 웅장했다.

잠들기 전, 나이 많은 타히티 섬 원주민이 꿇어앉아 눈을 감고서는 마치 기독교 신자가 기도하듯 자기네 말로 오랫동안 경건하게 기도했다. 그들은 기도를 하기 전에는 음식에 손을 대지 않았다. 아침이 되기 전 비가 심하게 왔지만, 바나나 나무 잎으로 만든 이엉이 좋아 우리는 젖지 않았다.

11월 19일_ 함께 가는 사람들은 아침 기도를 끝낸 다음 아침을 준비했다. 그들은 음식을 엄청나게 먹었다. 양에 비해 영양분이 적은 열매와 식물을 주로 먹기 때문인 듯했다. 처음에는 몰랐지만, 나중에 나 때문에 그들 자신의 법이자 규칙을 깬 것을 알았다. 독한 술을 한 병 가져갔는데, 그들은 그 술을 거절하지 못했다. 그들은 술을 조금이라도 마실 때마다 입에 손가락을 대고 "선교사" 라고 말했다. 2년 전쯤 술이 들어오면서 사람들이 술에 취하는 일이 자주 일어났다. 그러자 선교사들은 착한 사람들을 모아 금주협회를 만들기에 이르렀다. 모든 추장과 여왕이 마침내 그 협회에 가입했다. 그 즉시 술을 그 섬으로 들여와서는 안

되며, 금지된 물품을 팔거나 사면 벌금형에 처한다는 법이 제정되었다. 그 법이 시행되기 전에, 아주 공평하게 현재 수중에 있는 것을 팔도록 어느 정도의 시간을 주었다. 그러나 어느 정도의 시간이 경과했을 때, 선교사의 집을 포함해 모든 집을 수색했으며 아바음료를 모두 쏟아버렸다. 남북 아메리카 원주민에 대한 과음의 영향을 곰곰이 생각하면, 타히티 섬이 잘 되기를 비는 사람들은 선교사들에게 큰 빚을 졌다. 타히티 섬에서 주민들의 자유의사로 독한 술이 금지된 바로 그 해에 세인트 헬레나 섬에서는 독한 술을 팔도록 허용되었기 때문이다. 놀랍지만 결코 반갑지 않았다.

아침을 먹은 후 답사를 계속했다. 섬 내부의 경치를 보는 것이 목적이므로 우리는 큰 계곡으로 내려가는 골짜기를 통해 돌아왔다. 얼마 동안 산비탈을 따라 나 있는 아주 복잡한 길을 따라 구불구불 내려갔다. 내려간 능선이 극도로 좁았고, 마치 사다리처럼 경사가 급했다. 발걸음을 떼어놓을 때마다 균형을 잡기 위해 조심하느라, 걷는 것이 피곤했다. 그래도 그 골짜기와 절벽에는 감탄하지 않을 수 없었다. 칼날 같은 능선 위에서 내려다보면 서 있는 곳이 너무 좁아 마치 기구에서 내려다보는 것과 비슷했기 때문이었다.

이곳을 실제로 보기 전에는 엘리스가 말한 두 가지 사실을 이해하기 힘들었다. 첫째, 과거 피 비린내 나는 전투 후에 패배한 쪽이 산속으로 달아났고, 그곳에서 몇 사람이 많은 사람에게 저항할 수 있었다는 사실이었다. 확실히 대여섯 명이 수천 명이라도 쉽사리 물리칠 수 있었을 것 같았다. 둘째, 기독교가 들어온 다음에도 산속에서는 야만인들이 살았으며, 그들이 숨은 곳이 문명인이 된 원주민들에게도 알려지지 않았다는 사실이었다.

11월 20일_ 아침 일찍 출발해 오후에 마타바이에 도착했다. 오는 길에 우리 배가 물 때문에 파파와 포구로 갔다는 것을 알고 그곳으로 걸어갔다. 그곳은 매우 아름다워 산호초로 둘러싸인 작은 만이 있었고, 물이 호수처럼 고요했다.

이 섬에 오기 전에 읽은 갖가지 이야기 때문에, 원주민들의 도덕성을 직접 관찰하여 판단하고 싶었다. 첫인상은 언제나 먼저 읽어 본 것에 따라 좌우되었다. 내 경우는 엘리스의 『폴리네시아 연구』에서 비롯되었다. 그 책은 무척 흥미롭고 훌륭한 작품으로, 그는 모든 것을 좋게 보았다. 또 비치의 『항해기』와 코체부의 『항해기』도 읽었는데, 코체부는 선교제도 전체를 강경하게 반대했다. 이 세 이야기들을 대조해본 사람들은, 현재의 타히티 섬 상태에 대한 상당히 정확한 개념을 가질 수 있으리라 생각했다.

전체를 볼 때, 원주민들의 도덕성과 종교에 대한 태도는 믿을 만했다. 선교사들과 선교 조직, 그로 인한 결과를 코체부보다 더 심하게 공격하는 사람들도 많았다. 그들은 일찍이 예수의 제자들도 하지 못한 것을 선교사들에게 기대했다. 주민들의 상태가 그렇게 높은 기준에 부합하지 않으면, 선교사들은 그들이 이룬 업적에 칭찬보다 비난을 받았다. 기독교가 이곳에 들어오면서 사람을 제물로 바치거나, 우상을 숭배한다든가, 세상 어디와도 비교되지 않은 방탕한 제도와 어린이들을 죽이고 승리자가 여자와 어린이도 용서하지 않는 피 비린내 나는 전쟁과 같은 것들이 없어졌다. 정직하지 않거나 폭음하거나 음란한 것이 많이 줄어들었다는 것을 잊어버렸거나 기억하려고 하지 않았다. 선교사들의 이러한 공로를 잊어버린 항해자들은 비열하고 배은망덕한 자였다.

22일 일요일_ 여왕이 있는 파피에테 항구를 그 섬의 수도라고 불렀다. 정부도 그곳에 있고, 배들도 가장 많이 드나들었다. 피츠로이 함장이 오늘 예배를 보러 갔는데, 처음에는 타히티 말로 예배를 보았고, 그다음에는 영어로 예배를 보았다. 이곳에 있는 선교사 가운데 가장 어른인 프리차드 씨가 그 예배를 드렸다. 교회는 나무로 지은, 통풍이 잘 되는 큰 건물이었다. 나이와 성에 관계없이 깨끗한 옷을 입은 사람들로 가득 찼다. 찬송가는 아주 마음에 들었으나, 연단에서 들려오는 말이 유창해도 좋게 들리지는 않았다. “타타 타, 마타 마이” 같은 말이 쉬지 않고 되풀이되어 단조로웠기 때문이었다.

타히티의 포마레 여왕이 사는 집의 모습. 소박한 궁궐이다.

2년 전쯤 우리나라 깃발을 단 작은 배 한 척이 로 군도의 원주민들에게 약탈당했는데, 당시 그 섬은 타히티 섬 여왕의 지배를 받았다.[4] 우리 정부는 배상을 요구했고 지난 9월 1일에 배상하기로 합의하였다. 리마에 있는 제독이 피츠로이 함장에게 이 빚을 조사해서 그들이 갚지 않았으면 받으라고 명령했다. 따라서 피츠로이 함장은 프랑스 사람한테서 너무 소홀하게 대접받아 유명해진 포마레 여왕에게 면회를 신청했다.[5] 배상금은 지불되지 않았던 것으로 보이며, 그 이유가 분명하지는 않았다. 하지만 그 외에 모든 면에서 그들은 생각하는 수준이 아주 높았고 설득력도 있었다. 온건하고, 솔직하며, 결정을 빨리 해서 크게 놀랐다. 우리는 회의장에 처음 들어왔을 때 가졌던 생각과는 완전히 다른 생각을 하면서 그곳을 나왔다. 추장과 주민들이 그 금액을 모으기로 결정했다.

토론이 끝난 다음에 추장 몇 사람이 피츠로이 함장에게 국가 사이의 습관과 법, 배, 외국인을 대우하는 방법을 질문했다. 몇 가지는 결정이 내려지자마자 그 자리에서 구두로 법률이 공포되었다. 타히티 섬의 의회는 몇 시간 계속되었고, 끝났을 때, 피츠로이 함장이 포마레 여왕을 비글호로 초대했다.

11월 25일_ 저녁 무렵, 보트 네 척을 여왕에게 보냈다. 배에는 깃발을 올리고 여왕이 올라오는 갑판에는 사람들을 배치했다. 대부분의 추장들이 여왕과 동행했다. 모두가 점잖게 행동했고 피츠로이 함장의 선물에 만족한 것으로 보였다. 여왕은 키가 크고 볼품이 없는 여자로, 어떤 아름다움이나 우아함이나 권위가 없었다. 단 한 가지 여왕의 속성이 있다면 어떤 상황에도 표정의 변화가 없다는 것으로, 항상 뚱한 표정을 짓고 있었다. 불꽃놀이가 가장 칭찬을 받아, 불꽃이 터질 때마다 어두운 만 둘

❀ 말을 거의 하지 않고 뚱했던 타히티 포마레 여왕.

레 해안에서 나는 "오!" 라고 외치는 숨을 죽인 감탄사가 들렸다. 수병들이 부르는 노래 또한 인기가 있었다. 자정이 지날 때까지 여왕 일행은 해안으로 돌아가지 않았다.

26일_ 저녁때 육지에서 불어오는 미풍을 받으며 뉴질랜드로 향했다. 해가 질 때, 우리는 태평양을 항해하는 모든 항해자들이 칭찬을 아끼지 않는 타이티 섬의 산들을 마지막으로 보았다.

12월 19일_ 저녁 무렵, 멀리 뉴질랜드가 보였다. 태평양이 크다는 것을 알려면 배를 타고 건너야 했다. 몇 주일 동안이나 빠른 속도로 항해했지만 보이는 것은 파랗고 아주 깊은 대양뿐이었다. 우리는 점과 음영과 이름으로 꽉 찬 소축척 지도에 익숙해, 육지가 이 거대한 대양에 견주어 얼마나 작은지 판단하지 못했다. 대척지의 자오선도 그렇게 지나갔다. 이제는 1리그라도 영국 가까이 가고 있다는 생각이 들어 기분이 좋았다. 대척지는 어린 시절의 의혹과 놀라움을 떠오르게 했다. 전에는 항해할 때 집으로 가는 확실한 점으로, 공기로 된 이 장벽을 보고 싶어 했다. 그러나 이제는 대척지와 상상력이 머무는 모든 곳이 그림자 같아서 항해하는 사람은 그들을 잡을 수 없다는 것을 깨달았다.

12월 21일_ 아침 일찍 우리는 군도 만으로 들어왔으나, 바람이 없어서 한낮이 될 때까지 정박할 곳으로 가지 못했다. 부근에는 윤곽이 미끈한 산이 많았다. 수로들이 만에서 육지 안쪽으로 깊게 파고들어 갔다. 멀리서 볼 때, 지면이 마치 거친 풀이 난 것처럼 보였으나 실제로는 고사리였다. 풍경은 칠레의 콘셉시온에서 남쪽으로 조금 떨어진 지역과 비슷했다. 만의 여러 곳에는 네모나고 깨끗하게 보이는 집들이 물가 가까운 곳에 흩어져 있었다. 고래잡이 배 세 척이 정박해 있었고, 카누 한 척이 부지런히 해안과 해안 사이를 오갔다. 이런 것만 빼면 전체적으로 아주 조용했다.

오후에 우리는 집들이 많이 모인 곳으로 올라갔는데, 동네라고 부르기에는 아주 작았다. 그곳 이름은 파히아였는데, 선교사들이 살았다. 군도 만 부근에 있는 영국인들은 가족을 포함하여, 200~300명이었다. 벽을 하얗게 칠한 아주 깨끗한 농가들은 모두 영국인들의 소유였다. 파히아에서 집 앞 정원에 있는 영국 꽃들을 보니 기분이 좋았다. 몇 종의 장미, 인동덩굴, 자스민, 자라난화紫羅爛花가 있었고, 울타리들은 모두 들장미의 일종이었다.

12월 22일_ 아침에 산보를 하려고 나갔다가 그곳이 산보하기에는 적당하지 않다는 것을 발견했다. 모든 언덕이 키 큰 고사리와 함께 편백나무 비슷한 작은 덤불들로 빽빽하게 덮여 있었고, 아주 좁은 땅만이 개간되거나 경작되었다. 해안으로 가보았으나 바닷물이 들어오는 수로와 깊은 개울이 많아 멀리 갈 수 없었다. 내가 올라갔던 거의 모든 언덕이 과거에는 얼마간 요새였다는 것을 알고 놀랐다. 육지 안쪽에 있는 주요한 언덕들도 마찬가지여서, 사람이 만든 것이라는 것을 나중에야 알았다. 이런 것들이 파스였다.

조개껍데기가 쌓여있는 것으로 보아 파스가 과거에는 많이 쓰였다는 것은 분명했다. 파스에 있는 구덩이는 고구마를 저장해두었던 것이라는 말을 들었다. 그 언덕 위로는 물이 없어서 오랜 포위 공격보다는 급하게 공격해 들어오는 약탈에 대비한 것으로 보였다. 총이 흔해지면서 지금은 언덕 꼭대기가 노출되는 것이 아주 위험해, 파스는 오늘날에는 평지에 지어졌다. 파스는 굵고 큰 기둥에 갈지자 모양의 울타리를 이중으로 만들어 어느 부분을 공격해도 보호될 수 있도록 지었다. 울타리 안에는 흙을 약간 높게 쌓아, 방어하는 사람들이 그 뒤에서 쉬거나 총을 쏠 수 있게 했다. W. 윌리엄 목사는 어떤 파스는 안쪽으로 돌출부나 버팀 벽이 있어, 흙으로 만든 언덕 옆을 보호하고 있다고 덧붙였다. 어느 추장에게 그 용도를 묻자, 부하 두세 명이 총에 맞아도 다른 사람들이 그 시체를 보지 못하게 하여, 사기가 떨어지는 것을 막는 것이라고 대답했다.

뉴질랜드 원주민들은 이 파스를 완벽한 방어시설로 봤다. 그 이유는 적이 한꺼번에 울타리를 공격해 울타리를 잘라 쓰러뜨리고 들어올 정도로 훈련을 아주 잘 받은 사람들이 결코 아니기 때문이었다. 부족 간에 전투가 일어나면 모두 자기가 좋을 대로 공격했다. 이 세상에 뉴질랜드 원주민만큼 싸우기 좋아하는 종족도 없을 것이다. 뉴질랜드 원주민은 장난이라도 얻어맞으면 반드시 주먹을 날렸다. 실제로 우리 사관 한 사람도 그런 경우를 당했다.

요즘은 남쪽 지방에 있는 부족을 빼고는 전투가 아주 많이 줄어들었다. 나는 얼마 전에 남쪽 지방에서 있었던 아주 특이한 이야기를 들었다. 한 선교사가 추장과 그의 부하들이 전투를 준비하는 것을 보았다고 했다. 선교사는 전투가 필요하지 않다는 것을 오래도록 설명했고, 그에 대한 반발도 크지 않았다. 추장의 결심은 많이 흔들린 듯했고 결심하지 못하는 듯도 했다. 그런데 얼마 후 화약 한 통의 상태가 좋지 않아, 그렇게 좋은 화약을 썩혀버린다는 것을 상상하지 못해서, 결국 전투가 벌어졌다. 나는 선교사들에게서 영국을 갔다 온 추장 숑기의 생애를 들었는데, 그는 전쟁만이 모든 행동의 유일하고 영원한 동기라고 말했다고 했다. 시드니에서 숑기는 우연히 템스 강에서 온 적대 부족의 추장을 만났는데, 그들의 행동은 점잖았으나 숑기는 뉴질랜드로 다시 돌아가면 그 부족을 공격하겠다고 말했다. 도전은 받아들여졌다. 숑기는 돌아가서 마지막까지 복수했다. 템스 강에서 온 부족은 참패했고, 도전을 받아들였던 추장은 죽음을 당했다. 숑기는 그렇게 무서운 증오심과 복수심을 가진 추장인데도 좋은 사람으로 이야기되었다.

저녁때 나는 피츠로이 함장과 선교사인 베이커 씨와 함께 코로라디카 마을을 찾아갔다. 그 동네를 돌아다니며 남자와 여자와 어린이를 만나 이야기했다. 뉴질랜드 원주민을 보면 자연스레 타히티 섬 원주민과 비교하게 되는데, 두 원주민은 같은 계통에 속했다. 그러나 비교해 보면 뉴질랜드 원주민이 힘은 더 셀지 몰라도 다른 점에서는 많이 떨어진다. 그들의 얼굴만 흘낏 보아도 한쪽은 야만인이고 한쪽은 문명인이라는 확신이 들었다. 뉴

❂ 얼굴에 복잡한 문신을 하고 전통 무기인 창과 새로 들어온 총을 가진 뉴질랜드 원주민들.

질랜드 전체에서 타히티 섬의 우탐메 추장 같은 인상과 태도를 가진 사람은 찾아내지 못할 것이다. 여기서도 문신을 하는데, 얼굴에 나타난 표정이 비위에 거슬렸다. 그들은 키가 크고 통통하지만, 타히티 섬의 일하는 사람들의 우아한 체격과는 비교가 되지 못했다.

뉴질랜드 원주민과 그들이 사는 집은 더럽고 비위에 거슬렸다. 검고 때 묻은 셔츠를 입은 추장을 보고 왜 그렇게 더러우냐고 묻자, "헌 옷이라는 걸 모릅니까?" 라고 놀라면서 말했다. 힘 있는 추장 가운데는 괜찮은 영국 옷을 가지고 있는 이도 있지만, 그 옷은 특별한 때만 입었다.

12월 23일_ 군도 만에서 15마일 정도 떨어진 와이마테라는 곳에서 사는 W. 윌리엄스 목사에게 가려고 하자, 영국인 부쉬비 씨는 자신의 보트를 타고 수로를 지나면 걷는 거리도 짧고 아름다운 폭포를 볼 수 있다며, 나를 데려다주겠다고 말했다. 그는 또 나에게 안내인도 한 사람 구해주었다. 근처에 있는 추장에게 한 사람을 추천해 달라고 하자 추장 자신이 가겠다고 했다. 내가 가져갈 아주 작은 짐을 추장에게 보여주자, 그가 노예 한 사람을 데리고

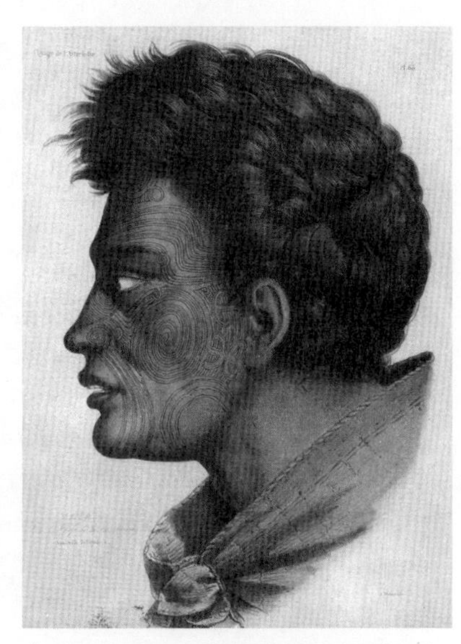

❋ 얼굴에 가늘고 복잡한 무늬로 문신을 한 뉴질랜드 원주민.

갔다. 그는 몸이 가볍고 동작이 빠른 사람이었다. 더러운 담요를 뒤집어썼고, 얼굴은 문신으로 완전히 덮여 있었다. 그는 부쉬비 씨와 사이가 아주 좋아 보였지만, 가끔씩 심하게 다투었다. 부쉬비 씨는 원주민들이 아주 심하게 떠들 때는 조용히 무시하면 보통 모두 조용해진다고 말했다.

얼마 전 부쉬비 씨는 심한 공격에 시달렸다. 어느 추장과 그 부하들이 한밤중에 부쉬비 씨의 집을 침입하려 했고, 그것이 여의치 않자 총을 난사했다. 부쉬비 씨는 가벼운 부상을 당했고, 그들은 마침내 쫓겨 갔다. 곧 그들이 누구인지 밝혀져 추장들이 그 사건을 다루려고 모였다. 원주민들의 생각으로는 밤에 습격한데다 부쉬비 씨 부인이 아파서 누워 있었으므로 그 공격은 아주 흉악한 일로 생각되었다. 후자의 경우는 그들의 명예에 관한 일로, 부인은 어떤 경우에도 보호해야 할 사람으로 인정되었기 때문이다. 추장들은 가해자의 땅을 빼앗아 영국 왕에게 바치기로 합의했다. 게다가 침략자는 추장 신분마저 박탈됐는데, 영국인들은 그 사실을 그의 땅을 뺏는 것 이상의 결과로 간주했다.

보트를 물가에서 밀어낼 때, 부추장이 올라탔다. 그는 단지 수로를 오르내리는 재미로 보트를 타고 싶어 했다. 나는 이 사람보다 더 무섭고 흉악한 인상을 보지 못했다. 곧 그와 비슷한 인상을 어디선가 보았다는 생각이 들었는데, 바로 레취가 쓴 쉴러의 프리돌린 민요의 개요였다. 거기에서 두 사람이 로버트를 불타는 용광로 속으로 밀어 넣는데, 부추장은 로버트 가슴 위에 팔을 올려놓은 그 남자를 닮았다.

우리는 걷기 시작했다. 길이 잘 다져서 있었고, 키 큰 고사리들이 양쪽 가장자리부터 모든 지역을 덮고 있었다. 우리는 몇 마일을 갔다. 초라한 집들이 모여 있었고 여기저기에서 감자를 재배하는 작은 동네가 나왔다. 이 섬에 가장 큰 이익은 섬으로 감자가 들어온 것이다. 감자는 어떤 토종 식물보다 용도가 많다. 뉴질랜드에는 커다란 자연의 혜택이 있었다. 바로 주민들이 절

화려한 옷을 입은 마오리 추장.

대로 굶지 않는다는 점이다. 온 산에 고사리가 그득한데, 이 식물의 뿌리는 그렇게 맛있지는 않아도 영양분이 많았다. 원주민은 해안 전체에서 풍부하게 나오는 조개 같은 토산물만 먹고살 수 있었다.

오두막으로 가까이 가면서 나는 원주민들이 코들을 비비거나 누르며 인사하는 모습을 아주 재미있게 보았다. 우리가 가까이 가자 여자들이 애처로운 소리로 무엇인가를 중얼거린 다음 쪼그리고 앉아 고개를 쳐들었다. 우리와 함께 가던 원주민들은 그 여자들을 굽어보는 자세에서 한 사람씩 차례대로 코허리를 직각으로 누르기 시작했다. 우리가 마음에서 우러난 진심으로 손을 흔드는 것보다 더 오래 계속했는데, 우리가 악수할 때 잡은 손의 힘이 변하듯이, 그들도 코를 누르는 세기가 변했다. 나는 노예가 추장을 개의치 않고, 추장보다 늦게 또는 먼저 코를 누른다는 사실에 주목했다. 이 야만인 사회에서는 추장이 노예를 죽이거나

☸ 이곳의 원주민들은 코를 비비거나 누르며 인사를 나눈다.

살릴 수 있는 절대 힘이 있지만, 그들 사이에선 예의가 전혀 없었다. 문명에 어느 정도 가까이 온 사회에서는 사회의 등급 사이에 복잡한 형식이 생겼다. 그러므로 타히티 섬에서는 왕이 있는 자리에서는 모든 사람에게 몸을 허리까지 내어놓게 하였다.

그들은 만나는 모든 사람들과 코를 누르는 인사를 하여, 우리는 오두막 중 한 곳 앞에서 반 시간 정도 둥글게 앉아 있었다. 오두막은 한쪽 끝이 열린 외양간과 비슷하고, 안으로 조금 들어가면 칸이 있고 네모난 구멍이 있는 컴컴한 방으로 되었다. 여기에 그들의 물건을 놓아두고, 날이 추우면 그곳에서 잤다. 우리는 고사리가 나 있는, 기복이 있는 길을 지나갔다. 고사리가 아주 많아 황량하다는 생각이 들었다. 그러나 고사리가 굵고 가슴 높이로 자라는 곳은 어디든지 경작만 하면 작물이 자라므로 이 생각은 옳지 않았다.

흙은 화산이 폭발하면서 만들어진 것으로, 우리는 화산암 찌꺼기 같은 용암도 몇 곳 지나갔다. 분화구도 근처 몇 개의 언덕에서 분명하게 알아볼 수 있었다. 경치는 아름답지 않았지만 걷는 것도 재미있었다. 만약 나와 같이 가는 추장이 말을 조금만 했다면 더 재미있었을 것이다. 나는 세 마디면 충분했다. 즉 "좋다", "나쁘다", "그렇다"는 말로 그의 말에 거의 대답할 수 있었다. 나는 그의 이야기를 잘 들어주고, 적절히 동의도 해주는 훌륭한 대화 상대여서 그는 조금도 쉬지 않고 떠벌렸다.

마침내 우리는 와이마테에 왔다. 잘 정리된 밭이 있어서 정말이지 기분이 좋았다. 윌리엄스 씨가 집에 없어서 데이비스 씨가 나를 반갑게 맞아주었다. 그의 가족과 차를 마신 후, 우리는 밭을 돌아보았다. 와이마테에는 큰 집이 세 채 있었다. 선교사들인 윌리엄스 씨와 데이비스 씨와 클라크 씨의 집으로, 근처에는 원주민 일꾼들의 초가집이 있었다. 근처 언덕에는 보리와 밀이 이삭을 팬 채 서 있었고 다른 곳에는 감자밭과 클로버 밭이 있었다. 농가 마당 둘레에는 마구간과 키가 달린 탈곡기와 대장간 화로가 있고, 땅에는 보습과 다른 기구들이 있었다. 가운데에는 돼지와 닭이 사이좋게 섞여 있었다. 몇 백 야드 떨어진 곳에 시내를 막아 물을 모아놓은 곳에는 물레방아도 있었다.

이 모두가 정말 놀라운 것이, 5년 전 이곳에는 고사리를 빼고는 아무것도 없었기 때문이다. 더욱 놀라운 것은 선교사들한테 기술을 배운 원주민들이 이 모든 것을 만들었다는 것이다. 선교사들이 가르쳐준 것은 요술지팡이였다. 방앗간에서는 뉴질랜드 원주민들이 영국에 있는 그들의 형제 방앗간 친구처럼 밀가루를 하얗게 뒤집어쓴 것이 보였다. 저녁이 가까워 오면서 동네에서 들리는 소리와 옥수수 밭과 멀리 나무가 있는 구릉지가 영국으로 착각될 정도였다.

선교사들이 노예 상태에서 구해준 젊은이 몇 명이 그 농장에서 일을 하고 있었다. 셔츠와 상의와 바지를 입은 그들은 멋있게 보였다. 사소한 일화 한 가지를 통해 판단해보면, 그들은 정직한 것이 틀림없었다. 밭을 걸어가고 있는데, 젊은 일꾼이 데이비스 씨에게 다가와 칼과 나사송곳을 주면서, 길에서 주웠는데 주인을 모르겠다고 말했다! 확실하고 반가운 변화는, 바로 그 집안에서 일하는 젊은 원주민 여자들에게 있었다. 영국의 목장 아가씨처럼, 깨끗하고 단정하고 건강한 그들의 모습은 코로라디카의 더러운 오두막에 있는 여자들과 너무 달랐다.

저녁 늦게 윌리엄스 씨 집으로 가서 묵었다. 그 집에는 성탄절을 위해 모인 많은 아이들이 탁자에 둥글게 모여 앉아 있었다. 그 모임보다 더 멋있고 즐거운 모임을 본 적이 없었는데, 여기가 사람을 잡아먹고 죽이는, 모든 잔인한 범죄가 일어났던 곳의 한가운데라는 생각이 전혀 들지 않았다!

12월 24일_ 아침에 가족 모두가 원주민 말로 기도를 드렸다. 오늘은 장사를 하는 날로, 근처에 사는 원주민들이 감자나 옥수수나 돼지를 담요나 담배와 바꾸고, 때로는 선교사들의 설득으로 비누와 바꾸기도 했다. 데이비스 씨의 큰아들 같은 선교사 아이들은 어릴 때 그 섬으로 와서, 그들의 부모보다 원주민과 의사를 더 잘 소통하고 원주민한테서 무엇이든 더 빨리 구해왔다.

정오가 되기 직전, 윌리엄스 씨와 데이비스 씨가 나에게 유명한 카우리 소나무를 보여준다고 해서 근처 숲으로 갔다. 이 훌륭한 나무 한 그루를 재어보니 뿌리 위 둘레가 31피트나 되었다. 이 나무는 높이 60~90피트까지는 지름이 거의 같고, 가지도 하나 나지 않는 미끈한 원통 모양의 나무로 유명했다. 이곳의 숲은 거의 모두 카우리 소나무이며, 아주 큰 나무들은 나무 둥치가 평행해 마치 거대한 나무 기둥처럼 서 있었다. 카우리 소나무 목재는 이 섬의 가장 중요한 생산물이었다. 더욱이 상당한 양의 송진이 껍데기에서 흘러나와 지금은 1파운드에 1페니를 받고 미국으로 수출되는데, 옛날에는 송진의 용도를 몰랐다. 뉴질랜드에는 사람이 파고들어 가지 못하는 숲들이 있었다. 매튜 씨와 다른 선교사 한 명이, 인부 50명 정도를 데리고 길을 내었는데, 무려 2주 이상이나 걸렸다! 북쪽 섬은 길이가 700마일이나 되고 여러 곳의 폭이 90마일이나 되는 큰 섬이었다. 동물들이 여러 곳에서 서식하고 기후도 좋고 최고 14,000피트나 되는 높은 곳들이 있는데도, 작은 쥐 한 종을 빼고는 토종동물이 한 종도 없다는 게 눈에 띄었다. 보통 볼 수 있는 노르웨이 쥐가 2년이라는 짧은 시간 안에 이 섬 북쪽 끝에서 뉴질랜드 쥐를 모두 없앴다고 했다. 부추류는 무척 귀찮을 정도로 전 지역을 휩쓸었다. 또한 수영들도 널리 퍼져 있는데, 이는 한 영국인이 담배 씨앗이라고 속여서 판 것으로, 파렴치한 짓의 증거로 오래 남을까 두려웠다.

집으로 돌아오는 길에 윌리엄스 씨 집에서 밥을 먹었다. 빌려준 말을 타고 군도 만으로 돌아왔다. 선교사들이 하고 있는 고귀한 임무에, 더 적합한 사람들을 찾기는 매우 힘들 것이다.

성탄절_ 며칠 후면 영국을 떠난 지 만 4년이 되었다. 첫 번째 성탄절은 플리머스에서 보냈고, 두 번째 성탄절은 케이프 혼 가까운 세인트 마르틴 소만에서, 세 번째 성탄절은 파타고니아 디자이어 포구에서, 네 번째 성탄절은 트레스 몬테스 반도에 있는 험한 포구에서, 그리고 다섯 번째 성탄절은 이곳에서 보내게 되었다. 나는 하나님을 믿으니까 다음 성탄절은 영국에서 보낼 것이다. 파히아에 있는 교회의 예배에 참석했다. 예배의 일부는 영어로 했고, 일부는 원주민 말로 했다. 부쉬비 씨가 적어도 하느님을 믿는 사람의 진지한 태도의 증거가 되는 기분 좋은 일화 하나를 이야기했다. 다른 하인들에게 기도문을 읽어주던 젊은 하인 하나가 그를 떠났는데, 몇 주 후, 우연히 그가 저녁 늦게 외딴 건물을 지나가다가 그 하인이 다른 사람들에게 불빛 옆에서 성경을 어렵게 읽어주는 것을 보았다고 했다. 그다음에는 무릎을 꿇고 기도를 드렸는데, 그들은 그 기도 속에서 부쉬비 씨와 그의 가족과 각각의 구역에 있는 선교사들을 위해 하느님께 은총을 빌었다.

12월 26일_ 부쉬비 씨가 설리번 씨와 나한테 자신의 보트로 몇 마일 강을 거슬러 카와카와까지 올라간 다음 이상한 바위가 있다는 와이오미오 마을까지 걸어가자고 제안했다. 우리는 만의 수로 하나를 따라 아름다운 경치를 보면서 어느 마을까지 노를 저어갔는데, 그 이상은 보트가 갈 수 없었다. 그 동네를 떠나

❀ 마오리 추장의 딸을 위한 기념비. 복잡한 문양의 조각이 눈에 띈다.

멀지 않은 곳의 산중턱에 자리 잡고 있는 다른 마을로 갔다. 아직도 개종하지 않은 추장의 딸이 이곳에서 닷새 전에 죽었다. 원주민들은 그 여자가 죽은 집을 불태운 뒤, 여자의 시체를 카누 두 척 사이에 싸놓은 다음 땅에 똑바로 세워놓았다. 다음에는 나무로 만든 그들의 신들로 된 울타리로 둘러싸고 전체를 새빨갛게 칠해 먼 곳에서도 잘 보였다. 죽은 여자의 친척들은 자신의 팔과 몸과 얼굴을 할퀴어 핏방울로 뒤덮여 있었는데, 할머니들이 가장 더럽게 보여 구역질이 났다.

계속해서 걸어가 곧 와이오미오 마을에 왔다. 여기에는 무너진 성을 닮은 아주 이상한 모양의 석회암 덩어리들이 있었다. 이 바위들은 오래전부터 무덤으로 쓰였고, 그 결과 신성한 장소로 취급되어 사람들이 가까이 가지 못하게 되었다. 그러나 한 젊은이가 "모두 용감해집시다" 라고 소리치며 앞장서 달렸다. 그러나 100야드 정도를 남겨두고 모두가 멈추는 게 낫다고 생각해 멈

❀ 추장의 죽은 딸을 두고 슬퍼하는 원주민들. 시체를 울타리로 보호하기 전의 모습이다.

추었다. 동네 사람들은 우리에게 전혀 관심이 없었지만, 우리가 그곳을 살펴보는 것은 허락했다. 우리가 그 집을 떠나기 전 그들은 우리 모두에게 군고구마 한 광주리를 주었다. 우리는 그곳 풍습대로 고구마를 들고 가면서 길에서 먹었다. 나는 가엾은 한 남자의 이야기를 들었다. 그는 싸움 중에 상대방 쪽으로 달아나다 두 명의 남자에게 잡혔다. 그 두 사람은 잡힌 사람이 누구 것이냐를 빨리 결정하지 못했다. 돌도끼를 들고 남자를 밟고 선 두 사람의 품이 그 사람을 살려 보내지는 않을 것 같았다고 했다. 그 불쌍한 사람은 공포로 거의 죽을 뻔했으나, 추장 부인이 이야기를 잘해서 살아날 수 있었다고 했다. 우리는 보트가 있는 곳으로 즐겁게 걸어왔으나, 저녁 늦게야 배에 올 수 있었다.

12월 30일_ 오후에 시드니로 가려고 군도 만을 벗어났다. 모두가 뉴질랜드를 떠나는 것을 기뻐할 거라고 나는 믿었다. 그곳은 유쾌한 곳이 아니었다. 원주민들 사이에서는 타히티 섬에서 보았던 매력을 끄는 단순함이 없었다. 영국인 대부분은 사회의 찌꺼기였다. 그 나라 자체도 매력이 없었다. 한 군데 밝은 곳은, 바로 기독교도들이 있는 와이마테 마을이었다.[6)]

축약자 주석

1) 유럽 뱃사람들은 남위 40~50도의 바다에서는 편서풍이 아주 심해 '으르렁거리는 40도(roaring 40s)' 라고 불렀다. 그러나 마젤란(1480(?)~1521)이 1520년 11월 28일 남아메리카 마젤란 해협 서쪽 바깥 바다를 떠나 다음 해 3월 6일 괌에 도착할 때까지 바다가 평온(平穩)해서, 그 바다를 '태평양(太平洋 The Pacific Ocean)'이라고 이름 지었다. '화내는 50도(furious 50s)'와

'부르짖는 60도(screaming 60s)'도 있다.

2) 포인트 비너스는 제임스 쿡(1728~1779)과 조셉 뱅크스(1743~1820)가 1769년 6월 3일 금성의 일식을 관찰했던 곳으로 타히티 섬의 북쪽 끝에 있다.

3) 아바는 후추와 같은 계통의 식물로 남태평양 일대에 분포하며 마취 효과가 있다. 원주민들이 과거에는 아바를 많이 씹었으나, 지금은 빻아서 음료를 만드는데, 그 음료가 알코올과 비슷하다. 양이 적으면 자극을 받을 정도이나, 많이 마시면 취하며, 알코올보다 더 강한 효과를 낸다. 카와 또는 아와 또는 카바라고도 부른다.

4) 타히티 포마레 여왕이 타히티 섬의 동쪽에 있는 로 군도에서 나오는 진주를 독점하려고 하면서, 로 군도 주민들이 부근에서 진주조개를 잡던 영국 배 트루로호를 공격했다. 여왕은 진주조개와 진주로 배상했다.

5) 영국 해군 사무엘 월리스 함장이 돌핀호로 세계를 일주하다가 1767년 6월 17일 타히티 섬 마타바이 만에 처음 상륙했다. 그는 그 섬을 당시 영국 왕의 이름을 따 '킹조지 3세 섬'이라고 이름 지었다. 1768년 프랑스 항해가 루이-앙토왕 드 부갱빌이 와 프랑스 땅이라고 선언했으며, 그다음 해에는 영국 제임스 쿡 함장이 찾아왔고, 1788년에는 영국 해군 바운티호 함장인 윌리엄 블라이가 왔다. 1797년에는 영국 성공회 선교사가 백인으로는 처음으로 이 섬에 정착했다. 선교사들이 포마레 가족이 섬 전체를 장악하게 도와서, 기독교를 받아들인 포마레 2세(1803~1824)가 다른 추장들을 정복해 기독교 국가를 만들었다. 그러나 포마레 3세(1824~1827)와 포마레 4세 여왕(1827~1877) 시절에는 추장들이 선교사에게 반항했고, 외지에서 들어온 질병이 유행했고, 술도 퍼졌으며, 나쁜 백인들도 들어왔다. 한편 프랑스는 포마레 4세가 1836년 두 명의 프랑스 신부를 추방했던 사건을 빌미로 1842년 전함 두 척을 파견해 배상을 요구했다. 또 타히티 섬을 프랑스 영토로 하자는 요구에 포마레 여왕이 반대하자, 몇몇 추장이 중심이 되어 1844년 프랑스가 통치하는 길을 열었다. 포마레 여왕은 1852년 아들에게 양위했고, 1880년 포마레 5세가 물러난 뒤 타히티 섬은 프랑스의 식민지가 되었다. 한편 타히티 섬의 원주민들은 타히티 섬을 오타헤이테라고 불렀다.

6) 네덜란드 항해가 아벨 타스만(1606~1659)이 1642년 뉴질랜드 남쪽 섬을 발견하였고, 영국 항해가 제임스 쿡이 1769년부터 1770년까지 뉴질랜드 전체를 일주한 뒤, 뉴질랜드가 제대로 알려졌다. 그 후 영국 정부가 영국에서 법을 어긴 범법자들을 동원해 오스트레일리아를 개척하면서 그곳에서 달아난 죄수와 배에서 달아난 선원들이 뉴질랜드에 모여들기 시작했다. 또 뉴질랜드가 세상에 알려지면서 질이 나쁜 백인들도 많아졌다고 생각된다.

제19장 오스트레일리아

시드니-바더르스트까지 가-숲의 경관-원주민 무리-원주민들이 서서히 멸종돼-건강한 남자들과 접촉하면서 병에 걸려-블루 마운틴스-장대한 만 같은 골짜기들의 경치-그 골짜기들의 기원과 형성과정-바더르스트 하층민 전체에 걸친 정중함-사회의 상태-반 디멘스 랜드-호바트 타운-모두 사라진 원주민-웰링턴 산-킹조지 협만-그곳의 침울한 면-볼드 헤드의 석회질로 된 나뭇가지를 닮은 물체-원주민 잔치-오스트레일리아를 떠나

1836년 1월 12일_ 아침 일찍 가벼운 바람을 받으며 잭슨 포구의 입구로 가까이 갔다. 직선으로 발달한 누런 색깔의 절벽이 파타고니아 해안을 생각나게 했다. 그러나 하얀 돌로 지어진 등대만이 사람이 많은 곳 가까이 왔다는 것을 말해주었다. 포구로 들어오자 거의 평탄한 지면에 관목이 드문드문 있어 메마르다는 것을 알 수 있었다. 안쪽으로 들어가면서 먼 곳에는 2, 3층짜리 돌집과 둑 위에 풍차가 있어, 우리가 오스트레일리아의 수도에 가까이 왔다는 것을 가리켰다.

마침내 우리는 시드니 소만에 정박했다. 그 작은 포구에는 큰 배가 많았고, 창고로 둘러싸여 있었다. 저녁때 나는 동네를 가로질러 다니면서 전체의 풍경에 감탄하며 돌아왔다. 그 모두가 영국인들의 힘을 아주 잘 나타냈다. 이곳, 희망이 없어 보이던 땅은 수십 년 만에, 남아메리카에서 수세기에 걸쳐 이룬 것을

이루었다. 나 자신이 영국인이라는 사실이 자랑스러웠다. 방금 건축이 끝난 큰 집과 건물의 수가 정말 많았다. 그런데도 모두들 방세가 비싸고 집을 구하는 것이 힘들다고 불평했다.

큰 배가 많고 창고로 둘러싸인 작은 시드니 소만. 다윈은 영국 사람으로 긍지를 느꼈다.

내륙으로 120마일 들어간 큰 목축 지역 중심에 있는 바더르스트까지 가려고 사람 한 명과 말 두 마리를 구했다. 16일 아침 답사를 떠났다. 첫 단계는 시드니 다음으로 중요하면서도 작은 동네인 파라마타까지 가는 것이었다. 범법자들은 이곳에서 영국과는 아주 달리 쇠사슬에 묶인 채 무장한 감시병의 감시를 받으면서 일했다. 정부의 힘으로 그들에게 강제로 일을 시켜 이곳을 가로지르는 길을 빨리 만든 것이, 이 식민지를 일찍 발달시킨 가장 주요한 원인이라고 믿었다. 시드니에서 블루 마운틴스로 올라가는 35마일 떨어진 에뮤 선착장에 있는 여관에서 잤다. 여기저기 잘 지어진 집들과 좋은 농가가 많았으며, 상당한 부분이 잘 개간되었어도 대부분의 땅은 처음 발견되었을 때의 모습 그대로였다.

초목이 모두 한 종으로만 되었다는 것이, 뉴사우스웨일스 지방 전체를 통틀어 가장 눈에 띄는 현상이었다. 나무들은 대부분은 유럽처럼 잎이 거의 수평이 아니라 수직으로 늘어져 있었다. 잎이 드물고, 광택이 나는 대신 특별히 연한 초록빛이 났다. 그래서 숲들이 밝고 그림자가 없어 보였다. 잎들은 주기에 맞추어 떨어지지 않는데, 이런 현상은 남반구 전체에 공통되는 현상으로 보였다. 유칼리나무를 제외한 나무들은 키가 크지 않았다.

해가 질 때 스무 명의 검은 원주민들이 지나갔는데, 모두 창이나 다른 무기들을 가지고 있었다. 대장인 젊은이에게 1실링을 주자, 멈추어 서서 창던지기를 했다. 그들은 옷을 일부만 걸쳤고, 짧지만 영어를 할 줄 아는 사람들도 있었다. 그들의 표정은 착했고 기술은 감탄할 만했다. 30야드 떨어진 곳에 놓은 모자를 능숙한 궁수가 활을 쏘듯, 투창기로 재빠르게 뚫었다. 동물이나 사람을 좇아가는 그들의 모습은 매우 놀랄 정도였다. 그러나 그들은 땅을 일구지 않고, 집을 짓고 한 곳에 머무르지도 않으며, 심지어 양을 주어도 돌보지 않았다. 그래도 그들의 문명 수준은 티에라델푸에고 섬 원주민들보다 몇 단계 높았다.

문명인 가운데서 해롭지 않은 야만인들을 본다는 것이 아주 신기했다. 그들은 밤에 잘 곳을 정하지 않으며, 숲에서 사냥을 해서 먹고살았다. 백인들에게 둘러싸여서도 그들은 옛날부터 가지고 있던 차이점을 지키며 그들끼리 가끔 싸우기도 했다.

원주민들의 숫자가 빠르게 줄어들었다. 말을 타고 다니는 동안 영국인들이 모아 놓은 원주민 소년 몇 명을 제외하고는, 단 한 무리만을 보았을 뿐이었다. 이렇게 감소하는 것은 분명히 일정 부분 독한 술과 유럽 사람들의 병이 들어오고 (홍역처럼* 약한 병에도 많은 사람들이 죽었다) 야생동물들이 천천히 줄어들기 때문이었다.

사람이 적어지는 것은 이런 몇 가지 분명한 이유 외에도, 이해하기 어려운 무엇이 있는 것처럼 보였다. 유럽인이 가는 곳마다 원주민들이 죽었다. 광대한 남북 아메리카와 폴리네시아와 희망봉과 오스트레일리아에서도 같은 결과를 볼 수 있었다. 백인만이 반드시 원주민을 죽이는 게 아니어서, 동인도 제도 일부에서는 말레이 혈통의 폴리네시아 인이 먼저 있던 피부가 검은 원주민을 없앴다. 아름답고 건강한 타히티 섬에서도 쿡 함장이 온 다음부터 사람들이 이유 없이 줄어들었다는 것을 모든 사람이 알고 있었다.

J. 윌리엄스 목사는 그의 책에서, 원주민과 유럽 사람이 처음으로 교류할 경우, "원주민들이 한 결 같이 열병이나 이질 또는 다른 질병에 걸려 죽는다"고 말했다. 그는 다시 "내가 그 섬에 머무는 동안 창궐했던 거의 모든 질병이 배로 들어온 게 확

* 같은 질병이라도 기후가 달라지면서 변하는 게 눈에 띈다. 세인트 헬레나처럼 작은 섬에서는 성홍열이 들어오면 흑사병처럼 무서워한다. 어떤 곳에서는 마치 다른 동물인 것처럼 외지인과 원주민이 같은 전염병에 아주 다르게 감염되는데, 그런 사실이 칠레에서도 몇 번 있었고, 훔볼트의 말로는 멕시코에서도 있었다(『신 스페인 왕국 정치 논문집』 4권).

실하며,* 이 사실이 아주 분명한 것은 바로, 이 무서운 질병을 옮긴 배의 선원 가운데는 병에 걸린 사람이 없는 경우도 있다는 점"이라고 확언한다. 이 말은 처음 들을 때는 그렇게 이상하지 않았는데, 무서운 열병에 걸리지 않은 사람들 때문에 그 열병이 퍼진 예가 몇 차례 있기 때문이었다. 조지 3세 재임 초기에[1] 지하 감방에 갇힌 죄수 하나를 네 사람의 호송원이 마차에 태워 판사 앞으로 데리고 갔는데, 그 죄수는 아프지 않았으나 호송원 네 사람 모두 발진티푸스로 죽었다. 그러나 다른 사람들은 전염되지 않았다고 했다. 이런 사실들로 미루어, 얼마 동안 함께 갇혀 있는 사람들이 내는 악취를 다른 사람들이 들이마시면 해로운데, 만약 종족이 다르면 더 해로운 것으로 보였다. 이런 것도 이상하지만, 죽은 직후 시체가 부패하기 전에 독성이 퍼져 시체를 해부했던 기구에 살짝 찔리기만 해도, 사람이 죽는 것은 정

* 비치 함장이 말하기를 피트케언 섬[2] 주민들은 무슨 배든지 왔다 가면 피부병이나 다른 병으로 고생한다고 확신한다(1권 4장). 그는 이 사실을, 배가 오면 먹는 것이 바뀌기 때문이라고 설명한다. 맥큘럭 의사는, "낯선 배가 오기만 하면, (세인트 킬다에서는) 모든 주민이, 흔히 하는 말로 감기에 걸린다고 주장한다"고 말한다(『서쪽에 있는 섬들』 2권 32쪽). 그는 과거에는 그런 사례가 가끔 있었지만 이런 믿음은 우스꽝스러운 것으로 생각한다. 그러나 그는 "우리는 그 질문을 그 이야기에 완전히 찬성하는 주민들에게만 물어보았다"고 덧붙인다. 그와 비슷한 이야기가 오타헤이테에도 있다는 말이 뱅쿠버의 항해기에 있다. 디펜바하 박사는 자신이 독일어로 번역한 『비글호 항해기』에서, 이 같은 사실을 채텀 군도와 뉴질랜드 일부 주민들도 믿는다는 주석을 달았다. 북반구와 안티포드 군도와 태평양에서는 어떤 타당한 이유가 없으면 그런 사실을 모든 사람들이 믿지는 않는다. 칠레에서 배가 오면 전염병은 파나마와 카야오에서 아주 "커진다"고 훔볼트는 말한다(『신 스페인 왕국 정치 논문집』 4권). 전염병이 커지는 이유는 온대지방 사람들이 목숨을 잃을 수도 있는 뜨거운 지역의 효과를 처음으로 경험하기 때문이다. 쉬롭샤이어에서는 배로 수입된 양들이 자기네 끼리 있을 때는 건강한데, 다른 것들과 섞어 놓으면, 병이 생긴다는 말을 들었다.

말이지 놀라웠다.[3)]

1월 17일_ 아침 일찍 페리보트를 타고 네페안 강을 건너갔다. 건너편에 있는 좁은 땅을 지나 블루 마운틴스의 기슭에 왔다. 꼭대기에는 거의 평탄한 평지가 서쪽으로 알아보지 못할 정도로 높아져서, 높이가 적어도 3,000피트가 넘었다. 블루 마운틴스라는 이름이 거창하고 높이도 높아서 그곳을 지나가는 거대한 산맥을 기대했으나, 그 대신 해안 가까운 곳의 낮은 쪽으로 기울어지는 평지일 뿐이었다. 그래도 처음 경사진 곳에서 동쪽으로 보이는 울창한 숲의 경치는 대단했고, 근처에 있는 나무들은 굵고 키가 컸다. 작은 여관 두세 개를 빼고는 집이라고는 한 채도 없었고 개간한 땅도 없었다. 게다가 길에는 다니는 사람도 그렇게 많지 않아, 가장 눈에 많이 띄는 것이 양털을 가득 실은 황소가 끄는 짐수레였다.

한낮에 웨더보드라는 작은 여관에서 말에게 먹이를 주었다. 이곳의 높이는 해발 2,800피트였다. 여기에서 1.5마일 떨어져 작은 계곡과 그 계곡을 흐르는 물을 따라 조금 내려가면 뜻밖에 거대한 만灣이, 길 양쪽 나무 사이로, 깊이 약 1,500피트에서 펼쳐졌다. 조금만 더 걸어가면 거대한 벼랑 바로 위에 오게 되며 거대한 만이라고 밖에는 부를 수 없는, 나무로 우거진 곳이 아래에서 나타났다. 이 경치가 보이는 곳이 만의 머리로, 벼랑이 양쪽으로 갈라지며, 험한 해안처럼 돌출부들이 이어서 나타났다. 하얀색의 수평 사암층으로 된 이 벼랑은 수직이어서 돌멩이를 던지면 아래에 있는 나무에 맞는 것을 여러 곳에서 볼 수 있었다. 벼랑이 계속되어 작은 개천이 만든 폭포의 바닥으로 가려면, 16마일을 돌아가야 된다고 했다. 앞쪽 약 5마일 거리에는 다른 벼랑이 있어, 그 골짜기를 완전히 둘러싸는 것처럼 보였다. 그러므로 만이라는 이름이 꼭 들어맞았다. 절벽 같은 해안으로 둘러싸인 구불거리는 포구에서 물이 빠지고 모래 바닥에서 숲이 솟아난다고 상상한다면 바로 이곳이었다.

저녁때 우리는 블랙히스에 왔다. 이곳 사암 대지의 높이는 3,400피트에 이르며, 앞서 말한 것과 같은 관목으로 덮였다. 블랙히스는 늙은 군인이 운영하는 아주 편안한 여관으로, 북 웨일스 지방에 있는 작은 여관들을 생각나게 했다.

1월 18일_ 이른 아침에 고벳트 벼랑을 보려고 3마일 정도를 걸어갔다. 고벳트 벼랑은 웨더보드에 있는 것과 비슷한데, 아마도 더 거대할 것 같았다. 이 골짜기들은 오랫동안 안으로 들어가려는 개척자들에게 넘지 못할 큰 장벽이 되었다는 점에서 정말 주목할 만하다. 이 골짜기들로 내려가려면 반드시 20마일을 돌아가야 했다. 측량하는 사람들도 최근에야 겨우 파고 들어갔다. 정착민들은 아직도 소를 몰고는 들어가지 못했다. 그러나 가장 눈에 띄는 구조는, 골짜기가 시작하는 머리 부분에서는 폭이 수 마일이나 되어도 끝나는 쪽은 보통 사람이 지나가지도 못할 정도로 좁아진다는 사실이다. 반은 자연히 만들어졌고, 반은 땅주인이 만든 (내가 내려갔던) 길을 따라 월곤 강의 계곡으로 소를 몰아넣으면 달아나지 못하는데, 그 길을 빼고는 골짜기가 모두 수직 절벽으로 둘러싸였기 때문이었다. 또 8마일 아래에서 평균 폭이 반 마일로 줄었다가 다시 사람이나 짐승도 지나가지 못할 만큼 틈이 좁아지기 때문이었다.

사암층이 양쪽으로 연결되는 골짜기들과 거대한 원형극장 같은 곳에 대한 나의 첫인상은, 이들이 다른 골짜기처럼 물이 만들었다는 것이다. 그러나 이런 견해는 협곡이나 틈을 지나 없어져야 하는 엄청난 양의 돌멩이를 생각할 때, 그 지역이 침강된 것은 아닌가 하는 의문이 생겼다. 하지만 불규칙하게 갈라지는 계곡들과 대지에서 골짜기로 파고들어 가는 좁다란 돌출 지형들을 고려할 때, 그렇게 상상해서는 안 되었다. 지금의 하천이 침식해서 이 계곡을 만들었다는 생각은 얼토당토않았다. 내가 웨더보드 근처에서 말했듯이, 정상의 평지에서 흘러내리는 물도 이 골짜기의 머리 쪽으로 떨어지지 않고 언제나 만 같이 후미진 한쪽으로 빠졌다. 입구의 폭은 1~1/4마일 정도로 작지만 내륙지방에 있는 거대한 골짜기들과 비슷했다. 그러나 이다음에는 놀랍지만 어려운 일이 생기는데, 그것은 바다가 어떻게 넓은 대지에서 이 거대한 골짜기를 파내고 입구에 협곡만 남겨, 그 협곡을 통해 방대한 양의 부스러진 물질들을 제거했느냐는 점이었다. 내가 이 수수께끼에 답할 수 있는 단 하나의 설명은 아주 불규칙한 모양의 모래톱이 서인도 제도 일부나 홍해에서 현재 만들어지고 있고, 그 모래톱의 벽이 급경사라는 사실이었다. 그런 모래톱들은 불규칙한 바닥 위를 흐르는 강한 해류로 옮겨져 쌓인 퇴적물로 만들어진다고 상상되었다. 어떤 경우에는 바다가 퇴적물을 얇은 두께로 고르게 흩어놓는 대신 해저에 있는 바위나 섬 둘레에 쌓아놓는다는 것을 서인도 제도의 해도를 들여다본 다음에는 믿지 않을 수 없었다. 파도가 급경사의 높은 절벽뿐만 아니라 육지로 둘러싸인 포구도 만들 수 있다는 것을, 나는 남아메리카의 많은 곳에서 보았다. 이런 생각들을 뉴사우스웨일스의 사암 대지에 적용시키려면, 그 대지가 강한 해류와 외해外海의 파도로 불규칙한 바닥 위에서 퇴적되었다고 상상해야 했다. 또 채워지지 않고 남은 골짜기 같은 공간의 급사면은 땅이 천천히 융기하는 동안 깎여서 벼랑이 되었다고 상상해야 했다. 마모되어 떨어진 사암 부스러기들은 바다가 물러가면서 협곡이 생길 때 없어졌거나, 훗날 하천의 힘으로 없어졌을 것이다.

블랙히스를 떠나, 우리는 곧 빅토리아 산의 통로를 지나서 사암 대지에서 내려갔다. 이 통로를 만들기 위하여 어마어마한 양의 돌이 제거되었는데, 설계와 시공방식이 영국의 도로 못지 않았다. 바위가 바뀌면서 식물상이 나아져, 더 큰 나무가 듬성듬성하게 났으며, 그 사이 목초가 더 푸르러지고 더 많아졌다. 나는 하산하다가 큰길을 벗어났다. 지름길로 시드니에서 주인이 소개장을 써준 왈레라왕이라는 농장의 감독에게 갔다. 이곳은 식민지에 세운 큰 양 목장의 본보기였다. 집 근처의 평지 두 세 곳을 벌채한 뒤 밀을 심어, 농부들이 거두어들이고 있었다. 그러나 지금은 그 농장에서 일하는 사람들이 1년에 먹는 양 외의 밀을 심지는 않았다. 여기에 할당된 죄수의 수는 보통 40명이나 지금은 더 많았다. 농장에는 필요한 것이 다 있지만 분명히 편안하지는 않았고, 여자는 한 명도 없었다.

다음 날 일찍, 같은 농장 감독인 아처 씨가 고맙게도 캥거루 사냥에 나를 데리고 갔다. 우리는 종일 돌아다녔으나 캥거루는 커녕 들개 한 마리도 보지 못했다. 몇 년 전만 해도 이곳에는 야생동물이 많았으나, 에뮤는 현재 아주 멀리 쫓겨 갔고, 캥거루도 드물었다. 영국 그레이하운드가 이 모든 것을 없앴다. 원주민들은 언제나 농가에서 개를 빌리고 싶어 했다. 백인 정착민들은 원주민에게 개를 빌려주고, 동물을 잡으면 찌꺼기 고기를 주고 우유를 주면서 점점 안으로 파고 들어갔다. 생각이 없는 원주민들은 이런 시시한 선물에 눈이 어두워, 백인이 가까이 오는 것을 좋아했지만, 백인들은 그 땅을 그들의 아이들에게 물려주려고 미리 작정했을 것이었다.

캥거루쥐의 모습과 머리뼈.

잡은 것은 없어도, 우리는 신나게 말을 타고 돌아다녔다. 그 지역 전체에서 불에 탄 흔적이 없는 곳을 보지 못했는데, 이런 일이 꽤 최근에 일어났는지 불에 탄 나무 그루터기가 상당히 검어, 여행하는 사람의 눈을 물리게 하는 단조로움에 큰 변화를 줬다. 이 숲에는 새가 많지 않았지만 밀밭에서 먹이를 까먹는 하얀 코카투 앵무새 떼와 아주 예쁜 앵무새 몇 마리를 보았다. 어둑해질 무렵, 연못이 사슬처럼 계속되는 곳을 산책했는데, 메마른 지대에서 강의 유로를 나타내는 이 연못에서 운 좋게 그 유명한 오리너구리 몇 마리를 보았다. 브라운 씨가 한 마리를 쏘아 잡았는데, 정말이지 무척이나 이상한 동물이었다. 박제된 표본은 살아 있을 때의 머리와 부리 모양을 잘 나타내지 못하는데, 박제된 부리가 단단해지고 수축했기 때문이었다.*

❀ 알을 낳아 포유동물로는 원시형인 오리너구리.

1월 20일_ 바더르스트까지 오래도록 말을 타고 갔다. 큰길에 나오기 전에 숲에 있는 작은 길을 따라갔다. 이날 우리는 내륙지방 사막에서 불어오는 시로코 같은[4] 오스트레일리아의 바람을 경험했다. 먼지 구름이 양 사방으로 밀려갔으며, 바람이 마치 불 위를 지나온 것같이 뜨거웠다. 나중에 듣기로 당시 바깥의 기온은 48.4℃였고, 문을 닫은 실내에서도 35.6℃나 되었

* 나는 이곳에서 개미귀신이나 다른 곤충이 파놓은, 원추형 함정을 찾아내고 흥미를 가졌다. 처음에는 파리가 함정의 비탈에서 미끄러져 곧 사라졌다. 다음에는 크지만 주의를 하지 않은 개미가 왔는데, 개미는 달아나려고 기를 썼고, 커비와 스펜서가 발표했듯이(『곤충학』 1권 425쪽), 곤충이 꼬리로 개미에게 모래를 재빨리 뿌렸다. 그러나 개미는 파리보다 운이 좋아, 원추형 아래쪽에 숨겨진 무서운 턱을 피했다. 이 오스트레일리아 함정은 유럽 개미귀신이 만든 함정 크기의 반 정도밖에 되지 않았다.

다. 오후에 바더르스트의 구릉진 초원이 보였다. 기복은 있지만 거의 평탄한 이 평지는, 나무가 한 그루도 없이 갈색 목초만이 드문드문 자랄 뿐이었다. 우리는 그곳에서 몇 마일 더 말을 타고 가서 바더르스트에 도착했다. 동네는 매우 넓은 골짜기 또는 좁은 평지라 부를 수 있는 곳의 가운데에 있었다. 바더르스트가 급속히 발달하는 비밀은 바로 손님의 눈에는 비참하게만 보이는 갈색 목초로, 이 목초는 양의 먹이로 그만이었다. 도시는 매쿼리 강변 해발 2,200피트에 서 있는데, 이 강은 광대하고 거의 알려지지 않은 내륙으로 흘러 들어갔다. 내륙으로 흐르는 흐름과 해안을 흐르는 흐름을 나누는 분수령은 약 3,000피트 높이에 있으며, 해안에서 80~100마일쯤 떨어진 거리에서 남북 방향으로 가로질렀다.

1월 22일_ 나는 로카이어스 라인이라 부르는 새 길을 따라 되돌아오기 시작했다. 길은 언덕이 많고 그림 같은 지역을 따라 나 있었다. 나는 이번에도, 정말 과거에 한 짓을 볼 때 크게 기대할 것이 없는 하층민들한테서 대단히 후한 대접을 받았다. 내가 묵었던 농장은 최근에 출감해 새로운 생활을 시작한 젊은 두 사람의 소유였다. 편안한 것들이 전혀 없다는 점에서는 매력이 없었지만, 나중을 생각하면 큰 발전이 그들 눈앞에 있었다.

다음 날, 우리는 불이 나서 연기가 길까지 가득 찬 곳을 지나갔다. 정오가 되기 전 지난번 길까지 왔고, 빅토리아 산을 오르기 시작했다. 웨더보드에서 잤으며, 어두워지기 전에 원형경기장까지 걸어갔다 왔다. 시드니로 가는 길에 던헤벳에서 킹 함장과 저녁 시간을 대단히 즐겁게 보냈다. 이로써 뉴사우스웨일스 지방을 돌아본 즐겁지만 짧은 답사를 끝냈다.

이곳에 오기 전에 나는 세 가지 일에 아주 큰 흥미를 느꼈는데, 바로 상류계급의 생활과 죄수들의 현실과 외부인들이 이민을 가도록 끌어당기는 매력이었다. 이곳에 와서 내가 들은 사실들로 미루어볼 때, 사회 전체에 실망했다. 거의 모든 문제에 있어서 사회 전체가 적대감을 가지고 나누어져 있었다. 그중에서도 상류층 사람들은 생활이 방탕했다. 그들은 존경받는 사람이라면 감히 하지 못할 짓을 공공연히 했다. 부유한 농장 소유주가 자유 정착민을 침입자로 생각해, 농장 소유주 아이들과 자유 정착민 아이들은 서로 증오심을 가지고 있었다. 부유하든 가난하든 주민 전체가 돈을 버는 데 혈안이 되어 있었다. 부유층에서는 양털과 양 사육이 대화의 대부분이었다. 가정생활에도 심각한 문제점이 많은데, 아마도 죄수하인들로 둘러싸였다는 점이 가장 문제일 것이다. 하녀는 훨씬 더 나쁜데, 아이들이 아주 상스러운 말들을 배우며, 더러운 생각을 배우지 않는다면 그나마 다행이었다.

반면 영국에서 버는 액수의 세 배를 벌고 조심만 하면 부자가 되었다. 정착민들은 그들의 아이들이 아주 젊을 때부터 일하므로 대단히 유리했다. 16세에서 20세가 되면 그들은 먼 곳에 있는 농장을 책임졌다. 나는 그 사회의 분위기에 어떤 특징이 있는지는 모르지만, 지식을 추구하지 않는 그러한 경향이 지속된다면 그 사회는 틀림없이 타락할 것이었다. 이에 대한 내 의견은, 특별히 필요하지 않다면 결코 이민을 가지 말아야 한다는 것이다.

이 식민지가 빠르게 발전하고 앞으로 전망이 있을지는 당면

과제들을 잘 모르므로 대답하는 것은 힘들다. 두 가지 큰 수출품이 양털과 고래기름인데, 이들의 생산에는 한계가 있었다. 육지에 운하를 파는 것이 적합하지 않으므로, 너무 먼 곳은 운반비가 양을 키우고 양털을 깎는 비용보다 더 들었다. 목초가 드물어 벌써 정착민들이 내륙으로 멀리 파고들어 갔다. 게다가 아주 안쪽 내륙은 자연산물이 대단히 빈약했다. 그러므로 오스트레일리아는 꼭 남반구 상업의 중심지가 되어야 하며, 아마도 미래에는 제조공장에 의존하게 될 것으로 예상되었다. 석탄이 있으므로, 동력은 언제나 가까이 있다. 해안을 따라 사람이 살만하고, 영국 전통이 있어 분명히 해양국가가 될 것이다. 나는 전에 오스트레일리아가 북아메리카만큼 크고 강력하게 되리라고 상상했으나, 지금은 그렇지 않다.

다른 것들보다 죄수들의 상태를 판단할 기회가 적었다. 첫 번째 의문은 그들의 상태가 도대체 처벌인가 하는 점인데, 아무도 그들이 심하게 처벌받는다고 생각하지 않았다. 그러나 내 생각으로는 본국에 있는 범죄자들이 그것을 무서워만 한다면 그 점은 그렇게 중요하지 않았다. 죄수들에게 필요한 것들은 그런대로 잘 공급되었고, 그들이 법만 잘 지키면 미래에 자유롭고 편하게 사는 것도 확실했다. 어느 똑똑한 사람이 나한테 말했듯이, 죄수들에게는 육욕 외에는 즐거움이 없으며 그런 점에서 그들은 만족스러울 수 없었다. 정부가 죄수를 석방하면서 받아들이는 엄청난 보석금과 격리된 감방의 공포감이 죄수들의 자신감을 깨뜨려 범죄를 예방했다. 자포자기하는 사람이 흔했고, 삶에 무관심한 사람도 있었고, 어떤 계획을 지속할 용기가 없어서 그 계획을 실행하는 경우가 거의 없다고 했다. 최악인 점은 법률에 따른 교정방법이 있을지라도, 또 법이 손대기에는 혐의가 작은 범죄를 저질렀어도, 도덕적인 측면에서 교정된다는 것이 거의 불가능하다는 점이었다. 범죄를 저지른 사람이 자신을 개선하려면 절대 다른 죄수들과 함께 생활해서는 안 된다고 단언했다. 이곳이나 영국에서나, 죄수들은 죄수 수송선박과 감방에서 더 나빠진다는 것을 잊어서는 안 된다. 대체로 징벌의 장소로는 목적을 거의 달성하지 못했으며, 죄수를 교정하는 실제 목적 역시 다른 목적과 마찬가지로 실패했다. 그러나 사람들을 겉보기로는 정직하게 만들었고, 저쪽 반구에서 아주 쓸모없는 방랑자를 다른 반구에서 일하는 시민으로 만들었고, 새롭게 번쩍거리는 나라—위대한 문화의 중심지—를 탄생시켰다는 점에서는 역사에서 비슷한 예가 없을 정도로 성공했다.[5)]

1월 30일_ 비글호는 반 디멘스 랜드 호바트로 떠났다. 엿새를 항해해, 2월 5일 폭풍 만 입구에 들어섰다. 그때 날씨가 그 만의 이름에 걸맞게 나빴다. 만은 하구라고 불러야 할 정도로, 데르웬트 강의 안쪽으로 들어와 있었다. 저녁 늦게 아늑한 만에 정박했는데, 해안에 태즈메이니아의 수도가 있었다. 시드니가 도시라면 이곳은 동네일 뿐이었다. 수도는 그렇게 아름답지 않은 높이 3,100피트의 웰링턴 산기슭에 있었다. 이 산에서 물은 충분히 공급되었다. 시드니와 견주면 큰 집이 상당히 적어서 놀라웠다. 호바트 타운 주민은 1835년의 조사로 13,826명이었으며, 태즈메이니아 섬 전체로는 36,505명이었다.

원주민 모두를 배스 해협에 있는 작은 섬으로 옮겨서 반 디멘스 랜드에는 원주민이 한 명도 없었다. 아주 잔인하게 보이는 방법이지만 그 방법이 원주민들이 잇달아 저지르는 강도와 방화와 살인을 막을 수 있는 유일한 방법이기 때문이었다. 그들은 조만간 아주 완전히 없어질 것 같았다. 총에 맞아 죽고 수년 동안 충돌하면서 포로로 잡혔어도 원주민들은 1830년 섬 전체에 계엄령을 내리고 원주민 전체를 잡으려고 주민이 총동원되기 전에는, 우리의 우세한 힘을 충분히 알지 못했던 것으로 보였다. 채택된 계획은 인도에서 있었던 대 사냥 계획과 거의 비슷했다. 그러나 그 계획은 실패했다. 원주민들이 어느 날 밤 개가 짖지 못하게 주둥이를 묶어놓고, 포위망을 빠져나갔기 때문이다. 그 직후 두 종족에 속하는 13명이 나타났으나, 자신들이 무방비 상태라는 사실에 절망하여 항복했다. 그 후 인자한 로빈슨 씨가 용감하게 백인을 가장 싫어하는 종족을 대담하게 찾아가 설득하여, 모두가 비슷한 방법으로 항복했다. 원주민들은 섬으로 옮겨졌고, 식량과 옷을 받았다. 스트르젤렉키 백작의 설명에 따르면,* "1835년에 그들을 추방할 때는 원주민의 숫자가 210명이었다. 7년 후인 1842년에는 54명으로 줄었다. 백인과 접촉하지 않은 뉴사우스웨일스 지방의 내륙에 있는 원주민 가정에는 어린애가 많은 반면, 플린더스 섬에는 8년 동안에 14명밖에 남지 않았다!"[6]

비글호는 이곳에서 열흘 정박했다. 그동안 나는 데본기나 석탄기에 속하는 화석이 대단히 많은 지층을 발견했고, 최근에 땅이 약간 올라간 증거를 보았다. 마지막으로, 나뭇잎 흔적이 남

* 『뉴사우스웨일스와 반 디멘스 랜드 지형 설명』 354쪽.

은 누르스름한 석회암이나 석회화石灰華에서 지금은 멸종된 땅에서 사는 달팽이의 껍데기 화석들을 발견했다.[7)]

이곳은 뉴사우스웨일스보다 비가 더 많이 왔고, 그래서 땅도 더 비옥했다. 농업이 발달해 경작지가 아주 좋아 보였고, 들에서는 채소와 과일나무가 아주 잘 되었다. 외딴곳에는 사람의 마음을 끄는 모양의 농가 몇 채가 있었다. 하루는 증기선을 탔는데, 이 증기선 한 척의 기계를 온전하게 이 식민지에서 만들었다는데, 식민지가 건설된 지 겨우 33년 만이었다! 웰링턴 산을 올라갔던 날이었다. 나무가 하도 울창해 한 번 실패한 적이 있어서 안내인과 함께 갔다. 꼭대기까지 올라가는 데 5시간 반이나 걸렸다. 여러 곳에서 유칼리나무가 크게 자라 훌륭한 숲을 이루었다. 가장 습기가 많은 부분에 있는 계류에서는 양치나무 류가 신기할 정도로 무성하게 자랐다. 큰 것은 잎들이 모인 곳의 바닥까지 최소한 20피트는 되고 둘레는 정확히 6피트였다. 커다란 잎들은 훌륭한 양산이 되어 밤이 막 시작할 때 큰 그늘을 드리웠다. 꼭대기는 아무것도 없는 날카롭고, 거대한 녹색 바위들로 덮여 있었다, 높이는 해발 3,100피트였다. 날씨가 맑았고, 경치도 아주 좋았다. 꼭대기에 몇 시간 있다가 더 좋은 길을 찾아 내려왔으나, 종일 고생만 했다. 비글호에는 8시가 넘어서야 돌아왔다.

2월 17일_ 비글호는 태즈메이니아 섬을 출발해 다음 달 6일 오스트레일리아 남서쪽에 있는 킹조지 협만으로 왔다. 우리는 그곳에서 8일을 머물렀는데, 그보다 더 무료하고 재미없게 보낸 적도 없었다. 하루는 캥거루 사냥을 나가는 사람들과 함께 오래 돌아다녔다. 어디를 가나 흙에 모래가 섞여 있고 토질이 척박했다.

하루는 피츠로이 함장과 함께, 산호를 보았다는 사람도 있고 자라던 모습대로 서 있는 나무 화석을 보았다는 사람도 있는 볼드 헤드로 갔다. 그러나 내 생각으로는 둥글게 마모된 조개껍데기와 산호 조각들이 섞인 모래가 바람에 날려 와 쌓이면서 나뭇가지와 뿌리가 땅에서 사는 달팽이의 껍데기와 함께 묻혔다. 그 뒤 석회질 성분이 흘러들어 전체가 굳어졌고, 나무가 썩으면서 실린더 같은 구멍이 생겼으며, 그 구멍이 종유석 비슷한 물질로 채워졌다. 그리고 계속해서 약한 부분이 침식된 결과, 단단한 뿌리와 가지 부분만이 땅 위로 솟아올라 남게 되었고, 그 모양이 죽은 덤불의 그루터기와 비슷하게 보였다.

우리가 이곳에 머무는 동안, 흰 앵무새 부족이라 불리는 큰 원주민 부족이 찾아왔다. 이 사람들과 킹조지 협만에 있는 부족들에게, 몇 통의 쌀과 설탕을 주고 커다란 잔치인 코로베리를 부탁했다. 해가 지자마자 불을 피우고 남자들은 화장을 시작했다. 몸에 흰 점을 찍고 흰 줄을 그렸다. 이들은 모든 것이 준비되자 불을 더 크게 피웠고, 여자와 어린애들이 구경꾼으로 둘러앉았다. 흰 앵무새 부족과 킹조지 사람들로 편을 나눈 뒤, 보통 묻고 대답하는 식으로 춤을 췄다. 그들은 옆으로 달리거나 들판을 한 줄로 행진하는 것처럼, 다 함께 힘차게 땅을 굴렀다. 발을 구를 때 방망이나 창을 부딪쳐 소리를 냈고, 팔을 뻗거나 몸을 뒤트는 것 같은 여러 행동을 했다. 아마도 그 춤들은 전투와 승리를 표현한 것으로 보였다. 에뮤 춤이라는 게 있었는데, 남자들이 팔을 구부린 채 뻗어 그 새의 목을 흉내 내었다. 다른 춤에서는 한 남자가 숲 속에서 풀을 뜯는 캥거루를 흉내 내었고, 다른 남자가 창으로 그를 찌르는 시늉을 했다. 두 종족이 섞여서 춤을 출 때는 땅이 쿵쿵 울렸고, 그들이 부르짖는 야만스러운 고함소리가 하늘을 울렸다. 원주민들이 이렇게 신나고 마음 편하게 노는 것은 처음 보았다. 춤판이 끝나자, 모두가 땅 위에 둥글게 모여 앉아 쌀밥과 설탕을 맛있게 나누어 먹었다.

날씨가 흐려서 며칠을 늦추다가 3월 14일, 킬링 섬으로 가려고 킹조지 협만을 나섰다. 오스트레일리아여, 안녕! 너는 한창 크는 아이였고 분명히 언젠가는 남반구를 지배하는 왕자가 될 것이다. 사랑을 받을 정도로 무척 크고 야심만만하지만, 존경받을 만큼 위대하지는 않다. 슬퍼하거나 후회하지 않으면서 너의 해안을 떠난다.[8)]

축약자 주석

1) 킹조지 3세(1732~1820)는 1760년부터 죽을 때까지 재임했다. 이때 미국이 독립했고 프랑스혁명이 일어났고 나폴레옹의 발흥했다가 패망했고 남극이 발견되었다. 10장 축약자 주석 4)에서 원주민이 줄어드는 원인과 이유를 이야기했다.

2) 피트케언(Pitcairn) 섬이 남태평양 프랑스 령 폴리네시아 남쪽의 남위 25° 04′, 서경 130°06′에 있어, 타히티 섬에서 남동쪽으로 2,170km 떨어진 작은 화산섬이다. 현재 영국령이다.
영국 해군 장교 필립 카르테렛이 1767년 이 섬을 발견했으며, 피트케언 수병이 그 섬을 처음으로 보았다. 1789년 영국 해군 바운티(Bounty)호에서 함장 윌리암 블라이에 반항해서 반란을 일으켰던 사람들이 타히티 섬으로 돌아갔다가 원주민 남자와 여인, 모두 열아홉 사람과 함께 1790년 도착해서 배를 불태우고 이 섬에서 살았다.
피트케언 섬에 살던 반란자가 1808년 미국의 고래잡이 배들에게 발견되면서 그들의 생활이 알려지기 시작했다. 그때에는 남자 한 사람만 남기고 모두가 죽었을 때였으므로 비치 함장이 이야기하는 '피트케언 섬의 주민들'이란 반란자들과 약간의 타히티 섬의 남자와 타히티 섬의 여인들과 그들 사이에 태어난 아이들로 생각된다. 반란자들이 피트케언 섬에 자리를 잡으면서 그들의 후손들이 2020년에는 50명 정도가 이 섬에서 산다. 물론 훨씬 더 많은 숫자가 외지에서 산다.

3) 타히티 섬의 순수한 원주민들은 하와이 섬의 순수한 원주민이 줄어들 듯, 줄어든다. 그러나 이제는 과거의 원주민들이 백인이 전염시킨 병 때문에 줄어들 듯, 그렇게 많이 줄지는 않는다. 그래도 유럽인과 중국인의 혼혈인 폴리네시아 원주민은 계속해서 줄어든다. 반면 뉴질랜드 마오리족은, 태평양에서는 거의 유일하게 가장 번성하는 원주민으로 보인다. 한편 백인이 오기 전 15만 명에서 30만 명 정도로 추산되던 오스트레일리아 원주민들이 지금은 혼혈을 포함해 9만 명 정도가 보호구역에서 살고 있다.
세인트 킬다 섬이 영국 북서쪽 헤브리데스 군도의 서쪽에 있다.

4) 시로코는 사하라 사막에서 생겨 북아프리카와 남부 유럽으로 부는 열풍을 말한다. 주로 여름에 분다. 반나절에서 며칠 계속되며 먼지가 많고 건조하다.

5) 영국은 1787년 5월 수송선 5척을 포함해 11척의 배에 죄수 730명 (남자 570명, 여자 160명)을 싣고 영국을 떠나 다음 해 1월, 시드니에 도착했다. 처음에는 시드니 입구인 잭슨 포구 바로 남쪽인 보타니 만에 왔으나, 토질이 나쁘고 물이 없어 위로 올라와 잭슨 포구까지 왔다. 영국 정부는 1830년까지 58,000명의 죄수를 동부지역으로 보내 개인농장에서 일하게 했다. 이후 국내 여론이 나빠 1840년에 일단 중지했다가 1850년 다시 보내기 시작, 1868년 완전히 중지할 때까지 동부에 151,000명, 서부에 1만 명 정도를 보냈다. 오스트레일리아는 다윈의 예상대로 지금 남반구에서 가장 번영한 나라 중 하나이다.

6) 태즈메이니아 섬 원주민은 원래 오스트레일리아 본토 원주민으로, 마지막 빙하기가 11,700년 전에 끝나면서 해수면이 상승해서 본토에서 격리된 사람들이다. 1803년 유럽인이 그 섬에 처음으로 정착했을 때, 약 4천 명 가량 있었던 원주민들은 유럽인에게 쫓겨, 1876년 순수한 원주민 여자인 트루가니니가 죽으면서 완전히 없어졌다.

7) 데본기는 중기 고생대로, 바다에는 산호와 완족동물과 불가사리 계통인 해백합이 많았던 시대이다. 이때 실러캔스와 상어와 허파로 숨을 쉬는 폐어가 나타났다. 영국 남서쪽 데본(샤이어) 지방에 그 지질시대의 대표되는 지층이 발달해, 그 지방 이름이 지질시대의 이름이 되었다. 데본기의 다음인 석탄기는 후기 고생대로 해백합과 완족동물이 크게 발달했으며 늪에서 대단

히 발달한 양치식물이 석탄이 되어 지질시대 이름이 석탄기가 되었다. 석회화는 온천의 입구 주위나 지하의 석회동굴을 흐르는 물에서 탄산칼슘이 빨리 침전되어 생긴다. 석회화는 대부분 백색이거나 크림색이지만 철성분이 있으면 빨간색이다.

8) 포르투갈 사람이 오스트레일리아 동해안을 1520년대에 발견했다. 그러나 오스트레일리아를 확실하게 발견한 사람은 네덜란드 항해가 아벨 잔슨 타스만(1603~1659(?))이다. 그는 화란 동인도회사의 안토니 반 디멘(1593~1645) 총독의 명령으로 남쪽을 탐험해, 1642년 태즈메이니아를 발견한 뒤 이어서 뉴질랜드도 발견했다. 그러므로 태즈메이니아를 과거에는 항해기에 있는 것처럼 '반 디멘스 랜드' 라고 불렀다. 1644년 두 번째 탐험에서 타스만은 오스트레일리아의 북쪽 해안을 발견하고 '새로운 화란'이란 뜻으로 '뉴 홀랜드' 라고 이름을 지었다. 그러나 그는 오스트레일리아가 섬인지 대륙인지를 몰랐으며, 그가 발견한 다른 땅 사이의 관계도 몰랐다. 그 후 영국 윌리엄 댐피어(1652~1715)가 1688년 북서해안에 상륙하여 정부가 탐험할 것을 주장했다. 그는 자신이 쓴 항해기로 해군을 설득시켜, 1699년부터 1700년까지 북서해안 1,600km를 조사했다. 그러나 그 지역이 너무 척박하고 원주민이 대단히 야만스럽다는 보고에 따라 오스트레일리아는 한동안 잊혔다. 그 후 제임스 쿡(1728~1779)이 첫 항해(1768~1770)에서 뉴질랜드와 오스트레일리아 동해안 해도를 만들었다. 그가 1770년 4월 20일 오스트레일리아 남동해안에 상륙했으며, 같은 해 8월 22일 케이프 요크 앞에 있는 포제션 섬에 상륙해, 동해안을 뉴 사우스 웨일스라고 이름을 지었고 영국 영토가 되었다. 쿡의 3차 항해 때 아서 필립(1738~1792)이 뉴사우스웨일스의 첫 총독으로 1788년 1월 26일 상륙했다. 조지 배스(?~1812)가 1790년대 말에 태즈메이니아 섬 둘레를 배로 일주했으며, 함께 일했던 매슈 플린더스(1774~1814)가 1801~1803년에 걸쳐 오스트레일리아를 배로 처음으로 일주하고, 남부 해안의 해도를 만들었다. 이어서 해안과 내륙이 탐험되고 개척되기 시작했다.

제20장 킬링 섬-산호초 형성 과정

킬링 섬-특이한 모양-식물이 거의 없어-씨의 운반-새와 곤충-수면이 오르내리는 우물-죽은 산호 밭-나무뿌리로 옮겨지는 돌멩이-큰 게-쏘는 산호-산호를 먹는 물고기-산호초 형성-산호섬-산호가 살 수 있는 깊이-낮은 산호섬들이 흩어진 광대한 지역-산호섬 기초의 침강-보초-거초-거초가 보초와 환초로 변해-해수면이 변한 증거-보초의 틈-맬디브 환초; 특이한 구조-산호가 죽고 물에 잠긴 산호초-침강 지역과 융기 지역-화산의 분포-광대한 지역의 느린 침강

4월 1일_ 우리는 킬링 군도, 즉 코코스 군도가 보이는 곳으로 왔다. 이 군도는 인도양에 있으며, 수마트라 섬 해안에서 600마일 정도 떨어져 있었다.[1] 배가 수로 입구에 왔을 때, 영국인 리스크 씨가 보트를 타고 마중을 나왔다. 이곳에 사람이 살게 된 사연을 간단히 말하면 다음과 같았다. 9년 전쯤, 해어라는 쓸모없는 인간이 동인도 제도에서 수십 명의 말레이인 노예들을 데리고 왔는데, 지금은 어린애를 합해 100명이 넘었다. 그 직후, 상선을 타고 이 섬을 찾아온 적이 있던 로스 선장이, 영국에서 가족과 함께 필요한 물건들을 가지고 정착해서 살려고 이 섬으로 왔다. 리스크 씨는 그와 함께 왔는데, 그 배의 항해사였다. 그러자 곧 말레이인 노예들이 해어가 살던 섬에서 도망쳐 나와 로스 선장과 함께 살기 시작했다. 일이 이렇게 되자 해어는 이곳을 떠나야만 했다.

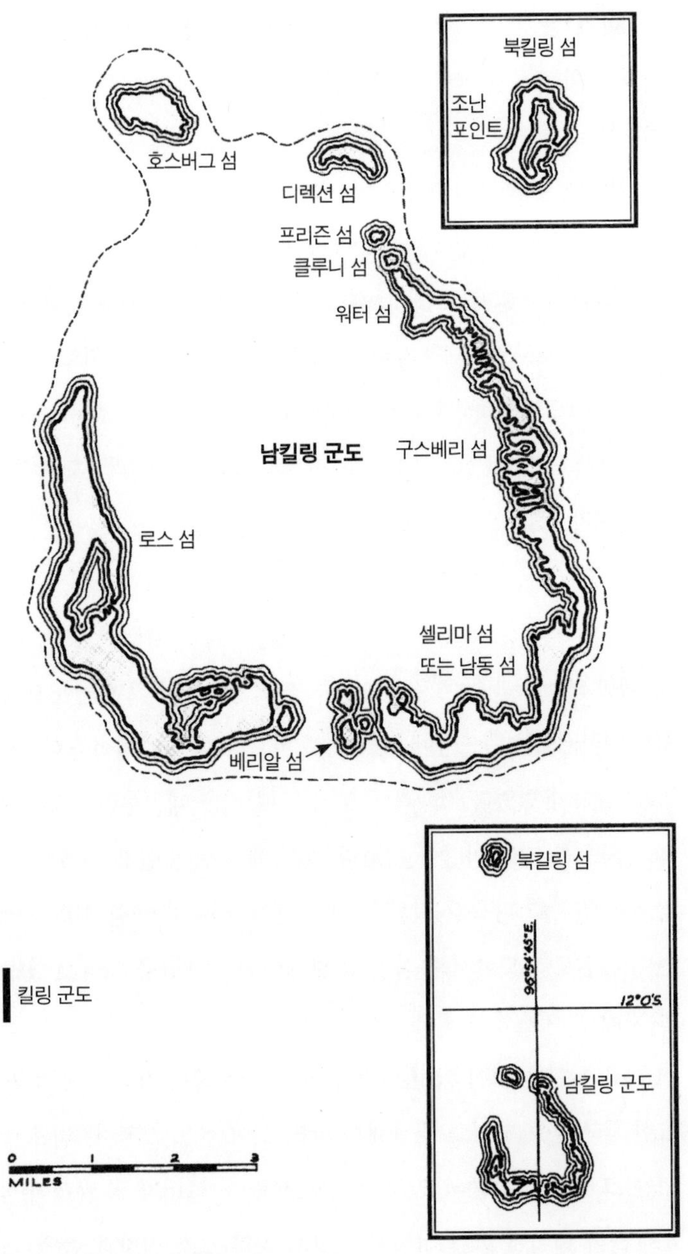

킬링 군도

❀ 수마트라 섬에서 남쪽으로 1,100km 정도 떨어진 킬링 군도. 킬링 군도는 남킬링 군도와 북킬링 섬으로 되어 있다.

말레이인들은 현재 겉으로는 자유로운 상태이며, 어느 정도 대우도 받지만 노예라고 생각된다. 섬에는 돼지 외에는 집에서 키우는 네발 동물이 없으며, 가장 많은 식물은 야자였다. 열매에서 얻어낸 기름은 유일한 수출품목이고, 야자 자체는 싱가포르나 모리셔스로 가져가 빻아서 주로 카레를 만드는 데 썼다. 거의 야자열매만 먹고사는 돼지는 통통했고, 오리나 가금도 야자열매만을 먹고 살아갔다.

반지 모양의 섬의 대부분은 약간 높고 작은 섬들로 실처럼 이어졌다. 바람이 불어 가는 북쪽에는 배가 정박하러 들어올 수 있는 통로가 있었다. 초호의 폭은 수 마일인데, 빙 둘러싼 눈처럼 하얀 파도 때문에 검푸른 바닷물과 나뉘고 새파란 하늘과 구분되었다. 좁고 기다란 육지에는 야자나무들이 꼭대기를 수평으로 맞추어 서 있었다.

정박한 다음 날 아침, 나는 디렉션 섬으로 올라갔다. 좁고 기다란 마른땅은 폭이 겨우 몇 백 야드에 지나지 않았다. 초호 쪽은 하얀 석회질 해변으로, 뿜어져 나오는 복사열이 대단했다. 바깥쪽 산호 바위로 된 넓고 판판한 곳에서는 외해外海의 파도가 부서졌다. 초호와 가까운 곳은 땅에 모래가 섞여 있으나 그 외는 완전히 둥근 산호 조각들로 되어 있었다.

이런 군도는 아주 드물어서 특별히 흥미로웠다. 언뜻 보면 숲에는 야자나무만 있는 것처럼 보이나 대여섯 종의 나무가 더 있었다. 나무 외에는 식물이 거의 없고, 쓸모없는 잡초만 있었다. 내가 채집한 목록에는 거의 모든 식물이 포함되었다고 생각하는데, 이끼류와 지의류와 곰팡이류를 제외하고 20종밖에 되지 않았다. 이외에 나무 두 종이 더 있는데, 한 종은 꽃이 피지 않고 한 종은 말만 들었다. 또 사탕수수와 바나나와 채소 몇 종과 과일나무들과 외지에서 들어온 풀 몇 가지를 넣어야 했다. 섬은 완전히 산호로만 되어있었다. 한때는 물에 씻긴 산호섬에 지나지 않았으므로, 땅에 있는 것들은 모두 파도로 온 것이 틀림없었다. 그러므로 식생이 식물들이 없는 곳의 특성을 띄고 있었다. 20종 가운데 19종의 속이 각각이며, 최소한 16과나 된다고 헨슬로 교수가 알려주었다.

홀만의 여행기에는 "수마트라 섬과 자바 섬의 씨와 식물들이 바람이 불어오는 군도 쪽 해안으로 밀려왔다. 그 가운데는 수마트라 섬과 말라카 반도의 토종인 키미리가 있으며, 모양과 크기로 보아 발시 야자열매가 있고, 말레이인들이 후추덩굴과 함께 심는 다다스가 있었다. 비누나무와 아주까리나무, 사고야자나무의 동체가 있고, 그 군도에 정착한 말레이인들도 모르는 여러 가지 씨가 있었다. 이 모두가 북서 계절풍으로 뉴홀랜드 해안으로 밀려가는 것으로 보이며, 다시 남동 무역풍으로 이 군도로 밀려오는 것으로 보였다. 자바 섬의 티크목재와 황목이 무더기로 밀려오고, 큰 붉은 삼나무와 흰 삼나무를 빼고도 뉴홀랜드에서 온 완전한 유칼리나무의 일종도 있었다. 분명히 자바 섬에서 온 것으로 보이는 카누도 때로는 해안으로 밀려왔다"는 내용이 있었다. 헨슬로 교수는, 이 군도에서 가져간 거의 모든 식물들이 동인도 제도의 해안지방에서는 흔한 식물이라고 말했다. 그러나 바람과 해류의 방향으로 보아, 그것들이 직선으로 이곳까지 오는 것은 거의 불가능했다. 키팅 씨는, 그들이 먼저 뉴홀랜드 해안으로 밀려갔다가 거기서 다시 그곳의 산물들과 함께 이곳으로 밀려올 가능성을 제안했다. 그의 말대로라면 씨가 싹이 나기 전에 1,800~2,400마일을 돌아다닌 것이 틀림없었다.

샤미소는 서태평양에 있는 라닥 제도를 설명하면서, “바다가 이 섬으로 많은 나무의 씨와 열매를 운반하는데, 그들 대부분이 이곳에서는 자라지 않았다. 이 씨들의 대부분은 아직 자라날 능력을 잃지 않은 것으로 보였다”고 말한다. 마찬가지로 열대 지방 어디에선가는 야자나무와 대나무와 북방삼나무 동체가 해안으로 밀려오는데, 이 삼나무가 엄청난 거리를 오는 것은 틀림없어 아주 흥미로웠다.

땅에서 사는 동물은 식물보다 더 적었다. 쥐들은 모리셔스 섬에서 배를 타고 오다가, 이곳에서 난파되어 작은 섬들의 일부에서 살게 되었다. 이 쥐들은 워터하우스 씨의 말로는, 영국에 있는 종과 같지만 더 작고 색깔이 진했다. 땅에서만 사는 새는 없었고, 도요새와 뜸부기(필리핀 뜸부기)가 완전히 마른풀 속에서 사는데 섭금류의 목에 속했다. 카르마이클의 이야기로는 트리스탄 다 쿤하 섬에는 땅에서 사는 새가 겨우 두 종 있으며 쇠물닭도 있었다. 이런 사실들로 미루어, 나는 섭금류가 물갈퀴를 가진 수많은 새 다음으로, 보통 작은 섬에서 사는 새라고 믿었다.

파충류로는 작은 도마뱀 한 마리를 보았을 뿐이었다. 나는 곤충을 채집하느라 고생했다. 마른 산호 덩어리 아래에는 작은 개미들이 엄청나게 많았는데, 숫자가 많은 단 한 종의 곤충이었다. 샤미소가 라닥 제도에 있는 초호도 한 곳의 생물을 기재했는데, 킬링 군도에 있는 종과 수와 아주 비슷했다. 그곳에는 도마뱀 한 종과 섭금류 두 종, 도요새와 마도요가 있었다. 식물로는 양치류 한 종을 포함하여 19종이 있는데, 몇 종은 거리가 엄청나게 크고 대양이 달라도, 이곳에서 자라는 것과 같았다.

작은 섬들이 줄을 맞추듯 연결된 기다랗고 좁다란 땅의 높이는, 파도로 산호 조각이 밀려 올라오고 석회질 모래를 쌓아 올릴 수 있을 정도였다. 바깥쪽에 있는 것은 딴딴한 산호 바위로 된 평지로 폭이 넓어 파도가 부서졌다. 만약 그렇지 않다면, 파도가 산호섬과 그 위에 있는 모든 것을 하루 만에 다 쓸어가 버릴 것이다. 어디에서든 해변에서 주운 집을 등에 지고 다니는 집게를 한 종 이상 볼 수 있었다.* 머리 위에는 부비 계통의 바다 새와 군함조와 제비갈매기들이 아주 많이 있었다. 부비는 엉성한 둥지 위에 앉아 바보 같지만 화난 표정으로 사람을 바라봤다. 노디는 그 이름이 말하듯 작고 멍청한 새였다. 그러나 이들과는 다르게 아주 매력 있는 새가 있으니, 바로 눈같이 새하얀 제비갈매기였다. 이 새는 사람 머리 위, 수 피트 상공에서 날면서 호기심 어린 크고 검은 눈으로 우리 표정을 살폈다. 그렇게 가볍고 하늘거리는 몸매에서는 떠도는 요정의 영혼이 사는 게 틀림없다고 생각되었다.

4월 3일, 일요일_ 예배를 본 후 피츠로이 함장과 함께 사람들이 사는 곳으로 갔다. 몇 마일 떨어져 있는, 야자나무가 울창한 섬의 끝이었다. 로스 선장과 리스크 씨는 양쪽이 트인 큰 창

* 이 집게 가운데 커다란 앞발, 즉 집게발이 아주 잘 적응되어 움츠리면 원래 그 조개껍데기에 있었던 것과 거의 같은 뚜껑이 되는 집게가 있다. 내가 관찰하고 찾아낸 바에 따라 자신 있게 말할 수 있는데, 집게는 종에 따라 좋아하는 조개껍데기가 따로 있다.

고 같은 집에서 살았는데, 나무껍질을 엮어 만든 것으로 안을 대었다. 말레이인들의 집은 초호의 가장자리를 따라 서 있었다. 주민들은 동인도 제도의 여러 섬에서 태어났지만 한 가지 말을 썼다. 보르네오 섬, 셀레베스 섬, 자바 섬, 수마트라 섬의 사람들이 있었다. 그들의 피부색은 타히티 섬 사람과 같지만 얼굴은 크게 달랐다. 여자들 중에는 중국인의 특성이 꽤 나타났다. 꼬마들이 토실토실한 것으로 보아 야자열매와 바다거북의 고기를 먹어도 건강하다는 것을 알 수 있었다.

이 섬에는 우물이 있어 배가 와서 물을 실었다. 모래가 바닷물을 여과하는 우물이 서인도 제도에 있는 낮은 섬에는 흔했다. 바닷물이 압착된 모래나 구멍이 많은 산호 바위로는 스펀지처럼 스며드는데, 지면에 떨어지는 빗물은 주위 해수면의 수준까지 가라앉아서 같은 양의 바닷물을 밀어내고 그곳에 모였다. 커다란 스펀지 같은 산호 덩어리 바닥에 있는 물이 조석에 따라 오르내리면 지면에 있는 물도 오르내렸다. 만약 산호 덩어리가 물이 섞이는 것을 막을 만큼 치밀하다면 물은 언제나 민물일 것이다. 그러나 땅이 커다란 구멍이 있는 큰 산호 덩어리들로 되어 있으면 우물을 파도, 물은 찝찔했다.

저녁을 먹은 다음에 우리는 말레이 여인들이 보여주는, 반쯤은 미신인 신기한 춤을 보려고 그곳에 머물렀다. 그들은 큰 나무 숟가락에 옷을 입혀 죽은 사람의 무덤으로 가져가면, 보름달이 떴을 때, 신이 내려 숟가락이 춤을 추고 훌쩍훌쩍 뛴다고 믿었다. 적당히 준비를 한 다음 두 여인이 들고 있는 숟가락이 몸부림치더니, 곧 둘레에 앉아 있는 어린애와 여인들의 노랫소리에 맞추어 춤추기 시작했다. 아주 바보 같은 광경이었으나, 리스크 씨의 말로는 많은 말레이 사람들이 그 정신의 움직임을 믿고 있었다. 저녁 산들바람을 맞으며 흔들리는 야자수의 기다란 가지 사이로 조용히 빛나는 보름달을 보면서 앉아 있는 것도 괜찮았다. 열대 지방의 이런 광경은 본래 아주 아름다워, 각자의 마음에서 가장 좋은 감정으로 우리를 얽어매는, 고국에 있는 더 다정한 광경들과 거의 같았다.

다음 날, 나는 죽은 산호 바위로 된 바깥쪽 평탄한 곳을 건너가, 살아있는 산호 덩어리가 있는 곳까지 걸어갔다. 그곳에서는 대양의 너울이 부서졌다. 수로와 움푹 파인 곳에는 초록색과 여러 색깔의 아름다운 물고기들이 있었다. 여러 가지 모양과 색깔의 식충류들 역시 대단히 아름다웠다. 열대 지방의 바다에서 그렇게 무수한 생물들이 살아가는 것을 보면 사람들이 감격하는 이유를 이해할 만했다.

4월 6일_ 피츠로이 함장과 함께 초호 머리에 있는 작은 섬으로 갔다. 수로가 복잡하게 가지를 낸 산호 밭 사이에 이리저리 나 있어 아주 어지러웠다. 거북을 잡는 보트 두 척을 보았다. 처음에는 거북이 재빨리 헤엄쳐서 달아나지만 물이 아주 맑고 얕아, 돛을 단 카누나 보트가 그들을 곧 찾아냈다. 뱃머리에서 준비를 하고 있던 사람이 거북들의 뒤쪽에서 물속으로 뛰어들어, 거북 목의 껍데기를 두 손으로 잡고 거북이 힘이 빠질 때까지 따라갔다가 잡아 올렸다. 모레스비 선장의 말로는 인도양에 있는 차고스 군도의 원주민들은 아주 무서운 방법으로 살아 있는 거북의 등 껍데기를 뜯어냈다. "등에 시뻘건 숯불을 갖다 대면, 등

껍데기가 위로 말려 올라가고, 다음에 칼로 등껍데기를 도려낸 다음, 껍데기가 굳어지기 전에 판자 사이에 끼워 판판하게 했다. 이렇게 야만스러운 처치를 당한 거북은 껍데기가 생길 때까지 고통을 받는데, 일정한 시간이 지나면 새로운 껍데기가 생겼다. 그러나 너무 얇아서 아무 쓸모가 없었고 그 거북은 항상 생기가 없고 병든 것처럼 보였다."

우리는 초호 머리에 와서 작은 섬 하나를 가로질렀으며, 바람이 불어오는 쪽 해안에서 커다란 파도가 부서지는 것을 보았다. 야자나무가 크게 자라는 해변에 바위 조각들이 쌓여 있는 것은 바로 파도의 힘이 엄청나다는 증거였다. 온화하지만 끊임없이 부는 무역풍 때문에 강렬한 큰 물결이 생겨나, 한 방향으로 밀려와 널따란 지역에서 부서져 하얀 파도가 되는데, 그 파도의 힘이 온대지방에서 폭풍이 불 때의 파도만큼 셀뿐만 아니라 결코 멈추지 않았다.[2)] 섬이 아무리 단단한 바위로 형성되었다고 해도, 파도의 힘에 결국은 굴복하고 파괴된다고 하지 않을 수 없었다. 그런데도 나지막하고 보잘것없는 산호섬들이 그런 파도에 견디고 승리하는데, 여기에는 산호충이 경쟁에 참가하기 때문이었다.

산호 밭과 거대한 차마조개를 들여다보느라 저녁 늦게까지 우리는 배로 돌아오지 못했다. 초호의 머리 근처, 1제곱마일이 넘는 상당히 넓은 곳은 가지를 우아하게 내뻗는 산호의 숲이었다. 그 산호들은 놀랍게도 모두 죽어서 썩은 것들이었다. 처음에 나는 그 이유를 몰라 당황했으나, 상당히 신기한 조건들이 결합되었다는 생각이 떠올랐다. 먼저, 산호는 햇빛이 비추는 공기 속에 조금만 노출되어도 살지 못하므로, 산호의 성장 한계는 대조[大潮]

때의 최저最低 수위에 따라 결정되었다. 과거에는 된바람이 불면, 산호 바위 바닥 위로 더 많은 바닷물이 밀려 올라와, 초호의 수면을 높이는 경향이 있었다. 지금은 정반대가 되어 초호 내의 바닷물이 밖의 해류 때문에 높아지기도 하지만 바람의 힘으로 바깥으로 나갔다. 그러므로 초호도 머리 근처의 수위는 된바람이 불어도, 불지 않을 때보다 그렇게 많이 높아지지 않았다. 이 수위의 차이는 물론 아주 작지만, 내가 알기로는 그 산호 숲이 죽은 이유이며, 그 산호 숲은 과거, 바깥쪽 산호초가 대양 쪽으로 더 열렸을 때는 위로 성장할 수 있는 최대 높이에 달했을 것이다.

로스 선장이 바깥쪽 해안 산호 덩어리 속에서 사람 머리보다 큰 아주 둥근 초록색 돌덩이 하나를 발견했다. 선장뿐만 아니라 같이 갔던 사람들이 놀라서 그 돌덩이를 가져와 신기한 물건으로 보관했다. 석회질만 있는 곳에서 이 돌덩이 하나가 나타났다는 것은 확실히 아주 놀랄 만했다. 그 섬으로는 배가 온 적도 거의 없고 조난당한 적도 없었다. 달리 더 나은 설명을 할 수 없어서, 나는 그 돌덩이가 어떤 큰 나무의 뿌리에 얽혀서 왔노라고 결론지었다. 그러나 그 섬과 가장 가까운 섬의 엄청난 거리를 생각하면 돌덩이가 나무에 얽히고, 그 나무가 멀리까지 가고, 안전하게 바닷가에 닿아서 발견될 정도로 묻혀야 하므로, 이런 조건들의 결합이란 거의 있음직하지 않다고 봐야 했다. 나는 코체부의 탐험에 참가한 샤미소가 태평양 한가운데에 있는 라닥 제도의 원주민들이 해변으로 밀려온 나무들의 뿌리를 뒤져서 연장을 날카롭게 갈 돌멩이를 찾았다는 것을 알고 큰 흥미가 생겼다. 그런 돌멩이들은 추장의 소유물로서 그것을 훔치면 처벌한다는 법이 있는 것으로 보아, 돌멩이가 가끔씩 떠오는 것은 확실했다.

하루는 서쪽 작은 섬을 찾아갔다. 그 섬의 숲은 다른 섬의 숲보다 울창해 보였다. 야자나무들은 보통 따로따로 자라나, 이곳에서는 어린 야자나무가 키 큰 야자나무 아래에서 자랐다. 물을 나타내는 반짝거리는 하얀 모래밭과 물가에서 크게 흔들리는 야자나무를 본다는 것은 대단히 특별하고 아름다운 광경이었다.

나는 전에 야자열매를 먹고사는 게에게 마음이 끌렸던 적이 있다. 처음에는 게가 단단한 껍질로 덮인 야자열매를 깐다는 것이 아주 불가능하다고 생각했다. 그러나 리스크 씨의 말로는 게는 언제나 구멍이 세 개 있는 아래쪽 끝의 껍질부터 한 올 한 올 찢기 시작했다. 다 찢은 다음에는 세 개의 구멍 가운데 하나를 무거운 집게발로 구멍이 날 때까지 두드리고, 그다음에는 몸을 돌려 뒤쪽의 가느다란 집게발로 단백질을 함유한 하얀 물질을 끄집어냈다. 이것은 내가 들었던 본능에 관한 가장 신기한 사례이자 게와 야자라는, 자연의 조직에서 아주 먼 두 생물의 사이에서 구조가 적응한 것이다. 이 게들은 나무뿌리 아래에 깊은 구멍을 파고 사는데 야자열매 껍질에서 찢어낸 섬유를 많이 쌓아놓았다. 이 게는 맛이 아주 좋고 게다가 큰 놈의 꼬리 아래에는 많은 양의 기름이 있어서, 이것을 녹이면 때로는 1쿼트 병을 채울 정도가 되었다.

앞집게발의 놀라운 위력을 보여주는 이야기 하나를 하겠다. 모레스비 선장이 야자 게 한 마리를 비스킷을 담는 튼튼한 양철 상자에 넣고 뚜껑을 철사로 얽어놓았는데, 게가 상자 언저리를 젖히고 달아났다고 했다. 게는 상자 언저리를 젖히면서, 앞집게발로 양철 상자를 때려 작은 구멍을 많이 내었다고 했다.

두 종의 불산호에게 쏘는 힘이 있다는 것을 발견하고 크게 놀랐다. 쏘는 능력은 개체에 따라 다른 것 같았다. 보통 따끔거리는 느낌이 들며, 겨우 몇 분 정도 지속되었다. 그러나 어느 날, 산호 가지가 내 얼굴에 살짝 닿기만 했는데도 금방 통증이 왔다. 통증은 몇 초 있다가 더 심해졌고, 몇 분 동안 아주 심했으며, 30분 동안 계속되었다. 쐐기풀에 쏘인 것만큼 아팠으나, 그보다는 고깔해파리, 즉 포르투갈 전함에 쏘인 것 같은 기분이 들었다. 붉은색 작은 반점이 팔의 부드러운 곳에 생겼으며, 수포는 생기지 않았다. 바다에서 사는 많은 생물들에게 이런 쏘는 능력이 있는 것으로 보였다.

놀래기 속에 속하는 두 종의 물고기는 이곳에 흔한데, 산호만 먹고살았다. 나는 몇 마리의 소화관을 열어보았다. 그들은 누르스름한 석회 질모래 같은 진흙으로 불룩해져 있었다. 중국음식을 좋아하는 사람들이 즐기는 미끈거리고 기분 나쁜 해삼(불가사리와 같은 계통) 역시 주로 산호를 먹는다고 앨런 박사가 알려주었다. 해삼 몸속에 있는 뼈 같은 구조도 그런 목적에 적응한 것으로 보였다.

4월 12일_ 아침에 초호를 나와서 프랑스 섬으로 향했다. 이 세상에서 가장 놀라운 곳 가운데 하나인 여기를 찾아온 것이 정말 기뻤다. 피츠로이 함장이 해안에서 겨우 2,200야드밖에 되지 않는 거리에서 7,200피트 길이의 줄이 바닥에 닿지 않는 것을 발견하였다. 그러므로 이 섬은 가장 가파른 원추형 화산보다 경사가 더 급한 해저에서 솟아 오른 아주 높은 산이었다. 접시모양의 산 정상은 지름이 거의 10마일 정도로, 많은 초호도에 견주면 작지만, 이 거대한 산을 이루고 있는 가장 작은 알갱이부터 가장 큰 바위 조각까지 모든 것이 생물의 힘으로 만들어졌다는 도장이 찍혀 있었다. 우리는 피라미드나 다른 거대한 폐허를 말할 때 크다고 놀라곤 했다. 그러나 그런 것 가운데 가장 거대한 것도 여러 종의 아주 작고 여린 동물들이 쌓아놓은 이 바위산과 견주면, 정말이지 너무나 시시할 뿐이었다![3]

나는 산호초의 세 가지 큰 부류, 즉 환초環礁, 보초堡礁, 거초裾礁를 간단히 말하면서 그들의 형성 과정을 설명하겠다. 태평양을 횡단한 거의 모든 사람들이 산호섬에 크게 놀랐는데, 나는 앞으로 인도인들이 그 섬을 부르는 대로 환초라고 하겠다. 아주 오래전인 1605년 피라르 드 라발은 "인간의 손길이라고는 전혀 가지 않은 돌로 된 큰 둑으로 둘러싸인 환초 하나하나를 보는 것은 정말이지 굉장히 놀랍다" 라고 경탄했다. 비치 함장의 『항해기』에서 복사한 아래의 태평양 위선데이 섬 그림이 환초의 특이한 면을 어렴풋하게나마 보여줬다. 이 환초는 가장 작은 환초의 하나로, 폭이 좁은 작은 섬들이 둥글게 연결되었다. 광대한 대양과 부서지는 파도의 굉장한 위력과 대조되는 초호 안의 낮은 땅, 고요한 연두색 물을 직접 보지 않고는 상상하기 힘들다.

위선데이 환초

과거의 항해사들은 산호를 만드는 동물들이 본능에 따라 안쪽 부분에 있는 자신들을 보호하기 위해 거대한 환環들을 쌓아 올린다고 상상했다. 그러나 이는 사실과 다르다. 바깥쪽 해안에서 죽기 살기로 암초에 의지하며 성장하는 괴상塊狀산호는 가지를 섬세하게 내뻗는 다른 산호들이 번성하는 초호 안에서는 서식할 수 없기 때문이다. 게다가 이 견해에 따르면 과와 속이 다른 많은 종의 산호들이 한 가지 목적으로 협조해야 하는데, 자연계에서는 그런 협조의 예를 단 한 가지도 찾을 수 없었다. 가장 흔히 받아들여지는 이론은 환초가 바다 아래에 있는 분화구에 바탕을 두었다는 설명이다. 그러나 환초 몇 개의 모양과 크기, 그 수와 가까운 정도와 위치를 비교해보면, 이 설명은 잘못되었다. 수아디바 환초는 한쪽의 직경은 44지리 마일이고 다른 쪽 직경은 34마일이며, 림스키 환초는 54×20마일로, 윤곽이 이상하게 휘었다. 게다가 이 이론은 인도양에 있는 (하나의 길이가 88마일이고, 폭은 10~20마일) 북 맬디브 환초에는 전혀 적용할 수 없는데, 그 환초들은 보통의 환초처럼 폭이 좁은 산호초로 된 것이 아니라 엄청난 숫자의 작은 환초들로 이루어져 있기 때문이었다. 샤미소가 내놓은 세 번째 이론은 그중 낫다. 그는 넓은 바다에 노출된 산호들이 더 왕성하게 자라는 모습을 보고, 바깥쪽이 어느 곳보다도 먼저 위로 자라고, 이 때문에 구조가 반지나 컵의 모양이 된다고 설명했다. 그러나 아주 깊은 곳에서 살 수 없는 산호들은 그 괴상 구조의 기초는 무엇일까?

피츠로이 함장이 경사가 급한 킬링 환초의 바깥에서, 조심하면서 셀 수도 없을 만큼 수심을 많이 재었다. 수심 10패덤 이내에서는, 납 바닥에 바른 수지에 하나 같이 살아 있는 산호의 흔적만이 묻어 올라왔다. 처음에는 잔디밭에 떨어뜨린 것처럼 완벽하게 깨끗했으나 수심이 깊어지면서 그런 흔적은 적어지는 대신, 모래가 점점 더 많이 묻어 올라와서, 마침내 밑바닥이 부드러운 모래층으로 이루어져 있다는 것이 확실해졌다. 잔디밭에 비유하자면 흙이 몹시 척박해지면 풀잎이 점점 적어지고, 마침내 아무것도 자라지 않는 것과 같았다. 많은 사람들이 확인한 이런 관측을 통해, 산호가 산호초를 만들 수 있는 최대 깊이는 20~30패덤 사이라고 유추했다. 산호초를 만드는 산호가 깊은 곳에서는 살지 않는다는 사실에서, 이 광대한 지역에서 현재 환초가 있는 곳이면 어디든, 산호초의 기반이 표면에서 20~30패덤 깊이에 존재해야 한다는 것은 확실했다. 폭이 널찍하고, 높이 솟아 있으며, 고립된, 퇴적물로 된 사면이 급한 둑들이 무리를 이루거나 수백 리그에 걸쳐, 선 모양으로 늘어져 있다는 것은 절대로 있을 수 없는 일이었다. 또 상승력이 작용해 아주 넓은 지역에 걸쳐 수많은 거대한 암반을 해수면에서 120~180피트 이내로 밀어 올리되, 단 한 개의 봉우리도 그 높이보다 위로 솟아나지 않는다는 것 역시 있을 수 없는 일이었다. 보통 지구의 표면 전체에 있는 산맥 가운데 수많은 봉우리가 일정한 높이로, 단 하나의 봉우리도 그 높이 이상으로 솟아나지 않는 곳이 어디에 있는가? 만약 환초를 만드는 산호의 기초들이 퇴적물로 되어 있지 않고, 필요한 높이까지 융기하지 않는다면 그것들은 반드시 침강했을 것이다. 이렇게 생각하면 어려움이 곧 해결된다. 산들이 연달아 침강하듯, 섬들도 연속하여 천천히 해면 아래로 가라앉으면 산호초들이 살아갈 새로운 기초가 계속해서 생기기 때문이었다.

산호초가 환초를 만드는 특이한 구조를 형성하게 된 경위를 설명하기 전에, 두 번째 큰 분류인 보초를 생각하자. 보초는 대륙이나 큰 섬의 해안 앞에 평행하게 직선으로 있거나 작은 섬들을 둘러싸는데, 두 경우 모두 육지와 산호초 사이에 넓고 상당히 깊은 수로가 있어, 마치 환초 안에 있는 초호와 비슷했다. 보초의 구조는 놀랍다. 아래 스케치는 태평양에 있는 보라보라 섬을 둘러싸고 있는 보초의 일부로, 가운데에 있는 한 봉우리에서 본 그림이다.

❀ 보라보라 섬(보초)의 일부

섬을 둘러싸는 보초의 지름은 3마일부터 44마일이 채 되지 않은 것까지 여러 가지인데, 뉴칼레도니아 보초는 길이가 400마일이나 되었다. 적당한 거리를 두고 산호초가 땅을 둘러싸는데, 소사이어티 제도에서는 보통 1마일에서 3~4마일 떨어져 있으나, 호글레우 군도에서는 둘러싸인 섬의 남쪽에서는 20마일, 북쪽에서는 14마일 떨어져 있었다. 보초 안에 있는 초호의 수심도 변화가 커 10~30패덤 정도 되는데, 바니코로 보초에서는 336피트가 넘었다. 안쪽의 초는 산호수로 쪽으로 경사가 완만하거나, 200~300피트를 깎아지른 듯 깊은 수직 벽으로 끝나는 수도 있었다. 바깥쪽에서 솟아오른 초는 환초처럼 대양의 깊숙한 밑바닥에서 아주 급하게 솟아나기도 했다. 우리가 보는 섬은 마치 성처럼 보였다. 그 성은 해저에 있는 아주 높은 산꼭대기에 있으며, 거대한 산호 바위로 보호되고, 언제나 경사가 급한 바깥쪽과 가끔씩 경사진 안쪽, 넓고 평탄한 정상과 여기저기에 있는 좁은 수로들, 그 수로를 지나 아주 큰 배도 넓고 깊은 해자垓字속으로 들어올 수 있는 그런 섬이었다. 보초란 초호에 높은 산이 있는 환초라고 말한 지리학자 발비의 말은 옳은데, 초호 안에 있는 땅을 없애면 훌륭한 환초가 되었다.

그러나 이런 초들은 어떻게 섬의 해안에서 꽤 멀리 떨어진 곳에서 솟아올랐을까? 산호초를 만드는 산호들은 깊은 곳에서 살 수 없었다. 그렇다면 둥근 구조의 기초들은 어디일까? 다음에 나오는 단면들을 보면, 이 문제를 더 분명하게 알 수 있는데, 바니코로 보초와 갬비어 보초와 마우루아 보초를 남북 방향으로 자른 단면으로, 수직이나 수평이 같은 축척으로 1/4인치가 1마일이었다.

이 섬들과 어느 방향으로든지 잘라도, 다른 섬들도 어느 방향에서 잘라도, 잘라낸 부분의 전체 특징은 같을 것이다. 지금 초를 만든 산호들은 20~30패덤보다 깊은 곳에서는 살지 못하고, 아래에 있는 가늠추들이 엄청나게 축소해서 그렇지 실제는 200패덤을 나타낸다는 것을 명심한다면, 이 보초들은 어디에 기반을 두었을까? 모든 섬들은, 바다 아래에서 불쑥 튀어나온 옷깃 같은 바위나 퇴적물로 된 거대한 둑으로 둘러싸였다고 가정해야 할까?

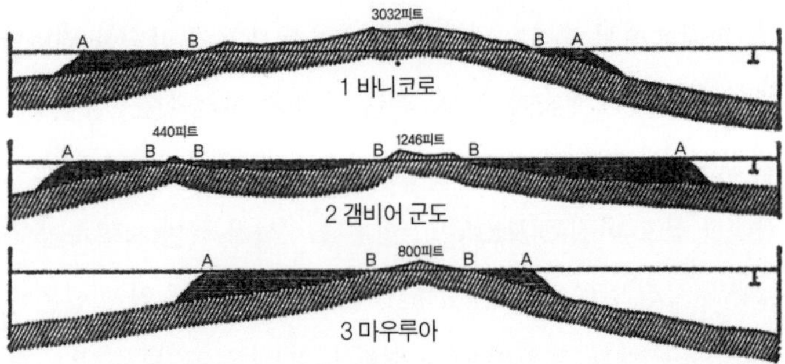

※ 수평금을 그은 곳이 보초와 초호 수로를 나타낸다. 해수면(AA) 위 부분 빗금이 육지의 현재 모습이고 해수면 아래의 빗금이 바다 아래로 계속되리라 추정되는 연장 부분이다.

만약 바다가 과거에 섬을 깊이 침식했고 또 섬이 초로 보호되기 전에 침식되어 섬 둘레를 따라 물속 얕은 곳에 불쑥 튀어나온 바위를 남겨놓았다면, 현재의 해안은 하나 같이 거대한 벼랑이어야 했다. 그러나 거의 그렇지가 않았다. 게다가 그런 견해로는, 산호가 자라기에 너무 깊은 암반의 가장 바깥쪽 가장자리에서 산호가 벽처럼 자라 올라오는 것과 그 안에 넓은 호수가 만들어지는 과정을 설명할 길이 없었다. 이런 섬들의 둘레를 따라 퇴적물이 넓게 쌓이고, 보통은 안에 있는 섬이 작을수록 퇴적물이 가장 넓어진다는 것과 이 섬들이 대양의 한가운데 가장 깊은 곳에서 드러난다는 것을 생각해보면, 전혀 있을 법하지 않은 일이었다. 뉴칼레도니아 보초의 경우, 섬의 북쪽 끝에서 150마일이나 더 뻗어 있었다. 서해안 앞에서 뻗은 직선은 북쪽으로 계속되었다. 퇴적물이 높은 섬 앞에 그렇게 직선으로 쌓인다는 것과 대양 멀리 한가운데서 그렇게 끝나는 것도 믿기 힘들었다. 마지막으로 높이나 지질구조는 비슷하지만 산호초로 둘러싸이지 않은 다른 섬들을 살펴보면, 해안과 아주 가까운 곳을 빼고는 30패덤 정도로 얕은 곳은 거의 찾아볼 수 없었다. 이는 산호초로 둘러싸이든 싸이지 않든 대양에 있는 대부분의 섬들은 보통 급하게 솟아오르면 급하게 물속으로 들어가기 때문이었다. 그렇다면 이 보초들은 어디에 기반을 두고 있는가? 해자를 두른 것처럼 수로가 넓고 깊은데도 왜 보초들은 가운데에 있는 섬에서 그렇게 멀리 떨어져 솟았는가? 이 어려운 점들이 얼마나 쉽게 해결되는지 곧 보게 될 것이다.

세 번째 부류인 거초를 간단하게 알아보자. 육지가 바닷속으로 불쑥 들어가면, 이 초는 폭이 몇 야드밖에 되지 않고 해안을 따라가는 단순한 끈 모양이나 가장자리가 되었다. 육지의 경사가 완만하면 거초는 물속에서 넓어져 때로는 폭이 1마일이나 되는데, 그 경우 거초 바깥쪽에서 수심을 재면 언제나 육지가 바닷속으로 완만하게 연장된다는 것을 알 수 있었다. 사실 거초는 해안에서 수심 20~30패덤에 이르는 기초까지만 뻗어 나갔다. 거초의 폭이 대개 좁아서, 그 결과 거초 위에는 작은 섬들이 많지 않았다. 산호가 바깥쪽에서 더 왕성하게 자라는 사실과 안으로 씻겨드는 퇴적물의 해로운 효과를 생각해보면, 바깥쪽이 가장 높은 부분이고, 그 부분과 땅 사이에는 보통 수심이 몇 피트인 모래로 된 얕은 수로가 있었다. 서인도 제도의 일부처럼, 퇴적물 둑들이 수면 가까이 쌓이는 곳에서는, 때때로 산호가 그 둑의 가장자리를 만들어 둑들이 초호도나 환초와 어느 정도 비슷해졌다.

산호초 형성에 관한 어떤 이론이라도 세 부류의 산호초를 포함하지 않는다면 만족스럽다고 할 수 없었다. 지금까지 한 설명은 낮은 섬들이 흩어져 있는 넓은 지역이 침강했는데, 이 섬들 중 단 하나도 바람과 파도가 산호 모래 같은 물질을 밀어 올릴 수 있는 높이 이상으로는 솟아오르지 않았고, 기초가 필요한 동물들이 그 섬들을 건설했고, 그렇게 깊지 않은 곳에 기초가 있다는 것을 믿어야 했다.

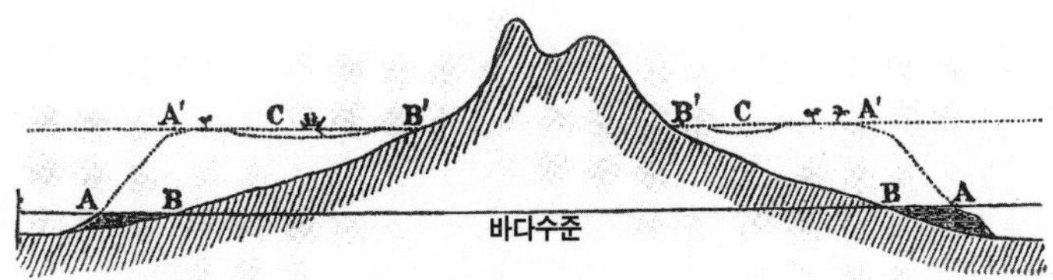

AA가 해면에서 거초의 바깥쪽 변두리를 나타낸다.
BB가 거초로 에워싸인 섬의 해안을 나타낸다.
A'A'가, 섬이 침강한 동안 초가 위로 성장해, 지금은 보초로 변한 초의 바깥쪽 변두리로, 보초 위에 작은 섬들이 있다. B'B'가 지금 초로 둘러싸인 섬의 해안을 나타낸다.
CC가 초호수로를 나타낸다.
이 그림과 다음 그림에서 땅이 침강된 것을 해면이 올라온 것으로 생각할 수도 있다.

거초로 둘러싸여 있고 구조가 어렵지 않은 섬 하나를 그림에서 실선으로 표시해서 그 섬과 초를 천천히 가라앉혀보자. 섬이 한 번에 몇 피트씩 또는 아주 알아볼 수 없을 정도로 가라앉는데에 따라, 살아있는 덩어리들이 바다 수면 쪽으로 올라가리라고 유추할 수 있었다. 그러나 물이 해안을 야금야금 잠식할 것이므로 섬은 점점 낮아졌고 작아졌다. 그에 비례해 초 안쪽 변두리와 해안 사이는 점점 넓어질 것이다. 수백 피트 가라앉은 다음의 섬과 초를 점선으로 그렸다. 작은 산호섬들이 초에 생기고 배가 초호수로에 정박할 것이다. 이 수로는 침강된 정도와 그곳에 채워진 퇴적물의 양과 그곳에서 자랄 수 있는 미세한 가지가 나는 산호의 성장에 따라 깊이가 어느 정도 될 것이다. 이때의 단면은 초로 에워싸인 섬의 단면과 모든 점이 같을 것이다. 사실 그림에 있는 단면은 태평양에 있는 보라보라의 (0.517인치가 1마일인) 실제 단면이다. 이제 우리는 섬을 에워싸는 보초에서 산호섬들이 왜 해안에서 그렇게 먼 지 금방 알 수 있었다. 또한 새로 생긴 초의 바깥쪽에서 오래된 초의 아래에 있는 단단한 기반암석까지 수직으로 선을 내리면, 침강한 깊이만큼, 산호가 살 수 있는 작은 한계를 초과한다는 것을 알 수 있었다.—이 작은 건축사들은 전체가 침강함에 따라 다른 산호와 그들이 굳은 조각들을 기반으로 거대한 벽 같은 덩어리를 만들어냈다. 이렇게 해서 처음에는 그처럼 크나컸던 어려움이 사라졌다.

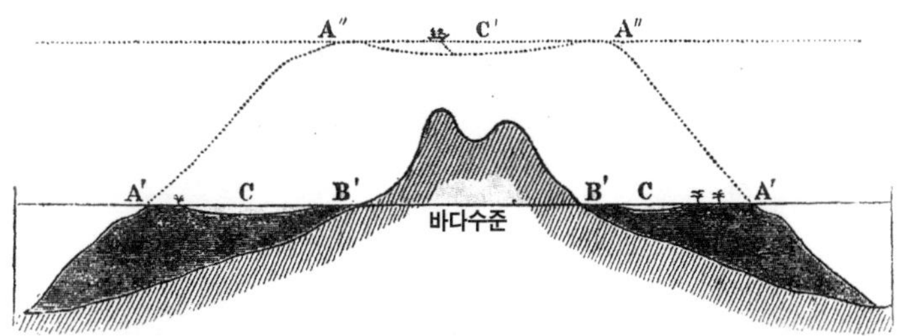

A'A'가 해수면과 같은 수준의 보초의 바깥쪽 변두리로 작은 섬들이 그 위에 있다. B'B'가 보초에 갇힌 섬의 해안을 나타낸다. CC가 초호수로를 나타낸다.
A''A''가 지금은 환초로 변한 산호초의 바깥쪽 변두리. C'가 새로이 생긴 환초에 있는 초호를 나타낸다.
실제보다 초호수로와 초호의 깊이가 많이 과장되었다.

만약 섬 대신에 산호초가 있는 대륙 해안이 침강했다고 상상한다면, 오스트레일리아나 뉴칼레도니아에서 볼 수 있는, 육지에서 넓고 깊은 수로로 분리된 거대하고도 곧은 보초가 생겨날 것이다.

앞서 얘기한 보라보라 보초의 단면을 실선으로 표시하고, 새 보초를 가라앉혀보자. 보초가 천천히 가라앉으면서, 산호들은 위쪽으로 열심히 자랄 것이다. 그러나 섬들이 가라앉으면서 해안이 바다에 잠기게 되었다. 그러면 떨어져 있던 산들은 처음에는 거대한 산호초 안에 떨어져 있는 섬들로 보이고 마지막에 가서 가장 높은 봉우리가 사라졌다. 그 순간 완전한 환초가 되었다. 환초들은 가라앉은 섬의 윤곽을 그린 해도라고 불릴 만했다. 나아가 태평양과 인도양에 있는 환초들이 어떻게 그 대양 안에 있는 높은 섬들과 그 대양들에 해안선의 방향이 평행하게 선을 이루면서 뻗어 있는가를 알게 되었다. 그러므로 감히 말하지만 땅이 가라앉는 동안 위로 성장하는 산호의 이론에 바탕을 두면* 항해하는 사람들을 그렇게 오랫동안 흥분하게 했던 초호도와 환초의 놀라운 구조의 주요한 특징들뿐 아니라, 작은 섬을 에워싸거나 대륙의 해안을 따라 수백 마일을 뻗어 있는 놀라운 보초들도 간단히 설명되었다.

보초나 환초가 만들어지면서 섬이 침강했다는 증거를 물을 수도 있다. 킬링 환초에서는 초호 여러 곳에서 오래된 야자나무들이 바닷물에 파이고 쓰러지는 것을 보았고, 한 곳에서는 오두막

* 미국의 대규모 남극탐험대에 참가했던 박물학자 쿠두이 씨의 팸플릿에서 다음과 같은 문장을 발견하고 아주 만족스러웠다. "수많은 산호섬들을 직접 조사하고 해안이 있고 일부분은 산호로 에워싸인 화산섬에서 여덟 달을 산 다음, 나 자신의 관찰로 보아, 다윈 씨의 이론이 옳다는 확신이 들었다." 그러나 산호초 형성에 관한 몇 가지 주장에서 이 탐험에 참가했던 박물학자들과 내 의견은 달랐다.

의 기둥 기초를 보았는데, 주민들의 말로는 7년 전에는 밀물선 바로 위에 있었으나, 지금은 매일 밀물에 씻겼다. 바니코로 보초에서는 초호수로가 유난히 깊었다. 산호초로 에워싸인 높은 섬 기슭에 흙이 거의 쌓이지 않았다. 벽 같은 보초 위에 산호 조각과 모래가 쌓여 작은 섬들이 조금씩 생겼다. 이 사실들과 비슷한 몇 가지 사례에서, 나는 이 섬이 최근에 가라앉았고 산호초가 위로 자라났다는 것을 믿게 되었다. 소사이어티 제도에서는 초호 수로가 거의 막혀 있었다. 많은 퇴적물이 쌓여있으며, 때로는 기다란 작은 섬들이 보초 위에 생겼다. 이 모든 사실들이 그 제도가 아주 최근에는 가라앉지 않았다는 것을 가리켰다. 땅과 물이 주도권을 잡기 위해 발버둥을 치는 것처럼 보이는 이 산호초에서는 조류의 흐름이 바뀌어서 일어나는 효과와 경미한 침강의 효과를 구별하기가 어려웠다. 또 많은 산호초와 환초들이 어떤 변화를 받는 것은 확실했다. 어떤 환초에서는 작은 섬들이 최근에 아주 커지는 것으로 보이며, 일부분 또는 완전히 씻겨나가는 환초들도 있었다. 맬디브 환초의 일부에서 사는 주민들은 작은 섬들이 처음 생긴 날짜를 알기도 하며, 다른 곳에서는 무덤으로 쓰려고 파놓았던 자리들이 현재는 물에 씻겨도 과거에 사람들이 살았다는 것을 증명했다.

우리의 이론으로는 단순히 산호초로 에워싸인 거초의 해안들은 조금이라도 알아볼 수 있을 만큼 침강할 수 없었다는 것은 확실했다. 그러므로 그런 산호초들은 산호가 크기 시작하면서, 가만히 있거나 융기한 것이 확실했다. 솟아오른 생물 유해들로 보아, 거초는 대부분 섬이 솟아오른 것이라는 것을 보여줄 수 있었다. 여태까지 솟아오른 생물 유해의 존재는 우리의 이론을 지지하는 간접증거였다.

보초와 환초의 구조에서 특징들뿐만 아니라, 그들의 모양과 크기와 기타 특징이 비슷하다는 것이 침강이론으로 설명되며—나아가 이 이론과는 별도로 의문이 있는 지역에서, 적절한 깊이에서 산호가 살 토대를 설명해야 할 필요가 있어, 이 이론을 받아들여야 했다—나아가 산호초 구조 안에 있는 많은 세목들과 예외의 경우들도 간단하게 설명할 수 있었다. 몇 가지만 예를 들겠다. 보초에서는 놀랍게도 초를 지나가는 통로가 정확하게 초에 갇힌 육지의 골짜기 맞은편에 있었다. 초는 육지에서 실제 통로보다 훨씬 깊고 넓은 초호수로로 분리되어 있어 흘러들어 오는 대단히 작은 양의 물이나 모래가 초에 있는 산호들에게 상처를 입힐 것 같지는 않아 보였다. 그리고 모든 거초는 연중 대부분 말라 있지만, 가장 작은 시냇물과 면한 좁다란 통로가 있었다. 진흙과 모래와 자갈들이 가끔 씻겨나가 쌓여 그곳에 있는 산호들을 죽이기 때문이었다. 그 결과 거초가 있는 섬이 침강하면 대부분의 좁은 통로들은 바깥쪽과 위쪽으로 자라는 산호 때문에 아마 막힐지라도, 막히지 않은 몇몇 통로들은 (그리고 초호수로에서 흘러나가는 퇴적물과 덜 깨끗한 물 때문에 언제나 열려 있어야 하는 통로들도 있다) 그 골짜기의 정확하게 윗부분의 맞은편, 곧 원래 바탕이 되었던 초가 열렸던 곳에 계속해서 열려 있을 것이다.

섬의 한 쪽이나 한쪽 끝 또는 양 끝이 보초로 둘러싸인 섬이 오랫동안 가라앉으면 하나의 벽 같은 초나 보초에서 곧장 뻗어나간 거대한 절벽이 있는 환초나 곧은 초로 연결된 두세 개의 환초로 변한다는 것을 우리는 쉽게 알 수 있었다—모든 경우에서도 예외가 실제로 생겼다. 산호는 먹이를 필요로 하고, 다른 동물들에게 먹히고, 퇴적물에 덮여 죽고, 부드러운 바닥에는 붙지 못하고, 다시는 자랄 수 없는 깊은 곳으로 쉽게 흘러가기 때문에, 환초나 보초의 일부분이 불완전하더라도 놀랄 필요는 없었다. 뉴칼레도니아의 대보초는 그래서 많은 부분이 불완전하고 부서져 있었다. 그러므로 오래도록 침강한 뒤, 이 거대한 산호초는 400마일 길이의 거대한 환초가 되지 못했고, 환초들이 사슬처럼 연속되거나 맬디브 군도와 같은 규모의 환초가 될 것이다. 게다가 해류나 조류로 한쪽이 터지면 계속해서 침강하는 동안 터진 테두리가 다시는 붙을 수 없을 것 같은데, 만약에 붙지 못하면, 전체가 가라앉으면서 하나의 환초가 두 개 또는 그 이상으로 나누어질 것이다. 맬디브 군도에는 위치를 보면, 서로 연결된 게 뚜렷한 환초들이 깊이를 알 수 없는 수로나 아주 깊은 수로로 나누어져 있어서—로스 환초와 아리 환초 사이는 150패덤이고, 북 닐란두 환초와 남 닐란두 환초 사이는 200패덤이다—지도를 보면 그들이 과거 한때 아주 긴밀하게 연결되었다는 것을 믿지 않을 수 없었다. 또 같은 군도의 마흐로스-마흐두 환초는 100~132패덤 깊이의 수로 두 개로 나누어지는데, 세 개의 환초라고 부를지 아니면, 아직 마지막까지 나누어지지 않은 하나의 환초라고 부를지는 정확하게 말하기가 힘들었다.

나는 더 상세히 설명하지는 않겠다. 그러나 북맬디브 환초의 신기한 구조는 (바닷물이 터진 틈으로 자유로이 드나드는 것을 생각하면), 보통 환초에서 나타나는, 초호 속에 흩어진 작은 산호초들을 바탕으로 하고 또 보통 모양의 환초를 감싸는 변두리 선線

같은 모양의 산호초의 부서진 부분에서, 위쪽과 바깥쪽으로 산호가 자유롭게 크면서 그렇게 되었다고 간단히 설명할 수 있다. 나는 이 복잡한 구조가 아주 기이하다는 것을 한 번 더 말하지 않을 수 없다. 모래로 되었고 보통은 오목한, 거대한 원반이 깊이를 알 수 없는 대양에서 불쑥 솟아났는데, 가운데는 해면에 살짝 드러난 산호 바위로 된 타원형의 분지들이 흩어져 있었다. 변두리에는 그런 분지들이 대칭으로 놓여 있으며 때로는 숲으로 덮이며, 분지의 각각에는 맑은 물의 호수가 하나씩 있었다.

한 가지만 더 상세하게 이야기하자. 이웃한 제도 두 곳 중, 한 군데에서는 산호가 잘 자라고 다른 곳에서는 잘 자라지 않은 것처럼, 앞에서 열거한 많은 조건들이 산호의 존재에 영향을 미칠 것이므로 땅이나 공기 그리고 물이 변하는 동안 특정한 지점이나 지역에서 산호가 영원히 살 수 있을지는 알 수 없었다. 그리고 우리의 이론대로 환초와 보초가 있는 지역이 침강하면서, 가끔씩 물에 잠겨있거나 죽은 초를 발견하게 되었다. 모든 초에서 초호 수로에서 바람이 불어가는 쪽으로 흘러나가는 퇴적물 때문에, 그 쪽 지역은 산호가 오래도록 왕성하게 자라는 데 가장 좋지 않았다. 그러므로 바람이 불어가는 쪽에서는 죽은 산호가 흔히 발견되었다. 죽은 산호들은 본연의 벽 같은 모습을 하고 있어도, 지금은 여러 곳에서 보듯이 수면 아래 몇 패덤 깊이에 가라앉아 있었다. 차고스 그룹은 아마도 너무 빨리 침강했기 때문에 지금은 과거보다 초가 자라기에 훨씬 좋지 않은 환경이 된 것으로 보였다. 환초 한 개는 가장자리 9마 일정도 되는 부분이 죽어서 물에 잠겼다. 두 번째 환초는 아주 작은 부분이 살아남아 표면으로 솟아

올랐고, 세 번째와 네 번째 환초는 완전히 죽어서 물에 잠겼으며, 다섯 번째 환초는 단순한 잔해라 구조가 거의 다 없어졌다. 이 모든 경우에서, 죽은 산호 또는 그 일부분이 마치 일정한 움직임에 따라 아래로 내려온 것처럼, 거의 같은 수심, 즉 수면에서 6~8패덤 깊이에 있었다. (귀중한 정보를 많이 준) 모레스비 함장이 "반쯤 물에 빠져 죽은 환초" 라고 불렀던 이런 환초 가운데 하나는, 한 변이 90해리이며 다른 변은 70해리로 아주 크며 많은 점에서 매우 신기했다. 나의 이론을 따르면, 새로운 환초들은 새로이 가라앉는 지역에서 생겼다. 이때 두 가지 중요한 반대 의견이 나올 수 있었다. 즉 환초가 무수하게 많아져야 한다는 점과 반대로 오래전에 침강된 지역에서 자라는 환초는 그것들이 가끔 부서진다는 것을 증명하지 않는다면, 두께가 무한히 두꺼워져야 한다는 점이었다. 이렇게 해서 우리는 산호 바위로 된 이 거대한 둥근 환環들의 역사, 즉 그들이 처음 생길 때부터 간혹 성장에 영향을 주는 사고를 당하고 죽고 마침내 없어질 때까지를 추적해 보았다.

『산호초』라는 나의 두꺼운 책에는 환초를 진한 파란색, 보초를 연한 파란색, 거초를 붉은색으로 칠한 지도가 있다.[4] 거초는 땅이 가만히 있을 때 만들어졌거나 땅이 천천히 솟아오르는 동안 만들어졌다. 반면 환초와 보초는 정반대의 운동인 침강으로 만들어지는 것이 틀림없었다. 그것도 아주 쉬엄쉬엄 가라앉은 것이 분명했다. 환초의 경우, 아주 넓은 바다에 걸친 모든 산꼭대기가 바닷물에 잠겼을 정도로, 굉장히 넓은 지역이 가라앉았던 것이 틀림없었다. 산호초가 지구 운동에 좌우된다는 이론에 바탕을 두면, 우리는 파란색을 칠한 두 부분이 아주 넓고 붉게 칠한 긴 해안선에서 떨어져 있는 것이 자연스럽게 이해된다. 주목할 점은, 한 개의 붉은 원과 여러 개의 파란 원이 가까이 있는 경우가 몇 번 있는데, 이것은 지면이 오르내렸다는 것을 보여준다. 왜냐하면 나의 이론대로 하면 환초로 된 붉은 원들, 즉 거초는 원래는 땅이 가라앉아서 생겼으나, 후에 융기했다. 반면, 산호 바위로 된 연한 파란색 또는 초로 둘러싸인 섬 몇 개는 침강하기 전에 현재의 높이로 융기했던 것이 틀림없으며, 그동안 보초는 위로 성장해서 지금처럼 되었다.

여행기의 저자들은 환초가 대양에서는 가장 흔한 산호초인데도 어떤 바다에는 전혀 없다는 사실, 예를 들면, 서인도 제도 바다에는 하나도 없다는 사실에 놀라면서 주목했다. 그러나 금방 이유를 알 수 있다. 침강하지 않은 곳에서는 환초가 생길 수 없기 때문이다. 서인도 제도와 동인도 제도의 일부가 최근에 융기했다는 것은 잘 알려져 있었다. 붉은색과 파란색을 칠한 넓은 지역이 모두 길게 늘어났고, 그 두 지역 사이에는 되는 대로 색깔을 바꾸어 칠한 듯한데, 마치 한 곳이 융기하면 다른 곳이 침강해 균형을 이룬 것 같았다. 산호초가 주변을 에워싼 연안들과 산호초가 전혀 없는 곳—예를 들면, 남아메리카 같은 곳—이 최근에 융기한 것을 고려하면, 대륙들의 대부분은 솟아오르는 지역이며 대양의 가운데 부분은 가라앉는 지역이었다. 동인도 제도는 지상에서 기복이 가장 심한 지역으로, 융기하는 지역이 대부분이지만, 침강하는 좁은 지역으로 둘러싸이거나 파이는 곳이 한 곳 이상은 되는 것 같았다.

나는 알려져 있는 많은 활화산을 그 지도에 모두 새빨갛게 칠했다. 연하든 진하든 파랗게 칠한, 침강 지역에 활화산이 하나도 없다는 게 가장 눈에 들어왔다. 마찬가지로 붉게 칠한 부분과 큰 화산들이 있는 사슬 같은 지역이 일치한다는 것도 눈에 들어와, 붉게 칠한 부분이 오래 정지해 있기보다는 최근에 융기했다고 결론지어야 했다. 새빨갛게 칠한 지점이 파랗게 칠한 원들에서 그렇게 멀리 떨어져 있지 않아도, 제도나 작은 환초의 수백 마일 안에는 단 한 곳의 활화산도 없었다. 그러므로 프렌들리 제도에서 주목할 만한 사실은, 융기되어 일부가 침식된 환초인데도, 두 개 또는 그 이상의 화산이 역사시대에 터졌다는 점이다. 반면에 태평양에 있는 대부분의 섬들은 보초들로 화산이 터져서 만들어져, 가끔은 아직까지 남아있는 분화구들의 흔적을 구분할 수는 있지만, 그 중의 하나도 폭발했다는 것이 알려져 있지 않았다. 그러므로 이 경우에는 융기나 침강 활동의 우세 여부에 따라 화산이 폭발했다가도 같은 지점이 꺼진 것으로 보였다. 활화산이 있는 곳이라면 어디든지 융기된 생물 유해가 흔하다는 것을 증명할 무수한 사실들을 예시할 수도 있었다. 그러나 침강된 지역에는 화산이 없거나 있어도 활동하지 않는다는 것을 보여줄 수 있을 때까지는, 화산의 분포가 지구 표면의 융기나 침강에 달려 있다고 추론하는 것은 추론 자체는 가능해도 위험하다고 하겠다. 그러나 지금은 이 중요한 추론을 어렵지 않게 인정해도 된다고 생각했다.

이제 지도를 마지막으로 한 번 더 보고 융기된 생물 유해를 고려한 설명을 마음에 새기면, 지질학에서 그렇게 오래되지 않은 시간에, 넓은 지역이 침강했거나 융기한 사실에 놀라지 않을 수 없다. 융기 운동이나 침강 운동은 거의 같은 법칙을 따르는 것으로 보였다. 단 하나의 봉우리도 수면 위로 솟아 있지 않은 채, 환초들만 흩어져 있는 곳이 엄청나게 침강한 게 틀림없었다. 게다가 쉬지 않고 침강하든, 산호가 다시 수면 가까이 올라올 수 있을 만큼 긴 시간 여유를 갖고 천천히 침강하든, 침강은 반드시 엄청나게 느린 것은 틀림없었다. 이 결론은 아마도 산호초가 어떻게 만들어지는지를 연구하면서 유추한 사항들 가운데에서 가장 중요한 내용 중 하나일 것이다. 그래도 이전에 높은 섬들로 된 큰 제도가 있었다는 가능성을 전혀 무시할 수 없었다. 대양 한가운데에 있는 섬들의 분포를 보여주는 그 제도는 지금은 엄청나게 멀리 떨어진 채, 산호 바위들이 간신히 물밖에 둥글게 나타났다. 산호초를 만드는 산호들은 지하에서 일으키는 지면의 오르내림에 관한 놀라운 기억들을 간직하고 있었다. 우리는 보초 하나하나에서 육지가 침강했다는 증거를 보고, 환초 하나하나에서 지금은 사라진 섬의 기념물을 봤다. 그러므로 우리는 1만 년을 살면서 지나간 변화를 기록하는 지질학자처럼, 지구 표면이 갈라지고 땅과 육지가 뒤바뀐 거대한 체계를 들여다볼 수 있는 통찰력을 얻었다.[5)]

축약자 주석

1) 킬링 군도가 인도양 동남부 남위 12도 00분, 동경 96도 54분 45초, 자바 섬 남서쪽 1,200km에 있는 약 30개의 산호섬들로 된 환초이다. 남킬링 군도와 북킬링 섬으로 되어있다. 동인도회사에서 일하며 영국 왕 제임스 1세에게서 위임장을 받았던 윌리엄 킬링 선장이 이 군도를 1608~1609년에 발견했다. 1857년에 영국령, 1903년에 싱가포르 직할령, 1955년부터 오스트레일리아령이 되었다. 해저전신 중계기지가 있고 넓이가 14km^{2}에 주민의 숫자가 2016년 500명을 조금 넘었다.

2) 파도가 높아지려면 바람도 세어야 하지만 바람이 불어 가는 거리(fetch)도 커야 한다. 대양에서 부는 '온화하지만 끊임없이 부는 무역풍'이 '강렬한 큰

물결'을 만드는 것은 무역풍이 불어 가는 거리가 대단히 크기 때문이다.

3) 프랑스 섬은 지금의 모리셔스 섬을 말한다. 이 섬은 약 800만 년 전에 생긴 화산섬이다. 그러나 다윈은 이 섬을 여기에서는 산호섬으로 착각했다.

4) 다윈이 말하는 두꺼운 책은 1842년에 발간된 『산호초의 구조와 분포 The Structure and Distribution of Coral Reefs』를 말한다. 그가 말하는 '지도'는 전 세계 바다에 있는 산호초를 칼라로 표시한 도판 3을 말한다.

5) 동인도 제도가 있는 바다는, 현대지질학이론인 판구조론(板構造論)에 따르면, 유라시아 지판과 인도-오스트레일리아 지판, 필리핀 지판, 태평양 지판에 붙은 작은 캐롤라인 지판이 만나는 곳이다(지판이란 지구를 덮는 두께 100km 정도의 지각을 말한다). 그러므로 동인도 제도가 있는 바다와 그 주위에는 솟아오르고 가라앉아 깊은 곳도 많고 지진과 화산도 많아 해저와 육상의 지형과 지질이 아주 복잡하다. 다윈은 현대지질학이론은 몰랐지만, 산호초가 만들어지는 과정과 그 분포로, 지질현상을 올바르게 추론했다. 산호초는 지각변동과 산호의 생태와 주위 바다 환경이 밀접하게 연관되어 만들어지는 현상이다.

활화산은 침강 지역에는 전혀 없으며 융기 지역에만 있다. 그러므로 그는 환초군인 프렌들리 군도에 활화산이 있다는 사실을 놀라운 눈으로 바라보았다. 프렌들리 군도는 오늘날의 통가 군도이다. 통가 군도에서 북쪽으로 사모아 군도까지 올라와, 북서쪽으로 솔로몬 군도와 비스마르크 군도 쪽으로 올라가는 지역은 태평양 지판과 인도-오스트레일리아 지판이 만나는 경계지역이다. 그러므로 그 지역에는 지진이 많이 일어나며 활화산도 많다. 실제 태평양에 있는 거의 모든 섬은 화산 기원이다. 태평양처럼 깊은 대양에서는 화산이 아니고는 섬이 거의 생길 수가 없다.

지질학에서 보면 화산은 지판의 충돌이나 해저의 확장과 관계된다. 서인도 제도가 있는 바다는 융기하는 곳이어서 환초가 없다. 현무암질 마그마는 대양 가운데 심해에 있는 산맥인 해령(海嶺)의 축에서 솟아올라, 해저가 양쪽으로 늘어나며 멀리 갈수록 수축되어, 다윈이 말하듯이, 대양의 중앙부는 가라앉으며 그에 따라 섬들도 침강한다.

해저가 확장하고 대륙이 이동하는 원동력은 지구 내부의 열대류현상이다. 열은 지구 내부를 구성하는 광물에 있는 우라늄이나 토륨 같은 방사성동위원소의 붕괴로 생긴다. 그 열로 해저가 확장되면서 해양 지판과 대륙 지판이 움직여 대륙이 이동하고 해구가 생기고 지진이 일어나고 화산이 폭발하고 산맥이 생긴다. 또 수륙의 분포가 달라지고 육상과 해저의 지형과 해류가 바뀌고 풍계(風系)와 기후가 달라지고 식생과 동물이 바뀌고 바다로 유입되는 퇴적물이 달라진다.

제21장 모리셔스 섬에서 영국으로

아름다운 모리셔스 섬-분화구를 닮은 큰 반지 모양의 산-힌두교도-세인트 헬레나 섬-식물상이 변한 역사-땅에서 사는 달팽이가 멸종한 원인-어센션 섬-외지에서 들어온 쥐들의 변화-화산탄-적충류로 된 지층-바이아-브라질-열대 지방의 화려한 경관-페르남부코-기이한 암초-노예제도-영국으로 돌아와-우리의 항해를 돌아보며

4월 29일_ 아침에 모리셔스 섬 혹은 프랑스 섬이라고 불리는 섬의 북쪽 끝을 돌아갔다. 흩어진 집들과 밝은 초록색으로 물든 널따란 사탕수수밭들이 있는 팡플레무스의 경사진 평지가 먼저 눈앞에 펼쳐졌다. 섬 가운데로 나무로 덮인 산들이 잘 개간된 평지에서 솟아올랐으며 산꼭대기들은 보통 오래된 화산암들이 그렇듯이 아주 날카로웠다. 경사가 급한 가장자리와 중앙의 산들 때문에 섬 전체의 외양이 대단히 우아했다.

다음 날은 마을을 돌아다니고 여러 사람을 찾아다니면서 대부분의 시간을 보냈다. 2만 명의 주민이 산다는 마을은 상당히 컸다. 길들은 아주 깨끗했고 반듯했다. 영국 정부가 오랜 시간 그 섬을 통치했으나 전체 모습은 프랑스 같았다.[1] 실제로 칼래나 불로뉴가 훨씬 더 영국답다는 생각이 들었다. 이곳에는 아주 작고 아름다운 극장이 있는데, 훌륭한 오페라들이 공연되었다. 또한 책장에 많은 책이 진열된 큰 책방들을 보고 놀랐다. 사실

오스트레일리아와 남아메리카는 모두 새로운 세계였다.

루이 항에서 가장 흥미로운 광경은 길거리를 활보하는 각양각색의 인종들이었다. 인도에서 온 죄수들은 죽을 때까지 이곳에서 수형생활을 하는데, 현재 800명 정도가 여러 가지 공공 작업에 동원되었다. 그들은 말이 없고 예의가 발랐다. 겉으로 나타나는 그들의 행동과 깨끗하고 이상한 종교의식을 충실하게 지키는 것으로 보아, 그들을 뉴사우스웨일스에 있는, 우리나라의 비참한 죄수들을 보듯이 볼 수가 없었다.

5월 1일_ 일요일. 바닷가를 따라 마을 북쪽까지 걸어갔다. 이 섬은 아주 좋은 곳이었지만, 타히티 섬의 매력이나 브라질의 장관은 없었다. 다음 날, 나는 마을 뒤에 2,600피트 높이로 엄지손가락처럼 생긴 라 푸스 봉으로 올라갔다. 섬의 중앙부는 바다쪽으로 기울어진 거대한 대지로 이루어졌고, 울퉁불퉁하고 오래된 현무암질로 된 산이 둘러싸고 있었다. 중앙에 있는 대지는 최근에 분출된 용암류로 되었으며, 달걀 모양에 짧은 축이 13지리 마일이었다.

높은 곳에 있으니, 섬 전체가 훤히 내려다보였다. 이쪽의 땅은 경작이 잘 된 것처럼 보였으나 전체 땅의 절반 이상이 아직은 생산을 할 수 없는 상태라고 했다. 영국이 이 섬을 소유한 지 겨우 25년 만에 설탕 수출이 75배로 늘었다고 했다.[2)] 그렇게 번성한 이유 가운데 하나가 도로 상태가 아주 우수하다는 것이다. 섬이 번영하여 큰 이익을 봐도, 영국 정부는 프랑스 출신 주민들에게 인기가 없었다.

5월 3일_ 저녁때, 파나마 지협을 조사하여 아주 유명해진 측량 책임자 로이드 대령이 스토크스 씨와 나를 자신의 시골집으로 초대했다. 그의 시골집은 빌하임 평야의 변두리에 있으며, 루이 항에서 6마일 정도 되었다. 우리는 그 경치 좋은 곳에서 이틀을 묵었다. 그곳은 해발 약 800피트 높이에 있었는데, 공기가 시원하고 신선했다.

5월 5일_ 로이드 대령은 우리를 남쪽으로 몇 마일 떨어진 느와르 강으로 데리고 갔다. 우리는 아름다운 뜰과 커다란 용암 덩어리들 사이에서 자라는 훌륭한 사탕수수의 밭들을 지나갔다. 뾰족한 봉우리들과 경작된 농장들이 어우러진 풍경은 그야말로 그림처럼 아름다웠다. "이렇게 조용한 곳에서 일생을 보낸다면 얼마나 좋을까!" 라고 소리치고 싶은 유혹을 끊임없이 받았다. 로이드 대령에게는 코끼리가 한 마리 있어서 가는 길에 우리를 태워줬다. 놀랍게도 코끼리가 걸을 때, 발자국 소리가 나지 않았다.

5월 9일_ 루이 항을 떠나 희망봉에 들렀다가[3] 7월 8일 세인트 헬레나 섬에 도착했다.[4] 이 섬은 외부 사람이 접근하는 것을

세인트 헬레나 섬에 도착한 비글호. 대양에서 솟아오른 화산섬이라 지형이 아주 험준하다.

막으려는 듯, 대양의 한가운데에서 거대한 검은 성처럼 갑자기 솟아올라 있었다. 마을에 가까운 바위틈들은 작은 요새들과 대포들로 채워져 있었다. 높은 언덕 꼭대기 위에 있는 성은 삼나무로 둘러싸여 있었다.

다음 날, 나는 돌을 던지면 나폴레옹 무덤이 닿을 만한 거리에 묵을 곳을 얻었다. 그곳에서 묵은 나흘 동안 아침부터 밤까지 그 섬을 돌아다니며 지질을 조사했다. 내가 묵었던 곳은 높이가 약 2,000피트 정도인데, 소나기가 끊임없이 내려서 춥고 시끄러웠고 사방이 자주 두꺼운 구름으로 가려졌다.

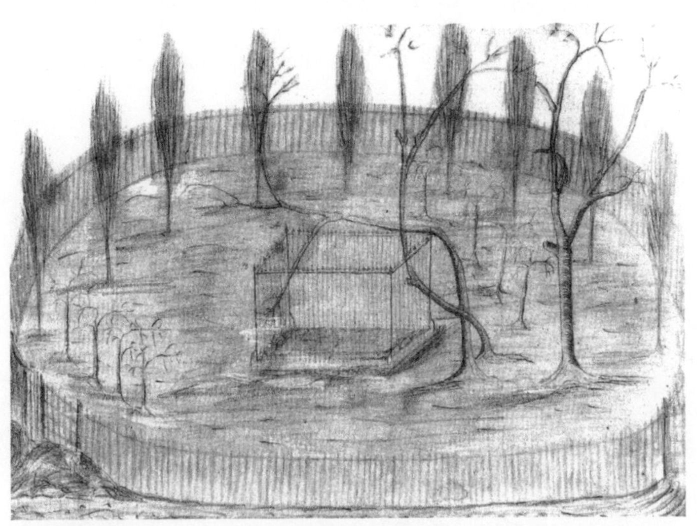

❂ 나폴레옹의 무덤. 세인트 헬레나 섬에서 1821년 5월 5일에 죽은 나폴레옹은 1840년 파리로 이장되었다.

해안 근처의 험준한 용암지대는 아주 척박했다. 가운데 쪽으로 조금 높은 데는 장석을 함유한 바위가 풍화되어 생성된 점토질흙으로 덮여 있었다. 그런데 식물로 덮이지 않은 곳은 아주 밝은 여러 빛깔의 넓은 띠로 물들어 있었다. 남위 16도, 1,500피트의 그렇게 높지 않은 지대에서 영국 특징이 있는 식물을 보다니 놀라웠다. 언덕 위에는 스코틀랜드 삼나무가 불규칙하게 서 있고, 비탈진 언덕에는 밝은 노란 꽃으로 덮인 가시금작화 덤불이 빽빽하게 흩어져 있었다. 현재 이 섬에 있는 식물은 746종으로, 그 가운데 토종은 단지 52종이었다. 도입된 종들이 토종들을 멸종시켜서, 토종식물은 현재 높고 험준한 능선에서만 번성했다.

높은 곳에서 섬을 볼 때, 평지가 좁은데 어떻게 5천 명 정도의 주민들이 먹고 사는지 놀라웠다. 주식은 쌀과 소금에 절인 약간의 짐승 고기로, 두 가지 다 수입했다. 따라서 가난한 사람들에게는 큰 부담이었다. 해방된 노예들은 자유와 권리가 있어 조만간 그들의 수는 빠르게 늘 것으로 보였다.

내가 고용한 안내인은 나이 든 사람으로 소년 시절에 염소를 쳐서 이곳 구석구석을 잘 알았다. 그는 여러 대에 걸친 혼혈로, 거무스름한 피부를 가졌지만 흑백 혼혈인들처럼 비위에 맞지 않은 표정은 보이지 않았다. 피부가 거의 백인 같았고 옷도 잘 입은 한 사람이, 자신이 노예였을 때의 이야기를 아무렇지 않게 하는 것이 나에게는 아주 이상하게 들렸다. 낮은 골짜기에 있는 물이 모두 찝찔해서—뿔로 만든 물통에 든 물과 우리의 점심밥을 든 안내인과 함께 나는 온종일 걸어 다녔다.

높은 곳 가운데 초록색 지역 아래에는 연속해서 변하고 복잡하게 교란되는 지층이 있었다. 높은 곳에는 오래전부터 바다에서 산다고 생각해왔던 조개껍데기들이 흙 속에 상당수 섞여 있었다. 그 조개껍데기는 땅에 사는 아주 이상한 달팽이의 일종이라는 것이 밝혀졌다. 나는 그곳에서 6종을, 또 다른 곳에서는 8종을 더 발견했다. 특이한 사실은 그 가운데 한 종도 지금은 살아 있지 않다는 점이다. 아마도 그들의 멸종은 숲이 완전히 없어진 결과 먹이와 살 곳이 사라졌기 때문인 것으로 생각되었다. 지난 세기 초에 그렇게 된 듯했다.

비츤 장군이 그 섬의 역사를 이야기해서, 높이 솟은 롱우드 평지와 데드우드 평지가 변화한 역사를 알게 되었다. 정말로 기이했다. 두 평지 모두 옛날에는 숲으로 덮여 있어서, 큰 숲으로 불렸다. 1716년까지만 해도 나무가 많았으나 1724년에 큰 나무들이 거의 다 잘렸고, 염소와 돼지가 돌아다니지 못한다는 이유로 작은 나무까지 없앴다. 몇 년 후에 나무 대신 뜻밖에도 왕바랭이가 많아져 지면을 전부 덮었다. 비츤 장군은 지금 그 평지가 "고운 잔디로 덮여 그 섬에서 가장 좋은 목초지가 되었다"고 덧붙였다. 1709년에는 샌디 만에 죽은 나무들이 상당히 많았다고 하는데, 지금은 완전히 사막이었다. 이런 증언이 없다면, 그곳에서 나무가 자랐다는 것을 도저히 믿을 수 없었다. 염소와 돼지는 어린나무들이 나는 대로 족족 죽였고, 그 짐승들의 공격에 안전한 큰 나무들이 늙어 죽으면서 나무가 없어진 게 분명했다. 염소를 들여온 1502년의 86년 후인 캐번디시 시절에 벌써 염소가 엄청나게 많았다고 했다. 1724년에는 "늙은 나무들이 거의 모두 쓰러졌다"고 한다. 드디어 1731년에는 상태가 더 회복할 수 없을 정도로 나빠져서, 돌아다니는 짐승은 모두 죽이라는 명령이 내려졌다. 숲이 이렇게 크게 변화되면서 땅에서 사는 8종의 달팽이뿐 아니라, 수많은 곤충도 멸종되었다.

지금은 멸종된 땅에서 사는 달팽이 8종과 살아 있는 호박달팽이 한 종은 어디에서도 발견되지 않은 이곳 토종이었다. 그러나 영국의 나선달팽이가 이곳에도 흔하다고 큐밍 씨가 알려주었다. 생각건대, 외지에서 들여온 많은 식물과 함께 그 달팽이 알도 들어온 게 틀림없었다. 예상했겠지만 새와 곤충들의 수도* 대단히 적었다. 실제로 나는 모든 새가 최근에 들어온 것이라고 믿고 있었다. 자고와 꿩은 어지간히 많았다.

나는 깊숙한 골짜기로 경계가 지어진 풀밭을 여러 번 지나갔는데, 롱우드는 그 골짜기에 있었다. 가까운 곳에서 보면 롱우

* 그 곤충들 가운데서 작은 똥풍뎅이 속(신종)과 장수풍뎅이 속 한 종을 발견하고 놀랐다. 두 종 모두 동물의 배설물 아래에 엄청나게 많았다. 섬이 발견되었을 때는, 아마도 생쥐 외에는 네발 동물이 전혀 없었던 게 확실하다. 그러므로 배설물을 먹고사는 이 곤충들이 우연히 들어온 것인지 또는 토종이라면 전에는 무엇을 먹고살았는지를 확인하는 것은 어려운 문제이다. 라플라타 강둑은 많은 소와 말의 배설물로 인해 풀밭이 매우 비옥한데도, 유럽에 많은 동물의 배설물을 먹고사는 여러 종의 갑충을 여기에서 찾기란 힘들다. 나는 (유럽에서는 이 속의 곤충이 보통 썩은 식물체를 먹고사는) 장수풍뎅이 속 한 종과 그런 곳에 많은 파내우스 속 두 종을 보았을 뿐이다. 안데스 산맥의 반대편인 칠로에에는 파내우스 속에 속하는 다른 종이 굉장히 많았는데, 소의 배설물을 큼직한 둥근 덩어리로 만들어 땅속에 묻었다. 소가 들어오기 전에 파내우스 속이 사람의 시체를 먹었다고 믿을 이유가 있다. 유럽에서는 갑충이 다른 종의 더 큰 생명체에게 도움을 주는데, 100종이 훨씬 넘을 정도로 아주 많다. 이런 사실을 고려하면, 많은 동물이 자연히 연결된 먹이사슬을 인간이 교란한 실례를 봤다고 상상된다. 반 디멘스 랜드에서는 엄청난 숫자의 부치풍뎅이 속 네 종과 똥풍뎅이 속 두 종, 제3의 속 한 종을 소의 배설물 아래에서 발견하였는데, 그곳으로 소가 들어온 지는 33년밖에 되지 않았다. 그전에 있던 네발 동물은 캥거루와 작은 동물들이었는데, 그들의 배설물과 인간이 가져온 네발 동물의 배설물은 질이 아주 다르다. 영국에서는 배설물을 먹는 대부분의 갑충들의 식성이 일정하여, 네발 동물의 배설물이라고 해서 아무 동물의 배설물이나 먹지 않는다. 그러므로 반 디멘스 랜드에서 뚜렷한 습성의 변화가 생긴 것은 놀랄 사실이다. 내가 앞에서 말한 곤충의 이름은 F. W. 호프 목사가 가르쳐주었는데, 곤충학에서는 나의 선생님이라고 할 그분께 깊은 고마움을 표한다.

드는 존경받는 시골 신사의 집 같았다. 앞으로는 경작된 밭들이 보이고, 그 건너편에는 플래그스탭이라고 부르는 아름다운 색깔의 미끈한 바위 언덕과 '광'이라는 우람한 네모 모양의 검고 커다란 바위가 있었다. 돌아다니는 동안 나를 불편하게 했던 것은 센 바람이었다. 어느 날 나는 신기한 사실 하나를 보았다. 약 1,000피트 높이의 벼랑으로 끝나는 평지 변두리에 서 있었는데, 바람 부는 쪽 몇 야드 앞에서 제비갈매기 몇 마리가 강한 바람에 맞서 날아가려고 버둥거렸던 반면, 내가 서 있던 곳은 아주 고요했다. 공기가 벼랑 면에서 위로 올라가는 것으로 보이는 벼랑가로 가까이 가서 팔을 뻗자, 금방 공기의 강한 힘을 충분히 느낄 수 있었다. 폭 2야드의 보이지 않는 장벽이 강한 바람과 고요한 공기를 완벽하게 갈라놓았다.

세인트 헬레나 섬의 바위들과 산속을 너무 많이 돌아다녀서, 14일 아침 동네로 내려오는 것이 미안했다. 정오가 되기 전에 나는 배로 올라왔고, 비글호는 돛을 올렸다.

7월 19일 어센션 섬에 도착했다.[5] 섬의 가운데에 있는 큰 구릉은 작은 원추형 구릉들의 아버지로 보였다. 그 구릉을 그린 힐이라고 불렀는데, 희미한 초록빛이 난다는 데서 그런 이름이 붙여진 듯했다. 그러나 이맘때, 배가 정박한 곳에서는 알아보기 힘들었다.

정착지는 해변 가까운 곳에 있었다. 해병들과 노예선에서 해방된 흑인 몇 명만이 살았으며, 정부에서 월급을 주고 식사를 제공했다. 섬에는 민간인이 단 한 명도 없었다.

다음 날 아침, 2,840피트 높이의 그린 힐로 올라갔다. 사람이 사는 해변에서 산꼭대기 중앙 부근에 있는 집과 밭까지 수레가 다닐 만한 길이 있었다. 길가에는 표지석이 있고 물통이 있어, 지나가다 목이 마르면 마실 수 있게 되어 있었다. 그와 같은 배려가 모든 곳의 시설물에 드러나 있었으며, 한 방울의 물이라도 낭비하지 않도록 샘들이 관리되었다.

이곳 해안 부근에서는 아무것도 자라지 않았다. 약간의 풀들이 해안 중앙의 높은 곳에 흩어져 있었다. 전체 모습은 웨일스 산악지대의 아주 나쁜 지역을 많이 닮았다. 그러나 목초지들이 부족한 듯 보여도, 약 600마리의 양과 많은 수의 염소와 암소 몇 마리와 말들이 그 풀들을 먹고 자랐다. 토종동물로는 땅에서 사는 게와 쥐가 많았다. 그러나 쥐가 정말 토종인지는 의심스러웠다. 이 섬의 토종 새는 없지만, 케이프 데 베르데 제도에서 가져온 기니 닭이 많았다. 보통 닭들도 기니 닭처럼 야생이 되었다. 원래는 쥐와 생쥐를 잡으려고 가져왔던 고양이가 늘어나면서 큰 골칫거리가 되었다. 이 섬에는 나무가 하나도 없었다. 모든 면에서 세인트 헬레나 섬보다 아주 형편없었다.

한 번은 섬의 남서쪽 끝으로 갔다. 용암이 흘러가면서 불룩해진 혹 같은 것들이 표면을 덮어서, 지질학으로도 뭐라 설명하기 어려울 정도로 울퉁불퉁하고 험했다. 평지 전체에 흩어진 하얀 점들을 처음에는 몰랐으나, 한낮에 사람이 가까이 가서 잡을 수 있을 정도로 자고 있는 바다새라는 것을 나중에 알았다.

이 섬의 지질은 여러 면에서 흥미로웠다. 이곳저곳에서 공이나 배 모양의 화산탄을 발견했다. 겉모양뿐 아니라 내부 구조가 아주 신기했다. 화산탄이 공기 속에서 회전한 것을 보여주는 화산탄의 내부 구조는 정확하게 나무 단면을 닮았다. 처음으로 바깥쪽 껍데기가 빠르게 굳어지고, 두 번째로 아직 액체인 안쪽의 용암이 화산탄이 공중에서 돌면서 생기는 원심력 때문에 바깥 부분의 차가워진 껍데기에 부딪치면서 단단한 돌 껍데기가 된 것이 확실했다. 마지막으로 화산탄의 가운데 부분으로 갈수록 압력이 줄어들면서 뜨거운 증기가 원심력에 따라 다시 세포들을 팽창시키면서 중심부의 가장 굵은 세포 덩어리를 형성했다.

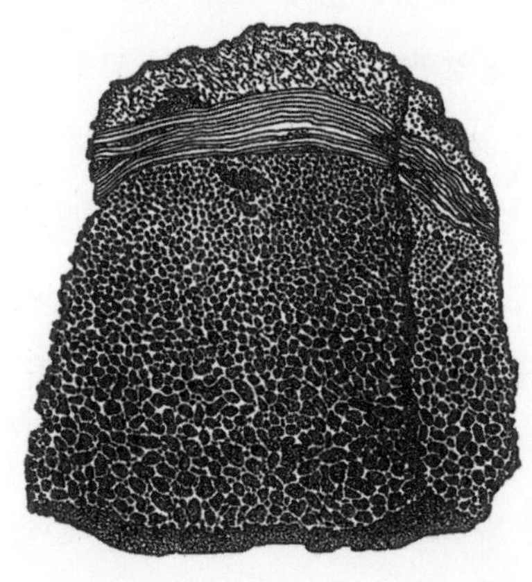

❁ 화산탄의 내부. 안은 결정이 큼직큼직하고 틈이 많아 큰 세포처럼 보이며 치밀한 층이 감싸서 동심구(同心球) 모양이다. 바깥은 빨리 식어 결정이 작고, 작은 세포처럼 보이는 껍데기로 둘러싸여 있다.

언덕은 상당히 오래된 화산암이 계속 쌓여서 만들어졌다. 언덕은 넓고 가운데가 약간 파인 둥근 꼭대기가 화산재나 가는 스코리아로 된 많은 층들로 연속해서 채워져, 이곳을 보통 화산 분화구라고 생각하는데, 이는 잘못이었다. 접시 모양의 층은 가장자리가 바깥으로 노출돼, 여러 색깔로 된 완전한 환環을 만들었다. 나는 연분홍색 석회화처럼 보이는 층에서 표본 한 개를 가져왔다. 에렌베르크 교수가 그 안에서 규산질 보호막이 있는 담수 적충류를 발견했는데 적어도 25종의 규산질로 된, 주로 식물조직이었다. 탄소를 함유한 물질이 전혀 없는 것으로 보아, 에렌베르크 교수는 이 생물체들이 화산의 열을 견디며 지금의 상태로 폭발했다고 믿었다. 그러나 나는 석회화 같은 층들의 모양으로 보아, 이것들이 물속에서 퇴적되었다고 믿고 싶었다. 기후가 극도로 건조했을지라도 화산이 폭발할 때, 장맛비가 내려 호수가 생겼고, 화산재가 그 호수로 떨어졌다고 상상할 수 있기 때문이었다.

우리는 어센션 섬을 떠나 세계의 경도를 완성하려고 브라질 바이아로 다시 갔다. 8월 1일에 도착해 나흘을 머물렀다. 그동안 열대 지방의 풍경을 좋아하는 나의 마음이 조금도 줄어들지 않은 것이 기뻤다.

내가 있던 지역은 높이가 300피트 정도인 평지라고 할 수 있는데, 모든 지역의 바닥이 평탄한 골짜기로 파여 있었다. 이런 구조는 화강암 지역에서는 뚜렷하지만, 평지를 만든 지층이 더 부드러우면 거의 모든 곳에 다 있었다. 평지 변두리에서는 멀리 대양이 보이거나 키 작은 나무가 있는 만이 보이며, 그곳에 있는 수많은 보트와 카누의 하얀 돛들이 보였다. 이런 점을 빼고는 눈에 띄는 경치가 없어, 양쪽의 평탄하고 좁은 길을 따라 발아래로 나무가 우거진 골짜기들이 조금 보일 뿐이었다.

이곳 풍경의 요소들을 늘어놓았지만, 전체의 인상을 표현하기에는 부족했다. 누가 감히 식물원에 있는 식물을 보면서 그 식물이 자연에서 자랄 때의 모습을 상상할 수 있겠는가? 누가 온실에서 큰 식물만을 보면서, 그 식물 가운데 몇 가지를 숲의 나무 크기로 확대할 수 있고, 다른 식물들이 울창한 숲을 이루는 것을 상상할 수 있겠는가? 또한, 곤충학자의 캐비닛에서 화려하고 이국의 느낌이 드는 나비들과 특이한 매미들을 검토하면서, 이 생명이 없는 표본들이 쉬지 않고 요란하게 울고 천천히 나는 것을 누가 상상이나 하겠는가?

우거진 밀림을 엿볼 수 있는 브라질 해안.

그늘진 곳을 조용히 걸으며 감탄을 연발했다. 내 마음을 표현할 말들을 찾고 싶었다. 형용사가 꼬리를 물었지만, 열대 지방을 와보지 못한 사람들에게 마음이 느끼는 기쁨을 전달하기에는 너무 미약했다. 오렌지 나무, 코코아 나무, 야자 나무, 망고 나무, 나무 양치류, 바나나 나무의 모양 하나하나는 또렷하게 나의 뇌리에 남을 것이다. 하지만 이 모두를 하나의 완전한 그림으로 연결해주는 무수한 아름다움들은 사라질 것이다. 그 사라짐 속에서 그것들은 어린 시절에 들었던 이야기들처럼, 흐릿하지만 가장 아름다운 모양들이 가득 찬 그림으로 나에게 남을 것이다.

8월 6일_ 오후에 케이프 데 베르데 제도로 가려고 바다로 나섰다. 그러나 역풍으로 출발이 늦어져서, 12일이 되어서야 페르남부코—남위 8도의 브라질 큰 도시로 들어왔다.[6)]

페르남부코는 바닷물이 드나드는 수로들로 나누어진 여러 개의 좁고 낮은 모래톱 위에 건설되었다. 세 부분으로 나누어진 마을은 나무 기둥 위에 세운 두 개의 긴 다리로 연결되었다. 마을의 모든 곳이 혐오스러웠다. 멀리까지 가보려고 했지만 몇 차례나 실패했다.

페르남부코가 건설된 평탄한 습지대는 수 마일 떨어진 곳에 있는 반원형의 낮은 언덕으로 둘러싸여 있었다. 이 언덕은 해발 약 200피트의 융기된 지역으로, 능선의 가장자리 한쪽 끝에 올린다라는 옛 도시가 있었다. 내가 지난 5년을 돌아다니며 처음으로 무례한 일을 여기에서 당했다. 이 지역을 보려면 인가의 앞마당을 가로질러 경작하지 않은 언덕으로 가야 하는데, 두 집이 기분 나쁘게 거절했고, 세 번째 집에서도 매우 어렵게 허락을 받았다. 그나마 이런 일이 브라질이란 나라에서 일어난 것이 다행이었다. 나는 브라질에 노예제도가 있어 타락한 나라라는 좋지 않은 감정을 이미 오래전부터 가지고 있었기 때문이다. 스페인 사람들이라면 그런 요청을 거절한다든가, 또는 손님에게 그렇게 무례하게 대한다는 것을 생각만 해도 창피했을 것이다.

이 근처에서 본 것들 가운데 가장 신기한 것은 포구를 만드는 초礁였다. 이 초말고 사람이 만든 것처럼 보이는 자연 구조물이 이 세상에 또 있을지 의심스러웠다. 이 초는 해안에서 그렇게 멀리 떨어지지 않은 곳에서, 해안과 평행하게 수 마일에 걸쳐 완전한 직선으로 뻗어있었다. 폭은 30~60야드로 다르지만, 표면은 평탄하고 매끈하며, 층리가 잘 보이지 않는 단단한 사암으로 이루어졌다. 만조에는 파도가 그 위에서 부서지고, 간조에는 꼭대기가 공기에 노출되어 마르는데, 그때는 사이클롭스 인부들이 세운 방파제로 착각할 수 있었다. 이 해안에서는 해류가 육지 앞에서 솟아오르면

❀ 보라색 얼룩의 레일리아 난초. 다윈은 나무 위에 유난히 많은 난초들을 기생식물로 생각했으나 난초는 기생식물이 아니다.

서 긴 사취와 사주가 생겼다. 과거에 이렇게 생긴 긴 사취에 석회질 물질이 스며들어 굳어졌고 천천히 높아졌다. 대서양에서 부유물로 부옇게 된 물이 이 돌 벽의 바깥 부분에 밤낮으로 들이쳐도, 돌 벽이 변하지 않았다. 이러한 강인함이 그 돌 벽의 역사에서 가장 호기심이 갔다. 그 돌 벽이 이렇게 단단한 것은 수 인치 두께의 석회질 물질 때문인데, 그 물질은 완전히 작은 껍데기를 가진 환형동물, 거북다리 몇 종, 산호조珊瑚藻들이 계속해서 나고 죽으면서 만들어졌다. 산호조는 단단하고 간단한 조직으로 된 바다 식물이었다. 그 작은 바다 생물들이 사주를 보호하지 않았다면 사암으로 된 사주는 옛날에 분명히 사라졌고, 사주가 없었으면 포구도 없었을 것이다.

8월 19일, 우리는 브라질 해안을 영원히 떠났다. 하느님께 감사드렸다. 다시는 노예가 있는 나라를 찾아오지 않겠다. 오늘날까지도 멀리서 비명이 들리면, 괴롭지만 페르남부코 근처의 한 집을 지날 때, 처절한 비명을 들으며 내가 느꼈던 감정이 생생하게 기억났다. 불쌍한 노예들이 고통을 당하고 있는 게 거의 확실했지만, 한마디 항의도 하지 못할 정도로 나는 무력한 어린애였다. 나는 리오 부근에서 한 할머니 집 맞은편에서 살았는데, 그 할머니는 여자 노예들의 손가락을 비틀려고 나사들을 가지고 있었다. 나한테 깨끗하지 않은 물을 떠 왔다는 이유로, 예닐곱 살 먹은 어린애가 맨머리를 말채찍으로 두 번씩이나 얻어맞는 것을 보았는데 (내가 말려서 끝났다), 나는 그 애의 아버지가 주인이 흘낏 쳐다만 보아도 무서워서 몸을 떠는 것을 보았다. 뒤에 말한 잔인한 내용들은 노예들이 그나마 포르투갈이나 영국이

나 다른 유럽 국가들의 식민지보다 대접을 더 잘 받는다는 스페인 식민지에서 보았다.

사람이 단지 욕심 때문에 극도의 잔인한 짓을 하지 않을 것이라는 주장이 있다. 마치 사사로운 이익 때문에 가축들을 돌보는 것처럼 말이다. 그런 주장이 오래전부터 고상한 느낌에 반대 논리가 되었다. 가끔 노예의 상태와 우리나라의 가난한 시골사람들을 비교하며 노예제도를 변명하려고 하는데, 만약 우리나라 시골사람들이 가난한 것이 자연의 법칙이 아닌 제도의 문제라면, 우리의 죄가 크다. 앞날이 바뀔 희망마저 없다는 것은 얼마나 불쌍한가! 부인과 어린 자식들을 빼앗아 짐승처럼 가장 많은 값을 써낸 응찰자에게 팔리는 일이 자신에게 일어난다고 상상해 보라! 이웃을 제 몸 같이 사랑하라고 가르치고, 하느님을 믿고, 하느님의 뜻이 이 땅에서 이루어질 것을 기도하는 바로 그 사람들이 이런 행위들을 저지르고 변명했다! 우리나라 사람들과 우리의 후손인 미국 사람들이 자유를 자랑스럽게 외치면서도 지금까지 이러한 죄를 지었고 지금도 짓고 있다고 생각을 하면 피가 끓고 심장이 떨린다. 그러나 우리가 우리의 죄를 속죄하기 위하여, 적어도 다른 어떤 나라보다도 더 큰 희생을 치렀다는 것을 생각하면 위로가 된다.[7]

8월 마지막 날 우리는 케이프 데 베르데 제도의 포르토 프라이아에 두 번째로 정박했다. 거기에서 아조레스 군도로 가 엿새를 머물렀다. 10월 2일 영국의 해안에 있는 팔머스에 도착해, 거의 5년 동안 탔던 작지만 좋은 배 비글호에서 내렸다.

우리의 항해기가 끝날 때가 되었으므로, 세계를 항해하면서 느낀 장점과 단점 그리고 고통과 기쁨을 간단히 돌이켜보겠다.

778 778

1836 Sept

In conclusion, — it appears to me that nothing can be more improving to a young naturalist, than a journey in distant countries. It both sharpens and partly also allays that want and craving, which as Sir J. Herschel* (a) remarks, a man experiences, although every corporeal sense is fully satisfied. The excitement from the novelty of objects, and the chance of success stimulates him on to activity. Moreover as a number of isolated facts soon become uninteresting, the habit of comparison leads to generalization. On the other hand, as the traveller stays but a short space of time in each place, his description must generally consist of mere sketches, instead of detailed observation. Hence arises, (as I have found to my cost) a constant tendency to fill up the wide gaps of knowledge by inaccurate & superficial hypotheses. But I have too deeply enjoyed the voyage not to recommend to any naturalist to take all chances, and to start on travels by land if possible, if otherwise on a long voyage. He may feel assured, he will meet with no difficulties or dangers (excepting in rare cases) nearly so bad as he beforehand imagined. — In a moral point of view, the effect ought to be, to teach him good humoured patience, unselfishness, the habit of acting for himself, and of making the best of every thing, or content

(a) * Discourse on the Study of Natural Philosophy p. 3. —

❋ 찰스 다윈의 일기 중 끝에서 두 번째 페이지인 778페이지. 왼쪽 위 구석에서 1836년 9월을 알아볼 수 있다.

만약 어떤 사람이 긴 항해 전에 나에게 조언을 구한다면, 내 대답은 그가 발전시킬 수 있는 특정분야의 지식에 대한 확고한 관심을 가지고 앞으로 나아갈 수 있느냐에 따라 달라질 것이다. 여러 나라와 많은 인종을 본다는 것은 큰 기쁨임에 틀림없지만, 그 시간에 얻어지는 기쁨들이 나쁜 점들을 없애지 못했다.

잃는 것들도 분명히 많았다. 그런 손실들은 돌아갈 날을 끊임없이 기다리는 기쁨으로 인해 어느 정도 덜어졌다. 그러나 시인들의 말처럼 인생이 꿈이라면, 항해를 할 때는 이런 손실들이 꿈같이 아름다워 긴 밤을 보내는 데 도움이 되었다. 손실 가운데 처음에는 느끼지 못할지라도 일정한 시간이 지나면 무겁게 가슴을 짓누르는 손실도 있었다. 이런 것들을 이야기하는 것은, 항해생활에서 사고가 정말 무섭다는 뜻이다. 60년이라는 짧은 기간에 먼 곳을 항해하는 기술은 놀랄 만하게 발전했다. 배와 항해 지식이 엄청나게 개선된 것 외에도 아메리카 대륙의 서해안이 활짝 열렸고, 오스트레일리아가 떠오르는 대륙의 중심지가 되었다. 지금 태평양에서 조난당한 사람과 쿡 함장의 시대에 조난당한 사람의 조건은 얼마나 다른가! 쿡 함장의 항해 이후 지구의 반이나 문명세계로 들어왔다.

멀미를 아주 심하게 하는 사람이라면, 항해 여부를 반드시 그 자신이 신중하게 결정해야 한다. 경험으로 말하면 멀미는 1주일에 치료되는 사소한 것이 아니었다. 아라비아 사람들의 말처럼 "대양이란 지루한 황무지요, 물로 된 사막"이다. 그래도 바다에도 분명히 유쾌한 장면들이 있었다. 맑은 하늘과 검게 반짝이는 바다, 달빛 흐르는 밤, 부드럽게 부는 무역풍에 맞추어 휘날리는 하얀 돛과 거울같이 매끈한 수면 같은 것이 그런 장면들이었다. 소나기가 지난 뒤 무지개가 나타나고 다시 폭풍이 부는 장면이나 심한 강풍에 산더미 같은 파도가 이는 장면도 한 번은 보아야 한다. 나무들은 바람에 파도치듯 흔들리고, 새는 날아오르고, 번갯불은 번쩍거리고, 폭우가 쏟아지는 모습을 해안에서 보는 것은 이 모두가 대자연의 자유로운 활동으로, 무엇과도 비교할 수 없는 아름다운 광경이었다. 바다에서는 신천옹과 작은 바다제비들이, 마치 폭풍이 그들에게는 가장 적당한 세상인 것처럼 날아다니고, 바닷물은 항상 그러듯이 오르내리고, 외로운 배와 선원만이 노여움을 풀 상대처럼 보였다. 외지고 비바람에 시달린 해안에서는 야성이 넘치는 기쁨보다는 무서움이 더 크다고 느낀다.

이제 지난날의 밝은 면을 살펴보자. 우리가 찾아갔던 여러 나라의 경치와 일상적인 장면들을 바라보는 데서 나오는 즐거움은, 확실히 가장 변하지 않고 가장 격조 높은 기쁨의 샘이다. 유럽의 많은 곳에 있는 그림 같은 경치가 우리가 본 어느 경치보다 더 아름다울 수 있다. 그러나 서로 다른 지역의 경치를 비교하노라면, 아름다움을 단순히 찬탄만 하는 것과는 확실히 거리가 먼 즐거움이 솟아오른다. 그런 즐거움은 주로 각각의 독특한 경치들을 얼마나 알고 있느냐에 따라 달라지는데, 훌륭한 경치의 각 부분을 찬찬히 보는 사람은 완전하게 결합된 효과를 완벽하게 이해할 것이다. 그러므로 여행자는 모름지기 식물학자라야 하는 것이, 모든 경치에서 중요한 장식물은 식물이기 때문이었다.

나에게 깊은 인상을 심어주었던 장면들 가운데, 인간의 손길이 닿지 않은 원시림만큼이나 장엄한 것도 없었다. 예컨대, 생명의 힘이 우세한 브라질의 숲들이나 죽음과 썩는 것이 넘치는 티에라델푸에고 섬의 숲들이 그러했다. 둘 다 대자연이라는 신이 만든 여러 가지 산물로 가득 찬 사원들이었다. 누구도 이 외딴 곳에서 감동받지 않을 수 없었다. 거기에는 단순히 숨 쉬는 것보다 더 한 무언가가 있었다. 과거의 기억을 불러내노라면, 눈앞에서 파타고니아 평원이 자주 어른거렸다. 하지만 모두들 이 평원을 비참하고 쓸모가 없다고 단언했다. 나쁜 면만을 강조했을 수도 있는데, 사람이 사는 곳도 없고, 물도 없고, 나무도 없고, 산도 없고, 겨우 키 작은 식물만이 버티고 있기 때문이었다. 그런데도 왜, 내 경우만 그런 것은 아니겠지만, 이 메마른 황무지가 내 기억 속에 그렇게도 굳게 자리 잡았는가? 왜 더 평탄하고, 더 푸르고, 인류에게 쓸모가 더 많고 비옥한 팜파스는 강렬한 인상을 주지 못하는가? 파타고니아 평원은 사람이 거의 지나갈 수 없을 만큼 끝이 없어 사람에게 알려지지 않은 지역이었다. 그 평원은 지금도 그렇듯 오랜 세월을 지나온 특징을 지니고 있으며 미래에도 무한히 지속될 것처럼 보였다. 만약 옛날 사람들이 상상한 것처럼 지구가 평평하고 그 주위는 건너갈 수 없는 물이나 참을 수 없을 정도로 뜨거워진 사막으로 둘러싸여 있다면, 누가 이런 인간이 아는 한도 내의 마지막 경계선들을 마음속 깊이 알 수 없는 감동을 느끼면서 바라보지 않겠는가?

끝으로 자연경관 가운데 높은 산에서 보는 광경들은 반드시 아름답지 않아도 무척 기억에 남았다. 안데스 산맥의 가장 높은 능선에서 내려다보면, 사소한 것들에는 흔들리지 않고 둘러싼 굉장한 것으로 마음이 가득 찼다.

우리가 본 다른 아주 멋진 광경으로는 남십자성과 마젤란성운과 남반구 하늘의 다른 성운들, 쏟아붓는 비, 파란 얼음으로 흘러내리다가 바다 절벽에 걸린 빙하, 산호 조각들로 된 환초, 활화산, 격심한 지진으로 입은 엄청난 피해 같은 것을 꼽을 수 있을 것이다. 마지막 현상들이 나에게 특별히 흥미로운 것은, 아마도 지질과 밀접하게 연관되어 있기 때문일 것이다. 그러나 지진이 모든 사람에게 특별한 인상을 심어주는 것은, 아주 어릴 때부터 가장 단단한 것의 상징인 지구가 우리 발밑에서 얇은 껍데기처럼 흔들리기 때문이었다. 또 사람들이 고생해서 만들어놓은 것들이 순식간에 쓰러지는 것을 보면서, 우리가 자랑하는 힘이 아주 무력하다는 것을 느끼기 때문이었다.

사냥을 좋아하는 것은 인간의 내면에 잠재한 기쁨-본능을 따르는 정열이 남은 것이라고 했다. 만약 그렇다면, 하늘을 지붕 삼고 땅을 식탁 삼아 들판에서 살아가는 기쁨도 같은 느낌이라고 자신했다. 바로 우리가 태초에 살았던 야생의 타고난 습성으로 돌아가는 것이기 때문이었다. 보트를 타고 돌아보거나 육지 여행을 회상하면, 인적이 드문 곳에서는 어떤 문명도 만들어내지 못하는 극도의 기쁨이 함께 했다는 걸 항상 떠올리게 되었다. 모든 여행자들은 문명인이 거의 오지 않거나 전혀 오지 않는 낯선 곳에서 처음으로 숨을 쉬었을 때, 경험하게 되는 타오르는 기쁨을 반드시 기억하리라 믿는다.

FOR PRIVATE DISTRIBUTION.

THE following pages contain Extracts from LETTERS addressed to Professor HENSLOW by C. DARWIN, Esq. They are printed for distribution among the Members of the Cambridge Philosophical Society, in consequence of the interest which has been excited by some of the Geological notices which they contain, and which were read at a Meeting of the Society on the 16th of November 1835.

The opinions here expressed must be viewed in no other light than as the first thoughts which occur to a traveller respecting what he sees, before he has had time to collate his Notes, and examine his Collections, with the attention necessary for scientific accuracy.

CAMBRIDGE,
Dec. 1, 1835.

A

찰스 다윈이 헨슬로 교수에게 보낸 편지를 모은 서한집의 첫 페이지. 1835년 몇 사람에게 배포되었다.

이 외에도 오랜 항해에서는 기쁨을 느낄 만한 몇 가지 원천들이 더 있었다. 그 원천들은 충분한 이유가 있는데, 세계지도가 자꾸 채워져, 가장 변화가 많고 생생한 기호로 가득 찬 그림이 되어가기 때문이었다. 현재 상태로 보건대, 전 세계의 거의 반이 미래에는 크게 발전할 것으로 기대해도 무리가 없을 것 같다. 남태평양에 기독교가 퍼지면서 이루어진 진보의 행진은 십중팔구 역사의 기록 속에 저절로 나타날 것이다. 지금의 이런 변화들은 영국 민족의 박애정신으로 이루어졌다.

오스트레일리아는 그 부근에서 거대한 문명의 중심지로 떠오르고 있었다. 오스트레일리아는 멀지 않은 미래에는 황후로서 남반구를 지배할 것이다. 영국의 깃발을 올리는 것은 확실히 부와 번영과 문명을 이끌어내는 듯 보였다.

결론으로, 젊은 박물학자에게 멀리 떨어져 있는 지역들을 여행하는 것보다 스스로를 더 발전시킬 만한 방법이 없다고 생각된다. J. 허셸 경이 말했듯이, 비록 육체의 감각기관은 충분히 만족하더라도, 여행은 욕구와 갈망을 일부분 더욱 갈구하게 만들기도 하고 가라앉히기도 했다. 게다가 개별 사실들에 대한 흥미는 금방 없어지면서 비교하는 습관을 통해 보편적인 개념이나 법칙을 만들게 된다. 반면에 여행하는 사람은 한 곳에 오래 있지 않으므로, 그가 설명하는 것은 대부분 자세한 관찰이 아닌 단순한 스케치가 될 수밖에 없었다. 그러므로 나의 쓰라린 경험으로 알게 된 것은 부정확하고 얄팍한 가설들로 지식의 널따란 틈새를 채우려는 버릇이 끊임없이 일어난다는 점이다.

그러나 나는 이 항해를 굉장히 좋아해서 박물학자라면 모든 기회를 잡아서 가능하다면 육상 여행, 아니면 항해라도 하라고 강력하게 권하지 않을 수 없다. 아마도 아주 드문 경우를 빼고는, 예상했던 것만큼 어렵지 않고 위험하지 않다는 것을 확실하게 느낄 것이다. 교육 면에서는 항해를 통해 훌륭한 인내심을 배우고 이기심이 없어지고 스스로 행동하는 습관을 들이며 일어나는 모든 사태를 최대로 이용할 줄 아는 습관을 얻을 것이다. 간단하게 줄이면, 대부분의 선원들이 지닌 특징들을 배우게 될 것이다. 여행을 할 때는 남을 의심하는 버릇이 생길 수도 있지만, 동시에 친절한 사람들이 얼마나 많은지도 알게 된다. 이전에도 전혀 몰랐고 앞으로도 결코 만날 일이 없는 사람들이지만, 그들은 언제나 아무런 사심 없이 기꺼이 도와줄 것이다.

5장 후반부 101쪽에 꼬리를 떠는 신기한 습성을 가진 뱀이 트리고노세팔루스 속의 신종으로, 비브롱 씨가 트리고노세팔루스 크레피탄스라고 부르기를 제안한다.

축약자 주석

1) 다윈이 올라간 모리셔스 섬은 마다가스카르 섬에서 동쪽으로 800km 떨어져 있는 섬으로 경치가 대단히 아름답다. 남북이 61km이며, 동서는 47km, 넓이는 2,040km^2이다. 10세기경부터 아랍의 뱃사람들에게 알려진 듯하다. 16세기 초에는 포르투갈 사람들이 찾아왔으나 살지는 않았다. 네덜란드가 1598년부터 1710년까지 그 섬을 소유한 뒤 이름도 독일 나사우 지방 출신의 모리스 총독의 이름을 따 '모리셔스 섬'으로 불렀으며, 가끔 사람이 살았다. 그러나 네덜란드가 1710년 섬을 포기한 후로는 해적들의 소굴이 되었다. 1721년에는 프랑스의 동인도회사가 섬을 차지해 이름도 '프랑스 섬'으로 고쳤다. 19세기 들어서 프랑스와 영국이 싸울 때, 섬이 영국

측에 큰 위협이 되자, 나폴레옹이 이베리아 반도를 침략해 이른바 반도 전쟁을 일으킨 1810년, 영국이 그 섬을 빼앗았다. 이후 나폴레옹이 밀려나고 프랑스가 약해진 1814년의 파리 협약에 따라 정식으로 영국 땅이 되었다. 영국은 관습이나 법이나 언어는 바꾸지 않았으나 명칭만은 옛 이름으로 바꾸었다.

다윈이 올라간 루이 항은 이후 인구 5만 명이 사는 도시로 발전했다. 그러나 수에즈 운하가 개통되면서 그전에 있던 많은 영광이 사라졌다. 모리셔스 섬은 1968년에 독립해, 지금은 영연방의 하나이다.

2) 모리셔스 섬은 1850년대에 번창했으나, 주산물인 사탕수수의 인기가 사탕무의 인기보다 적어 위축되었다. 또 1866년부터 1868년까지 말라리아가 크게 번지면서 더 위축되었고, 이후 20세기에 들어 수에즈 운하가 개통되면서 한층 더 나빠졌다. 1차 세계대전 때는 설탕이 비싸져 약간 나아졌으나 1930년대의 전 세계경제 불황에 타격을 받았다. 섬의 주 농산물인 사탕수수는 전체 경작 면적의 80%에서 재배되고 있고 전체 수출액의 1/3을 차지할 정도로 비중이 크다. 반면 주식인 쌀을 수입한다. 모리셔스 섬은 경치도 좋고 기후도 좋아 최근에는 많은 관광객이 찾아온다.

3) 다윈은 1836년 5월 31일 남아프리카의 시몬스 만에 상륙했다가 6월 18일 떠났다. 그동안 그는 케이프 타운도 찾아갔으며, 안내인인 호텐토트 족 젊은이와 함께 그 부근을 탐험했다. 또 남반구의 별을 조사하던 영국 천문학자 존 허셸 경과 아프리카를 내륙지방을 탐험한 군의관 앤드루스 스미스를 만나 좋은 시간을 보냈다.

4) 세인트 헬레나 섬은 아프리카 남서해안에서 1,950km 떨어져 있으며, 길이 17km에 폭 10km, 넓이 122km^{2}의 화산섬이다. 높이 490m에서 700m의 깎아지른 절벽이 섬의 동쪽과 북쪽, 서쪽에 솟아 있다. 1502년 5월 21일 포르투갈의 항해자 다 노바 카스테자가 발견했다. 발견한 날이 로마의 황제 콘스탄티누스 대제 어머니의 세례명인 성녀 세인트 헬레나의 본명축일(本名祝日)이었다. 섬은 영국 항해가 토마스 캐번디시가 찾아온 1588년까지, 포르투갈 사람들만 알고 있었다. 1645년부터 1651년까지는 네덜란드가 점령했으며, 1659년에는 영국의 동인도회사가 차지했다. 1673년 네덜란드가 잠시 다시 차지했는데, 그때까지 주민의 반은 외부에서 들여온 노예들이었다. 섬은 곧 다시 동인도회사의 소유가 되어 1815년부터 1821년까지는 영국 정부가 통치했으나, 1834년부터 동인도회사가 섬을 다시 소유했다. 수에즈 운하가 개통되기 전까지는 교통의 요지였으나 현재는 통신기지로서 가치가 높다. 주민은 5,600명 정도며, 주로 목축과 어업과 아마 재배로 살아간다. 섬의 수도는 북쪽의 제임스 만에 건설된 제임스타운이다.

5) 어센션 섬은 세인트 헬레나 섬의 북서쪽 1,100km에 있으며, 넓이가 88 km^2인 화산섬이다. 이 섬은 세인트 헬레나 섬을 발견했던, 바로 그 포르투갈의 항해가가 1501년 예수 승천일에 발견하여, 섬 이름도 예수의 '승천'을 뜻한다. 어센션 섬은 세인트 헬레나 섬에 유배된 나폴레옹의 탈출을 감시하려고 영국 해병이 그 섬에 주둔할 때까지 무인도로 남아 있었다. 어센션 섬에는 미국이 제2차 세계대전 중에 건설한 비행장이 있어, 비행장이 없는 세인트 헬레나 섬과 달리, 포클랜드 전쟁 때 영국의 중요한 기지였다. 현재는 영국의 요새로, 요새 일을 위하여 잠시 머물다가 돌아갈 뿐, 사람이 거의 살지는 않아 약 1천 명이 되지 않는다.

6) 오늘날의 레시페(Recife)이다.

7) 노예제도는 옛날부터 있었다. 그러나 다윈이 말하는 노예제도는 옛날 노예제도가 아니다. 포르투갈 사람 또는 포르투갈 왕의 지원을 받은 사람들이 15~16세기에 걸쳐 아프리카 서해안(1441년)과 희망봉(1488년), 인도(1498년), 브라질(1500년)을 발견하여, 포르투갈의 영향력을 넓혔다. 당시 아프리카 대륙을 발견한 포르투갈 사람들은 후추와 상아와 황금을 약탈했으며, 일부 악한 백인들이 1444년부터 아프리카에서 흑인들을 노예로 데려오기 시작했다(전투에서 이긴 흑인 부족이 진 부족을 백인에게 팔았다는 주장도 있다). 이후 스페인과 영국과 프랑스와 네덜란드의 사람들도 흑인을 노예로 데리고 왔다. 그러나 18세기에 들어서면서 미국 퀘이커교도와 영국을 중심으로 노예제도에 반대하는 의식이 싹트기 시작했다. 드디어 1800년에 신앙부흥운동을 하면서 노예제도를 폐지하자는 주장이 여러 사람들 사이에서 일기 시작했다. 마침내 1803년에는 덴마크, 1807년에는 영국과 미국이 노예를 수입하지 않기로 공식으로 결정했으며 1834년, 영국이 가장 먼저 노예 75만 명을 해방시켰다. 다윈이 말하는 "가장 큰 희생"이란, 영국이 노예를 해방한 일을 말하는 것으로 보인다. 다윈이 이 항해기를 쓸 때에는 미국이 노예제도를 폐지하지 않아, "우리의 후손인 미국 사람들이……, 죄를 지었고……, 피가 끓고 심장이 떨린다" 라고 표현했다.

다윈의 후기

항해기 신판을 내는 김에 몇 가지 이야기를 덧붙이겠다. 나는 90쪽에서 바이아블랑카 푼타 알타에서 멸종된 포유동물들과 함께 묻혀 있는 조개껍데기들의 조개 대부분이 아직도 살아있다고 말했다. 그 후, 알시드 도비니 씨 역시 그 조개껍데기들을 조사하고 (『남아메리카의 지질에 관한 관찰들』 83쪽에서) 모두 살아있는 조개라고 말했다. 아우구스투스 브라바르드 씨는 최근에 그 지역에 관한 스페인어 논문을 발표했는데 (1857년에 발간된 『지질 현상 관찰들』에서), 그는 멸종된 포유동물의 뼈들이 아래에 있는 팜파스 지층에서 씻겨 내려가, 아직도 살아있는 조개의 껍데기와 같은 지층에 묻혔다고 했다. 그러나 나는 그렇게 생각하지 않는다. 또한 그는 거대한 팜파스 지층 전체가 사구처럼 공기에 노출되었다고 믿는데, 나는 이 주장을 받아들일 수 없다.

내가 384쪽에서 갈라파고스 제도에서 서식하는 새들의 목록을 내어놓았다. 연구가 진행되면서, 그때는 갈라파고스 제도의 토종이라고 생각했던 새들이, 남아메리카 대륙에도 있다는 사실이 밝혀졌다. 유명한 조류학자 스크라터 씨는 갈라파고스 광 올빼미와 갈라파고스 빨간 파리잡이 새뿐만 아니라, 어쩌면 귀 짧은 올빼미와 갈라파고스 비둘기도 남아메리카 대륙에서 살고 있을지 모른다고 나에게 말해주었다. 그러므로 토종 새는 23종으로, 어쩌면 21종으로도 줄어들 수 있다. 또한 스크라터 씨는 토종 새 중에서 한두 종은 종이 아니라 변종일지 모른다고 생각하는데, 나 역시 그럴 수도 있겠다는 생각을 항상 해왔다.

내가 388쪽에서 말한 뱀은, 비브롱 씨의 주장대로 칠레에 있는 뱀과 같은 종이지만(1859년 1월 24일 동물학회에서 발표한) 권터 박사의 말로는 칠레 외의 다른 곳에서는 살지 않은 특이한 종이다.

1860년 2월 1일

부록 1 비글호 항해 일정과 다윈의 조사 일정

1831년	
12월 27일	11시 영국 데본항 출항
1832년	
1월 16일	케이프 데 베르데 제도 산 자고 섬
2월 16일	세인트 폴 암초 - 17일 남반구 - 28일 브라질 바이아
3월 18일	바이아 출발
4월 4일~7월 5일	리오 데 자네이로
7월 26일~31일	몬테비데오
8월 2일	부에노스아이레스 상륙 불가 - 3일 몬테비데오 - 19일 몬테비데오 출발
9월 9일	바이아블랑카 - 22일~25일 푼타 알타에서 큰 동물들의 뼈화석 채집
10월 2일	상륙해서 지질을 조사하다가 날씨가 나빠져 - 다윈을 포함한 18명이 저녁 굶고 육지에서 자 - 3일 아침 굶고 육지에서 자 - 4일 낮에 배로 올라와
10월 16일	푼타 알타에서 화석 채집
10월 26일	몬테비데오 도착
11월 2일~10일	부에노스아이레스
11월 14일	몬테비데오에 도착 - 28일 티에라델푸에고 섬으로 출발
12월 16일	티에라델푸에고 섬 도착 - 21일 출항
1833년	
1월 13일	폭풍 - 물이 들어찬 고래잡이 보트를 잘라냄-케이프 혼 뒤에 정박
1월 19일	28명이 고래잡이 보트 세 척과 잡용정 한 척으로 폰손비 협만으로 떠나
2월 7일	비글호에 도착 - 26일 포클랜드 군도로 출발
3월 1일	동포클랜드 섬 버클리 협만
4월 19일	말도나도로 출발 - 4월 25일 몬테비데오 - 28일 말도나도
5월 2일	몬테비데오로 떠나 - 5월 9일 우루과이 내륙지방 여행 출발~20일 말도나도 귀환
6월	한 달 몬테비데오에 정박 - 29일 비글호에 승선

7월 24일	파타고니아 네그로 강
8월 5일	파타고네스 동네 - 9일 바이아블랑카로 출발 - 17일 바이아블랑카 도착
9월 8일	부에노스아이레스로 출발~20일 부에노스아이레스 도착
9월 27일	산타페로 출발~10월 21일 부에노스아이레스
11월 2일	우편선으로 부에노스아이레스 출발
11월 14일	내륙지방으로 출발 - 28일 몬테비데오 귀환
12월 6일	몬테비데오 출발 - 23일 파타고니아 디자이어 포구
1834년	
1월 4일	산훌리앙 포구로 출발 - 9일 산훌리앙 포구 - 19일 디자이어 포구
1월 22일	디자이어 포구 출발 - 29일 마젤란 해협 산 그레고리오 만 상륙
2월 2일	굶어 죽는 포구 - 14일~21일 티에라델푸에고 섬 동해안 조사
3월 5일	울라이아 소만 - 6일 포클랜드 군도로 떠나 - 10일 버클리 협만
4월 7일	포클랜드 군도를 떠나 - 13일 산타크루스 포구 - 18일 산타크루스 강 탐험
5월 8일	비글호에 도착
6월 1일~8일	굶어 죽는 포구 - 마그달레나 해협 - 10일 마젤란 해협에서 나와 - 태평양
7월 8일~13일	칠로에 섬 산 카를로스 - 23일~31일 칠레 발파라이소
8월 14일	안데스 산맥 기슭의 지질조사를 시작 - 19일~26일 하우엘 광산 - 28일 산티아고
9월 5일	산티아고 출발 - 남쪽을 여행 - 9월 20일~10월말까지 몸이 좋지 않아 발파라이소 친구 집에 누워있어
11월 24일	칠로에 섬 동쪽 - 차카오까지 내려가
12월 1일	레무이 섬 - 6일 '기독교 세계의 끝'인 카일렌
1835년	
1월 4일	레퓨지 포구 - 5일 바다 - 18일 칠로에 섬 산 카를로스
2월 9일~20일	발디비아
3월 4일	콘셉시온 - 키리키나 섬 - 11일 발파라이소 - 14일 산티아고 출발 - 27일 아르헨티나 멘도사 - 29일 멘도사 출발
4월 10일	산티아고 - 15일 발파라이소로 떠나 - 27일 발파라이소 출발

5월 9일~11일	구리 광산 - 북쪽으로 올라가
6월 12일	포트레로 세코 농장
7월 6일	코피아포 출항 - 12일 이키케 - 19일 리마의 외항인 카야오항 - 8월 3일 리마 - 8월 9일 함장이 비글호에 합류
9월 7일	갈라파고스 제도로 떠나 - 15일 갈라파고스 제도 채텀 섬 - 16일 후드 섬
9월 21일	채텀 섬 북동쪽 - 해변에서 노숙
9월 24일	찰스 섬에 정박 - 영국인 로슨과 함께 사람들이 사는 곳으로 가
9월 29일	정오에 알베말르 섬 남서쪽 소만(이구아나소만)
10월 1일	알베말르 섬에 올라가 - 지형, 지질, 파충류 관찰
10월 17일	비글호에 올라와 - 18일 알베말르 섬 조사
10월 20일	6,000km 떨어진 타히티 섬으로 출발
11월 15일~26일	타히티
12월 21일~30일	뉴질랜드
1836년	
1월 12일~30일	오스트레일리아 시드니
2월 5일~17일	타스마니아
3월 6일~14일	오스트레일리아 킹조지 협만
4월 2일~12일	킬링 군도
4월 29일~5월 9일	모리셔스 섬
5월 31일~6월 18일	남아프리카
7월 8일~14일	세인트 헬레나 섬
7월 19일~23일	어센션 섬
8월 1일~6일	브라질 바이아 - 12일~17일 페르남부코
9월 4일	케이프 데 베르데 제도
9월 20일~25일	아조레스 군도
10월 2일	영국 팔머드에 도착

Narrative of the Surveying Voyages of His Majesty's Ships Adventure and Beagle, between the years 1826 and 1836, describing their examination of the Southern Shores of South America, and the Beagle's Circumnavigation of the Globe.
Vol. III. "Journal and Remarks," 1832-1836. 항해보고서, 런던 Henry Colburn, 1839.

Journal of Researches into the Geology and Natural History of the various Countries Visited by H. M. S Beagle, under the command of Captain FitzRoy, R. N. from 1832 to 1836. 런던 Henry Colburn, 1839. (비글호 항해기 초판).

Journal of Researches into the Natural History and Geology of the Countries Visited during the Voyage of the H. M. S. Beagle round the World, under the Command of Capt. FitzRoy, R. N. 런던 Henry Colburn, 1845. (비글호 항해기 2판-1860년에 3판).

Part 1 of Zoology of H. M. S. Beagle Voyage-Mammalia written by Richard Owen. 런던 Smith, Elder, 1840.*

Part 2 of Zoology of H. M. S. Beagle Voyage-Mammalia written by George Waterhouse. 런던 Smith, Elder, 1839.*

Part 3 of Zoology of H. M. S. Beagle Voyage-Birds written by John Gould. 런던 Smith, Elder, 1841.*

Part 4 of Zoology of H. M. S. Beagle Voyage-Fish written by Leonardo Jenyns. 런던 Smith, Elder, 1842.*

The Structure and Distribution of Coral Reefs. 런던 Smith, Elder, 1842. (The Geology of the Voyage of the Beagle 1부).

Part 5 of Zoology of H. M. S. Beagle Voyage - Reptiles written by Thomas Bell. 런던 Smith, Elder, 1843.*

*축약자 주석 『Zoology of H. M. S. Beagle Voyage』 1~5부는 그 방면의 전문가가 썼지만, 다윈이 쓴 부분도 있어 다윈의 저서로 인정된다.

Geological Observations on the Volcanic Islands visited during The Voyage of H. M. S. Beagle. 런던 Smith, Elder, 1844. (The Geology of the Voyage of the Beagle 2부).

Geological Observations on South America. 런던 Smith, Elder, 1846. (The Geology of the Voyage of the Beagle 3부).

A Monograph on the Sub-Class Cirripedia. 두 권. 런던 Ray 학회, 1851~1854.

A Monograph on the Fossil Lepadidae, or, Pedunculated Cirripedes of Great Britain. 영국고생물학회, 1851.

A Monograph on the Fossil Balanidae and Verrucidae of Great Britain. 영국고생물학회, 1854.

On the Origin of Species by Means of Natural Selection, or the Preservation of Favoured Races in the Struggle for Life. 런던 John Murray, 1859. (종의 기원 초판).
The Origin of Species by Means of Natural Selection, or the Preservation of Favoured Races in the Struggle for Life. 런던 John Murray, 1872. (종의 기원 6판).

On the Various Contrivances by which British and Foreign Orchids and fertilized by Insects, 런던, John Murray, 1862.

The Movement and Habits of Climbing Plants, 린네학회, 1864.

The Variation of Animals and Plants under Domestication. 런던 John

Murray, 1868.

The Descent of Man, and Selection in Relation to Sex. 런던 John Murray, 1871.

The Expression of the Emotions in Man and Animals. 런던 John Murray, 1872.

Insectivorous Plants. 런던 John Murray, 1875.

The Various Contrivances by which Orchids are Fertilized by Insects. 런던 John Murray, 1876

The Effects of Cross and Self Fertilization in the Vegetable Kingdom. 런던 John Murray, 1876.

The Different Forms of Flowers on Plants of the Same Species. 런던 John Murray, 1877.

Erasmus Darwin, 런던 John Murray, 1878*
*축약자의 주석 다윈 할아버지의 전기

The Power of Movement in Plants. 런던 John Murray, 1880.

The Formation of Vegetable Mould, through the Action of Worms, with Observations on Their Habits. 런던 John Murray, 1881.

가이(Claude Gay, 1800~1873)
프랑스의 식물학자이자 박물학자이자 화가. 산티아고에 있는 프랑스 대학교에서 1828~1842년까지 물리학과 화학을 강의하면서 칠레와 아메리카 대륙의 자연과 지질과 지리를 연구. 남아메리카를 여행. 『칠레의 지형과 정치』, 『감자의 기원』, 『칠레의 지형과 정치』를 비롯하여 남아메리카와 북아메리카의 자연을 저술.

굴드(John Gould, 1804~1881)
영국의 조류학자이자 조류화가. 1826년부터 돌아갈 때까지 런던 동물학회 박제사. 다윈이 보낸 새를 연구했으며 파타고니아에 있는 타조를 다윈타조로 명명. 벌새를 연구하고 5권의 『유럽의 새』와 도판 600매의 『오스트레일리아의 새』와 도판 530매의 『아시아의 새』와 도판 367매 『영국의 새』를 비롯하여 단행본을 저술.

나르보러 경(Sir John Narborough, 1640~1688)
영국 해군 함장. 영국-네덜란드 전쟁에서 무공을 세우고 북아프리카 해안에서 해적을 소탕. 1670~1671년 영국 해군 스윕스테이크스호로 파타고니아를 탐험하고 마젤란 해협을 항해해서 발디비아를 탐험. 1672년 제3차 영국-네덜란드 해전에서 무공을 세워서 경이됨. 1680~1687년까지 해군관리. 사후에 탐험기 발간.

댐피어(William Dampier, 1651~1715)
영국의 탐험가이자 항해가이며 전 해적. 서인도 제도 일대를 발견한 후 1679년 파나마와 콜롬비아 사이의 다리엔 지협을 넘어 태평양 연안으로 나가 멕시코, 페루, 칠레 해안을 탐험. 태평양을 횡단해 필리핀, 말레이 제도, 니코바르 제도를 거쳐 1691년에 귀환. 1697년 『세계일주』 저술. 1699~1707년과 1708~1711년에 걸쳐 세계를 일주, 오스트레일리아 탐험을 주장.

도비니(Alcide Desalines d'Orbigny, 1802~1857)
미고생물학을 창시한 프랑스의 고생물학자. 1826~1834년까지 남아메리카를 여행해, 1834~1847년까지 『남아메리카 여행기』 10권 저술. 브라질 파라나 분지에서 산출된 화석을 바탕으로 층서고생물학을 창립했으며 화석동물군이 지질시대에 따라 달라진다는 동물군천이(動物群遷移)의 법칙을 발견. 해양미고생물, 포자, 화분을 연구해 미고생물학을 독립된 학문 분야로 창립. 1840~1854년까지 『프랑스 고생물』(14권) 저술. 미완으로 끝났으나 위대한 업적임. 1853년부터 파리 자연사 박물관 고생물학 교수.

드레이크 경(Sir Francis Drake, 1540(1543?)~1596)

영국의 모험가이며 항해가. 1577~1580년에 걸쳐 골든하인드호로 지구를 두 번째로 일주. 1581년 경의 칭호를 받음. 영국을 침공하려고 스페인의 카디즈에 모여 있던 무적함대를 1587년에 기습해서 큰 타격을 입힘. 다음 해 영불 해협에 집결했던 무적함대를 다시 공격해 스페인의 해군력을 궤멸시켜, 바다를 장악한 영국이 세계 최강의 국가로 발전하도록 이바지.

라이엘 경(Sir Charles Lyell, 1797~1875)

런던 킹스 칼리지 지질학 교수. 1834~1836년, 1849~1850년 두 차례에 걸쳐 지질학회 회장 역임. 지구에는 과거에서도 현재 보이는 현상과 같은 지질현상이 있었다는 '동일 과정설'을 주장해서 '천변지이설'을 공격. 『지질학의 원리들』 저술. 비글호 항해 이후 다윈의 스승이자 친구가 되었으나 신앙이 워낙 깊어서 진화론에는 찬성하지 않음. 1848년 경의 칭호.

르송(René Primevère Lesson, 1794~1849)

프랑스의 외과의사, 박물학자이자 조류학자. 1822~1825년까지 코퀴으호(함장 루이 이시도르 뒤프리)를 타고 세계를 일주함. 말라카 군도와 파푸아뉴기니를 찾아가 유럽 박물학자로는 극락조를 처음 보았음. 박물학 관점에서 본 신기한 희귀 동물의 연구와 고래와 극락조와 벌새를 포함한 여러 권의 저서를 발간.

리처드슨 경(Sir John Richardson, 1787~1865)

영국 스코틀랜드 출신 박물학자이자 의사이며 탐험가. 해군 군의관으로 존 프랭크린 경의 처음 두 차례 북극탐험에 박물학자로 참가했으며 조지 백과 에드워드 패리가 이끄는 탐험에도 참가. 1845년 북서항로를 찾아 나섰다가 조난당한 존 프랭크린 경의 탐험대를 찾는 탐험 가운데 한 번 대장을 맡았음. 1846년 경이됨.

마젤란(Ferdinand Magellan, 1480(?)~1521)

포르투갈의 항해가. 세계를 처음으로 일주. 스페인 왕 찰스 1세한테서 서쪽으로 가서 향신료가 나오는 군도로 가는 항로를 찾으라는 명령을 받고 1519년 9월 20일 5척의 배로 항해 시작. 1520년 11월 1일 해협을 발견한 다음, 해협을 지나서 태평양으로 나옴. 마젤란 자신은 필리핀 막탄 섬에서 1521년 4월 27일 전사. 후안 세바스찬 엘까노를 비롯한 18명이 빅토리아호로 세계일주, 1522년 9월 6일 귀국.

모레스비(John Moresby, 1830-1922)

영국 제독. 뉴기니 해안을 조사. 제독의 아들로 태어나 해군에 입문. 동부 뉴기니의 해안을 조사하면서 좋은 포구를 발견해서 부친의 이름을 따 명명. 그 포구가 지금의 뉴기니 수도인 포트 모레스비임. 다윈을 많이 도와줌. 『뉴기니와 폴리네시아』를 1876년에 발간. 제독인 부친과 자신이 영국 해군에 복무한 책도 발간.

몰리나(Juan Ignatius Molina, 1740~1829)

예수교교파 소속의 이탈리아 신부. 1768년까지 칠레 콘셉시온에 머물면서 칠레의 자연환경과 생물을 가장 먼저 기록한 박물학자. 1809년 『칠레의 지리와 자연과 역사』 라는 제목으로 칠레의 지리와 박물학과 정치를 저술. 칠레의 대자연을 최초로 기술한 사람으로 인정됨.

바이노(Benjamin Bynoe, 1803~1865)

영국의 해군 군의관. 1825년 10월 비글호 군의관 조수가 되어 18년 근무. 1831년 비글호 2차 항해에서 다윈을 만나고 친해져서 그를 많이 지원. 다윈이 발파라이소에서 아팠을 때 치료. 1837~1843년까지 비글호 제3차 항해에 군의관으로 참가. 동물과 지질에도 관심이 있어 논문도 발표.

뱅크스 경(Sir Joseph Banks, 1743~1820)

쿡 함장이 1768~1771년까지 태평양을 처음 탐험할 때 참가한 박물학자이자 식물학자. 좋은 집안에서 태어나 제임스 쿡의 탐험선 인데버호를 수리했고 탐험 시에 관찰한 것을 기록하려고 제도사와 화가를 고용. 린네의 제자인 다니엘 솔랜더 박사를 설득해 탐험에 참가시켰음. 1778년 영국왕립학회회장이 되었으며, 죽을 때까지 42년 동안 그 자리를 지켰음.

버첼(William John Burchell, 1781~1863)

영국의 탐험가이자 박물학자이며 화가. 동인도회사 식물학자로 임명된 뒤 1810년 세인트 헬레나 섬에 갔음. 1810~1811년 남아프리카 탐험. 1815년 남아프리카 7,000km 탐험-표본 5만 점 수집. 1822~1824년 『남아프리카 내륙 여행기』를 2권으로 발간. 1825~1830년까지 브라질을 여행 곤충표본 2만 점 이상을 수집.

보포트(Francis Beaufort, 1774~1857)

아일랜드 출신 영국 해군 수로학자이자 제독. 동인도회사 상선의 선원으로 출발해서 1796년 장교가 되고 1800년 함장. 나폴레옹 전투에 참전, 1832~1855년까지 해군성 수로학자. 비글호 탐험을 조직했으며 다윈을 피츠로이 함장에게 소개. 바람의 세기를 나타내는 '보포트 풍력 지수'를 처음으로 제안. 1848년 경이됨.

봉플랑(Aimé Bonpland, 1773~1858)

프랑스의 식물학자이자 탐험가. 훔볼트와 함께 중앙아메리카와 남아메리카를

1799~1804년까지 탐험. 유럽에는 알려지지 않은 식물표본 6천 점 수집. 나폴레옹의 지지를 받음. 1816년 부에노스아이레스에서 박물학 교수로 임용되었다가 마테 농장을 경영. 파라나 강을 탐험했으며 파라과이에서는 9년간 감옥에 갇히기도 했음. 식물 20속 70종을 명명하고 기재. 탐험 결과를 공저로 여러 권을 발간.

부갱빌(Louis Antoine de Bougainville, 1729~1811)
프랑스의 제독이자 탐험가. 제임스 쿡과 동시대 인물로 북아메리카 7년 전쟁(1756~1763)과 미국 독립전쟁(1775~1783)에 참전. 1763~1764년에 걸쳐 포클랜드 군도에 생 루이 포구 건설. 1766년 11월부터 1769년 3월에 걸쳐 부되즈호와 에뜨왈호르 세계를 일주. 1771년 『세계 항해 일주기』 저술. 프랑스 최초이며 전 세계로는 14번째 세계일주. 새빨간 남아메리카 토종 꽃 부갱빌리아는 그를 기념함.

뷔퐁(George-Louis Leclerc, Comte de Buffon, 1707~1788)
프랑스의 박물학자, 수학자, 우주론자, 백과사전 저자. 1739년 파리의 왕립 식물원 원장. 1749~1788년까지 총 36권의 『일반박물지와 특수박물지』 저술. 지구의 기원과 생물의 진화를, 성서와 다르게 생각한 진화론의 선구자 가운데 한 사람. 생존투쟁 개념을 생각. '18세기 후반기에 박물학의 진정한 아버지' 라는 평을 받음.

비치(Frederick William Beechey, 1769~1856)
영국의 해군 장교이자 탐험가이며 지리학자. 헤클라호를 타고 북극 탐험. 1825~1828년까지 블러섬호로 태평양을 탐험했으며, 1835~1836년까지 설퍼호로 남아메리카를 탐험. 『태평양과 베링해 탐험 항해기』 저술. 1855~1856년까지 영국 지리학회 회장.

샤미소(Adelbert von Chamisso, 1781~1838)
독일의 시인이자 식물학자. 코체부와 함께 1815~1818년까지 세계를 일주한 러시아 탐험대에 식물학자로 참가해서 희망봉과 태평양과 북아메리카 해안과 베링해를 탐험하면서 신종을 발견하고 기재. 1833년부터는 베를린 식물원 원장. 멕시코의 주요한 나무들을 공저로 기재했고 식물들을 기재해서 발표했음.

설리번(Bartholomew James Sulivan, 1810~1890)
영국의 해군 장교이자 수로학자. 1831~1836년까지 비글호에 승선. 1842~1846년까지 영국 해군 필로멜 호 함장. 포틀랜드 군도 일대와 남아메리카 해안과 포클랜드 군도의 수로를 조사. 1845년 11월에는 파라나 강에서 아르헨티나 해군과 영불협동 전투에도 참전. 발틱 해에도 근무. 1877년 해군 소장.

스미스(Andrews Smith, 1797~1872)

영국 스코틀랜드 출신 의사이자 탐험가. 남아프리카 희망봉에서 1821~1837년까지 군의관으로 근무. 아프리카 내륙지방을 탐험. 1836년 『중앙아프리카 탐험보고서』를 발간. 1836년 6월 찰스 다윈을 만남. 5권으로 된 『남아프리카 동물도감』을 1838~1850년까지 발간. 1853년에는 육군 의무감.

스코레스비(William Scoresby, 1789~1857)

영국 선장이자 탐험가이며 박물학자이자 목사. 북극에서 고래를 잡았으며 『북극지역과 포경업 이야기』를 1820년에 발간. 『그린란드 동부해안 연구와 발견을 포함한 북극고래잡이 항해』를 1827년에 발간. 캠브리지 대학교에서 신학을 공부해서 1834년 신학사, 1839년 명예 신학박사. 1839~1846년까지 욕셔 주 교구목사.

아자라(Félix de Azara, 1742~1821)

스페인의 장교이자 박물학자이자 기술자. 남아메리카 대륙에서 포르투갈과 스페인이 차지한 곳의 경계선을 확정지으라는 명령을 받아 파라과이에서 20년 생활. 1801년 유럽으로 돌아와 1802년 『파라과이 네발 동물의 박물학』을 발간. 1809년에 『남아메리카 여행기』 라는 제목으로 발간.

앤슨(George Anson, 1697~1762)

영국의 해적이자 해군 장교. 1740~1744년까지 세계를 일주. 6척이 출발했으나 2척은 본국으로 돌아가고 한 척은 침몰. 1741년 6월에 기항했던 후안 페르난데스 섬의 지도를 작성하고 스페인 보물선을 공격. 세계일주 항해기를 저술. 1751~1762년까지 해군 장관을 지냈으며 1761년에는 해군 원수가 되었음.

에렌베르크(Christian Gottfried Ehrenberg, 1795~1876)

프러시아 델리취에서 태어나 베를린에서 사망한 독일의 박물학자, 비교해부학자, 지질학자이며 미생물학자. 홍해 주변과 이집트의 생물을 동물도감으로 발표. 세균, 원생동물, 조류(藻類)의 분류를 많이 연구. 아주 작은 식물과 동물을 연구해 여러 권의 책을 저술. 1854년 미고생물학에 관한 374쪽의 책 『미지질학(微地質學) Mikrogeologie』을 저술했는데 이는 미고생물학(微古生物學)에 관한 최초의 책임.

엘리스(William Ellis, 1794~1872)

영국 선교사. 대학을 졸업한 후 1815년 목사로 임명되어 남태평양 소사이어티 군도와 하와이 군도에서 선교하면서 교회를 설립. 부인의 건강이 나빠져 귀국해 본국에서 선교행정업무. 1850년대에는 마다가스카르 섬에서 선교. 그 경험을 『폴리네시아 연구』를 포함하여 여러 권의 책으로 저술.

오언 경(Sir Richard Owen, 1804~1892)
영국의 생물학자이자 비교해부학자. 어류, 파충류, 조류의 화석을 연구, 화석을 해석하는 탁월한 능력이 있음. 다윈이 보낸 척추 포유동물 화석을 연구했으며 후일 다윈의 이론을 신랄하게 공격. 공룡(Dinosaurs)이라는 용어를 창안. 1856~1884년까지 대영박물관 자연사 분야 책임자. 1884년에 작위를 받음.

워터하우스(George Robert Waterhouse, 1810~1888)
영국의 박물학자. 1833년에 곤충학회를 창립. 1833~1846년까지 동물학회 표본 관리인. 1843~1880년까지 대영박물관 자연사과에 근무. 1846년 『포유동물의 박물학』이라는 책과 다윈이 수집한 남아메리카 곤충 표본과 포유동물 표본으로 논문을 썼음. 비글호 〈동물학〉 편의 『현세 포유동물』 부분을 집필.

위크햄(John Clemens Wickham, 1798~1864)
스코틀랜드 출신 탐험가, 해군 장교, 행정관. 1831~1836년까지 비글호에 승선, 1837~1841년까지 비글호가 오스트레일리아 해안 조사 시 함장, 오스트레일리아 포트 다윈을 발견해서 명명. 다윈한테서 받은 갈라파고스 제도의 거북들을 오스트레일리아로 가져갔음. 뉴사우스웨일스의 경찰대장, 총독 대리.

캐번디시 경(Sir Thomas Cavendish, 1560~1592)
영국의 항해가이자 모험가이며 해적. 1586~1588년에 걸쳐 세계를 세 번째로 일주. 1586년 12월 17일 파타고니아에서 디자이어 포구를 발견. 태평양 해안에서 9척의 스페인 배와 해안도시를 공격. 태평양에서 600톤 급 스페인 보물선 산타 안나호를 공격해서 탈취. 경이된 다음 세계일주에 나섰다가 바다에서 죽음.

코체부(Otto von Kotzebue, 1787~1846)
러시아의 탐험가이자 항해가. 1803~1806년까지 러시아 남태평양 탐험에 참가. 1815~1818년까지 남태평양과 베링 해를 탐험한 루릭호를 지휘. 1823~1826년까지 세계 일주 항해. 1821년에 발간된 『발견을 위한 항해』를 저술했고 1830년에 발간된 『신세계 일주 항해』 저술.

쿡(James Cook, 1728~1779)
영국의 항해가. 1768~1771년에 걸친 1차 항해에서 뉴질랜드와 오스트레일리아 동부를 발견, 1772~1775년에 걸친 2차 항해에서 남극권을 돌파, 1776~1779년에 걸친 3차 항해에서 시베리아와 북아메리카의 북극 연안을 항해하다가 하와이에서 피살. 괴혈병을 극복하고 항해술을 정착, 태평양과 남빙양과 북극을 누구보다도 많이 조사.

쿼(Jean René Constant Quoy, 1790~1869)

프랑스의 동물학자. 1817~1820년까지는 우라니에호(함장 루이 드 프레시네)를 타고 세계를 일주. 1826~1829년까지는 아스트로라브호(함장 쥘 뒤몽 뒤르빌)를 타고 남반구를 탐험. 『1817년부터 1820년 동안 세계일주 항해』와 『1826년과 1829년 사이에 왕명을 따라 수행된 아스트로라브호 항해』를 공저로 저술.

퀴비에(Georges Cuvier, 1769~1832)

프랑스의 비교해부학자이자 고생물학자. 해양동물을 연구했으며 파리자연사박물관의 비교해부학 교수와 콜레지 드 프랑스 박물학교수를 역임했고 행정에도 간여. 연체동물과 어류와 화석포유류를 주로 연구. 『비교해부학 강의』, 『동물계』 저술. 지구는 가끔 격심한 변화를 일으켜 지형과 생물이 일시에 바뀐다는 천변지이설을 발표.

킹(Philip Parker King, 1791~1856)

영국의 해군 장교이자 수로 학자, 1817~1822년까지 4회에 걸쳐 오스트레일리아 해안을 탐험. 1826~1830년까지 어드벤처호와 비글호가 남아메리카를 탐험했을 때 어드벤처호 함장이자 탐험대장. 오스트레일리아에 정착해서 농업회사를 운영. 후에 입법위원으로 임명돼. 1855년에 해군 소장.

팔코너(Thomas Falkner, 1707~1784)

영국 제수이트 선교사이자 외과의사. 약제사의 아들로 태어나 아프리카와 부에노스아이레스까지 항해한 노예선을 탔음. 부에노스아이레스에서 병에 걸려 제수이트 선교사들이 치료. 제수이트에 들어가 1732~1739년까지는 파라과이에서 선교. 1740~1768년까지 아르헨티나 투쿠만과 파타고니아에서 선교. 『파타고니아 기록』, 『식물과 광물과 유사한 아메리카 생산물에 대한 관찰』 발간.

페르네티(Antoine-Joseph Pernety, 1718~1796)

프랑스 작가. 부갱빌 1763~1764년 탐험에 참가하여 포클랜드 군도에 생 루이 포구를 건설. 포클랜드 군도 탐험기를 1769년에 2권으로 발간. 포클랜드 군도의 특징인 '돌하천'을 처음으로 기술. 생전에 신학, 미술, 탐험, 성모 마리아, 인체용모, 이집트와 그리스 신화, 아메리카와 원주민처럼 여러 주제에 관한 사전이나 단행본을 발간.

피츠로이(Robert FitzRoy, 1805~1865)

영국의 해군 제독, 수로 학자이자 기상학자. 1828년 10월부터 1830년 10월까지 비글호 함장, 1831년 6월부터 1836년 11월까지 비글호 함장, 1843~1845년까지 뉴질랜드 총독 1857년에 해군 소장, 1863년에 해군 중장. 성경을 굳게 믿어 다윈의 주장에 반대. 1854년부터 기상 예보를 연구, 피츠로이 기압계 발명. 1865년 자살.

헨슬로(John Stevens Henslow, 1796~1861)
영국의 식물학자이자 신부이며 지질학자. 케임브리지 대학교를 1818년 졸업한 후, 그 학교에서 광물학을 1822~1827년까지 강의했으며 식물학을 1827~1861년까지 강의했음. 다윈의 스승이자 동료로 다윈이 보낸 식물 표본을 정리하고 연구. 지질과 광물학과 식물과 식물학 용어 목록과 사전을 저술.

후커 경(Sir Joseph Dalton Hooker, 1817~1911)
영국 당대의 최고 식물학자. 영국 글래스고 대학 의학부를 졸업하고 1839년부터 제임스 클라크 로스의 남극탐험대에 군의관 조수로 참가. 남태평양과 뉴질랜드와 태즈메이니아 섬에서 식물조사. 이어서 인도와 네팔과 벵갈과 북아프리카와 미국 로키 산맥을 탐험하면서 식물조사. 다윈을 강력하게 지지했으며 『종의 기원』 출판을 지원. 『남극 식물군』, 『히말라야 학술지』, 『영령 인도의 식물군』 저술. 영국 학사원 원장.

훔볼트(Friedrich Wilhelm Heinrich Alexander von Humboldt, 1769~1859)
독일의 자연지리학자, 박물학자, 탐험가. 지리학, 천문학, 생물학, 화학, 지구과학을 포함한 넓은 분야에서 재능을 발휘. 1799~1804년까지 남아메리카 북부지역 탐험. 구아노의 비료가치를 인정해 수입의 길을 틈. 1829년에는 우랄과 알타이 지방과 중앙아시아를 여행해 중앙아시아 자연 지리자료를 처음으로 획득. 『1799년부터 1804년에 걸친 남아메리카 적도지방 여행 나의 이야기』(7권)와 1843년 『중앙아시아』(3권)를 저술. 과학책 『코스모스』를 4권까지 저술하고 5권을 쓰던 중에 죽음.

찾아보기

ㄱ

ㄴ

ㄷ

ㄹ

ㅁ

ㅂ

ㅅ

ㅇ

ㅈ

ㅊ

ㅋ

ㅌ

ㅍ

ㅎ

찰스 다윈의
비글호 항해기 _축약본

1판 1쇄 인쇄 2021년 9월 20일
1판 1쇄 발행 2021년 9월 25일

지은이 찰스 다윈 | 옮긴이 장순근
펴낸이 안성호 | 편집 이준경 조현진 | 디자인 이보옥
펴낸곳 리잼 | 출판등록 2005년 8월 9일 제 313-2005-000176호
주소 05307 서울시 강동구 상암로 167, 7층 702호
대표전화 02-719-6868 팩스 02-719-6262
홈페이지 www.rejam.co.kr 전자우편 iezzb@hanmail.net

ISBN 979-11-87643-90-6(03470)